高等学校机电工程类"十二五"规划教材

可编程序控制器应用技术

主编　张发玉

西安电子科技大学出版社

内 容 简 介

本书从满足教学需要和实际工程应用出发,以三菱 FX_{2N} 系列可编程序控制器为对象,重点介绍了 PLC 的工作原理、系统配置、指令系统、特殊模块、PLC 通信技术、编程及系统设计方法和 PLC 在工程中的实际应用。各章配有适量的习题,以便读者巩固所学知识。

本书注重理论和实际应用相结合,按照 PLC 的开关量逻辑控制、模拟量控制、网络通信技术的顺序进行章节编排,由浅入深,通俗易懂,既便于教学又利于自学。

本书可作为高等学校仪器仪表类、自动化类、机电类和计算机应用等专业的教材,也可供从事测控技术工作的工程技术人员参考。

图书在版编目(CIP)数据

可编程序控制器应用技术 / 张发玉主编. —西安:西安电子科技大学出版社,2006.8(2013.2 重印)
高等学校机电工程类"十二五"规划教材

ISBN 978 – 7 – 5606 – 1711 – 4

Ⅰ. 可…　Ⅱ. 张…　Ⅲ. 可编程序控制器－高等学校－教材　Ⅳ. TP332.3

中国版本图书馆 CIP 数据核字(2006)第 078281 号

策　　划　臧延新　云立实
责任编辑　臧延新
出版发行　西安电子科技大学出版社(西安市太白南路 2 号)
电　　话　(029)88242885　88201467　　　邮　　编　710071
网　　址　www.xduph.com　　　　　　　电子邮箱　xdupfxb001@163.com
经　　销　新华书店
印刷单位　西安文化彩印厂
版　　次　2006 年 8 月第 1 版　2013 年 2 月第 2 次印刷
开　　本　787 毫米×1092 毫米　1/16　印 张 18.125
字　　数　424 千字
印　　数　4001～6000 册
定　　价　30.00 元

ISBN 978 – 7 – 5606 – 1711 – 4 / TP · 0427

XDUP 2003001 – 2

＊＊＊ 如有印装问题可调换 ＊＊＊

前　　言

可编程序控制器简称 PLC，是以微处理器为基础，综合应用了计算机、微电子、自动控制和网络通信等技术而发展起来的一种工业自动化控制装置。从运动控制到过程控制，从单机控制到自动线控制乃至工厂自动化，从机器人、数控设备到柔性制造系统，从集中控制系统到大型集散控制系统，PLC 均充当着重要的角色，已成为现代工业自动化的三大支柱之一。

本书蕴含了作者多年的教学和科研经验，在注重理论结合实际的同时突出学生工程应用能力的锻炼和培养。本书主要介绍可编程序控制器的结构、工作原理、指令系统、特殊模块、网络通信以及 PLC 控制系统设计和具体现场应用。

为方便读者学习与掌握可编程序控制器的基础原理和应用技术，本书在编排上遵循由浅入深、循序渐进的规律。本书以 PLC 的发展、组成和基本原理为起点，系统地介绍了 FX_{2N} 系列 PLC 的基本指令、步进顺控指令和功能指令的含义及其使用方法，对特殊模块的功能和 PLC 通信技术也作了较为详细的介绍，最后通过工程应用实例阐述 PLC 控制系统的设计方法和过程。本书还对工程实际中常用的西门子 S7-200 和欧姆龙 CPM1A 系列 PLC 作了简要介绍。

参加本书编写的有河南科技大学张发玉、董冠强、袁澜、刘建亭和天津大学的祝士明等老师，其中张发玉编写了第 1 章～第 4 章，董冠强编写了第 5 章的第 5.1 节～5.10 节，刘建亭编写了第 5 章的 5.11 节～5.16 节，祝士明编写了第 6 章和第 9 章，袁澜编写了第 7 章和第 8 章；全书由张发玉统稿并任主编。

本书由河南科技大学刘文胜教授主审，刘教授对本书提出了很多宝贵建议和意见。

在本书的编写过程中，编者参考了有关文献的相关内容，河南科技大学李孟源教授给予了很大的帮助，西安电子科技大学出版社臧延新编辑也付出了辛勤的劳动，在此向他们和参考文献的作者表示衷心的感谢！

由于编者水平有限，加上时间仓促，书中疏漏及错误之处在所难免，恳请广大师生、读者批评指正并提出宝贵意见。

编　者
2006 年 6 月

目　录

第1章　可编程序控制器概述.................1
1.1　PLC 简介.................1
1.1.1　PLC 的产生.................1
1.1.2　PLC 的定义.................2
1.2　PLC 的应用、特点和发展趋势.................2
1.2.1　PLC 的应用.................2
1.2.2　PLC 的特点.................3
1.2.3　PLC 的发展趋势.................3

第2章　PLC 的组成及工作原理.................5
2.1　PLC 的基本组成和各部分的作用.................5
2.1.1　PLC 的基本组成.................5
2.1.2　PLC 各部分的作用.................5
2.2　PLC 的工作原理.................7
2.2.1　建立 I/O 映像区.................7
2.2.2　PLC 的巡回扫描工作方式.................7
2.2.3　输入/输出延迟响应.................8
2.3　PLC 的编程语言.................9
2.3.1　梯形图语言.................9
2.3.2　助记符(指令表)语言.................9
2.3.3　功能图语言.................9
2.3.4　顺序控制功能图语言.................10
2.3.5　高级编程语言.................10
习题.................10

第3章　三菱 FX₂N 系列 PLC 的基本指令系统.................11
3.1　三菱 FX₂N 系列 PLC 的系统配置.................11
3.1.1　FX₂N 系列 PLC 的特点.................11
3.1.2　FX₂N 系列 PLC 的系统配置.................11
3.2　FX₂N 系列 PLC 的内部资源.................13
3.2.1　输入继电器(X)与输出继电器(Y).................13
3.2.2　辅助继电器(M).................13
3.2.3　状态继电器(S).................14
3.2.4　定时器(T).................14

3.2.5　计数器(C).................16
3.2.6　指针(P/I).................20
3.2.7　数据寄存器(D).................21
3.3　FX₂N 系列 PLC 的基本指令.................21
3.3.1　LD、LDI 和 OUT(取、取反和输出)指令.................23
3.3.2　AND 和 ANI(与和与反)指令.................23
3.3.3　OR 和 ORI (或和或反)指令.................24
3.3.4　ANB 和 ORB(回路块与和回路块或)指令.................25
3.3.5　LDP、LDF、ANDP、ANDF、ORP 和 ORF(边沿检测)指令.................28
3.3.6　MPS、MRD 和 MPP(入栈、读栈和出栈)指令.................29
3.3.7　MC 和 MCR(主控和主控复位)指令.................32
3.3.8　SET 和 RST(置位和复位)指令.................34
3.3.9　PLS 和 PLF(上升沿脉冲和下降沿脉冲)指令.................35
3.3.10　INV(取反转)指令.................36
3.3.11　NOP、END(空操作、结束)指令.................37
3.3.12　定时器和计数器指令.................38
3.4　基本编程方法.................40
3.4.1　编程内容.................40
3.4.2　编程方法概述.................40
3.4.3　编程原则.................41
3.4.4　编程技巧.................42
3.4.5　编程技巧举例.................42
3.5　时序控制电路的程序设计.................47
3.5.1　启动和复位控制.................47
3.5.2　优先控制.................48
3.5.3　比较控制.................48
3.5.4　分频控制.................49
3.5.5　延时控制.................49

3.5.6 顺序控制程序设计实例 54
3.6 用 PLC 代替继电器系统的设计方法........56
　3.6.1 电动机正反转控制电路设计 56
　3.6.2 电动机降压启动控制电路设计 58
　3.6.3 电动机制动控制电路设计 59
习题 61

第4章　FX₂N系列 PLC 步进顺控
指令系统 65
4.1 状态转移图(SFC 图) 65
　4.1.1 状态转移图的构成 65
　4.1.2 状态继电器 65
　4.1.3 状态转移图的表示 65
4.2 步进顺控指令 66
　4.2.1 步进顺控(STL 和 RET) 指令 66
　4.2.2 状态转移图和步进梯形图的互换 70
4.3 状态转移图的流程 70
　4.3.1 单流程 71
　4.3.2 选择性分支与汇合流程 71
　4.3.3 并行分支与汇合流程 73
　4.3.4 分支与汇合的组合 74
4.4 状态转移图的工程应用 77
　4.4.1 单流程控制系统 77
　4.4.2 选择性分支与汇合流程控制系统 82
　4.4.3 并行分支与汇合流程控制系统 84
习题 85

第5章　PLC 功能指令系统 86
5.1 功能指令的表示形式及含义 86
　5.1.1 功能指令的表示形式 86
　5.1.2 功能指令的含义 86
5.2 功能指令的分类及操作数 87
　5.2.1 功能指令的分类 87
　5.2.2 功能指令的操作数 87
5.3 程序流控制功能指令 91
　5.3.1 FNC 00(CJ)跳转功能指令 91
　5.3.2 FNC 01(CALL)、FNC 02(SRET)
　　　子程序调用、返回指令 92
　5.3.3 FNC 03(IRET)、FNC 04(EI)和
　　　FNC 05(DI)中断指令 93
　5.3.4 FNC 07(WDT)监视定时器指令 96

5.3.5 FNC 08(FOR)、FNC 09(NEXT)
　　　循环指令 97
　5.3.6 FNC 06(FEND)主程序结束指令 98
5.4 传送和比较指令 98
　5.4.1 FNC 10 (CMP)比较指令和
　　　FNC 11(ZCP)区间比较指令 99
　5.4.2 FNC 12(MOV)数据传送指令 100
　5.4.3 FNC 13(SMOV)移位传送指令 101
　5.4.4 FNC 14(CML)取反传送指令 102
　5.4.5 FNC 15(BMOV)块传送指令 102
　5.4.6 FNC 16(FMOV)多点传送指令 103
　5.4.7 FNC 17(XCH)交换指令 104
　5.4.8 FNC18(BCD)变换指令和
　　　FNC 19(BIN)变换指令 104
5.5 四则运算和逻辑运算指令 105
　5.5.1 FNC 20(ADD)二进制加法指令 106
　5.5.2 FNC 21(SUB)二进制减法指令 106
　5.5.3 FNC 22(MUL)二进制乘法指令 107
　5.5.4 FNC 23(DIV)二进制除法指令 107
　5.5.5 FNC 24(INC)加 1 指令和
　　　FNC 25(DEC)减 1 指令 108
　5.5.6 FNC 26(WAND)、FNC 27(WOR)和
　　　FNC 28(WXOR)字逻辑指令 108
　5.5.7 FNC 29(NEG)求补运算指令 109
5.6 循环移位和移位指令 110
　5.6.1 FNC 30(ROR)循环右移指令和
　　　FNC 31(ROL)循环左移指令 110
　5.6.2 FNC 32(RCR)带进位循环右移位
　　　指令和 FNC 33(RCL)带进位循环
　　　左移位指令 111
　5.6.3 FNC 34(SFTR)位右移指令和
　　　FNC 35(SFTL)位左移指令 112
　5.6.4 FNC 36(WSFR)字右移指令和
　　　FNC 37(WSFL)字左移指令 113
　5.6.5 FNC 38(SFWR)移位写入指令和
　　　FNC 39(SFRD)移位读取指令 114
5.7 数据处理指令 115
　5.7.1 FNC 40(ZRST)区间复位指令 116
　5.7.2 FNC 41(DECO)译码指令 116

5.7.3　FNC 42(ENCO)编码指令 ……………117

5.7.4　FNC 43(SUM)ON 位数指令 ………117

5.7.5　FNC 44(BON)ON 位判断指令……118

5.7.6　FNC 45(MEAN)求平均值指令 ………118

5.7.7　FNC 46(ANS)报警信号设置指令和
　　　 FNC 47(ANR)报警信号复位指令 ……119

5.7.8　FNC 48(SQR)二进制开平方指令 ……119

5.7.9　FNC 49(FLT)整数-二进制浮点数
　　　 转换指令 ……………………………120

5.8　高速处理指令 ………………………………120

5.8.1　FNC 50(REF)输入/输出刷新指令 ……121

5.8.2　FNC 51(REFF)刷新及滤波时间
　　　 调整指令 ……………………………121

5.8.3　FNC 52(MTR)矩阵输入指令 ………122

5.8.4　FNC 53(HSCS)高速计数器置位
　　　 指令和 FNC 54(HSCR)高速计数
　　　 器复位指令 ……………………………123

5.8.5　FNC 55(HSZ)高速计数器区间
　　　 比较指令 ……………………………123

5.8.6　FNC 56(SPD)速度检测指令 ………124

5.8.7　FNC 57(PLSY)脉冲输出指令 ………125

5.8.8　FNC 58(PWM)脉宽调制指令 ………125

5.8.9　FNC 59(PLSR)带加减功能的脉冲
　　　 输出指令 ……………………………126

5.9　方便指令 …………………………………127

5.9.1　FNC 60(IST)状态初始化指令 ………127

5.9.2　FNC 61(SER)数据查找指令 ………128

5.9.3　FNC 62(ABSD)绝对值式凸轮
　　　 顺控指令 ……………………………129

5.9.4　FNC 63(INCD)增量式凸轮
　　　 顺控指令 ……………………………130

5.9.5　FNC 64(TTMR)示教定时器指令 ……131

5.9.6　FNC 65(STMR)特殊定时器指令 ……132

5.9.7　FNC 66(ALT)交替输出指令 ………132

5.9.8　FNC 67(RAMP)斜坡信号输出
　　　 指令 …………………………………133

5.9.9　FNC 68(ROTC)旋转工作台
　　　 控制指令 ……………………………134

5.9.10　FNC 69(SORT)数据排序指令 ……136

5.10　外部 I/O 指令 ……………………………137

5.10.1　FNC 70(TKY)十键输入指令 ………137

5.10.2　FNC 71(HKY)十六键输入指令 ……138

5.10.3　FNC 72(DSW)数字开关指令 ………139

5.10.4　FNC 73(SEGD)七段译码指令 ………141

5.10.5　FNC 74(SEGL)带锁存七段译码
　　　　显示指令 ……………………………142

5.10.6　FNC 75(ARWS)方向开关指令 ……143

5.10.7　FNC 76(ASC)ASCII 码转换指令 ……144

5.10.8　FNC 77(PR)打印输出指令 ………145

5.10.9　FNC 78(FROM)特殊功能模块
　　　　数据读取指令 ……………………146

5.10.10　FNC 79(TO)特殊功能模块数据
　　　　 写入指令 …………………………146

5.11　FX$_{2N}$ 系列外部设备指令 ………………147

5.11.1　FNC 80(RS)串行数据传送指令 ……147

5.11.2　FNC 81(PRUN)八进制位
　　　　传送指令 ……………………………150

5.11.3　FNC 82(ASCI)十六进制到 ASCII
　　　　转换指令 ……………………………151

5.11.4　FNC 83(HEX)ASCII 到十六进制
　　　　转换指令 ……………………………152

5.11.5　FNC 84(CCD)校验码指令 ………153

5.11.6　FNC 85(VRRD)电位器值读取
　　　　指令 …………………………………155

5.11.7　FNC 86(VRSC)电位器刻度指令 ……155

5.11.8　FNC 88(PID)PID 运算指令 ………156

5.12　浮点数运算指令 …………………………158

5.12.1　FNC 110(ECMP)二进制浮点数
　　　　比较指令 ……………………………158

5.12.2　FNC 111(EZCP)二进制浮点数区间
　　　　比较指令 ……………………………159

5.12.3　FNC 118(EBCD)二进制浮点数
　　　　转换为十进制浮点数指令 ………159

5.12.4　FNC 119(EBIN)十进制浮点数
　　　　转换为二进制浮点数指令 ………160

5.12.5　FNC 120(EADD)二进制浮点数
　　　　加法指令 ……………………………160

5.12.6　FNC 121(ESUB)二进制浮点数

　　　　减法指令 161

5.12.7　FNC 122(EMUL)二进制浮点数
　　　　乘法指令 161

5.12.8　FNC 123(EDIV)二进制浮点数
　　　　除法指令 162

5.12.9　FNC 127(ESQR)二进制浮点数
　　　　开方指令 162

5.12.10　FNC 129(INT)二进制浮点数转换
　　　　为 BIN 整数指令 162

5.12.11　FNC 130(SIN)浮点数正弦函数
　　　　指令 163

5.12.12　FNC 131(COS)浮点数余弦函数
　　　　指令 164

5.12.13　FNC 132(TAN)浮点数正切
　　　　函数指令 164

5.13　位控制指令 165

5.14　实时时钟处理指令 165

5.14.1　FNC 160(TCMP)实时时钟数据
　　　　比较 166

5.14.2　FNC 161(TZCP)实时时钟数据
　　　　区间比较指令 166

5.14.3　FNC 162(TADD)实时时钟加法
　　　　运算指令 167

5.14.4　FNC 163(TSUB)实时时钟减法
　　　　运算指令 168

5.14.5　FNC 166(TRD)实时时钟数据
　　　　读取指令 168

5.14.6　FNC 167(TWR)实时时钟数据
　　　　写入指令 169

5.14.7　FNC 169(HOUR)计时表指令 170

5.15　外部设备用指令 170

5.15.1　FNC 170(GRY)格雷码转换指令 170

5.15.2　FNC 171(GBIN)格雷码逆转换
　　　　指令 171

5.15.3　FNC 176(RD3A)/ FNC 177(WR3A)
　　　　模拟量模块数据读取/写入指令 172

5.16　触点比较指令 172

5.16.1　LD 运算开始触点比较指令 172

5.16.2　AND 串联连接触点比较指令 173

5.16.3　OR 并联连接触点比较指令 174

习题 174

第 6 章　FX₂ₙ系列 PLC 的特殊
**　　　　功能模块** 176

6.1　模拟量输入模块 FX₂ₙ-4AD 176

6.1.1　FX₂ₙ-4AD 的特点及性能指标 176

6.1.1　FX₂ₙ-4AD 的接线方式 177

6.1.3　缓冲寄存器(BFM)分配及使用
　　　　说明 177

6.1.4　FX₂ₙ-4AD 的 I/O 特性曲线 180

6.1.5　FX₂ₙ-4AD 应用及编程 180

6.2　模拟量输出模块 FX₂ₙ-4DA 182

6.2.1　FX₂ₙ-4DA 的特点及性能指标 182

6.2.2　FX₂ₙ-4DA 的接线方式 182

6.2.3　缓冲寄存器(BFM)分配及使用说明 .. 183

6.2.4　FX₂ₙ-4DA 的 I/O 特性曲线 185

6.2.5　FX₂ₙ-4DA 应用及编程 185

6.3　其他特殊功能模块简介 187

6.3.1　高速计数模块 FX₂ₙ-1HC 187

6.3.2　运动控制模块 187

6.3.3　可编程凸轮开关 FX₂ₙ-1RM-SET .. 190

6.3.4　通信模块 190

习题 190

第 7 章　FX₂ₙ系列 PLC 通信技术 191

7.1　PLC 通信的基本知识 191

7.1.1　通信系统的基本组成 191

7.1.2　通信方式和介质 192

7.1.3　PLC 的通信接口 194

7.1.4　通信协议 196

7.2　FX₂ₙ系列常用串行通信接口 197

7.2.1　FX₂ₙ-232-BD 197

7.2.2　FX₂ₙ-485-BD 199

7.2.3　FX₂ₙ-422-BD 201

7.2.4　FX₂ₙ-232IF 202

7.3　并行链接 204

7.3.1　系统配置 205

7.3.2　设置 205

7.4　N：N 网络 208

7.4.1　系统配置 208

　　7.4.2　设置 208
7.5　计算机链接(用专用协议进行数据
　　　传输) 213
　　7.5.1　系统配置 213
　　7.5.2　专用协议 214
7.6　无协议通信(用 RS 指令进行数据传输)...217
　　7.6.1　系统配置 217
　　7.6.2　通信数据的处理 218
7.7　PLC 网络 220
　　7.7.1　PLC 网络结构 220
　　7.7.2　基于 FX$_{2N}$ 系列 PLC 的网络技术...221
习题 224

**第 8 章　可编程序控制器控制系统
　　　　　设计** 226
8.1　PLC 控制系统设计概述 226
　　8.1.1　PLC 控制系统设计的原则 226
　　9.1.2　PLC 控制系统设计的内容 226
　　8.1.3　PLC 控制系统设计的步骤 227
8.2　PLC 控制系统的硬件配置 227
　　8.2.1　PLC 机型选择 227
　　8.2.2　开关量 I/O 选择 229
　　8.2.3　模拟量 I/O 选择 231
　　8.2.4　智能功能 I/O 模块的选择 231
8.3　PLC 控制系统设计及现场应用 232
　　8.3.1　恒压供水泵站的 PLC 控制实例 ..232
　　8.3.2　电梯运行的 PLC 控制实例 241
8.4　PLC 控制系统的调试 250
　　8.4.1　应用程序的模拟调试 250

　　8.4.2　现场调试 251
8.5　抗干扰措施 251
　　8.5.1　抗电源干扰 251
　　8.5.2　控制系统接地 252
　　8.5.3　防 I/O 信号干扰 252
　　8.5.4　防外部配线干扰 253
8.6　SWOPC-FXGP/WIN-C 编程软件应用 ...254
　　8.6.1　三菱 PLC 编程软件的主要功能 254
　　8.6.2　三菱 PLC 编程软件的基本操作 254
　　8.6.3　编程基本操作 255
　　8.6.4　PLC 的在线操作 258
　　8.6.5　监控与检测 260
　　8.6.6　PLC 参数设置 261
习题 262

**第 9 章　西门子 S7-200 系列和欧姆龙
　　　　　CPM1A 系列 PLC 简介** 263
9.1　西门子 S7-200 系列 PLC 263
　　9.1.1　S7-200 系列 PLC 的特点和系统
　　　　　配置 263
　　9.1.2　S7-200 系列 PLC 的内部资源 265
　　9.1.3　S7-200 系列 PLC 的指令系统 269
9.2　欧姆龙 CPM1A 系列 PLC 270
　　9.2.1　CPM1A 系列 PLC 的特点和系统
　　　　　配置 271
　　9.2.2　CPM1A 系列 PLC 的内部资源 272
　　9.2.3　CPM1A 系列 PLC 的指令系统 276
习题 278

参考文献 279

第1章 可编程序控制器概述

▶▶▶

可编程序控制器(Programmable Logic Controller，PLC)是以微处理器为基础，综合了计算机、微电子、自动控制、网络通信等技术而发展起来的一种适合于工业现场的自动控制装置。由于 PLC 面向控制过程、面向用户，而且适用工业环境、操作方便、可靠性高，因而成为现代工业控制的三大支柱(PLC、机器人和 CAD/CAM)之一。PLC 控制技术代表着当前程序控制的先进水平，已成为自动化系统的基本装置。

1.1 PLC 简 介

1.1.1 PLC 的产生

在 PLC 问世以前，工业控制领域中继电器接触器控制技术占据着主导地位。继电器接触器控制系统采用固定硬件接线方式实现逻辑控制，一旦现场工艺变更，就必须重新设计、安装和调试，不仅造成了时间和资金的浪费，也无法满足日益发展的工业技术要求。美国最大的汽车制造商通用汽车公司(GM)为了适应汽车型号的不断变更，以求在激烈竞争的汽车工业中占有优势，于 1968 年提出要用一种新型的控制装置来取代继电器接触器控制系统，并对未来新型控制装置做出了具体设想，特别拟定如下 10 项公开招标的技术要求：

(1) 编程简单方便，可在现场修改程序。

(2) 硬件维护方便，采用插件式结构。

(3) 可靠性高于继电器接触器控制装置。

(4) 体积小于继电器接触器控制装置。

(5) 可将数据直接送入计算机。

(6) 用户程序存储器容量至少可以扩展到 4 KB。

(7) 输入可以是 110 V 交流。

(8) 输出为 115 V/2 A 以上交流，能直接驱动电磁阀、交流接触器等。

(9) 通用性强，扩展方便。

(10) 成本上可与继电器接触器控制装置竞争。

美国数字设备公司(DEC)根据 GM 公司招标的技术要求，于 1969 年研制出世界上第一台可编程序控制器，并在 GM 公司汽车自动装配线上试用成功。1971 年日本引进该技术并开始生产 PLC。1973 年原西德和法国也研制出自己的 PLC。我国在 1975 年开始 PLC 的研发。由于 PLC 的性能优越，使得这一控制技术得到了迅速发展。

1.1.2　PLC 的定义

在 PLC 的发展过程中，各生产厂商对 PLC 有着不同的定义。其中美国电器制造商协会(NEMA)经过四年的调查，在 1980 年把这种新型的控制器正式命名为可编程序控制器(Programmable Controller，简称 PC)并做出了相应的定义。为了区分个人计算机，通常称其为 PLC。

国际电工委员会(IEC)从 1982 年开始几易其稿，于 1987 年将可编程序控制器定义为"一种数字运算操作的电子系统，专为工业环境下应用而设计。它采用了可编程序的存储器，用来在其内部存储执行逻辑运算、顺序控制、定时、计数和算术运算等操作的指令，并通过数字式和模拟式的输入和输出，控制各种类型的机械或生产过程。PLC 及其外部设备都应按易于与工业系统联成一个整体且易于扩充其功能的原则设计。"

该定义强调了 PLC 应直接应用于工业环境，必须具有很强的抗干扰能力、广泛的适应能力和应用范围。这是区别于一般微机控制系统的一个重要特征。

1.2　PLC 的应用、特点和发展趋势

1.2.1　PLC 的应用

随着 PLC 的不断发展，其功能也在不断完善和加强。PLC 主要应用于以下工业环境。

1. 开关量控制

这是 PLC 的最基本的功能，由于 PLC 具备强大的逻辑运算能力，可以实现各种简单和复杂的逻辑运算，用于取代传统的继电器接触器控制系统。

2. 模拟量控制

在工业现场中有许多诸如温度、压力、流量、液位和速度等模拟量，而 PLC 的微处理器只能处理数字量，所以在 PLC 中配置了 A/D 和 D/A 转换模块，把现场的模拟量信号经 A/D 转换后送 CPU 处理，并把 PLC 运算处理所得出的数字量再经 D/A 转换成模拟量去控制被控设备，以完成现场的连续控制。

3. 闭环过程控制

PLC 配置 PID 控制单元或模块后可实现对控制现场的某种变量(如电压、电流、温度、速度、位置等)的闭环 PID 控制。

4. 定时/计数控制

PLC 具有定时/计数控制功能，可以通过程序或拨码盘来设定时间/计数的数值。

5. 顺序(步进)控制

在工业控制现场，可以通过步进顺控指令或移位寄存器指令实现顺序控制。

6．数据处理

现代 PLC 不仅具备数字运算(包括四则运算、矩阵运算、函数运算、浮点运算等)和数据传送功能，而且还具有数据比较、转换、通信、显示和打印等功能。

7．通信和联网

PLC 可以实现三级网络链接。上位链接实现与计算机的通信；同位链接实现 PLC 之间的通信；下位链接实现对远程 I/O 的控制。

1.2.2 PLC 的特点

由于 PLC 是专为工业环境下的应用而设计的，因而具有面对工业控制的鲜明特点。

1．可靠性高、抗干扰能力强

PLC 在设计制造过程中，除了对元器件进行严格的筛选外，硬件和软件都采取了屏蔽、滤波、光电隔离、故障诊断和自恢复等措施，有的还采用了冗余技术等，进一步增强了 PLC 的可靠性。

2．通用性强、灵活性好、功能齐全

PLC 产品已系列化，为用户提供了品种齐全的 I/O 模块。用户只需根据现场要求进行模块配置，再对控制系统编制相应的应用程序，即可构建出控制系统。而在控制要求变更时，只需修改应用程序，从而增强了控制系统的柔性。

3．编程简单、使用方便

PLC 基本编程方式采用梯形图语言，与继电器接触器控制系统的电路原理图非常相似，易于被电气工程技术人员接受，并很容易与流程图编程、语句表编程之间实现有条件转换。

4．模块化结构使系统组合灵活

PLC 各类部件均采用模块化设计，各模块由机架和电缆连接。系统的功能和规模可根据用户的实际需求自行配置，使得性能和价格更趋合理，同时也使扩展和维护更加方便。

5．安装简单、调试方便

在现场只需要将 I/O 设备与 PLC 相应的端子相连即可完成硬件配置，缩短了安装时间。

调试包括室内模拟调试和现场调试。在室内调试时，用模拟开关输入信号代替现场实际信号，观察 PLC 输入/输出的发光二极管即可知道输入/输出的状态，并进行修改。完成室内模拟调试后再进行现场联机调试。

1.2.3 PLC 的发展趋势

为适应市场需求，PLC 也不断改进，功能更齐全、结构更完善的新产品不断涌现，主要朝着小型化、大型化两个方向发展。

发展小型化的目的是占领广大的、分散的、中小型工业控制场合。小型、超小型和微小型 PLC 不仅适应机电一体化产品的需要，同时也是家庭自动化的理想控制器。

为适应大规模控制系统的需求，大型 PLC 向着大存储容量、高速度、高性能、增加 I/O 点数的方向发展。其表现为以下几个方面。

1. 增强网络通信功能

PLC 将具有计算机集散控制系统(DCS)的功能。网络化和增强通信能力是 PLC 的一个重要发展趋势。

2. 发展智能模块

智能模块是以微处理器为基础的功能部件,其 CPU 和 PLC 的 CPU 并行工作,占用 PLC 的机时很少,有利于提高 PLC 扫描速度和特殊控制要求。这些不断出现的新智能 I/O 模块,使 PLC 在实时精度、分辨率、人机对话等方面得到进一步的改善和提高。

3. 外部诊断功能

在 PLC 控制系统中,80%的故障发生在外围,能快速准确地诊断故障将极大地减少维护时间。因此,研制了智能可编程 I/O 系统,开发了故障诊断程序并发展了公共回路远距离诊断和网络诊断技术,供用户了解 I/O 组件状态和监测系统的故障。

4. 编程语言、编程工具标准化、高级化

随着 PLC 功能的增强,梯形图语言的一统局面将被打破,而符合 IEC 1131 标准的顺序功能图(SFC)标准化语言、高级语言将会更多地得到应用。高级语言更有利于通信、运算、打印和报表等。

手持式编程器也将为计算机所取代,并将会出现通用的、功能更强的组态软件,以进一步改善开发环境,提高开发效率。

5. 软件、硬件的标准化

PLC 的各生产厂商在硬件和软件系统设计中互不兼容,差异很大,这给 PLC 的进一步发展带来了诸多不便。国际电工委员会(IEC)对 PLC 未来的发展制定出了一个方向或框架,并先后颁布了 IEC 1131-1～IEC 1131-5 五项包括一般信息、设备特性与测试、编程语言、用户导则、制造信息规范伴随标准等 PLC 标准。

6. 组态软件的迅速发展

个人计算机具有很强的数字运算、数据处理、通信和人机交互的功能,使得很多 PLC 生产厂商推出了在计算机上运行的可实现 PLC 功能的软件包。这些组态软件使编程更加简单,极大地方便了 PLC 控制系统的开发和使用。

第 2 章　PLC 的组成及工作原理

————————▶▶▶

要正确使用 PLC 就必须了解其基本组成和工作原理。尽管目前 PLC 产品种类繁多，不同的型号结构也各不相同，但其基本组成和工作原理却大致相同。

2.1　PLC 的基本组成和各部分的作用

2.1.1　PLC 的基本组成

PLC 采用典型的计算机结构，其实质就是一种工业控制计算机。PLC 主要由中央处理单元、存储器、输入/输出接口、编程器、电源以及其他电路组成，如图 2.1 所示。

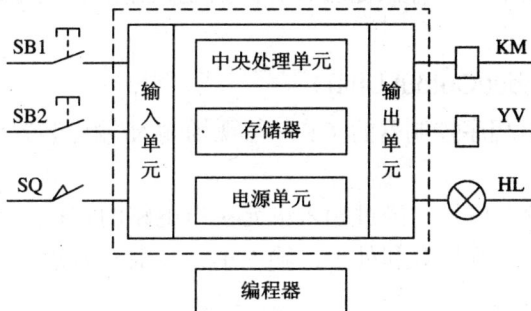

图 2.1　PLC 的基本组成

2.1.2　PLC 各部分的作用

1. 中央处理单元(CPU)

CPU 是 PLC 的核心部件，由控制电路、运算器和寄存器组成，这些电路一般都集成在一个芯片上。CPU 通过地址总线、数据总线和控制总线与存储单元、输入/输出接口电路连接。

CPU 因 PLC 的型号不同也不一样。小型 PLC 一般采用 8 位、16 位微处理器或单片机，如 Z80A、8031、M6800 等；中型 PLC 大多采用 16 位、32 位微处理器或单片机，如 8086、96 系列单片机，具有集成度高、速度快、可靠性高等优点；大型 PLC 大多采用高速位片式微处理器，具有灵活性强、运算速度快、效率高的优点。还有一些 PLC 采用冗余技术，即双 CPU 或者三 CPU 工作，进一步提高了系统的可靠性。

CPU 的主要任务如下：

(1) 接收、存储用户程序。

(2) 以扫描方式接收输入的数据和状态信息，并存入映像寄存器或数据存储器。

(3) 执行监控程序和用户程序，完成数据和信息的逻辑处理，产生相应的内部控制信号，完成用户程序所规定的各种操作。

(4) 响应外设请求。

(5) 诊断电源、PLC 内部电路的工作故障和编程语法错误等。

2. 存储器(Memory)

可编程序控制器配置有系统程序存储器和用户程序存储器。

1) 系统程序存储器

系统程序存储器用来存放系统管理程序，并固化在 ROM 或 EPROM 存储器中，用户不可以访问和修改。它相当于个人计算机的操作系统，包括系统监控、用户指令解释、标准程序模块、系统调用和管理等程序以及系统参数等。

2) 用户程序存储器

用户程序存储器分为三部分：用户程序区、数据区和系统区。用户程序区存放用户经编程器输入的应用程序；数据区用于存放 PLC 运行过程中所生成的各种数据，包括输入/输出数据映像区、定时器与计数器的预置值和当前值的数据等；系统区主要存放 CPU 的组态数据，如输入/输出组态、设置输入滤波、脉冲捕捉、输出表配置、模拟电位器设置、高速计数器配置、通信组态等。

3. 输入/输出单元(Input/Output Unit)

输入/输出单元是可编程序控制器的 CPU 与现场输入/输出装置或其他外部设备之间的连接接口部件。

输入单元将现场的输入信号，经过输入单元接口电路的转换，变换为标准电平的数字量信号，送给中央处理器进行运算和处理；输入单元一般有直流、交流和交直流输入单元以及模拟量和智能输入单元。

输出单元将中央处理器输出的控制信号变换为控制器件所能接收的电压、电流信号，以驱动接触器、电磁阀、指示灯等。输出单元一般有继电器输出单元、晶体管输出单元和双向晶闸管输出单元以及模拟量和智能输出单元。

所有的输入/输出单元均带有光电耦合电路，将 PLC 和外部电路隔开，以提高其可靠性。

4. 编程器

编程器是 PLC 的重要外部设备，供用户编制程序、调试程序和监控等。很多现代 PLC 也可直接在计算机上利用组态软件进行编程和监控。

5. 电源单元

电源单元是 PLC 的供电部分，是把外部电源变换为系统内部各单元所需的电源，包括掉电保护电路和后备电池电源。PLC 一般采用开关电源。

2.2 PLC 的工作原理

2.2.1 建立 I/O 映像区

在 PLC 的存储器建立了 I/O 映像区，其大小由 PLC 的程序所决定。每一个输入/输出点的编址号与输入/输出映像区的某一位(地址号)相对应。

PLC 工作时，将采集到的输入信号状态存放在输入映像区对应的位上；将运算的结果存放到输出映像区对应的位上。PLC 在执行程序时所需"输入继电器"和"输出继电器"的数据取自对应 I/O 映像区的内容，而不与外界设备发生接触。

I/O 映像区的建立不仅加快了程序的执行速度，而且还将中央处理模块和外界隔开，提高了系统的抗干扰能力。同时这种相对隔离也为 PLC 硬件的标准化创造了条件。

2.2.2 PLC 的巡回扫描工作方式

1. PLC 的工作过程

PLC 开始运行后，在系统程序的监控下周而复始地按照一定的顺序对系统内部的各种任务进行查询、判断和执行，这个过程实质上是按照巡回扫描的方式进行的。执行一次巡回扫描所需要的时间称作扫描周期。PLC 的工作过程如图 2.2 所示。

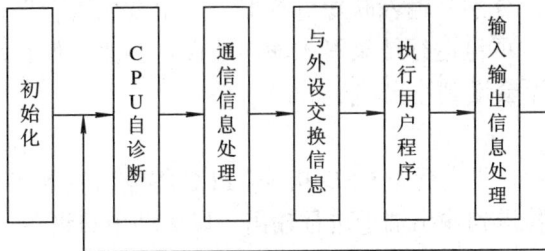

图 2.2 PLC 的工作过程

(1) 初始化：PLC 运行后，首先进行系统初始化，清除内部继电器区，复位定时器等。

(2) CPU 自诊断：PLC 每个扫描周期都要进行自诊断，对电源、内部电路、用户程序的语法进行检查，定期复位监控定时器等，以确保系统可靠运行。

(3) 通信信息处理：在此阶段，进行 PLC 之间以及 PLC 与计算机之间的信息交换；PLC 与其他带有微处理器的智能装置通信等。

(4) 与外设交换信息：PLC 与外部设备相连时，每个扫描周期都要进行信息交换。这些外部设备包括编程器、终端设备、打印机等。在程序输入、编辑、调试和监控时，PLC 要和编程器交换信息。

(5) 执行用户程序：执行用户程序时，以扫描的方式按顺序逐句扫描、处理，扫描一条执行一条，并把运算处理的结果存入输出映像区对应的位上。

(6) 输入/输出信息处理：在每个扫描周期都要把外部信号的状态存入输入映像区；把程序运行处理的结果存入输出映像区，直至传到外部被控设备。

2. 用户程序的巡回扫描过程

CPU 在运行(RUN)状态下，PLC 对用户程序进行巡回扫描可分为三个阶段，即输入采样阶段、程序执行阶段和输出刷新阶段，如图 2.3 所示。

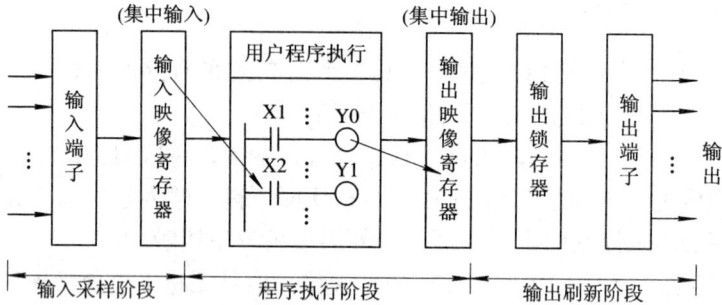

图 2.3 PLC 用户程序的工作过程

1) 输入采样阶段

在执行程序之前，首先扫描输入端子，按顺序将所有输入信号的状态存入输入映像寄存器中，这一过程称为输入采样。输入映像区的信息供用户程序运行时使用。在该工作周期内输入采样结果不变，只有到下个扫描周期的输入采样阶段才会刷新。

2) 程序执行阶段

PLC 完成采样后，从起始地址开始按自左而右、从上到下的顺序，对每条指令逐句扫描并执行。在执行程序时，分别从输入映像寄存器、输出映像寄存器以及辅助继电器中获取所需数据进行运算处理。再将运行结果写入输出映像寄存器中保存，但这个保存的结果在该程序执行阶段完成前不会送到输出端子上。

3) 输出刷新阶段

在程序执行阶段完成后，即执行完 END 指令，PLC 将输出映像寄存器的内容集中转存到输出锁存寄存器，然后传送到输出端子进行输出，以驱动用户设备。

2.2.3 输入/输出延迟响应

由于 PLC 采用巡回扫描的工作方式，即对信息采用串行处理方式，必然导致输入/输出延迟响应。从 PLC 的一个输入信号状态发生变化到输出端对该信号做出反应就必然需要一定的时间，这段时间就称为响应时间或滞后时间(通常有几十毫秒)。这种现象称为输入/输出延迟响应或滞后现象。对于一般的工业设备来说，其输入多为开关量，其输入信号的变化周期(秒级以上)大于程序扫描周期，所以这种延迟响应是完全允许的。而对于某些需要输出对输入做出快速响应的工业现场，可以采用快速响应模块、高速计数模块以及中断处理等措施来尽量减小响应时间。

从 PLC 的工作过程可总结出以下几个结论：

(1) 以扫描的方式处理程序，其输入/输出信号间存在着原理上的延迟响应。程序越复杂，扫描周期越长，延迟响应必然越严重。

(2) 扫描周期除了输入采样、程序执行、输出刷新三个主要工作阶段所占用的时间外，还包含系统管理操作所占用的时间。

(3) 输入/输出延迟响应不仅与扫描方式有关，还与程序设计安排有关。

2.3 PLC 的编程语言

PLC 的控制功能是通过程序来实现的。目前，PLC 常用的编程语言有梯形图语言、助记符(指令表)语言、功能图语言、顺序功能图语言和高级编程语言等。

2.3.1 梯形图语言

梯形图语言是 PLC 最常用的编程语言，类似于继电器接触器控制原理图，由触点、线圈或功能指令等构成。左右两条垂直线称为母线，如图 2.4(a)所示。

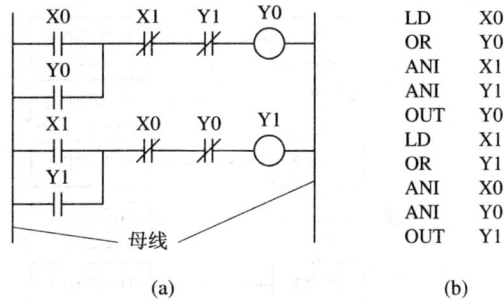

LD	X0
OR	Y0
ANI	X1
ANI	Y1
OUT	Y0
LD	X1
OR	Y1
ANI	X0
ANI	Y0
OUT	Y1

图 2.4 梯形图和助记符(指令表)

(a) 梯形图；(b) 助记符(指令表)

2.3.2 助记符(指令表)语言

由若干条指令组成的程序称为指令表程序，有的生产厂商将指令称为语句。

可编程序控制器的指令是一种与汇编语言中的指令相似的助记符表达式。小型可编程序控制器的指令系统比汇编语言简单得多，使用 20 多条基本逻辑指令就可以编制出能替代继电器接触器控制系统的梯形图。指令表程序较难阅读，其中的逻辑关系很难一眼看出，所以在设计时一般使用梯形图语言。使用编程软件可以直接将梯形图写入可编程序控制器，并在显示器上显示出来。如果使用简易编程器，则必须将梯形图转换成指令表后再写入可编程序控制器，这种转换的规则很简单。在用户程序存储器中，指令按步序号顺序排列，图 2.4(a)梯形图对应的助记符(指令表)如图 2.4(b)所示。

2.3.3 功能图语言

功能图语言类似于数字逻辑电路的形式，对于熟悉数字电路的技术人员比较容易掌握。功能图语言如图 2.5 所示，其中 I 表示输入信号，Q 表示输出信号。

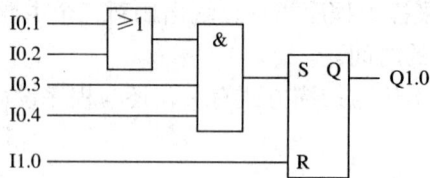

图 2.5　功能图语言

2.3.4　顺序控制功能图语言

顺序控制功能图应用于顺序控制类的程序设计,包括工步、具体动作和转换条件三个基本要素。顺序控制功能图编程法是将复杂的控制过程分成多个工作步骤(简称工步),每个工步又对应着多个具体的工艺动作,把这些工步依据一定的顺序要求进行排列组合,再在不同工步内实现各自的具体要求,形成一个完整的控制程序。顺序控制功能图在复杂控制系统中有着很重要的地位。本书将在第 4 章对顺序控制功能图编程作较为详细的介绍。顺序控制功能图如图 2.6 所示。

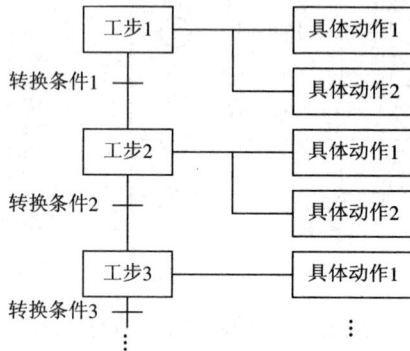

图 2.6　顺序控制功能图

2.3.5　高级编程语言

高级编程语言已在部分 PLC 生产厂商使用,它类似于 BASIC 语言、C 语言等高级语言,如德国生产的 Jetter PLC 就是利用此类语言进行编程。

习　题

2.1　PLC 由哪几部分组成? 各部分的作用是什么?

2.2　PLC 采用哪种工作方式? 执行用户程序分哪几个阶段?

2.3　PLC 为何会出现响应延迟现象?

2.4　PLC 常用的编程语言有哪几种?

第 3 章　三菱 FX_{2N} 系列 PLC 的基本指令系统

3.1　三菱 FX_{2N} 系列 PLC 的系统配置

FX 系列 PLC 是日本三菱公司近年推出的，它包含了 FX_0、FX_2、FX_{0S}、FX_{0N}、FX_{2C}、FX_{1S}、FX_{1N}、FX_{2N}、FX_{2NC} 等系列型号，本书以 FX_{2N} 系列 PLC 为主进行介绍。

3.1.1　FX_{2N} 系列 PLC 的特点

三菱公司 FX_{2N} 系列 PLC 吸收了整体式和模块式可编程序控制器的优点，其基本单元、扩展单元和扩展模块的高度和宽度相等，相互连接时无需使用基板，仅通过扁平电缆即可，紧密拼装后组成一个整体。FX_{2N} 是 FX 系列中功能最强、运行速度最高的 PLC，可用于要求很高的机电一体化控制系统。其各种扩展单元和扩展模块可以根据现场系统功能的需要组成不同的控制系统。

3.1.2　FX_{2N} 系列 PLC 的系统配置

FX_{2N} 系列 PLC 的基本单元、扩展单元、扩展模块分列于表 3.1、3.2 和 3.3。FX_{2N} 系列 PLC 的用户存储器可扩展到 16 k 步，I/O 点最多可扩展到 256 点，有 27 条基本指令，其执行速度超过了很多大型 PLC。该系列还具有多种特殊功能模块，如模拟量输入/输出模块、高速计数模块、脉冲输出模块、PID 过程控制模块、RS-232C/RS-422A/RS-485A 串行通信模块和功能扩展板等，如表 3.4 所示。使用特殊功能模块和功能扩展板可以实现模拟量控制、位置控制和联网通信等。

表 3.1　FX_{2N} 系列 PLC 的基本单元

型　号			输入点数	输出点数	扩展模块可用点数
继电器输出	双向晶闸管输出	晶体管输出			
FX_{2N}-16MR-001	—	FX_{2N}-16MT-001	8	8	24~32
FX_{2N}-32MR-001	FX_{2N}-32MS-001	FX_{2N}-32MT-001	16	16	24~32
FX_{2N}-48MR-001	FX_{2N}-48MS-001	FX_{2N}-48MT-001	24	24	48~64
FX_{2N}-64MR-001	FX_{2N}-64MS-001	FX_{2N}-64MT-001	32	32	48~64
FX_{2N}-80MR-001	FX_{2N}-80MS-001	FX_{2N}-80MT-001	40	40	48~64
FX_{2N}-128MR-001	—	FX_{2N}-128MT-001	64	64	48~64

表 3.2 FX$_{2N}$ 系列 PLC 的扩展单元

型 号			输入点数	输出点数	扩展模块可用点数
继电器输出	双向晶闸管输出	晶体管输出			
FX$_{2N}$-32ER	—	FX$_{2N}$-32ET	16	16	24～32
FX$_{2N}$-48ER	—	FX$_{2N}$-48ET	24	24	48～64

表 3.3 FX$_{2N}$ 系列 PLC 的扩展模块

型 号				输入点数	输出点数
输 入	继电器输出	双向晶闸管输出	晶体管输出		
FX$_{2N}$-16EX	—	—	—	16	—
FX$_{2N}$-16EX-C	—	—	—	16	—
FX$_{2N}$-16EXL-C	—	—	—	16	—
—	FX$_{2N}$-16EYR	FX$_{2N}$-16EYS	—	—	16
—	—	—	FX$_{2N}$-16EYT	—	16
—	—	—	FX$_{2N}$-16EYT-C	—	16

表 3.4 FX$_{2N}$ 系列 PLC 的特殊功能模块

种 类	型 号	功 能 概 要
脉冲输出	FX$_{2N}$-1PG	脉冲输出模块、单轴用，最大频率 100 kHz
	FX$_{2N}$-10PG	脉冲输出模块、单轴用，最大频率 1 MHz
高速计数	FX$_{2N}$-1HC	高速计数模块，1 相 1 输入，1 相 2 输入：最大 50 kHz，2 相序输入：最大 50 kHz
PID 模块	FX$_{2N}$-2LC	实现 PID 控制，可以设置响应速度和 PID 常数
凸轮控制模块	FX$_{2N}$-1RM-SET	实现高精度的角度位置检测
定位模块	FX$_{2N}$-10GM	单轴定位模块，4 点输入，6 点输出。可进行单轴定位和中断定位处理，最大脉冲 200 kHz
	FX$_{2N}$-20GM	2 轴定位模块，使用扩展块，I/O 数可达 48 点。除具有 FX$_{2N}$-10GM 功能外还有插补功能
模拟输入模块	FX$_{2N}$-4AD	模拟量输入模块，12 位 4 通道，输入：直流±10 V、直流±20 mA、直流+4～+20 mA
模拟输出模块	FX$_{2N}$-4DA	模拟量输出模块，12 位 4 通道，输出：直流±10 V、直流±20 mA、直流+4～+20 mA
温度传感器模块	FX$_{2N}$-4AD-PT	Pt-100 型温度传感器模块，4 通道输入
	FX$_{2N}$-4AD-TC	热电偶型温度传感器模块，4 通道输入
通信模块	FX$_{2N}$-232IF	RS-232C 通信用，1 通道
网络通信模块	FX$_{2N}$-16CCL-M	CC-Link 系统主站模块，可连接 7 个远程 I/O 站及 8 个远程设备站
	FX$_{2N}$-32CCL	CC-Link 接口模块，每个站点远程 I/O 点数为 32 输入点和 32 输出点
	FX$_{2N}$-64DNET	Device Net 接口模块，可将一台 FX$_{2N}$ 的 PLC 连接到 Device Net 网络上
	FX$_{2N}$-32DP-IF	Profibus 接口模块，可将一台 FX$_{2N}$ 的数字 I/O 模块连接到 Profibus-DP 网络上
功能扩展板	FX$_{2N}$-8AV-BD	数字值电位器，模拟量 8 点
	FX$_{2N}$-232-BD	RS-232C 通信功能扩展板(用于连接各种 RS-232 设备)
	FX$_{2N}$-422-BD	RS-232C 通信功能扩展板(用于连接外围设备)
	FX$_{2N}$-485-BD	RS-485 通信功能扩展板(用于计算机链接及并行链接)

FX$_{2N}$系列 PLC 有 3000 多点辅助继电器、1000 多点状态继电器、256 点定时器、200 点 16 位加计数器、35 点 32 位加/减计数器、21 点 32 位高速计数器、8000 多点 16 位数据寄存器、128 点分支指针、15 点中断指针。这些都为应用程序的设计提供了丰富的资源。

3.2　FX$_{2N}$系列 PLC 的内部资源

FX$_{2N}$ 系列 PLC 内部有 CPU、存储器、输入/输出接口单元等硬件资源,这些硬件资源在系统软件的支持下,使得 PLC 具有很强的功能。对特定的控制对象,需要编制相应的程序以实现对现场的控制,同时必须将这些程序存储于 PLC 中供调用,因此 PLC 的存储区中应具备可以存放数据的存储单元。由于 PLC 是从继电器接触器控制系统发展而来的,考虑到便于电气技术人员容易学习和接受,所以将存放数据的存储单元用继电器来命名。按照存储数据的性质把这些数据存储器 RAM 命名为输入继电器区、输出继电器区、辅助继电器区、状态继电器区、定时器区、计数器区、数据寄存器区和变址寄存器区等,通常把这些继电器称为编程元件,用户在编程时必须熟练掌握这些编程元件的符号及其编号。

3.2.1　输入继电器(X)与输出继电器(Y)

输入继电器(X)是 PLC 接收外部输入信号的窗口。PLC 将外部信号的状态读入并存储在输入映像寄存器内,即输入继电器。外部输入电路接通时对应的映像寄存器为 ON,表示该输入继电器常开触点闭合、常闭触点断开。输入继电器的状态惟一地取决于外部输入信号,在梯形图中绝对不能出现输入继电器线圈。

输出继电器(Y)是 PLC 向外部负载发送信号的窗口。输出继电器用来将可编程序控制器的输出信号传送给输出模块,再由后者驱动外部负载。

FX$_{2N}$ 系列 PLC 的输入/输出继电器的元件用字母和八进制数字表示,其编号与接线端子的编号一致,如表 3.5 所示。

表 3.5　FX$_{2N}$系列 PLC 的输入/输出继电器元件号

形式	型　　号						
	FX$_{2N}$-16M	FX$_{2N}$-32M	FX$_{2N}$-48M	FX$_{2N}$-64M	FX$_{2N}$-80M	FX$_{2N}$-128M	扩展时
输入	X0~X7 8 点	X0~X17 16 点	X0~X27 24 点	X0~X37 32 点	X0~X47 40 点	X0~X77 64 点	X0~X27 184 点
输出	Y0~Y7 8 点	Y0~Y17 16 点	Y0~Y27 24 点	Y0~Y37 32 点	Y0~Y47 40 点	Y0~Y77 64 点	Y0~Y27 184 点

3.2.2　辅助继电器(M)

FX$_{2N}$ 系列 PLC 内部有很多辅助继电器(M),辅助继电器和 PLC 外部无任何直接联系,只能由 PLC 内部程序控制。其常开/常闭触点只能在 PLC 内部编程使用,且可以使用无限次,但是不能直接驱动外部负载。外部负载只能由输出继电器触点驱动。FX$_{2N}$ 系列 PLC 的辅助继电器分为通用辅助继电器、断电保持辅助继电器和特殊辅助继电器。

在 FX$_{2N}$ 系列 PLC 中,除了输入/输出继电器的元件编号采用八进制外,其他编程元件的元件编号均采用十进制。各类辅助继电器编号和功能如表 3.6 所示。

表 3.6　辅助继电器元件号和功能

辅助继电器类型	元 件 编 号		功　　　能
通用辅助继电器	M0～M499		共有 500 点，PLC 在运行时电源断电，输出继电器和 M0～M499 将全部变为 OFF
断电保持辅助继电器	M500～M3071		PLC 在运行时电源突然断电，断电保持继电器在重新通电后将保持断电前的状态
特殊辅助继电器	M8000～M8255	M8000	运行监控。当 PLC 执行用户程序时，M8000 为 ON；停止执行时，M8000 为 OFF
		M8002	初始化脉冲。仅在可编程序控制器运行开始瞬间接通一个扫描周期
		M8005	锂电池电压降低显示。锂电池电压下降至规定值时变为 ON，提醒及时更换
		M8011～M8014	分别是 10 ms、100 ms、1 s、1 min 时钟
		M8033	当 M8033 线圈通电时，PLC 由 RUN 进入 STOP 状态后，映像寄存器与数据寄存器的内容保持不变
		M8034	当 M8034 的线圈通电时，全部输出被禁止
		M8039	当 M8039 的线圈通电时，PLC 以数据寄存器 D8039 设定的扫描时间工作

注：上面特殊辅助继电器中只给出了几个常用的功能，读者可查 FX$_{2N}$ 的用户手册了解其余特殊辅助继电器的功能。

3.2.3　状态继电器(S)

状态继电器(S)是编制顺序控制程序时的编程元件，与步进顺控指令配合使用。状态继电器(S)的类型和编号如表 3.7 所示。

表 3.7　状态继电器的类型和编号

类 型	编 号	数量	备 注
初始状态继电器	S0～S9	10	供初始化使用
回零状态继电器	S10～S19	10	供返回原点使用
通用状态继电器	S20～S499	480	没有断电保持功能，但是可以用程序将它们设定为有断电保持功能
断电保持状态继电器	S500～S899	400	具有停电保持功能，断电再启动后，可继续执行
报警用状态继电器	S900～S999	100	用于故障诊断和报警

3.2.4　定时器(T)

PLC 中的定时器 T 相当于继电器接触器控制系统中的时间继电器。FX$_{2N}$ 系列 PLC 内部共有 256 个定时器，其编号为 T0～T255。其中常规定时器有 246 个，积算定时器有 10 个。定时器的种类和编号如表 3.8 所示。常规定时器没有保持功能，在输入电路断开或停电时自动复位(清零)，工作原理如图 3.1 所示；积算定时器具有断电保持功能，在输入电路断开或停电时保持当前值，当输入再接通或者重新通电时，在原计时当前值的基础上继续累计，工作原理如图 3.2 所示。每一个定时器都有一个设定定时时间的设定值寄存器(一个字长)、一个对标准时钟脉冲计数的计数器(一个字长)和一个用来存储输出触点状态的映像寄存器

(位寄存器)，这三个存储单元使用同一元件号。设定值可以用常数 K 进行设定，也可以用数据寄存器(D)的内容来设定。如外部数字开关输入的数据可以存入数据寄存器(D)作为定时器的设定值。定时器根据时钟累计计时，FX$_{2N}$ 系列 PLC 提供的时钟脉冲有 1 ms、10 ms、100 ms 三种，当所计时间达到设定值时，输出触点动作。FX$_{2N}$ 系列 PLC 中的定时器只有通电延时型，没有断电延时型。如果要实现断电延时的控制功能，可以通过程序来实现。

表 3.8　定时器的类型和编号

类　型	编　号	数量	时　钟	定时范围	备　注
常规定时器	T0～T191	192	100 ms	0.1～3276.7 s	
	T192～T199	8	100 ms	0.1～3276.7 s	子程序中断服务程序专用定时器
	T200～T245	46	10 ms	0.01～327.67 s	
积算定时器	T246～T249	4	1 ms	0.001～32.767 s	
	T250～T255	6	100 ms	0.1～3276.7 s	

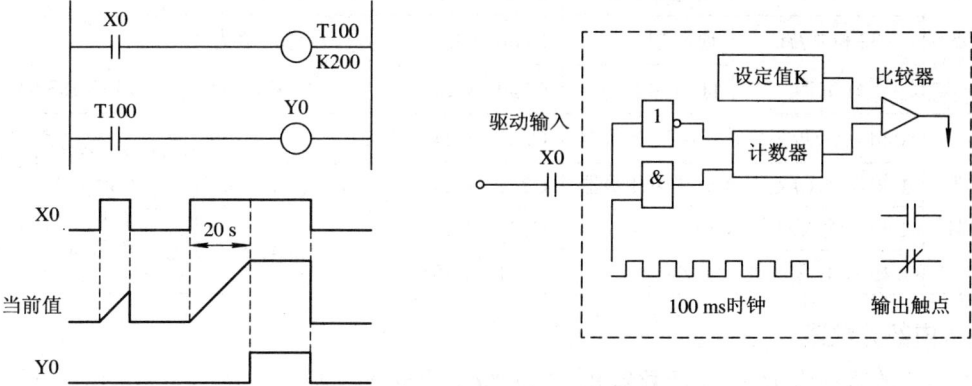

图 3.1　常规定时器的工作原理

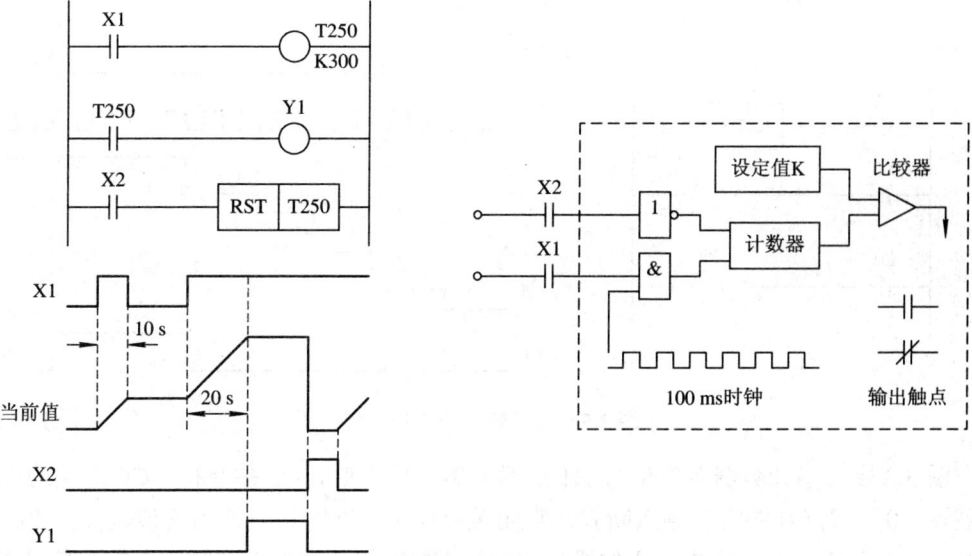

图 3.2　积算定时器的工作原理

3.2.5 计数器(C)

FX$_{2N}$ 系列 PLC 提供了两类计数器，一类是内部计数器，它是 PLC 在执行扫描操作时对内部信号 X、Y、M、S、T、C 等进行计数的计数器，要求输入信号的接通或断开时间应大于 PLC 的扫描周期；另一类是高速计数器，其响应速度快，因此对于频率较高的计数就必须采用高速计数器。两类计数器的功能都是设定预置数，当计数器输入端信号从 OFF 变为 ON 时，计数器减 1 或加 1，计数值减为 "0" 或者加到设定值时，计数器线圈 ON。计数器的种类和编号如表 3.9 所示。

表 3.9 计数器的种类和编号

种　类		编　号	备　注
内　部 计数器	16 位加计数器　通用型	C0～C99	计数设定值为
	16 位加计数器　断电保护型	C100～C199	1～32 767
	32 位加/减 计数器　通用型	C200～C219	计数设定值为
	32 位加/减 计数器　断电保护型	C220～C234	–2 147 483 648～+2 147 483 647
高　速 计数器	1 相无启动/复位端子高速计数器	C235～C240	用于高速计数器的输入端只有 6 点 (X0～X5)，如果其中一个被占用，它就不能再用于其他高速计数器或者其他用途，因此只能有 6 个高速计数器同时工作
	1 相带启动/复位端子高速计数器	C241～C245	
	1 相 2 输入双向高速计数器	C246～C250	
	2 相 A-B 型高速计数器	C251～C255	

1. 内部计数器

内部计数器分为 16 位加计数器和 32 位加/减计数器两类。

1) 16 位加计数器

16 位加计数器的工作原理如图 3.3 所示。

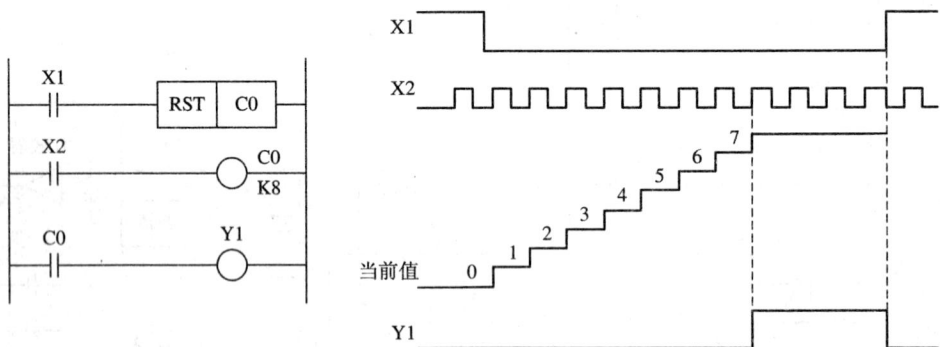

图 3.3 加计数器的工作原理

在图 3.3 中，当计数器复位信号 X1 的常开触点闭合时，C0 被复位，C0 对应的位存储单元被置 "0"，则 C0 的常开触点断开，常闭触点闭合，同时计数器当前值也被置 "0"，并且不对输入信号 X2 进行计数。计数器复位信号 X1 的常开触点断开时，在输入信号 X2 的上升沿计数器当前值加 "1"，当有 8 个输入信号之后，C0 的当前值等于设定值，C0 对应的位存储单元被置"1"，则 C0 的常开触点闭合，常闭触点断开。再有计数输入信号 X2 到来时，当前值保持不变。直到复位信号 X1 的常开触点闭合时，计数器 C0 被复位，当前值又被置"0"。计数器设定值可以用常数 K 或者通过数据寄存器 D 来设置。

2) 32 位加/减计数器

计数器设定值可以用常数 K 或者通过数据寄存器 D 来设置。用数据寄存器设置时，设定值存放于元件号相连的两个数据寄存器中，如指定寄存器为 D0，则设定值存放于 D1 和 D0 中。

32 位加/减计数器的计数方式通过特殊辅助继电器 M8200～M8234 设定。当特殊辅助继电器 M82×× 为 ON 时，对应的计数器 C2×× 为减计数，反之则为加计数。图 3.4 中 C200 的设定值为 6，当 X10 断开时，特殊辅助继电器 M8200 线圈断开，即 OFF，此时计数器 C200 进行加计数，在当前值≥6 时，计数器的常开触点闭合；当 X10 闭合时，特殊辅助继电器 M8200 线圈接通，即 ON，此时计数器 C200 进行减计数，在当前值＜6 时，计数器的常开触点断开；当复位信号 X11 闭合(ON)时，C200 被复位，其常开触点断开，常闭触点闭合。

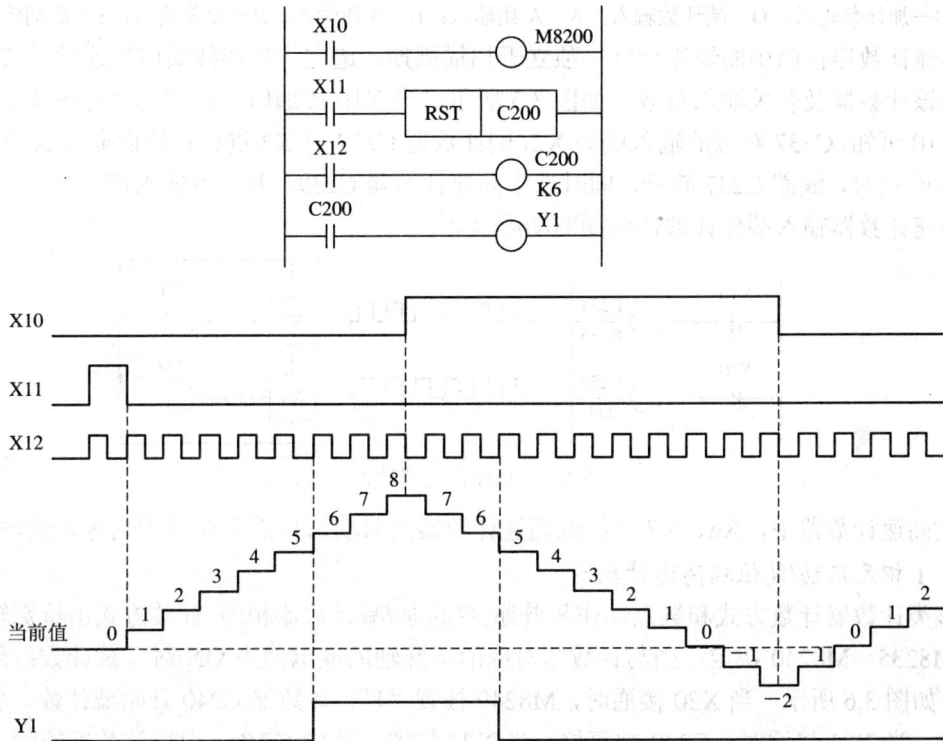

图 3.4 32 位加/减计数器工作原理

对于断电保持计数器，在电源断开时，计数器当前值保持不变，再次通电后在原计数器当前值的基础上继续计数，只有复位信号才可以使当前值被置"0"(复位)。

2. 高速计数器

高速计数器用于对外部频率较高的信号进行计数，均为 32 位加/减计数器，其加/减计数方式的选择取决于所需计数器的类型及高速输入端子，如表 3.10 所示。

表 3.10　高速计数器表

输入信号	1相无启动/复位						1相带启动/复位					1相2输入(双向)					2相输入(A-B相型)				
	C235	C236	C237	C238	C239	C240	C241	C242	C243	C244	C245	C246	C247	C248	C249	C250	C251	C252	C253	C254	C255
X0	U/D						U/D			U/D		U	U		U		A	A		A	
X1		U/D					R			R		D	D		D		B	B		B	
X2			U/D					U/D			U/D		R		R			R		R	
X3				U/D				R			R			U		U			A		A
X4					U/D				U/D					D		D			B		B
X5						U/D			R					R		R			R		R
X6										S					S					S	
X7											S					S					S

注：U－加计数输入；D－减计数输入；A－A相输入；B－B相输入；R－复位输入；S－启动输入。

高速计数器按照中断原则运行，独立于扫描周期。选定计数器线圈应以连续方式驱动，以确保该计数器及有关输入有效。如图 3.5 所示，当 X10 接通时，选中高速计数器 C237，由表 3.10 可知，C237 对应的输入端为 X2，则计数器 C237 对 X2 进行计数而非对 X10 计数；当 X10 断开时，线圈 C237 断开，同时选中高速计数器 C239，其计数输入信号为 X4。严禁使用高速计数器输入端作计数器线圈驱动触点。

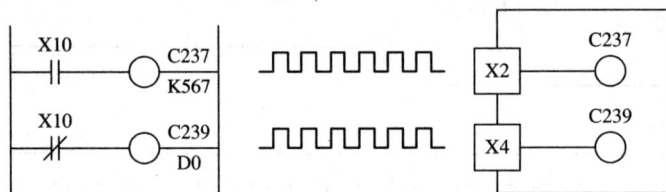

图 3.5　高速计数器输入

在高速计数器中，X6、X7 只能做高速计数器的启动信号而不能用于高速计数输入。

1) 1相无启动/复位端高速计数器

该类计数器计数方式和触点动作与普通 32 位加/减计数器相同。计数方式由特殊辅助继电器 M8235～M8240 决定，当与计数器对应的特殊辅助继电器为 ON 时，减计数；反之加计数。如图 3.6 所示，当 X20 接通时，M8240 被置"1"，计数器 C240 开始减计数，反之为加计数。当 X21 接通时，C240 被复位。当 X22 接通则选中 C240，对应计数器的输入端为 X5，C240 开始对 X5 输入的信号进行计数。

2) 1相带启动/复位端高速计数器

该类计数器计数方式和触点动作与 1 相无启动/复位计数器类似，只是多了启动端和复位端(如表 3.10 所示)，而带启动端的计数器只有在启动端接通时才可以进行计数。如图 3.7 所示，由 X10 决定特殊辅助继电器 M8245 通断，M8245 决定计数方式；X11 接通或 X3 接通都可以对 C245 复位；在 X12 选中 C245 后，只有当 X7 接通时 C245 才可以对 X2 计数；X7 断开，则停止计数。

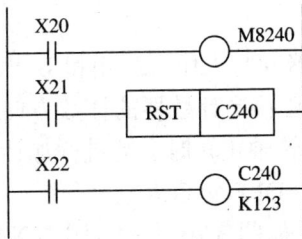

图 3.6　高速计数器 C240 应用

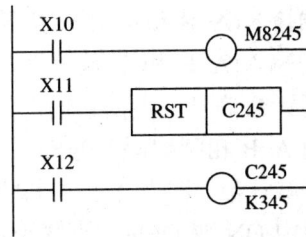

图 3.7　高速计数器 C245 应用

3) 1 相 2 输入端高速计数器

该类计数器有两个计数信号输入端，一个用于加计数，另一个用于减计数。对应于加/减计数输入，计数器自动进行加/减计数。还有的具有复位端和启动端(如表 3.10 所示)，带启动端的计数器只有在启动端接通时才可以进行计数。这类计数器的加/减状态决定了特殊辅助继电器的通断，即计数器执行加/减计数时，特殊辅助继电器的状态分别为 OFF/ON，因此可以通过特殊辅助继电器的状态来监视计数器的计数方向。图 3.8 为无复位和启动端计数器 C246 的应用，X10 为复位信号，X11 为选中信号，X0 为加计数输入信号，X1 为减计数输入信号。在 X11 闭合后(即选中 C246)，当 X0 由 OFF 变 ON(即上升沿)时，计数器自动加 "1"；当 X1 由 OFF 变 ON(即上升沿)时，计数器自动减 "1"。

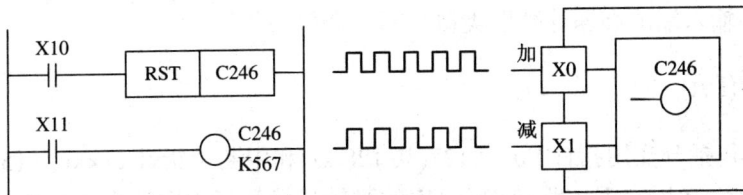

图 3.8　计数器 C246 应用

图 3.9 为带复位和启动端计数器 C249 的应用，X10 为选中信号，X0 为加计数输入信号，X1 为减计数输入信号，X2 为复位信号，X6 为启动信号。在 X10 闭合后(即选中 C249)，并且启动输入信号 X6 接通时，当 X0 由 OFF 变 ON(即上升沿)时计数器自动加 "1"；当 X1 由 OFF 变 ON(即上升沿)时，计数器自动减 "1"。当启动输入信号 X6 断开时，停止计数。

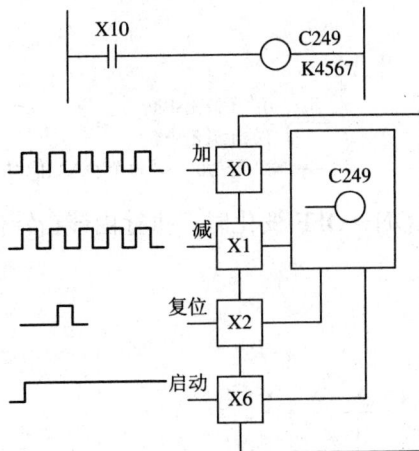

图 3.9　计数器 C249 应用

4) 2 相输入(A-B 相)高速计数器

在 2 相输入(A-B 相)计数器中，最多可以两个计数器同时工作。A 相和 B 相信号状态不仅提供了计数信号，根据它们之间的相对相连关系，还决定计数器的计数方向。将与旋转轴相连的 A-B 相型编码器输出信号输入计数端，在旋转轴正转时自动进行加计数，反转时自动进行减计数，即当 A 相为 ON 状态时，B 相输入由 OFF 变 ON(即上升沿)，计数器为加计数，而由 ON 变 OFF(即下降沿)，计数器为减计数，如图 3.10 所示。图中 X10 为复位信号，X11 为选中信号。

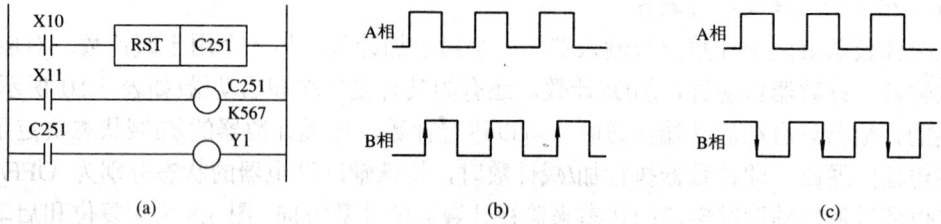

图 3.10　计数器 C251 应用

(a) 梯形图；(b) 正转加计数；(c) 反转减计数

带有复位和启动信号的 2 相输入(A-B 相)高速计数器以及对应特殊辅助继电器的状态与前述 1 相 2 输入端的高速计数器类似。

3.2.6　指针(P/I)

指针(P/I)包括分支用指针 P0～P127(共 128 点)和中断用指针 I×××(共 15 点)。

分支用指针(P)用来表示跳转指令(CJ)的跳转目标和子程序调用指令(CALL)调用的子程序入口地址。

中断用指针(I)用来说明某一中断源的中断程序入口标号。当中断发生时，CPU 执行从指定标号开始的中断程序，执行到 IRET(中断返回)指令时返回主程序。中断源有 6 个输入中断、3 个定时器中断、6 个计数器中断。

1. 输入中断

其格式如下：

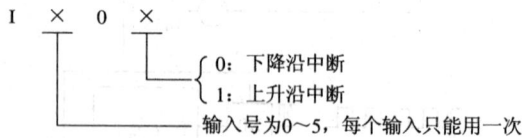

例如 I100 为输入 X1 从 ON→OFF 变化时，执行由该指针作为标号的中断程序，并由 IRET 指令返回。

2. 定时器中断

其格式如下：

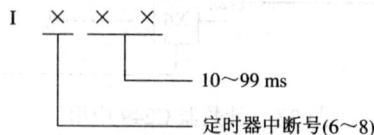

例如 I660 为每隔 60 ms 就执行标号为 I660 的中断程序，并由 IRET 指令返回。

3. 计数器中断

其格式如下：

```
I   0   ×   0
            └──────── 计数器中断号(1~6)
```

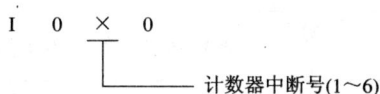

计数器中断用于 PLC 内置的高速计数器，根据高速计数器的计数当前值与计数设定值的关系来确定是否执行相应的中断服务子程序。

3.2.7 数据寄存器(D)

在复杂的 PLC 控制系统中有大量的工作参数和数据，这些参数和数据都存储在数据寄存器中。FX$_{2N}$ 系列 PLC 提供的数据寄存器的长度为双字节(16 位)，也可以将两个寄存器合并起来存放一个 4 个字节(32 位)的数据。数据寄存器的种类和编号如表 3.11 所示。

表 3.11 数据寄存器的种类和编号

种　类	编　号		备　注
通用数据寄存器	D0~D199		在 PLC 运行状态下，只要不改写，原有数据不会丢失；当 PLC 由运行(RUN)到停止(STOP)时，该类数据寄存器的数据均为零；当特殊辅助继电器 M8033 置"1"，PLC 由 RUN 转为 STOP 时，数据可以保持
断电保持数据寄存器	D200~D7999	D200~D511	具有断电保持功能，可用外部设定改变；D490~D509 供通信用
		D512~D7999	具有断电保持功能，不可更改。可用 RST 和 ZRST 指令清除其内容
特殊数据寄存器	D8000~D8255		用于监控 PLC 的运行状态
变址寄存器	V0~V7		16 位寄存器，如果进行 32 位操作，作高 16 位
	Z0~Z7		16 位寄存器，如果进行 32 位操作，作低 16 位

3.3　FX$_{2N}$系列 PLC 的基本指令

FX$_{2N}$ 系列 PLC 有 27 条基本指令，2 条步进顺控指令，128 种(298 条)功能指令(或称为应用指令)。本节介绍基本指令的名称、助记符、功能等，如表 3.12 所示。

表 3.12　FX₂N 系列 PLC 基本指令一览表

助记符	名　　称	可用元件	功　能　和　用　途
LD	取	X、Y、M、S、T、C	逻辑运算开始。用于与母线连接的常开触点
LDI	取反	X、Y、M、S、T、C	逻辑运算开始。用于与母线连接的常闭触点
LDP	取脉冲上升沿	X、Y、M、S、T、C	上升沿检测的指令,仅在指定元件的上升沿时接通一个扫描周期
LDF	取脉冲下降沿	X、Y、M、S、T、C	下降沿检测的指令,仅在指定元件的下降沿时接通一个扫描周期
AND	与	X、Y、M、S、T、C	和前面的元件或回路块实现逻辑与,用于常开触点串联
ANI	与反	X、Y、M、S、T、C	和前面的元件或回路块实现逻辑与,用于常闭触点串联
ANDP	与脉冲上升沿	X、Y、M、S、T、C	上升沿检测的指令,仅在指定元件的上升沿时接通一个扫描周期
OUT	输出	Y、M、S、T、C	驱动线圈的输出指令
SET	置位	Y、M、S	线圈接通保持指令
RST	复位	Y、M、S、T、C、D	清除动作保持;当前值及寄存器清零
PLS	上升沿微分指令	Y、M	在输入信号上升沿时产生一个扫描周期的脉冲信号
PLF	下降沿微分指令	Y、M	在输入信号下降沿时产生一个扫描周期的脉冲信号
MC	主控	Y、M	主控程序的起点
MCR	主控复位	—	主控程序的终点
ANDF	与脉冲下降沿	Y、M、S、T、C、D	下降沿检测的指令,仅在指定元件的下降沿时接通一个扫描周期
OR	或	Y、M、S、T、C、D	和前面的元件或回路块实现逻辑或,用于常开触点并联
ORI	或反	Y、M、S、T、C、D	和前面的元件或回路块实现逻辑或,用于常闭触点并联
ORP	或脉冲上升沿	Y、M、S、T、C、D	上升沿检测的指令,仅在指定元件的上升沿时接通一个扫描周期
ORF	或脉冲下降沿	Y、M、S、T、C、D	下降沿检测的指令,仅在指定元件的下降沿时接通一个扫描周期
ANB	回路块与	—	并联回路块的串联连接指令
ORB	回路块或	—	串联回路块的并联连接指令
MPS	进栈	—	将运算结果(或数据)压入栈存储器
MRD	读栈	—	将栈存储器第一层的内容读出
MPP	出栈	—	将栈存储器第一层的内容弹出
INV	取反转	—	将执行该指令之前的运算结果进行取反转操作
NOP	空操作	—	程序中仅做空操作运行
END	结束	—	表示程序结束

3.3.1 LD、LDI 和 OUT(取、取反和输出)指令

1. 指令功能

LD：逻辑运算开始指令，用于与母线连接的常开触点。

LDI：逻辑运算开始指令，用于与母线连接的常闭触点。

LD 和 LDI 的操作元件：X、Y、M、S、T、C。

OUT：驱动线圈的输出指令，将运算结果输出到指定的继电器。

OUT 的操作元件：Y、M、S、T、C。

2. 编程实例

梯形图、指令表和时序图如表 3.13 所示。

表 3.13 梯形图、指令表和时序图

程序解释：

(1) 当 X0 接通(ON)时，Y0 接通输出(ON)；X0 断开(OFF)时，Y0 断开(OFF)。

(2) 当 X1 接通(ON)时，Y1 断开(OFF)；X1 断开(OFF)时，Y1 接通输出(ON)。

3. 指令使用说明

(1) LD 和 LDI 指令将指定操作元件中的内容取出并送入操作器。

(2) OUT 指令在使用时不能直接从左母线输出(应用步进指令控制除外)；不能串联使用，在梯形图中位于逻辑行末尾紧靠右母线；可以连续使用，相当于并联输出；如未特别设置(输出线圈使用设置)，则 OUT 指令在程序中同名输出继电器的线圈只能使用一次。

(3) 用于驱动定时器和计数器线圈时，输出指令后必须设置常数 K 或指定数据寄存器的地址号(在指定数据寄存器内设定常数)。常数 K 的设定范围参照表 3.8 和表 3.9。

3.3.2 AND 和 ANI(与和与反)指令

1. 指令功能

AND：常开触点串联指令，把指定操作元件中的内容和原来保存在操作器里的内容进行逻辑"与"，并将逻辑运算的结果存入操作器。

ANI：常闭触点串联指令，把指定操作元件中的内容取反，然后和原来保存在操作器里的内容进行逻辑"与"，并将逻辑运算的结果存入操作器。

AND 和 ANI 的操作元件：X、Y、M、S、C、T。

2. 编程实例

梯形图、指令表和时序图如表 3.14 所示。

表 3.14　梯形图、指令表和时序图

梯　形　图	指　令　表	时　序　图
与　　与反	0　LD　　X0 1　AND　X1 2　ANI　X2 3　OUT　Y0	

程序解释：

只有当 X0、X1 接通(ON)且 X2 为断开(OFF)时，Y0 接通输出，否则 Y0 断开。

3. 指令使用说明

当串联常开触点时使用 AND 指令；当串联常闭触点时使用 ANI 指令。

AND 和 ANI 可以连续使用，如图 3.11 所示。

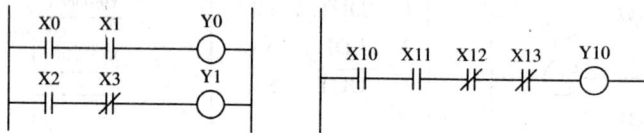

图 3.11　梯形图

3.3.3　OR 和 ORI (或和或反)指令

1. 指令功能

OR：常开触点并联指令，把指定操作元件中的内容和原来保存在操作器里的内容进行逻辑"或"，并将这一逻辑运算的结果存入操作器。

ORI：常闭触点并联指令，把指定操作元件中的内容取反，然后和原来保存在操作器里的内容进行逻辑"或"，并将运算结果存入操作器。

OR 和 ORI 的操作元件：X、Y、M、S、C、T。

2. 编程实例

梯形图、指令表和时序图如表 3.15 所示。

表 3.15　梯形图、指令表和时序图

梯　形　图	指　令　表	时　序　图
或　　或非	0　LD　　X0 1　OR　　X1 2　ORI　X2 3　OUT　Y0	

程序解释：

只要 X0 接通(ON)、X1 接通(ON)、X2 断开(OFF)三个条件中任意一个条件具备，Y0 接通输出(ON)，否则 Y0 断开。

3．指令使用说明

OR 将常开触点进行逻辑"或"运算，ORI 将常闭触点进行逻辑"或"运算；OR 和 ORI 均可以连续使用。

3.3.4　ANB 和 ORB(回路块与和回路块或)指令

1．指令功能

ANB：回路块与操作指令，实现多个触点组成的回路块之间的逻辑"与"运算。

ORB：回路块或操作指令，实现多个触点组成的回路块之间的逻辑"或"运算。

ANB 和 ORB 指令没有操作元件，操作对象是该指令助记符前的指令块。

2．编程实例

(1) ANB 指令在编程应用时的梯形图、指令表和时序图如表 3.16 所示。

表 3.16　梯形图、指令表和时序图

程序解释：

X0、X2 其中一个接通(ON)，且 X1、X3 其中一个也处于接通(ON)状态时，Y0 接通输出(ON)。

(2) ORB 指令在编程应用时的梯形图、指令表和时序图如表 3.17 所示。

表 3.17　梯形图、指令表和时序图

程序解释:

当 X0、X1 同时接通(ON)或 X2、X3 同时接通(ON)这两个条件至少具备一个时，Y0 接通输出(ON)，否则 Y0 断开(OFF)。

3. 指令使用说明

ANB 和 ORB 指令用在较复杂的有多个回路块的梯形图中，指令表编程有两个方法：一种方法是先输入两个回路块，用 ANB(或 ORB)指令将其串联或并联，然后再输入一个回路块，再 ANB(或 ORB)……依此类推。使用该方法编程时，ANB(或 ORB)指令使用次数不限；另一种方法是先将各个回路块输入，然后连续使用 ANB(或 ORB)指令将其全部串联(或并联)，使用该方法编程时，ANB(或 ORB)指令使用次数不得超过 8 次，如表 3.18 所示。

表 3.18 多个回路块串联(或并联)

梯 形 图	指 令 表(一)	指 令 表(二)
X0 X1 X2 Y0 X3 X4 X5 多回路块串联	0 LD X0 1 OR X3 2 LD X1 3 OR X4 4 ANB 5 LD X2 6 OR X5 7 ANB 8 OUT Y0	0 LD X0 1 OR X3 2 LD X1 3 OR X4 4 LD X2 5 OR X5 6 ANB 7 ANB 8 OUT Y0
X0 X1 Y0 X2 X3 X4 X5 多回路块并联	0 LD X0 1 AND X1 2 LD X2 3 AND X3 4 ORB 5 LD X4 6 AND X5 7 ORB 8 OUT Y0	0 LD X0 1 AND X1 2 LD X2 3 AND X3 4 LD X4 5 AND X5 6 ORB 7 ORB 8 OUT Y0

PLC 基本逻辑指令的操作通过 PLC 内部逻辑运算处理器来完成，逻辑处理器一般为 8 位，最高位为操作器。对应图 3.12 的控制程序其内部逻辑运算执行过程如图 3.13 所示。

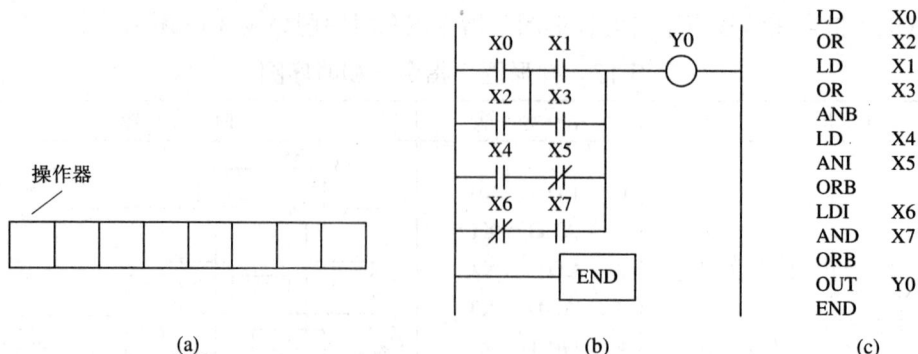

```
LD   X0
OR   X2
LD   X1
OR   X3
ANB
LD   X4
ANI  X5
ORB
LDI  X6
AND  X7
ORB
OUT  Y0
END
```

(a)   (b)   (c)

图 3.12 逻辑运算处理器和控制程序图

(a) 逻辑处理器；(b) 梯形图；(c) 指令表

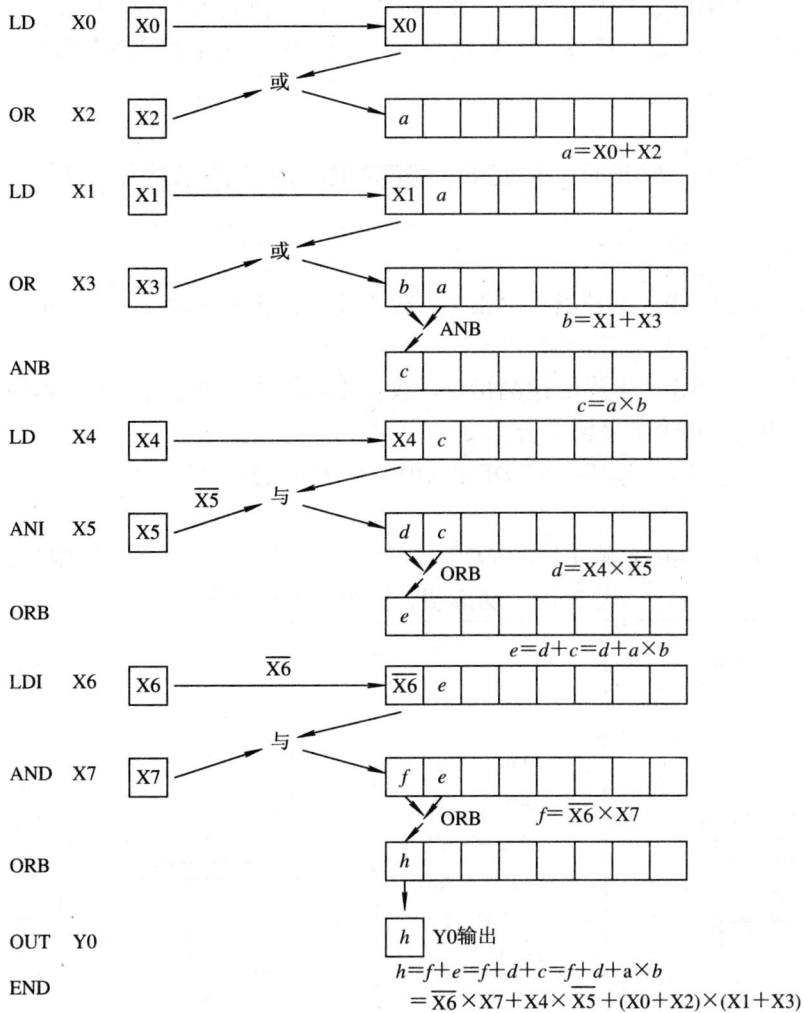

图 3.13 逻辑运算处理器对程序执行过程示意图

当执行指令为与左母线相连的 LD 指令时，就是把 LD 指令后的操作元件中的内容取出并送到操作器中；如果是与左母线相连的 LDI 指令时，就把 LDI 指令后的操作元件中的内容取反后送到操作器中；当 LD 指令为与并联块的串联或者串联块的并联的第二个 LD 指令时，则 LD 指令将把操作器中内容下压一位，最后一位内容丢失，同时再将 LD 指令后的操作元件中的内容取出并送到操作器中；若 LDI 指令前为回路块时，则把操作器中内容下压一位，最后一位内容丢失，同时再将 LDI 指令后的操作元件中的内容取反后送到操作器中。

当 PLC 执行 AND 或 ANI 指令时，是将 AND 指令对应的操作元件中的内容取出与操作器中的内容进行逻辑"与"运算，并将结果送入操作器；或者将 ANI 指令对应的操作元件中的内容取反后与操作器中的内容进行逻辑"与"运算，并将结果送入操作器。

当 PLC 执行 OR 或 ORI 指令时，是将 OR 指令对应的操作元件中的内容取出与操作器中的内容进行逻辑"或"运算，并将结果送入操作器；或者将 ORI 指令对应的操作元件中的内容取反后与操作器中的内容进行逻辑"或"运算，并将结果送入操作器。

当 PLC 执行 ANB 或 ORB 指令时，将操作器中最高位的内容与操作器下一位中的内容进行逻辑"与"或者"或"运算，并将结果送入操作器，逻辑处理器中的其他各位内容依次左移一位(即向高位移动)。

3.3.5 LDP、LDF、ANDP、ANDF、ORP 和 ORF(边沿检测)指令

1. 指令功能

LDP、ANDP、ORP：上升沿检测指令，仅在指定操作元件的上升沿(OFF→ON)时，接通一个扫描周期，又称为上升沿微分指令。

LDF、ANDF、ORF：下降沿检测指令，仅在指定操作元件的下降沿(ON→OFF)时，接通一个扫描周期，又称为下降沿微分指令。

LDP、ANDP、ORP、LDF、ANDF 和 ORF 指令的操作元件是 X、Y、M、S、C、T。

2. 编程实例

上升沿检测和下降沿检测指令在编程应用时的梯形图、指令表和时序图如表 3.19 所示。

表 3.19 梯形图、指令表和时序图

梯　形　图	指　令　表	时　序　图
	0　LDP　　X0 1　ORF　　X1 2　OUT　　Y1 3　LD　　 M0 4　ANDP　T0 5　OUT　　Y2	

程序解释：

当输入信号 X0 由断开变为接通(即 OFF→ON)或者输入信号 X1 由接通变为断开(即 ON→OFF)时，输出 Y1 接通一个扫描周期；当内部辅助继电器 M0 处于接通状态(即 ON)，且定时器 T0 由断开变为接通(即 OFF→ON)时，输出 Y2 接通一个扫描周期。

3. 指令使用说明

(1) 边沿检测指令的功能与脉冲指令相同，如图 3.14(a)所示。

在图 3.14(a)中，无论采用边沿检测指令还是脉冲指令，当输入信号 X0 由断开变为接通(即 OFF→ON)时，输出 Y0 接通一个扫描周期。LDF 指令和 PLF 指令功能也相同。

(2) 在使用功能指令(功能指令见第 5 章)编程时，也可以使用边沿检测指令实现，同样也很方便，如图 3.14(b)所示。

在图 3.14(b)中，当输入信号 X0 由断开变为接通(即 OFF→ON)时，只执行一次传送(MOV)数据操作。

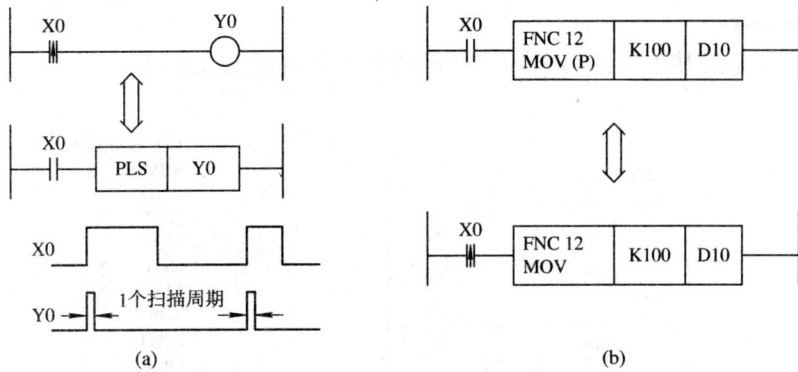

图 3.14 边沿检测指令与脉冲指令

(a) 指令应用及输出波形；(b) 在功能指令中的应用

3.3.6 MPS、MRD 和 MPP(入栈、读栈和出栈)指令

1. 指令功能

MPS：进栈指令，将运算结果(数据)压入栈存储器。

MRD：读栈指令，将栈存储器的第一层内容读出。

MPP：出栈指令，将栈存储器的第一层内容弹出。

MPS、MRD 和 MPP 指令没有操作元件。

2. 编程实例

栈操作指令用于多重输出的梯形图中，如图 3.15 所示。在编程时，需要将中间运算结果存储时，就可以通过栈操作指令来实现。FX$_{2N}$ 提供了 11 个存储中间运算结果的栈存储器(见图 3.15)。使用一次 MPS 指令，当时的逻辑运算结果压入栈的第一层，栈中原来的数据依次向下一层推移；当使用 MRD 指令时，栈内的数据不会变化(即不上移或下移)，而是将栈的最上层内容(数据)读出；当执行 MPP 指令时，将栈的最上层内容(数据)读出，同时该数据从栈中消失，而栈中其他层的数据向上移动一层，因此也称该指令为弹栈。

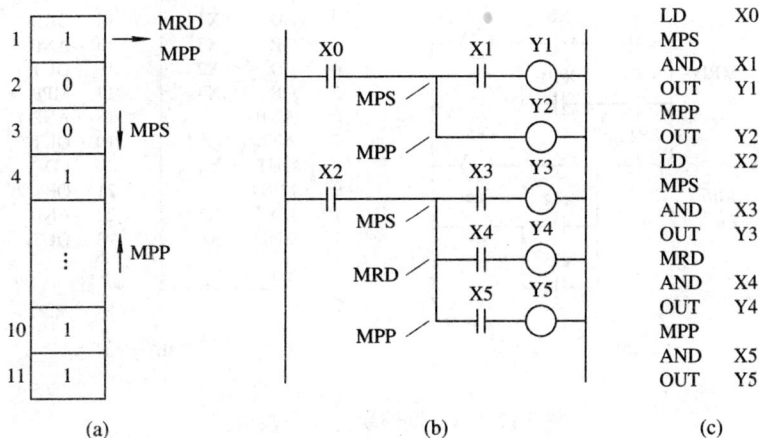

图 3.15 栈存储器和多重输出程序

(a) 栈存储器；(b) 梯形图；(c) 指令表

1) 一段栈编程

一段栈编程是最基本的最简单的，梯形图和指令表如图 3.16 所示。

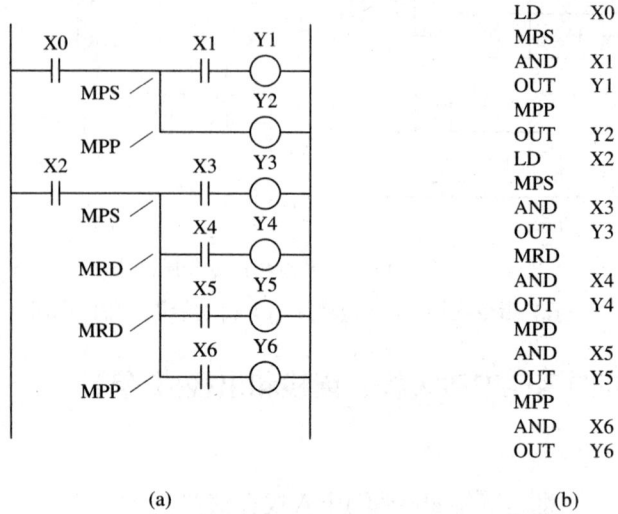

LD	X0
MPS	
AND	X1
OUT	Y1
MPP	
OUT	Y2
LD	X2
MPS	
AND	X3
OUT	Y3
MRD	
AND	X4
OUT	Y4
MPD	
AND	X5
OUT	Y5
MPP	
AND	X6
OUT	Y6

(a)　　　　　　　　　　　　　(b)

图 3.16　一段栈编程

(a) 梯形图；(b) 指令表

2) 具有回路块的一段栈编程

具有回路块的一段栈编程时，注意必须以 LD 或 LDI 开始，并且要与前面栈存储器中的内容实现逻辑块操作。梯形图和指令表如图 3.17 所示。

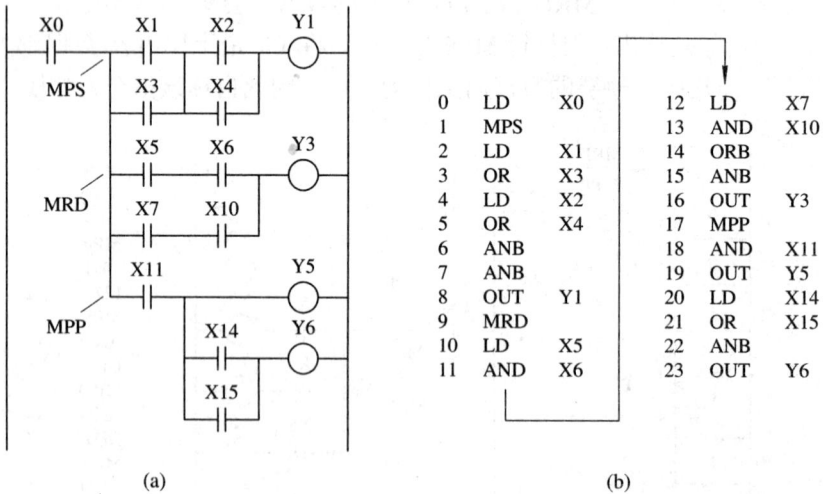

0	LD	X0	12	LD	X7
1	MPS		13	AND	X10
2	LD	X1	14	ORB	
3	OR	X3	15	ANB	
4	LD	X2	16	OUT	Y3
5	OR	X4	17	MPP	
6	ANB		18	AND	X11
7	ANB		19	OUT	Y5
8	OUT	Y1	20	LD	X14
9	MRD		21	OR	X15
10	LD	X5	22	ANB	
11	AND	X6	23	OUT	Y6

(a)　　　　　　　　　　　　　(b)

图 3.17　具有回路块的一段栈编程

(a) 梯形图；(b) 指令表

3) 二段栈编程

二段栈编程时，梯形图和指令表如图 3.18 所示。

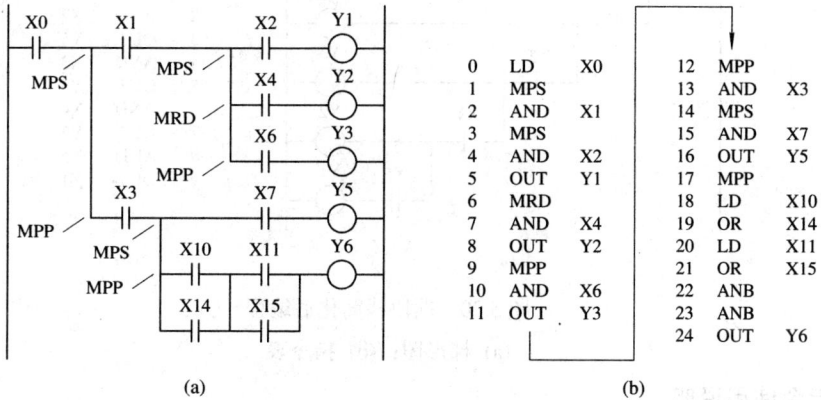

图 3.18　二段栈编程

(a) 梯形图；(b) 指令表

4) 多段栈编程

多段栈编程时要注意梯形图的编程技巧，图 3.19 所示的程序中使用栈操作指令来完成程序。通过梯形图的适当变换就可以不使用栈操作指令，从而简化指令语句编程，梯形图和指令表如图 3.20 所示。

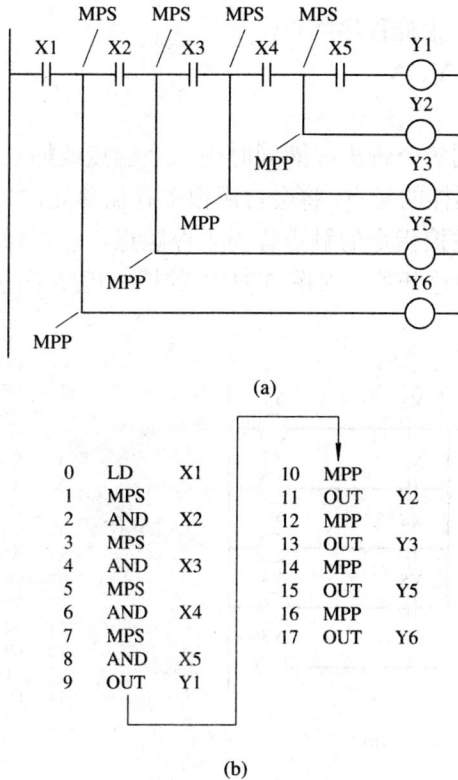

(a)

(b)

图 3.19　四段栈编程

(a) 梯形图；(b) 指令表

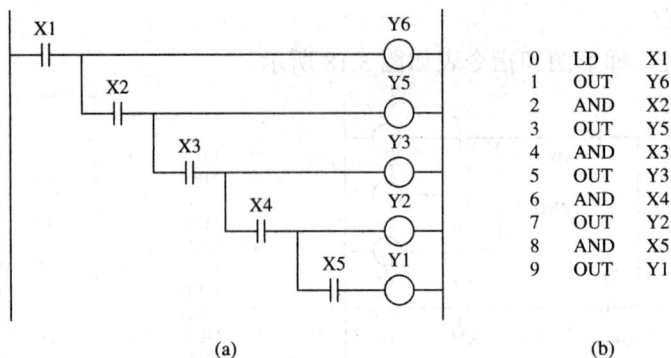

图 3.20 四段栈简化后编程

(a) 梯形图；(b) 指令表

3. 指令使用说明

在使用栈操作指令编程时，MPS 和 MPP 必须成对使用。由于 FX$_{2N}$ 只提供了 11 个栈存储器，因此 MPS 和 MPP 连续使用的次数不得超过 11 次。

3.3.7 MC 和 MCR(主控和主控复位)指令

1. 指令功能

MC：主控指令，主控程序起点。

MCR：主控复位指令，主控程序终点。

MC 指令的操作元件是 Y、M。

2. 编程实例

在编程时，经常会遇到多个输出线圈同时受一个触点或触点组控制的情况，如果每个线圈的控制程序中都串联同样的触点，将会占用很多存储单元，如图 3.21 所示。MC 和 MCR 指令可以解决这种问题，主控指令的触点称为主控触点，它在梯形图中一般垂直使用，主控触点是控制某一段程序的总开关。对图 3.21 中的控制程序采用主控指令编程时的梯形图和指令表如图 3.22 所示。

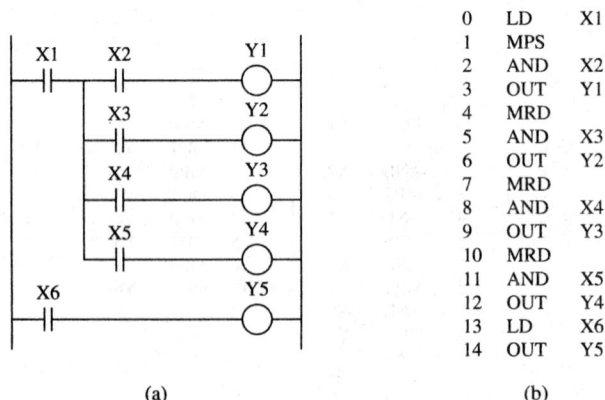

图 3.21 多个输出线圈受一个触点控制的普通方法编程

(a) 梯形图；(b) 指令表

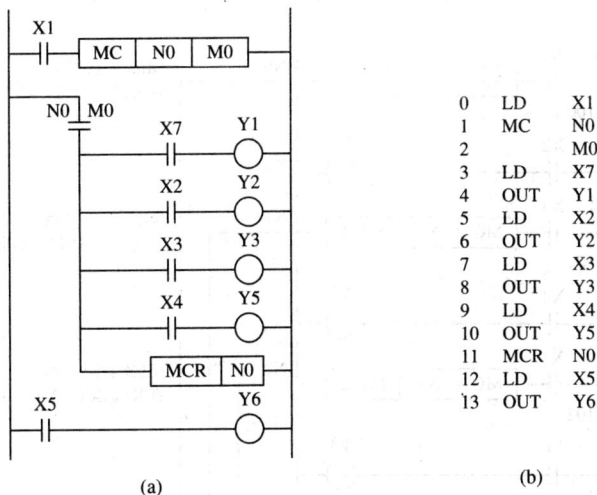

图 3.22　MC、MCR 指令编程

(a) 梯形图；(b) 指令表

　　图 3.22 中常开触点 X1 接通时，主控触点 M0 闭合，执行从 MC 到 MCR 的指令，输出线圈 Y1、Y2、Y3、Y5 分别由 X7、X2、X3、X4 的通断来决定各自的输出状态。而当常开触点 X1 断开时，主控触点 M0 断开，MC 到 MCR 的指令之间的程序不执行，此时无论 X7、X2、X3、X4 是否通断，输出线圈 Y1、Y2、Y3、Y5 全部处于 OFF 状态。

　　输出线圈 Y6 不在主控范围内，所以其状态不受主控触点的限制，仅取决于 X5 的通断。

　　在同一主控程序中再次使用主控指令时称为嵌套，图 3.23 为二级嵌套的主控程序梯形图和指令表，多级嵌套的梯形图也可以画成如图 3.24 所示的形式。

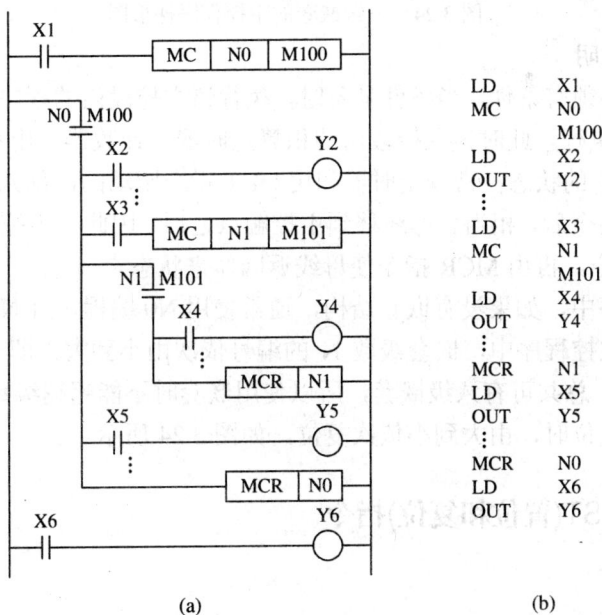

图 3.23　二级嵌套主控指令编程

(a) 梯形图；(b) 指令表

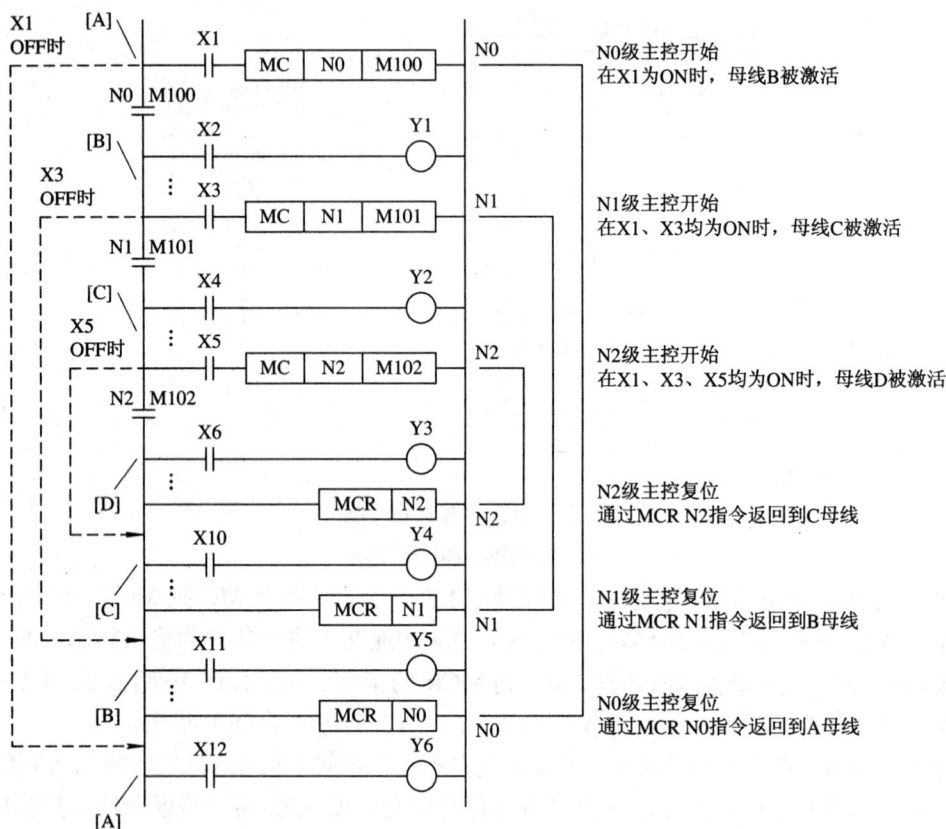

图 3.24 三级嵌套的主控程序梯形图

3. 指令使用说明

(1) 主控指令必须有条件，当条件具备时，执行该主控段内的程序；条件不具备时，该主控段内的程序不执行。此时该主控段内的积算定时器、计数器、用复位/置位指令驱动的内部元件保持其原来的状态；常规定时器和用 OUT 指令驱动的内部元件状态均变为 OFF。

(2) 使用 MC 指令后，相当于母线移到主控触点之后，因此与主控触点相连的触点必须使用 LD 或 LDI 指令，再由 MCR 指令使母线返回原来状态。

(3) 在主控程序中，如果没有嵌套结构，通常使用 N0 编程，且 N0 的使用次数不限。

(4) 有嵌套的主控程序中，嵌套级数 N 的编号依次由小到大，即 N0→N1→N2→N3→N4→N5→N6→N7；总共可有八级嵌套，所以使用嵌套时不能超越级数限制。

(5) 嵌套程序复位时，由大到小依次复位，如图 3.24 所示。

3.3.8 SET 和 RST(置位和复位)指令

1. 指令功能

SET：置位指令，使其操作对象置"1"并保持。

RST：复位指令，使其操作对象置"0"或复位，即清除动作保持、当前值及寄存器清零。

SET 指令的操作元件是 Y、S、M(特殊 M 除外)。

RST 指令的操作元件是 Y、M、S、T、C、D、V、Z。

2. 编程实例

SET 和 RST 指令在应用于输出线圈 Y 控制时的梯形图、指令表和时序图如表 3.20 所示。

表 3.20　梯形图、指令表和时序图

程序解释：

(1) 当 X1 接通(ON)时，输出 Y0 接通(ON)，并保持 ON 状态。

(2) 当 X2 接通(ON)时，输出 Y0 断开(OFF)，即输出 Y0 复位。

SET 和 RST 指令用于内部元件 M、S 等置位和复位时同上，如图 3.25 所示。

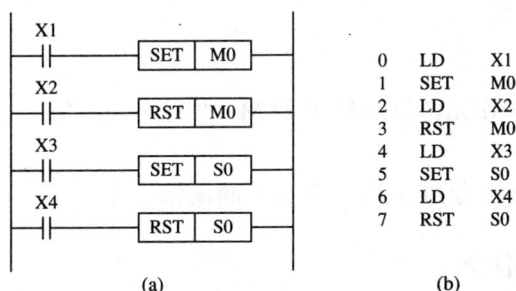

图 3.25　SET 和 RST 指令在控制 M、S 程序中的应用

(a) 梯形图；(b) 指令表

3. 指令使用说明

(1) 利用 SET 和 RST 指令对 Y、M、S 置位复位时，可以无限次使用，且没有顺序限制。

(2) RST 指令可用于数据寄存器(D)、变址寄存器(V、Z)的内容清零。

(3) RST 指令也可用于积算定时器 T 和计数器 C 的当前值和触点的复位。使用方法见图 3.2、图 3.3、图 3.4、图 3.6、图 3.7、图 3.8 和图 3.10。

3.3.9　PLS 和 PLF(上升沿脉冲和下降沿脉冲)指令

1. 指令功能

PLS：上升沿脉冲输出指令，PLS 指令在输入信号的上升沿使得控制对象输出一个扫描周期的信号。

PLF：下降沿脉冲输出指令，PLF 指令在输入信号的下降沿使得控制对象输出一个扫描周期的信号。

PLS 和 PLF 指令的操作元件是 Y、M。

2. 编程实例

梯形图、指令表和时序图如表 3.21 所示。

表 3.21　梯形图、指令表和时序图

梯　形　图	指　令　表	时　序　图
X1 ├┤├─── [PLS　M0] ───┤ M0 ├┤├─── [SET　Y1] ───┤ X2 ├┤├─── [PLF　M1] ───┤ M1 ├┤├─── [RST　Y1] ───┤	0　LD　　X1 1　PLS　　M0 2　LD　　M0 3　SET　　Y1 4　LD　　X2 5　PLF　　M1 6　LD　　M1 7　RST　　Y1	X1 X2 　　　1个扫描周期 M0 　　　1个扫描周期 M1 Y1

程序解释:

(1) 当输入信号 X1 接通(由 OFF→ON)时，M0 接通(ON)一个扫描周期，同时使得输出线圈 Y1 接通(ON)并保持。

(2) 当输入信号 X2 断开(由 ON→OFF)时，M1 接通(ON)一个扫描周期，同时使得输出线圈 Y1 断开(OFF)即复位。

3．指令使用说明

PLS 和 PLF 指令的操作元件只能是 Y 和 M，并且在输入信号接通或断开时只接通一个扫描周期。

特殊辅助继电器不能作为 PLS 和 PLF 指令的操作元件。

3.3.10　INV(取反转)指令

1．指令功能

INV：取反转指令，将 INV 指令执行之前的运行结果反转。

INV 指令没有操作元件。

2．编程实例

梯形图、指令表和时序图如表 3.22 所示。

表 3.22　梯形图、指令表和时序图

梯　形　图	指　令　表	时　序　图
X1　　INV　　　Y1 ├┤├───/───( )	0　LD　　X1 1　INV 2　OUT　　Y1	X1 Y1

程序解释:

当输入信号 X1 接通(由 OFF→ON)时，INV 指令对 X1 取反转，使输出线圈 Y1 断开(OFF)；当输入信号 X1 断开(由 ON→OFF)时，INV 指令对 X1 取反转，使输出线圈 Y1 接通(ON)。

3．指令使用说明

(1) INV 指令只能是用在可以使用 LD、LDI、LDP 和 LDF 的位置，不能直接连接母线，也不能像 OR、ORI、ORP 和 ORF 指令那样单独使用。

(2) 在包含有逻辑块的程序中使用 INV 指令时，INV 指令的功能是仅对以 LD、LDI、LDP、LDF 开始到本身(INV)之前的运算结果取反转，如图 3.26 所示。

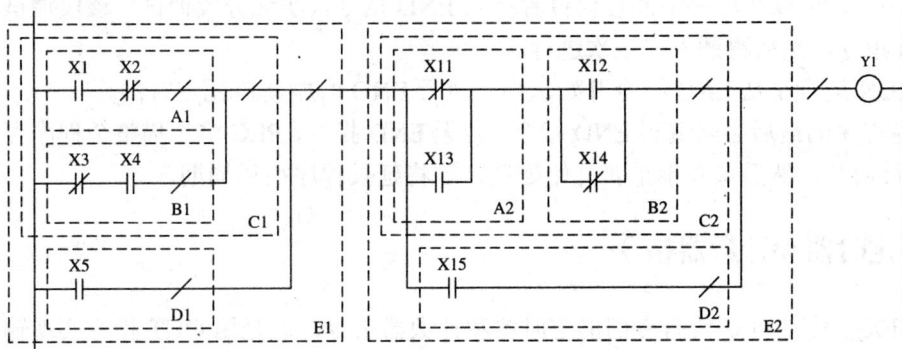

(a)

(b)

图 3.26　INV 指令在逻辑块编程中应用

(a) 梯形图；(b) 指令表

3.3.11　NOP、END(空操作、结束)指令

1. 指令功能

NOP：空操作指令，无动作。

END：程序结束指令，表示程序结束，返回起始地址。

NOP、END 指令都没有操作元件。

2. 指令使用说明

(1) 如果 PLC 执行程序全部清除后，所有内容均变成 NOP。编程时适当插入 NOP 指令，可以减少程序更改时指令表中步序号的变化。

(2) 如将已写入的指令改为 NOP，程序将发生变化，如图 3.27 所示，使用时必须注意。

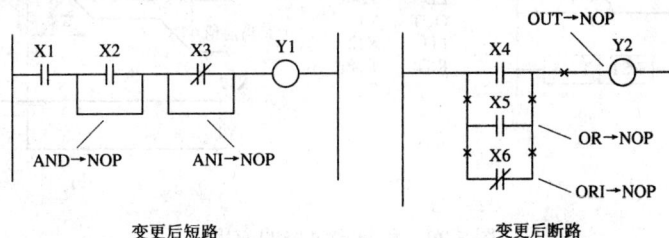

图 3.27　已有指令变更为 NOP 指令时程序结构的变化

(3) PLC 采用巡回扫描方式工作，分为三个阶段，即输入处理、程序执行和输出处理。在进入程序执行阶段后，以 END 表示程序执行阶段结束，然后进入输出处理阶段。因此，在调试程序时，可以在程序中间任何位置插入 END 指令，实现分段调试。该段调试完成后删除 END 指令，然后再插入，依次进行。

(4) RUN 运行是从 END 指令开始，同时执行 END 时刷新监视定时器。

(5) 在程序的最后必须编写 END 指令。若无 END 指令，PLC 将扫描整个程序存储空间直至程序最后步，然后从 0 步重新开始处理，这将延长程序扫描周期。

3.3.12　定时器和计数器指令

三菱 FX$_{2N}$ 系列 PLC 没有专门的定时器和计数器指令，而是用 OUT 指令实现输出，用 RST 指令对积算定时器和计数器复位。

1．常规定时器

常规定时器在输入信号断开时自动复位，应用程序的梯形图、指令表和波形图如图 3.28 所示。

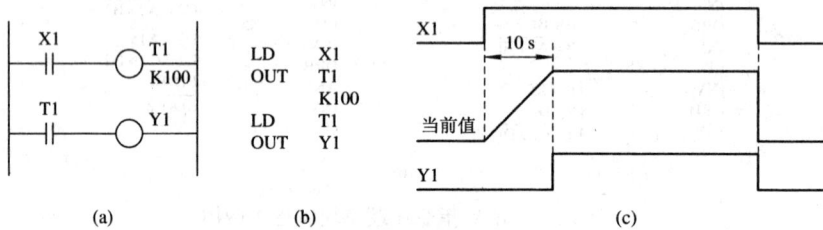

图 3.28　常规定时器的应用

(a) 梯形图；(b) 指令表；(c) 波形图

图 3.28 中，当输入信号 X1 接通(ON)时，定时器 T1 开始计时，达到设定值时，定时器输出，即常开触点闭合，输出继电器 Y1 导通(ON)。输入信号 X1 断开(OFF)时，定时器复位，输出继电器 Y1 断开。

2．积算定时器

积算定时器具有保持功能，因此必须使用 RST 指令对其复位。应用程序梯形图、指令表和波形图如图 3.29 所示。

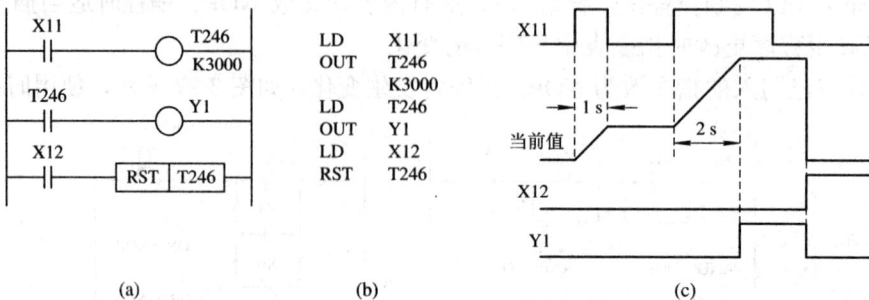

图 3.29　积算定时器的应用

(a) 梯形图；(b) 指令表；(c) 波形图

图 3.29 中，当输入信号 X11 接通(ON)时，定时器 T246 开始计时，若在当前值没有达到设定值时而输入信号(OFF)断开，定时器当前值保持；等到输入信号 X11 再次接通时，则在原来当前值的基础上继续累加，直到当前值等于设定值时定时器 T246 输出，即常开触点闭合，输出继电器 Y1 导通(ON)。如果此状态下输入信号 X11 断开(OFF)时，定时器输出不变。只有当复位信号 X12 接通(ON)时，定时器复位，输出继电器 Y1 断开。

3. 内部计数器

内部计数器分为 16 位加计数器和 32 位加/减计数器两种，工作原理见 3.2 节。图 3.30 为 16 位加计数器的应用。

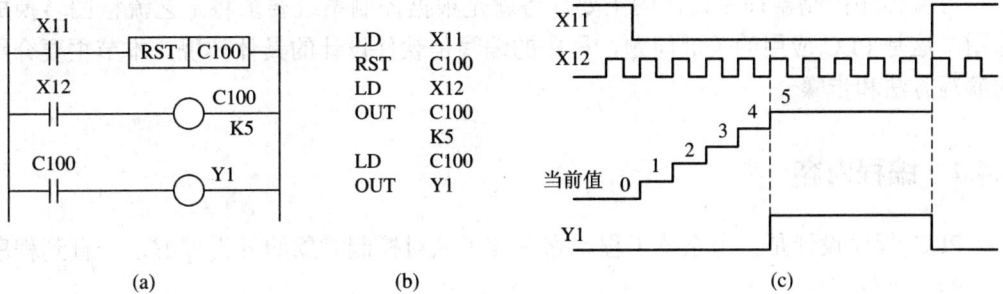

图 3.30 16 位加计数器的应用

(a) 梯形图；(b) 指令表；(c) 波形图

图 3.30 中，当输入信号 X11 接通(ON)时，计数器 C100 处于复位状态。只有当输入信号 X11 断开(OFF)时，计数器 C100 开始对输入信号 X12 进行计数。当计数器当前值等于设定值时计数器 C100 输出，即常开触点闭合，输出继电器 Y1 导通(ON)。此状态下无论输入信号 X12 是否还会接通，计数器输出状态不变。只有当复位信号 X11 接通(ON)时，计数器被复位(当前值被置"0")，输出继电器 Y1 断开。

4. 高速计数器

高速计数器用于对频率高的外部信号进行计数，详见 3.2 节。图 3.31 为高速计数器的应用。

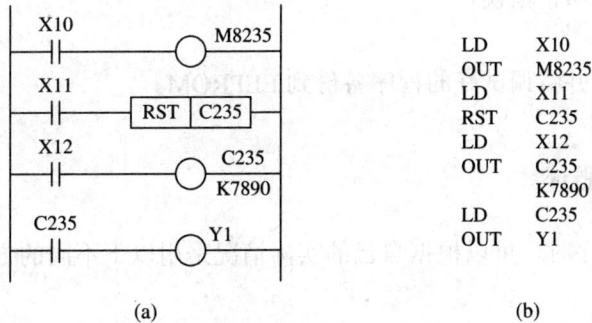

图 3.31 高速计数器 C235 的应用

(a) 梯形图；(b) 指令表

图 3.31 中，当输入信号 X10 接通(ON)时，特殊辅助继电器 M8235 接通(ON)，则计数器 C235 为减计数；当输入信号 X10 断开(OFF)时，特殊辅助继电器 M8235 断开(OFF)，则

计数器 C235 为加计数。输入信号 X11 接通(ON)时计数器 C235 处于复位状态，只有当输入信号 X11 断开(OFF)时，计数器 C235 才可以计数。而在对外部输入信号 X0 计数时，选通信号 X12 也必须处于接通(ON)状态。当计数器当前值等于设定值时，计数器 C235 输出，输出继电器 Y1 导通(ON)。

3.4 基本编程方法

可编程序控制器程序设计的主要任务就是根据控制系统要求将工艺流程图转换成为梯形图，这是 PLC 应用的关键问题，程序的编写是软件设计的具体体现。本节主要介绍程序的编写方法和步骤。

3.4.1 编程内容

PLC 程序设计是一个系统工程，它包含了从对控制对象的分析理解，一直到程序调试完成的全过程。

(1) 明确控制系统要求。确定控制任务是建立 PLC 控制系统的首要环节。首先必须根据控制对象确定控制系统的 I/O 点数和种类，它决定了 PLC 的系统配置；进而确定控制系统动作发生的顺序和相应的动作时间。

(2) I/O 分配。根据控制系统区分哪些是发送(输入)给 PLC 的信号，哪些是接收来自 PLC 的信号(输出)，分别给出对应的地址。同时根据程序的需要合理使用定义过的辅助继电器、定时器和计数器等。

(3) 设计梯形图。明确输入、输出以及它们之间的关系后，按照使用的要求设计梯形图。

(4) 将梯形图转换为助记符，编制指令表。

(5) 利用编程器等将程序输入到 PLC 中。

(6) 检查程序并纠正错误。

(7) 模拟调试。

(8) 现场调试，并将调试好的程序备份到 EEPROM。

3.4.2 编程方法概述

在设计 PLC 程序时，可以根据自己的实际情况采用以下不同的方法。

1. 经验法

经验法是运用自己的或者借鉴他人的已经成熟的实例进行设计。可以对已有相近或者类似的实例按照控制系统的要求进行修改，直至满足控制系统的要求。在工作中应不断积累经验和收集资料，从而丰富设计经验。

2. 解析法

PLC 的逻辑控制实际上就是逻辑问题的综合。可以根据组合逻辑或者时序逻辑的理论，并运用相应的解析方法，对其进行逻辑关系求解，依求解的结果编制梯形图或直接编写指令。解析法比较严谨，可以避免编程的盲目性。

3. 图解法

图解法是依照画图的方法进行 PLC 程序设计，常见的方法有梯形图法、时序图(波形图)法和流程图法。

梯形图法是最基本的方法，无论是经验法还是解析法，在把控制系统的要求等价为梯形图时就要用到梯形图法。

时序图(波形图)法适合于时间控制电路，先把对应信号的波形画出来，再依照时间顺序用逻辑关系去组合，就可以把控制程序设计出来。

流程图法是用框图表示 PLC 程序的执行过程及输入条件与输出之间的关系。在使用步进指令编程的情况下，采用该方法设计很方便。

图解法和解析法不是彼此独立的。解析法要画图，图解法也要列解析式，只是两种方法的侧重点不一样。

4. 技巧法

技巧法是在经验法和解析法的基础上，运用技巧进行编程，以提高编程质量。还可以使用流程图做工具，将巧妙的设计形式化，进而编制所需要的程序。该方法是多种编程方法综合应用。

5. 算机辅助设计

计算机辅助设计是利用 PLC 通过上位链接单元与计算机实现链接，运用计算机进行编程。该方法需要有相应的编程软件。

3.4.3 编程原则

编程的一般原则如下：

(1) 同一地址的输出线圈(包括输出继电器、辅助继电器和定时器/计数器等)在程序中多次使用是不可取的，尽管编写双重线圈不违反编程原则，但往往不能清晰地显示结果和条件之间的关系，所以应尽量避免重复使用同一地址编号的线圈，但它们的常开、常闭触点却可以无限次使用。

(2) 并联触点和串联触点的个数无限制。

(3) 不能从母线直接输出。如需要始终保持通电，可使用常 ON 的特殊辅助继电器。

(4) 输出线圈可以并联但不能串联。

(5) 一般将输出线圈和右母线相连，不要把触点放在线圈后面。

(6) 不准使用没有定义过的触点和线圈。

(7) 控制程序应以 END 指令结束。

(8) 定时器/计数器不能直接产生外部输出信号，必须用其触点去驱动输出继电器以实现输出控制。

(9) 在梯形图的竖线上不能安排任何元件(主控触点例外)。

3.4.4　编程技巧

利用一些编程技巧不仅有利于程序的简洁、直观和易于理解，还可以节省程序存储空间和减少不易发现的错误。

(1) 输入继电器、输出继电器、辅助继电器、定时器/计数器等的触点在程序中的使用次数不受限制，多次使用可以简化程序和节省存储单元。

(2) 在不使程序复杂难懂的情况下尽可能少占用内存。

(3) 在对复杂的梯形图进行程序调试时，可以在程序中的任何位置插入 END 指令，以实现分段调试，达到提高程序调试效率和准确性的目的。

(4) 由于 PLC 的扫描方式是按自左而右、从上到下的顺序进行扫描的，先扫描程序的执行结果会影响到后续元件的输入，所以在编程时必须考虑控制系统逻辑上的先后关系。

3.4.5　编程技巧举例

下面通过一些例子说明编程技巧的优越性。

1. 简单回路编程

并联—串联回路的编程如图 3.32 所示。对于并联—串联回路编程只需要使用或、与指令操作，不需要使用块操作指令。

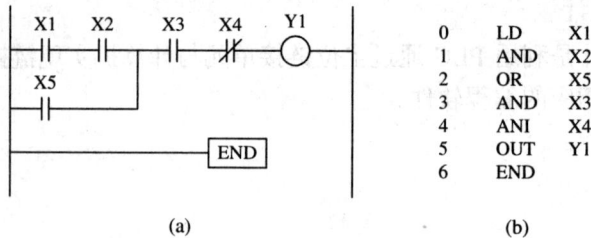

0	LD	X1
1	AND	X2
2	OR	X5
3	AND	X3
4	ANI	X4
5	OUT	Y1
6	END	

(a)　　　　　　　　　　　(b)

图 3.32　并联—串联回路

(a) 梯形图；(b) 指令表

对于串联—并联回路(如图 3.33 所示)的编程，就必须将回路分为串联回路块(A 块)和并联回路块(B 块)。先对每块进行编程，然后利用 ANB 指令把这些回路块合为一个整体。在图 3.33 中，如将 A 块和 B 块换位(如图 3.34 所示)，就可以减少指令数量，节约内存。

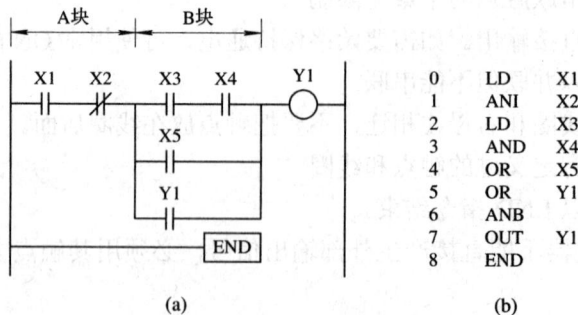

0	LD	X1
1	ANI	X2
2	LD	X3
3	AND	X4
4	OR	X5
5	OR	Y1
6	ANB	
7	OUT	Y1
8	END	

(a)　　　　　　　　　　　(b)

图 3.33　串联—并联回路

(a) 梯形图；(b) 指令表

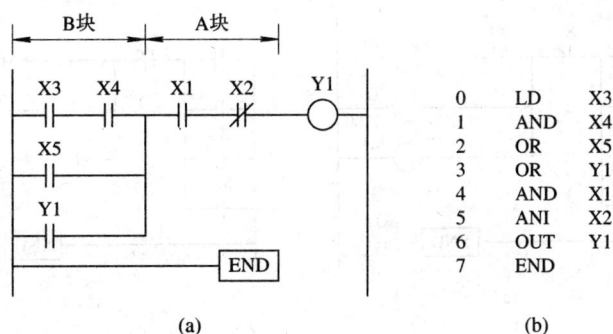

图 3.34 图 3.33 变换后的梯形图

(a) 梯形图；(b) 指令表

当回路中有多个串联和并联回路联接时(如图 3.35 所示)，首先要把整个回路分成若干个串联回路块(或并联回路块)，再把每个串联回路块(或并联回路块)分为几个独立的回路块，然后对每个独立回路块进行编程，最后根据它们之间的相互关系将所有的回路块用 ORB 和 ANB 指令进行组合，完成整体回路的编程。

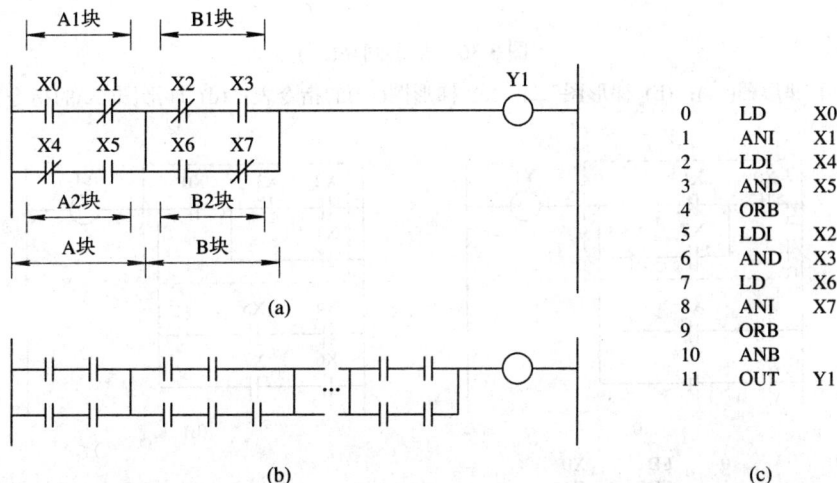

图 3.35 在串联中联接并联回路

(a) 梯形图之一；(b) 梯形图之二；(c) 指令表

2. 复杂回路编程

在图 3.36 中，涉及到并联回路及多种继电器输出。对图 3.36(a)编程时必须用 MPS、MRD 和 MPP 指令进行编程，程序比较复杂；而将其变为图 3.36(b)所示的形式时只需要按照先后顺序进行编程即可。

从图 3.37 可以看出，对梯形图做一些局部(虚框内)变换后，梯形图程序就变得简单明了，而指令表也勿需使用逻辑块操作指令即可以完成。

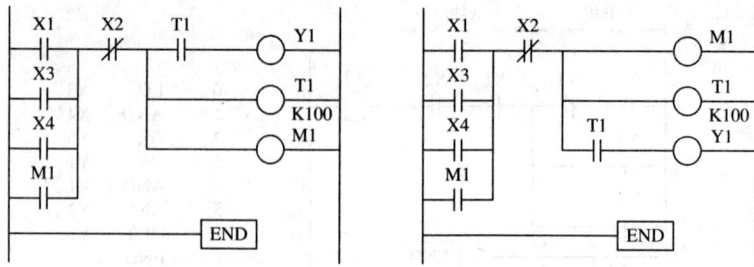

(a)

(b)

0	LD	X1		0	LD	X1
1	OR	X3		1	OR	X3
2	OR	X4		2	OR	X4
3	OR	M1		3	OR	M1
4	ANI	X2		4	ANI	X2
5	MPS			5	OUT	M1
6	AND	T1		6	OUT	T1
7	OUT	Y1		7		K100
8	MRD			8	AND	T1
9	OUT	T1		9	OUT	Y1
10		K100		10	END	
11	MPP					
12	OUT	M1				
13	END					

(c)

(d)

图 3.36 复杂回路(一)

(a) 梯形图(一)；(b) 梯形图(二)；(c) 梯形图(一)的指令表；(d) 梯形图(二)的指令表

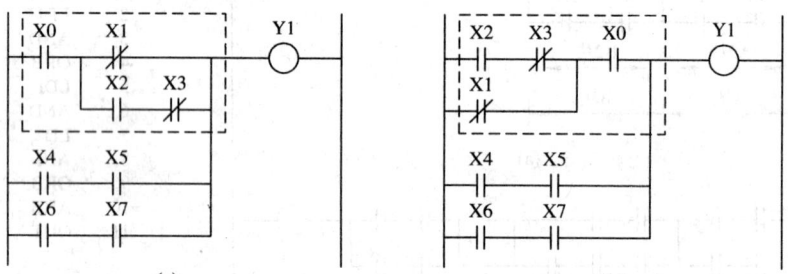

(a)

(b)

0	LD	X0				
1	LDI	X1				
2	LD	X2		0	LD	X2
3	ANI	X3		1	ANI	X3
4	ORB			2	ORI	X1
5	ANB			3	AND	X0
6	LD	X4		4	LD	X4
7	AND	X5		5	AND	X5
8	LD	X6		6	LD	X6
9	AND	X7		7	AND	X7
10	ORB			8	ORB	
11	ORB			9	ORB	
12	OUT	Y1		10	OUT	Y1

(c)

(d)

图 3.37 复杂回路(二)

(a) 变换前的梯形图；(b) 变换后的梯形图；(c) 变换前的指令表；(d) 变换后的指令表

在图 3.38 中，对复杂难以理解的梯形图做出两种不同的变换。从梯形图(一)变为梯形图(二)时，尽管程序看着很顺畅，但是却增加了所占用的内存；变为梯形图(三)时，无论从哪个方面来讲都很好。从图 3.38 中可以看出，对复杂电路可以利用程序变换的方法来使得其简单明了，尽量少用复杂指令和功能指令；而不同的变换方式得到的梯形图和指令表则完全不同，必须从中找出最理想的方案。

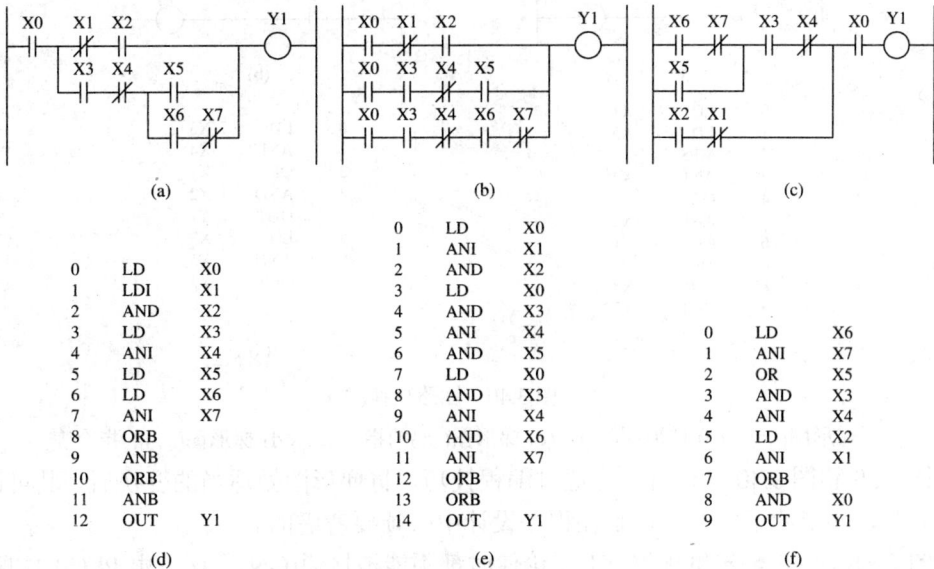

0	LD	X0
1	LDI	X1
2	AND	X2
3	LD	X3
4	ANI	X4
5	LD	X5
6	LD	X6
7	ANI	X7
8	ORB	
9	ANB	
10	ORB	
11	ANB	
12	OUT	Y1

(d)

0	LD	X0
1	ANI	X1
2	AND	X2
3	LD	X0
4	AND	X3
5	ANI	X4
6	AND	X5
7	LD	X0
8	AND	X3
9	ANI	X4
10	AND	X6
11	ANI	X7
12	ORB	
13	ORB	
14	OUT	Y1

(e)

0	LD	X6
1	ANI	X7
2	OR	X5
3	AND	X3
4	ANI	X4
5	LD	X2
6	ANI	X1
7	ORB	
8	AND	X0
9	OUT	Y1

(f)

图 3.38 复杂回路(三)

(a) 梯形图(一)；(b) 梯形图(二)；(c) 梯形图(三)；

(d) 梯形图(一)的指令表；(e) 梯形图(二)的指令表；(f) 梯形图(三)的指令表

3. 回路变换

在图 3.39 所示梯形图中，有多个串联触点逻辑块并联时，应将触点最多的逻辑块放在梯形图的最上面；而对有多个并联触点逻辑块串联时，应将触点最多的逻辑块放在梯形图的最左面。这样安排就可以简化程序，减少指令语句，从而节省内存。

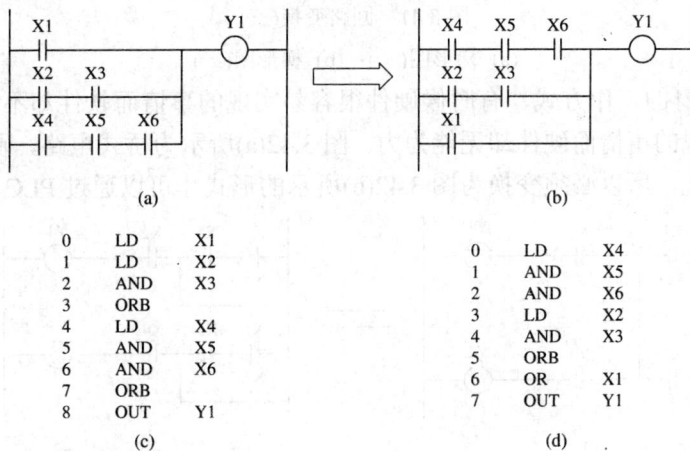

0	LD	X1
1	LD	X2
2	AND	X3
3	ORB	
4	LD	X4
5	AND	X5
6	AND	X6
7	ORB	
8	OUT	Y1

(c)

0	LD	X4
1	AND	X5
2	AND	X6
3	LD	X2
4	AND	X3
5	ORB	
6	OR	X1
7	OUT	Y1

(d)

图 3.39 回路变换(一)

(a) 梯形图(一)；(b) 梯形图(二)；(c) 梯形图(一)的指令表；(d) 梯形图(二)的指令表

在图 3.40(a)所示的梯形图中，当输入信号 X1=1、X4=0、X5=1 时，输出继电器 Y2 不会接通，这是由 PLC 的扫描方式所决定的。

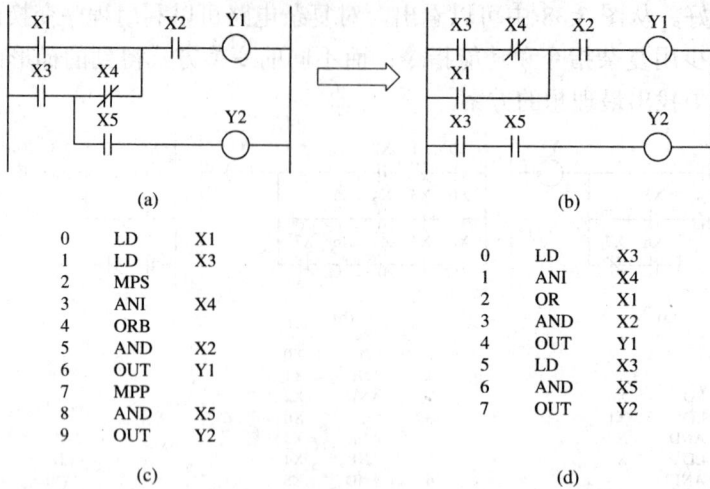

(a)

(b)

```
0    LD     X1
1    LD     X3
2    MPS
3    ANI    X4
4    ORB
5    AND    X2
6    OUT    Y1
7    MPP
8    AND    X5
9    OUT    Y2
```

(c)

```
0    LD     X3
1    ANI    X4
2    OR     X1
3    AND    X2
4    OUT    Y1
5    LD     X3
6    AND    X5
7    OUT    Y2
```

(d)

图 3.40　回路变换(二)

(a) 梯形图(一)；(b) 梯形图(二)；(c) 梯形图(一)的指令表；(d) 梯形图(二)的指令表

从图 3.39 和图 3.40 可以看出，通过编程技巧，将梯形图做适当的变换后，其可读性和直观性更强，还节约了内存。这是在程序设计中必须要考虑的。

在图 3.41(a)中，输出继电器 Y1 无论何时都不能被接通(ON)，这是由 PLC 的扫描原理所决定的。因为程序执行过程中必须按照从左到右、自上而下的顺序进行扫描，所以要使得输出继电器 Y1 接通，就必须变为梯形图 3.41(b)所示的形式。

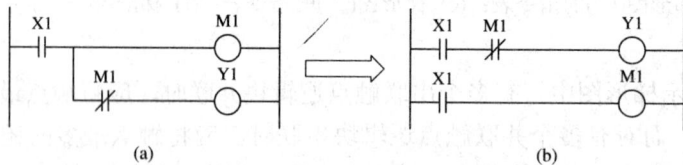

(a)

(b)

图 3.41　回路变换(三)

(a) 梯形图(一)；(b) 梯形图(二)

PLC 有其自身的工作方式，有时候硬件很容易实现的事情而软件却不能实现，同样有些软件能很好实现的事情而硬件却无能为力。图 3.42(a)所示为桥式电路，硬件很容易实现，但软件却无法实现，所以必须变换为图 3.42(b)所示的形式才可以通过 PLC 来实现。

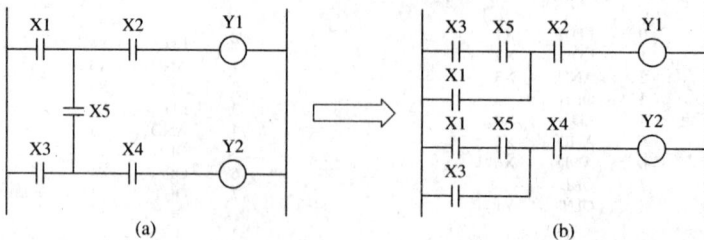

(a)

(b)

图 3.42　回路变换(四)

(a) 梯形图(一)；(b) 梯形图(二)

3.5 时序控制电路的程序设计

时序控制电路是控制系统中最基本、最常用的电路,本节通过一些常用的实例来说明时序控制电路的 PLC 控制程序的设计方法。

3.5.1 启动和复位控制

在 PLC 的程序设计中,启动和复位控制程序是构成梯形图最基本的程序。可以通过下面几种方法实现启动和复位控制。

1. 直接用启动、停止实现

如图 3.43 所示,当输入信号 X0(启动)接通(ON)时,X0 的常开触点闭合,输出继电器 Y0 接通(ON),并由 Y0 的常开触点实现自锁,保持输出继电器 Y0 处于接通状态;当输入信号 X1(停止)接通(ON)时,X1 的常闭触点断开,输出继电器 Y0 断开(OFF)。

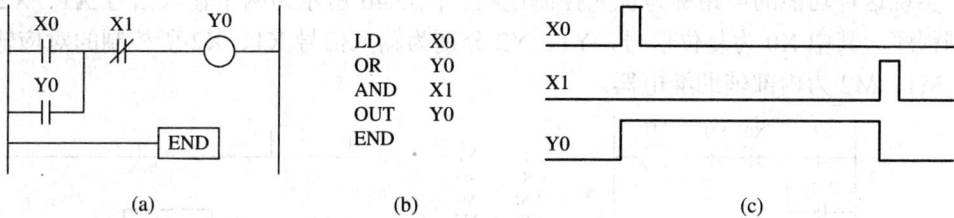

图 3.43　启动和复位控制程序(一)

(a) 梯形图;(b) 指令表;(c) 波形图

2. 利用置位复位指令实现

如图 3.44 所示,当输入信号 X0 接通(ON)时,X0 的常开触点闭合,输出继电器 Y0 被置位,即接通(ON)并保持;当输入信号 X1 接通(ON)时,X1 的常开触点闭合,使得输出继电器 Y0 被复位,即断开(OFF)。

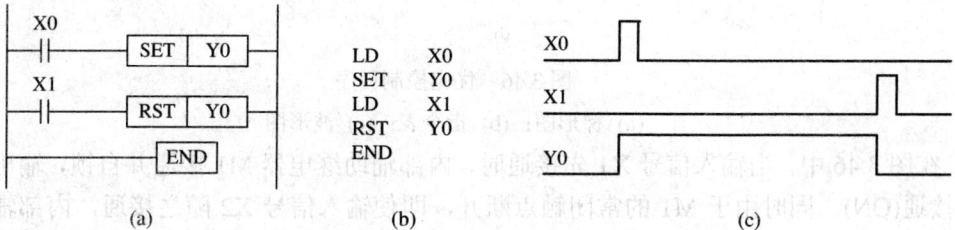

图 3.44　启动和复位控制程序(二)

(a) 梯形图;(b) 指令表;(c) 波形图

3. 利用计数器实现

在图 3.45 所示电路中,输入信号 X0 第一次接通(OFF→ON)时,输出继电器 Y0 接通(ON)并实现自锁,同时计数器 C0 当前值变为 1;当输入信号 X0 第二次接通(OFF→ON)时,计数器当前值达到设定值(设定置为 2),计数器输出,C0 的常闭触点断开,输出继电器 Y0 断开(OFF)。同时 C0 的常开触点闭合,使得计数器 C0 被复位。

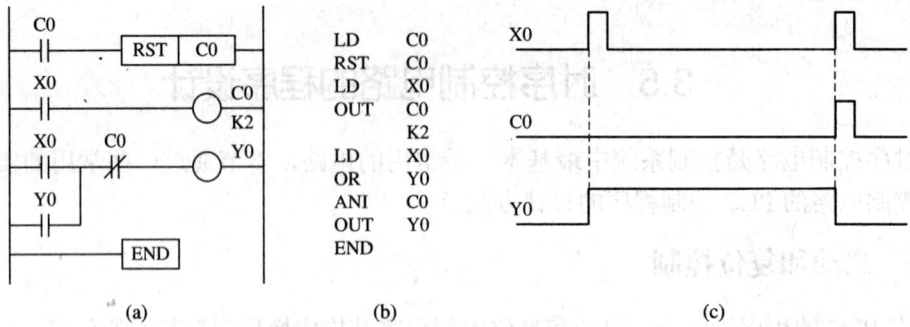

图 3.45　启动和复位控制程序(三)

(a) 梯形图；(b) 指令表；(c) 波形图

3.5.2　优先控制

在一些控制系统中(例如抢答器)有多个输入信号，先接通者即获得优先权，而后到者无效。实现这种功能的电路称为优先控制电路。图 3.46 所示为两个输入信号 X1、X2 的优先控制程序。其中 X0 为复位信号，Y1、Y2 分别为输入信号 X1、X2 所控制的对应输出继电器，M1、M2 为内部辅助继电器。

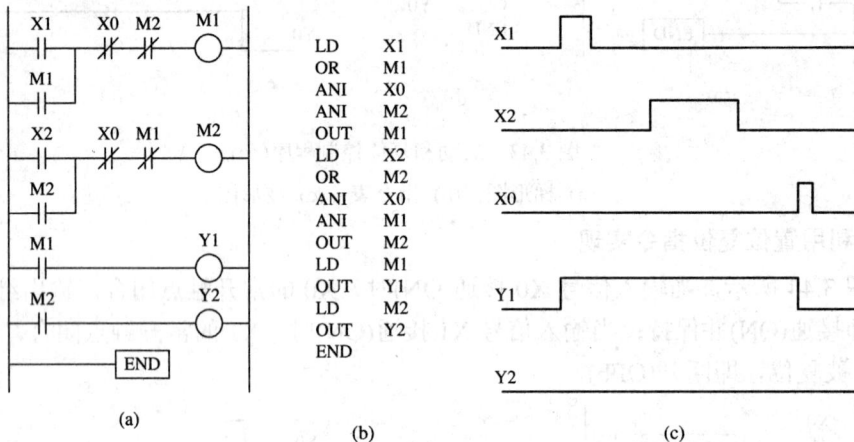

图 3.46　优先控制程序

(a) 梯形图；(b) 指令表；(c) 波形图

在图 3.46 中，当输入信号 X1 先接通时，内部辅助继电器 M1 接通并自锁，输出继电器 Y1 接通(ON)。同时由于 M1 的常闭触点断开，即使输入信号 X2 随之接通，内部辅助继电器 M2 也无法接通，因此输出继电器 Y2 无输出。同理，如果输入信号 X2 先接通，则输出继电器 Y2 接通而输出继电器 Y1 无输出。这样就保证了先接通者优先保持输出。当输入信号 X0 接通(ON)时，输出继电器 Y1 或 Y2 断开，本次优先选择结束。

3.5.3　比较控制

该系统是预先设定好输出条件，然后对多个输入信号进行比较，以比较的结果来决定输出状态。在图 3.47 中，可根据两输入信号 X1、X2 的状态决定不同的输出。

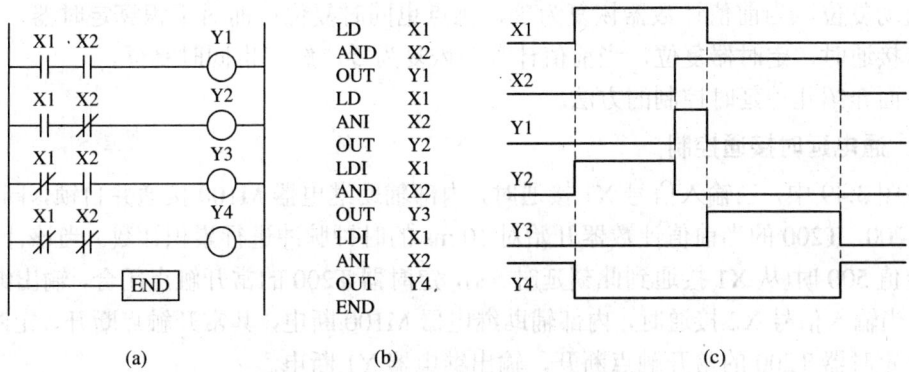

图 3.47 比较控制程序

(a) 梯形图；(b) 指令表；(c) 波形图

当输入信号 X1、X2 都接通时，输出继电器 Y1 接通(ON)；当 X1 接通而 X2 断开时，输出继电器 Y2 接通(ON)；当 X1 断开而 X2 接通时，输出继电器 Y3 接通(ON)；X1、X2都断开时，输出继电器 Y4 接通(ON)。这样就可以采用两个输入信号来控制四路输出。

3.5.4 分频控制

利用 PLC 可以实现输入信号的任意分频，图 3.48 为二分频控制程序。

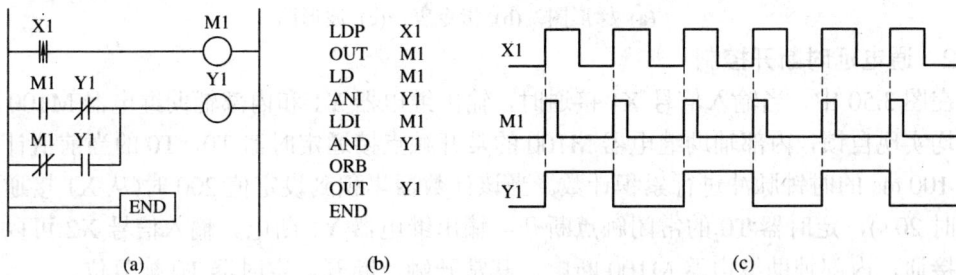

图 3.48 二分频控制程序

(a) 梯形图；(b) 指令表；(c) 波形图

当输入信号 X1 的第一个脉冲到来(由 OFF 变 ON)时，上升沿检测指令使得内部辅助继电器 M1 接通，其常开触点闭合一个扫描周期，输出继电器 Y1 接通并自锁。当第二个脉冲到来时，M1 又接通一个扫描周期，其常闭触点断开，此时输出继电器 Y1 的常闭触点处于断开状态，使得输出继电器 Y1 断开。当第三个脉冲到来时，M1 再次导通一个扫描周期，输出继电器 Y1 重新接通并保持，在第四个脉冲的上升沿使得输出继电器 Y1 再次断开。依次循环，所得到的输出信号 Y1 就是输入信号 X1 的二分频。

3.5.5 延时控制

延时控制就是利用 PLC 的定时器和其他元器件构成各种时间控制，这是各类控制系统经常用到的功能。在 FX$_{2N}$ 系列 PLC 中定时器是通电延时型，定时器的输入信号接通后，定时器的当前值计数器开始对其相应的时钟脉冲进行累积计数，当该值与设定值相等时，定时器输出，其常开触点闭合，常闭触点断开。对于常规定时器，当其输入信号断开时，定时器自动复位，当前值计数器恢复为零，触点也同时复位；而对于积算定时器，只有在复位信号接通时，定时器复位，当前值计数器恢复为零，触点也同时复位。

下面介绍几种延时控制的方法。

1．通电延时接通控制

在图 3.49 中，当输入信号 X1 接通时，内部辅助继电器 M100 接通并自锁，同时接通定时器 T200，T200 的当前值计数器开始对 10 ms 的时钟脉冲进行累积计数。当该计数器累积到设定值 500 时(从 X1 接通到此刻延时 5 s)，定时器 T200 的常开触点闭合，输出继电器 Y1 接通。当输入信号 X2 接通时，内部辅助继电器 M100 断电，其常开触点断开，定时器 T200 复位，定时器 T200 的常开触点断开，输出继电器 Y1 断电。

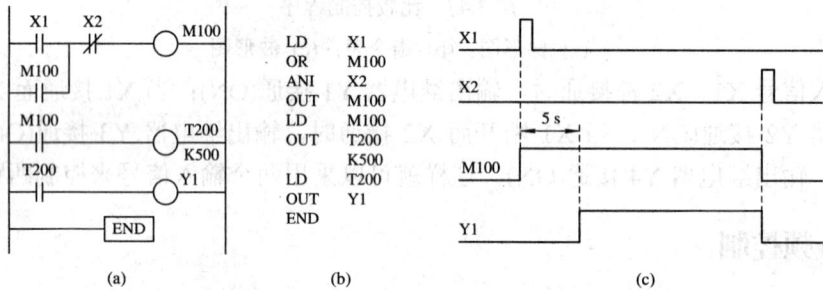

图 3.49　通电延时接通控制程序
(a) 梯形图；(b) 指令表；(c) 波形图

2．通电延时断开控制

在图 3.50 中，当输入信号 X1 接通时，输出继电器 Y1 和内部辅助继电器 M100 同时接通并均实现自锁，内部辅助继电器 M100 的常开触点接通定时器 T0，T0 的当前值计数器开始对 100 ms 的时钟脉冲进行累积计数。当该计数器累积到设定值 200 时(从 X1 接通到此刻共延时 20 s)，定时器 T0 的常闭触点断开，输出继电器 Y1 断电。输入信号 X2 可以在任意时刻接通，内部辅助继电器 M100 断电，其常开触点断开，定时器 T0 被复位。

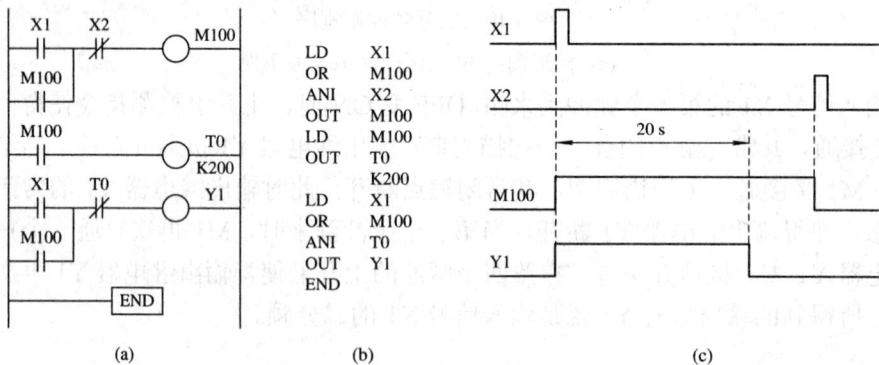

图 3.50　通电延时断开控制程序
(a) 梯形图；(b) 指令表；(c) 波形图

3．断电延时断开控制

在继电器接触器控制方式中经常用到断电延时，而 PLC 中的定时器只有通电延时功能，可以利用软件的编制实现断电延时，如图 3.51 所示。

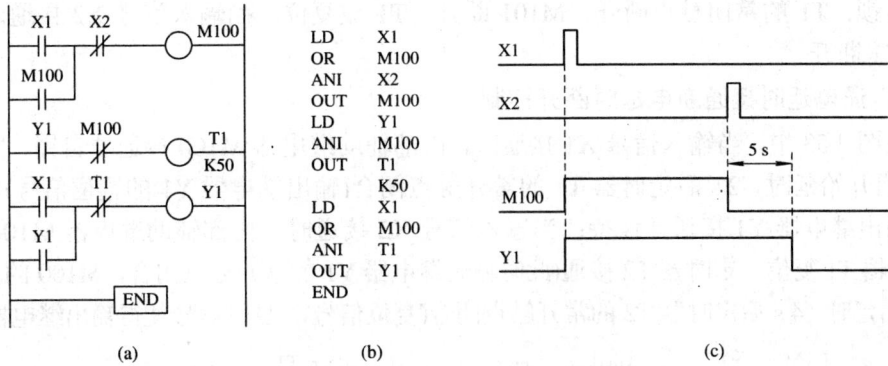

图 3.51 断电延时断开控制程序

(a) 梯形图；(b) 指令表；(c) 波形图

当输入信号 X1 接通时，输出继电器 Y1 和内部辅助继电器 M100 同时接通并均实现自锁。当输入信号 X2 接通时，内部辅助继电器 M100 断电，其常闭触点闭合(此时输出继电器 Y1 保持通电)，定时器 T1 接通，T1 的当前值计数器开始对 100 ms 的时钟脉冲进行累积计数。当该计数器累积到设定值 50 时(从 X2 接通到此刻延时 5 s)，定时器 T1 的常闭触点断开，输出继电器 Y1 断电，Y1 的常开触点断开，定时器 T1 也被复位。这样就实现了在按下停止按钮 X2 后输出继电器 Y1 延时 5 s 断开的功能。

4. 断电延时接通控制

断电延时接通电路在控制系统中应用也很多，例如 Y-△降压启动电路，先以 Y 接法运行，再转换为△接法，中间转换就是以 Y 接法运行结束作为延时开始的起点，即从 Y 接法运行断开时刻开始计时。图 3.52 所示为利用软件来实现断电延时接通功能的程序。

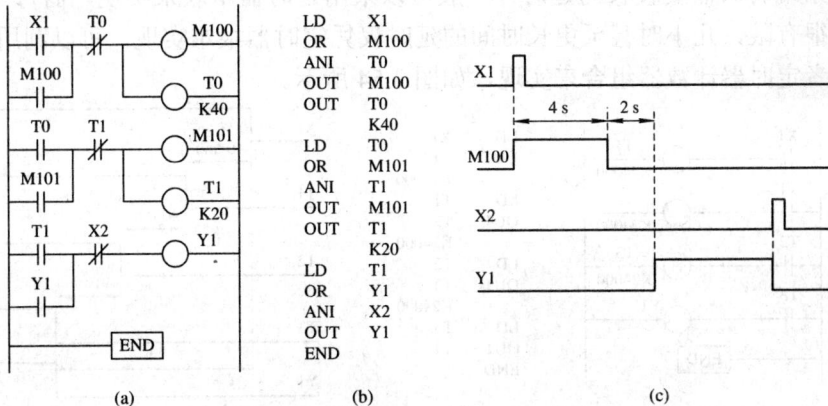

图 3.52 断电延时接通控制程序

(a) 梯形图；(b) 指令表；(c) 波形图

当输入信号 X1 接通时，定时器 T0 和内部继电器 M100 同时接通并由 M100 实现自锁，T0 的当前值计数器开始对 100 ms 的时钟脉冲进行累积计数。当该计数器累积到设定值 40 时(从 X1 接通到此刻延时 4 s)，定时器 T0 的常开触点闭合，定时器 T1 和内部继电器 M101 同时接通并由 M101 实现自锁。同时 T0 的常闭触点断开，内部辅助继电器 M100 断开，定时器 T0 被复位。当 T1 延时到设定值 2 s 时，T1 的常开触点闭合，输出继电器 Y1 接通并实现自锁；T1 的常闭触点断开，M101 断开，T1 被复位。当输入信号 X2 接通时，输出继电器 Y1 断开。

5. 通电延时接通断电延时断开控制

在图 3.53 中，当输入信号 X1 接通时，内部辅助继电器 M100 接通并自锁，同时定时器 T1 接通开始延时，2 s 后定时器 T1 的常开触点闭合(输出继电器 Y1 的置位信号)，置位信号使得输出继电器 Y1 接通并保持；当输入信号 X2 接通时，内部辅助继电器 M100 断开，同时定时器 T1 复位，定时器 T2 接通(此时输出继电器 Y1 的常开触点闭合，M100 的常闭触点闭合)开始延时，4 s 后定时器 T2 的常开触点闭合(复位信号)，复位信号使得输出继电器 Y1 断电。

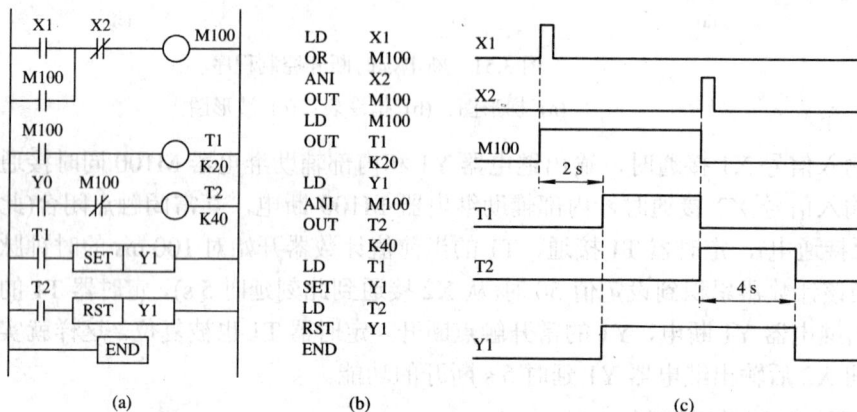

图 3.53　通电延时接通断电延时断开控制程序
(a) 梯形图；(b) 指令表；(c) 波形图

6. 长时间延时控制

控制系统有时需要较长的延时，一般可以采用定时器串联来实现，而每个定时器的时间设定都很有限，几小时甚至更长时间的延时仅凭定时器很难实现。可以利用 PLC 内部的计数器或者定时器计数器组合来实现，如图 3.54 所示。

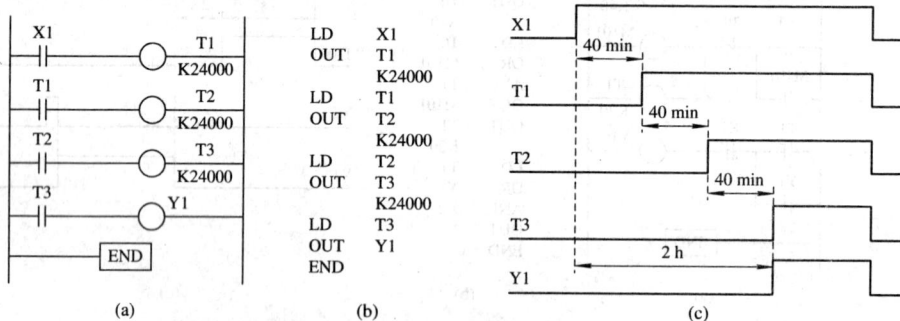

图 3.54　定时器串联实现长时间延时的控制程序
(a) 梯形图；(b) 指令表；(c) 波形图

利用定时器串联实现长时间的延时，实质上就是让多个定时器依次接通，延时时间是多个定时器设定值的累加。图 3.54 中，每个定时器延时 40 min，三个定时器就可以延时累计 2 h。但这种方法受到延时的时间和程序编写的限制。

在图 3.55 中，以定时器 T1 的设定时间(40 min)作为计数器 C1 的输入脉冲信号，这样延时时间就是 T1 设定值的若干倍(图中为 3 倍，即计数器 C1 的设定值)。

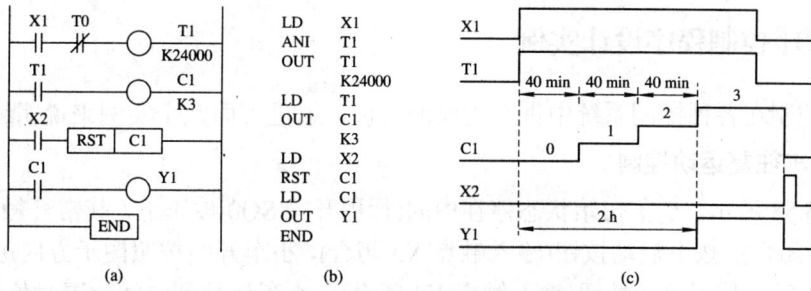

图 3.55 定时器和计数器联用长时间延时电路

(a) 梯形图；(b) 指令表；(c) 波形图

在图 3.56 中，以特殊辅助继电器 M8014(1 min 时钟)作为计数器 C1 的输入脉冲信号，这样延时时间就是若干分钟(图中为 1440 个脉冲，即 1440 min)。如果一个计数器不能满足要求，可以将多个计数器串联使用，即用前一个计数器的输出作为后一个计数器的输入脉冲信号，实现更大倍数时间的延时。

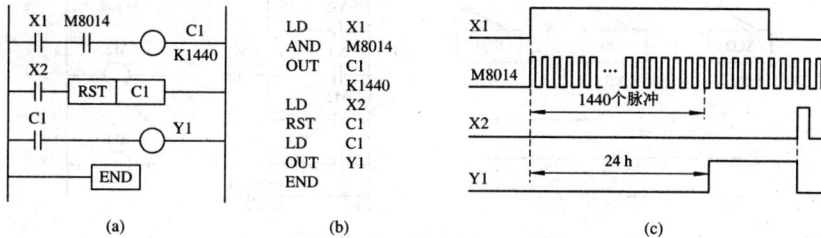

图 3.56 计数器长时间延时电路

(a) 梯形图；(b) 指令表；(c) 波形图

7. 顺序延时接通电路

在图 3.57 中，分别利用定时器和计数器实现顺序延时控制，在输入信号 X1 接通时开始延时，延时 10 s 输出继电器 Y1 接通；延时 20 s 输出继电器 Y2 接通；延时 30 s 输出继电器 Y3 接通。此外，还可以利用比较指令实现顺序延时控制。

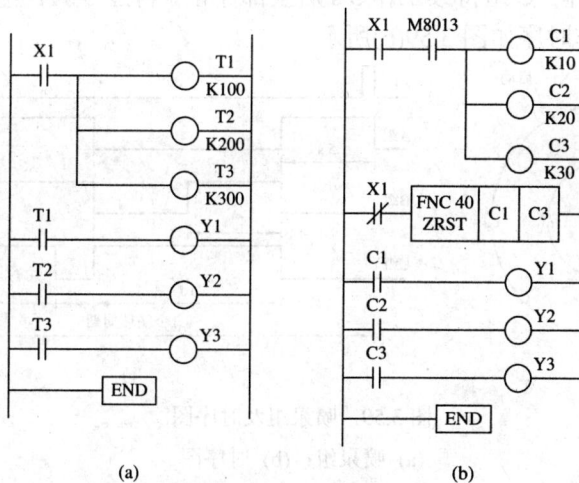

图 3.57 顺序延时接通电路

(a) 定时器实现顺序延时；(b) 计数器实现顺序延时

3.5.6 顺序控制程序设计实例

顺序控制在各种控制系统中占有重要的地位，通过下面几个实例来说明编程的方法。

1. 小车往复运动控制

如图 3.58 所示，小车初始状态停在中间(行程开关 SQ0 被压下，其常开触点闭合，即输入触点 X0 闭合)。按下启动按钮(输入触点 X3 闭合)，小车开始按照图示方向进行往复运动，当需要停止时，按下停止按钮(输入触点 X4 闭合)，小车运行到中间位置时停止。注意：外部接线时，所有的按钮和行程开关均以常开触点连接到可编程序控制器的输入接线端口。

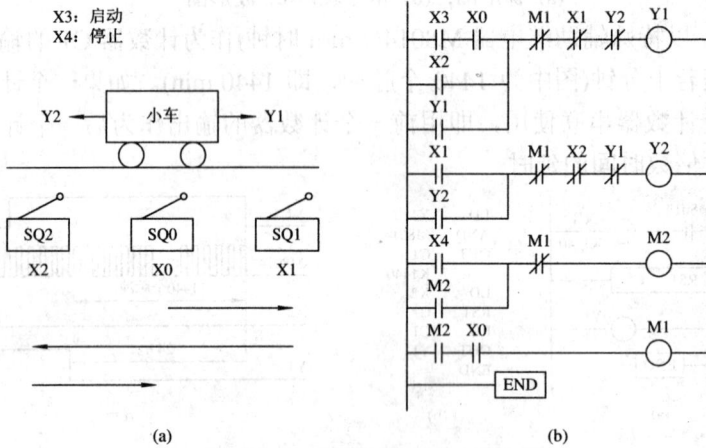

图 3.58　小车往复运动控制电路

(a) 小车往复运动示意图；(b) 梯形图

2. 喷泉控制电路

喷泉有 A、B、C 三组喷头，喷泉组示意图如图 3.59(a)所示。设计要求：启动后，A 组先工作 5 s 后停止，BC 组同时开始工作，5 s 后 B 组停止，再过 5 s C 组停止，而 AB 组又工作，再过 2 s C 也工作。C 组持续工作 5 s 后全部停止。再过 3 s A 组又开始工作并重复前述过程。喷泉组的工作时序如图 3.59(b)所示。

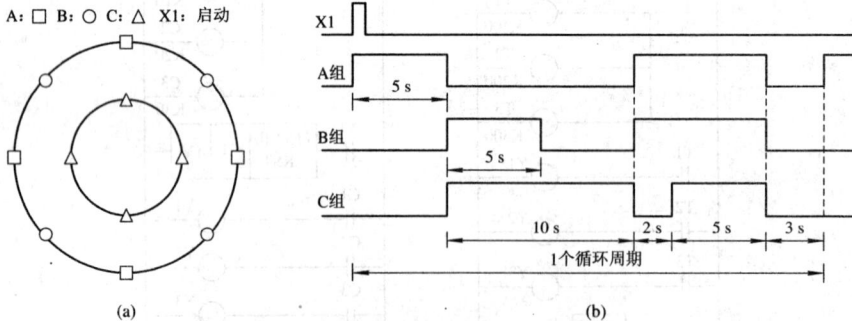

图 3.59　喷泉组及时序图

(a) 喷泉组；(b) 时序图

在图 3.60 所示的喷泉控制梯形图中，X2 为停止，Y1 控制 A 组喷头，Y2 控制 B 组喷头，Y3 控制 C 组喷头。

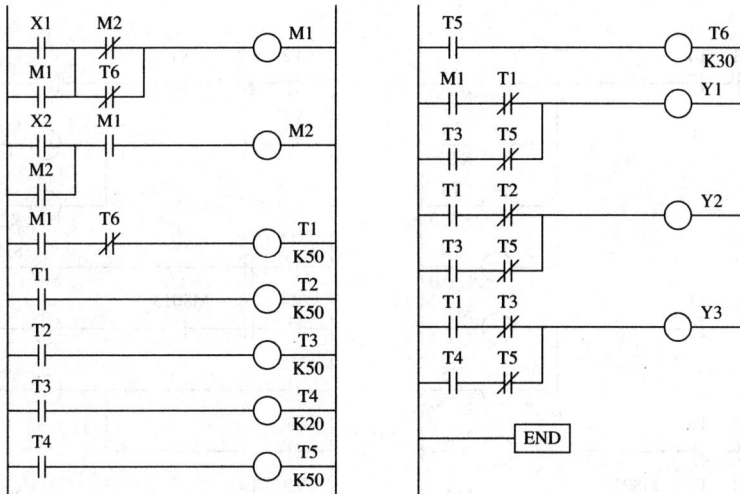

图 3.60　喷泉控制梯形图

3. 十字路口交通信号灯控制

图 3.61 为十字路口交通信号灯示意图，在十字路口的东、南、西、北四个方向分别装设红、绿、黄三种信号灯，按照图 3.62 所示的时序要求轮流接通，控制梯形图如图 3.63 所示。

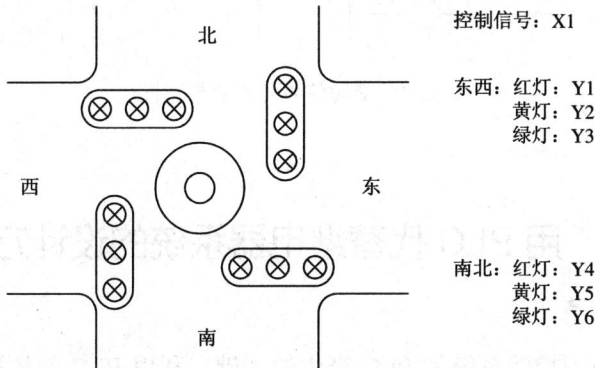

图 3.61　十字路口交通信号灯示意图

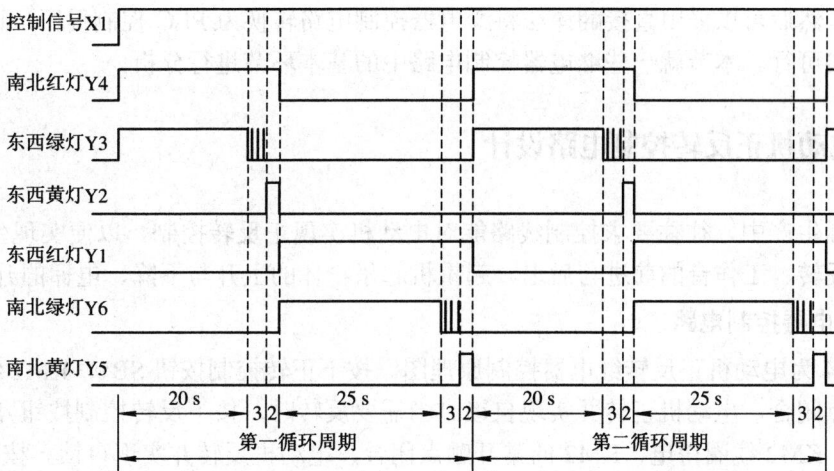

图 3.62　交通信号灯时序图

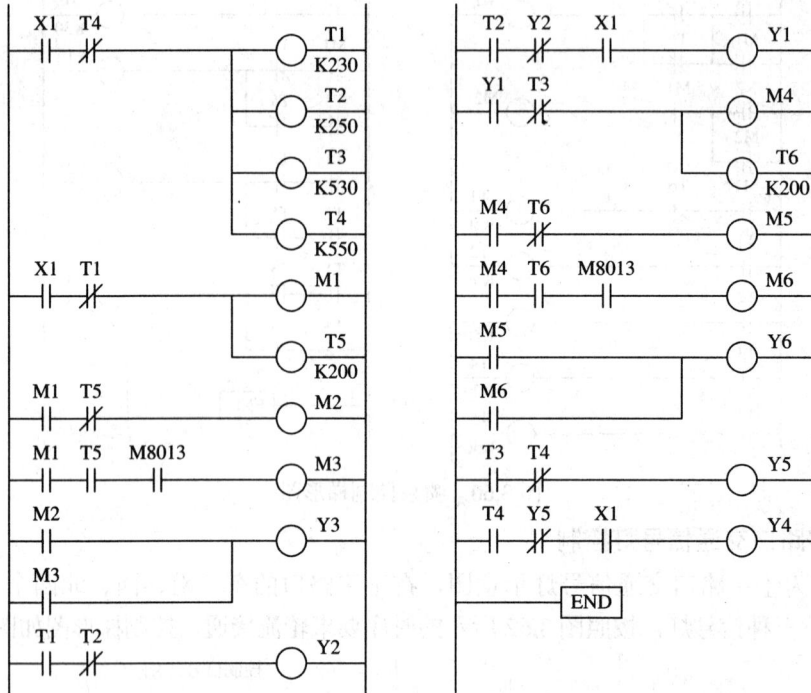

图 3.63　交通信号灯控制梯形图

3.6　用 PLC 代替继电器系统的设计方法

用 PLC 代替继电器控制系统是 PLC 产生的基础，利用 PLC 的软件电路可以代替原来的继电器控制电路。在熟悉继电器控制电路的基础上进行 PLC 程序设计，首先设计继电器控制电路，然后可以采用直接翻译法将继电器控制电路转换为 PLC 控制程序，该方法简单直接、切实可行。本节就一些继电器控制电路中的基本环节进行分析。

3.6.1　电动机正反转控制电路设计

在实际生产中，往往要求控制线路能对电动机实现正反转控制，以便实现生产现场的主轴的正反转、工作台的前进与后退、起重机起吊物体的上升与下降、电梯的升降等。

1．继电器控制电路

图 3.64 为电动机正反转继电器控制原理图。按下正转控制按钮 SB1，KM1 线圈得电，其常开触点闭合，电动机正转并实现自锁。当需要反转时，按下反转控制按钮 SB2，KM1线圈断电，KM2 线圈得电，KM2 的常开触点闭合，电动机反转并实现自锁。按钮 SB 为总停按钮。

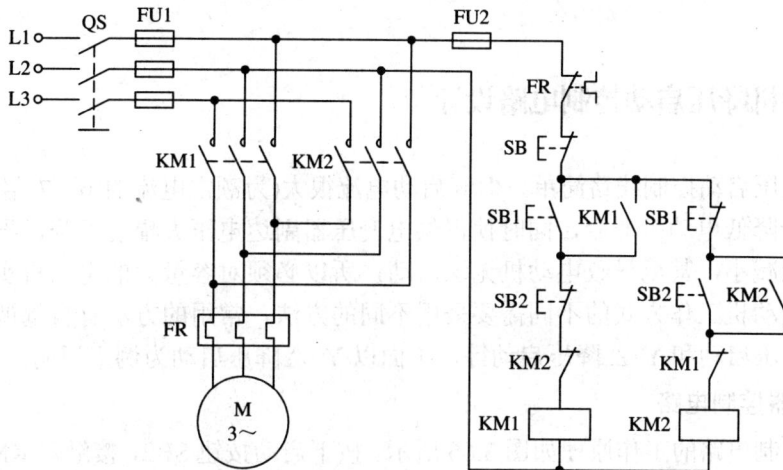

图 3.64　电动机正反转继电器控制原理图

2．PLC 控制程序设计

I/O 分配如表 3.23 所示。采用直接翻译法设计的梯形图程序和指令表如图 3.65 所示。可以根据控制系统所要求的逻辑关系，利用逻辑图法或者其他的方法来进行设计。采用 PLC 控制时，首先进行 I/O 分配，给定输入/输出元件的地址(必须使用 PLC 定义过的地址，否则为非法)，再根据控制系统要求进行梯形图程序设计并将梯形图转变为指令语句，然后进行模拟调试和现场调试，对现场调试的程序进行修改和保存。在以后的设计中基本步骤和此类似，不再重复说明。

表 3.23　PLC 控制 I/O 分配表

输　　　入		输　　　出	
SB	X0	KM1	Y1
SB1	X1	KM2	Y2
SB2	X2	—	—
FR	X3	—	—

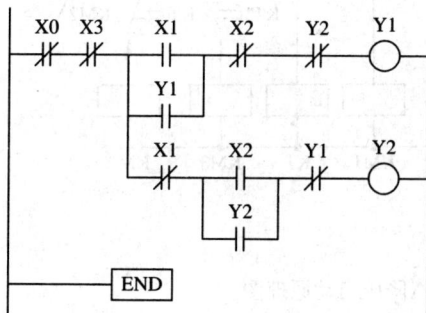

0	LDI	X0	9	MPP
1	ANI	X3	10	ANI	X1
2	MPS		11	LD	X2
3	LD	X1	12	OR	Y2
4	OR	Y1	13	ANB
5	ANI	X2	14	ANI	Y1
6	ANI	Y2	15	OUT	Y2
7	ANB		16	END
8	OUT	Y1		

(a)　　　　　　　　　　　　　　(b)

图 3.65　梯形图和指令表

(a) 梯形图；(b) 指令表

3.6.2　电动机降压启动控制电路设计

电动机全压启动控制线路简单,但其启动电流很大(为额定电流的 6～7 倍),而过大的启动电流将会降低电动机寿命,同时使得供电变压器副边电压大幅度下降,导致电动机本身的启动转矩减小,甚至导致电动机无法启动,所以必须对容量大的电动机实现降压启动控制。根据电动机工作方式的不同需要采用不同的方法,常用的方法有自耦调压器降压启动、串电阻降压启动和 Y-△降压启动等。下面以 Y-△降压启动为例来说明。

1. 继电器控制电路

继电器控制电路的工作原理如图 3.66 所示。按下启动按钮 SB2,接触器 KM1 线圈得电并实现自锁,KM3 线圈得电,它们的常开主触点闭合,电动机接入电源,并以 Y 接法开始运行;同时时间继电器 KT 线圈得电,经过延时后,其常闭触点断开,切断 KM3 线圈的电源,使 KM3 断电,常开触点断开、常闭触点闭合;KT 的常开触点闭合,接触器 KM2 线圈得电,KM2 主触点闭合;电动机由 Y 接法切换为△接法运行。

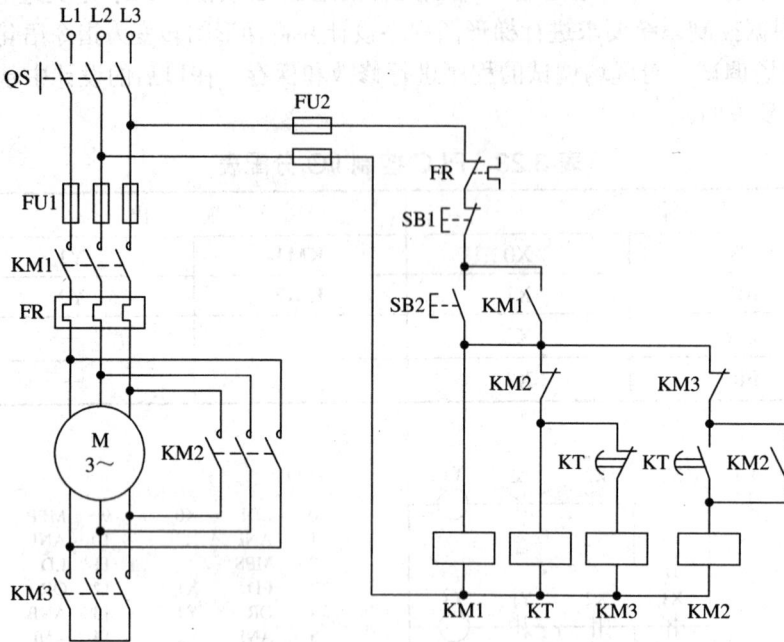

图 3.66　Y-△降压启动原理图

2. PLC 控制程序设计

I/O 分配如表 3.24 所示,梯形图和指令表如图 3.67 所示。

表 3.24　PLC 控制 I/O 分配表

输	入	输	出
SB1	X1	KM1	Y1
SB2	X2	KM2	Y2
FR	X3	KM3	Y3

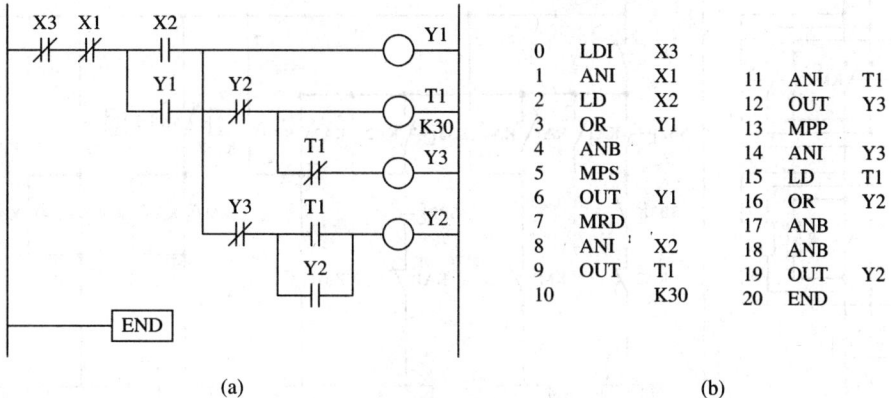

0	LDI	X3		
1	ANI	X1	11 ANI	T1
2	LD	X2	12 OUT	Y3
3	OR	Y1	13 MPP	
4	ANB		14 ANI	Y3
5	MPS		15 LD	T1
6	OUT	Y1	16 OR	Y2
7	MRD		17 ANB	
8	ANI	X2	18 ANB	
9	OUT	T1	19 OUT	Y2
10		K30	20 END	

(a)　　　　　　　　　　　　　　(b)

图 3.67　梯形图和指令表

(a) 梯形图；(b) 指令表

3.6.3　电动机制动控制电路设计

由于惯性的存在，电动机从切断电源到安全停止转动总要经过一段时间，直接影响了工作效率。在实际生产中，为了实现快速、准确停车，缩短时间，提高生产效率，对要求停转的电动机强迫其迅速停车，必须采取制动措施。制动的方法分为机械制动和电气制动。机械制动有电磁抱闸制动、电磁离合器制动等；电气制动有反接制动、能耗制动等。下面以反接制动为例来说明。

1. 继电器控制电路

反接制动控制电路的工作原理如图 3.68 所示。

(1) 按下正向启动按钮 SB2，运行过程如下：中间继电器 KA1 线圈得电，KA1 常开触点闭合并实现自锁，同时正向接触器 KM1 得电，主触点闭合，电动机正向启动；在刚启动时未达到速度继电器 KV 的动作转速，常开触点 KS-Z 未闭合，中间继电器 KA3 断电，KM3也处于断点状态，因而电阻 R 串在电路中限制启动电流；当转速升高后，速度继电器动作，常开触点 KS-Z 闭合，KM3 线圈得电，其主触点短接电阻 R，电动机启动结束。

(2) 按下停止按钮 SB1，(此时电动机正向转动)运行过程如下：中间继电器 KA1 线圈失电，KA1 常开触点断开接触器 KM3 线圈电路，电阻 R 再次串在电动机定子电路限制电流；同时，KM1 线圈失电，切断电动机三相电源；此时电动机转速仍然较高，常开触点 KS-Z仍闭合，中间继电器 KA3 线圈也还处于得电状态，在 KM1 线圈失电的同时又使得 KM2 线圈得电，主触点将电动机电源反接，电动机反接制动，定子电路一直串联有电阻 R 以限制制动电流；当转速接近零时，速度继电器常开触点 KS-Z 断开，KA3 和 KM2 线圈失电，制动过程结束，电动机停转。

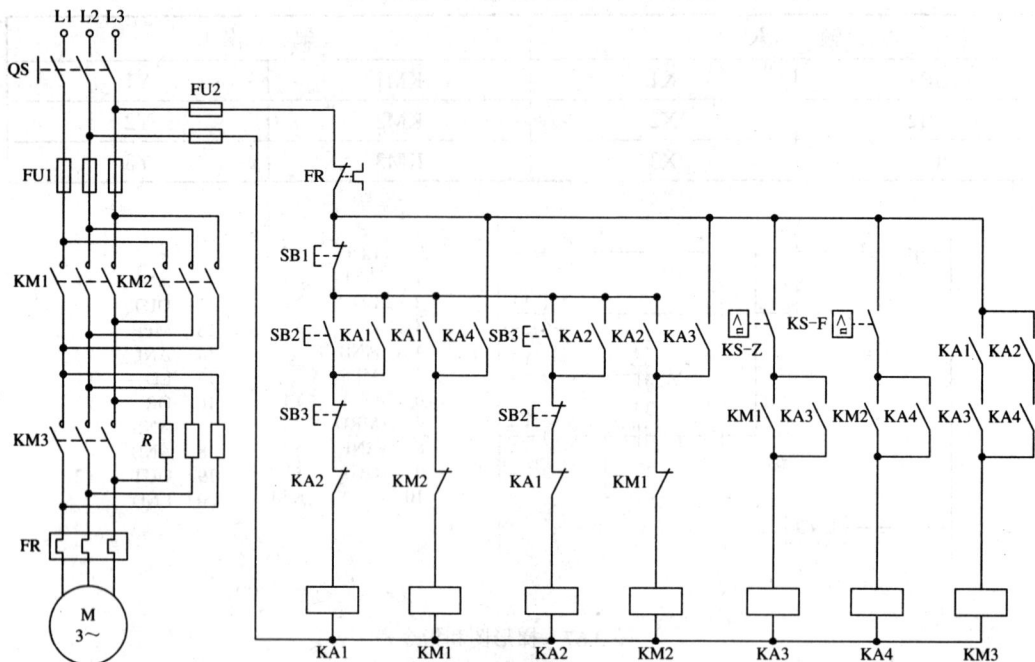

图 3.68　反接制动控制电路图

(3) 按下反向启动按钮 SB3，运行过程如下：如果正处于正向运行状态，反向按钮 SB3
同时切断 KA1 和 KM1 线圈；然后中间继电器 KA2 线圈得电，KA2 常开触点闭合并实现
自锁，同时正向接触器 KM2 得电，主触点闭合，电动机反向启动；由于原来电动机处于正
向运行，所以首先制动。制动结束后，反向速度在未达到速度继电器 KV 的动作转速时，
常开触点 KS-F 未闭合，中间继电器 KA4 断电，KM3 也处于断点状态，因而电阻 R 仍串
在电路中限制启动电流；当反向转速升高后，速度继电器动作，常开触点 KS-F 闭合，
KM3 线圈得电，其主触点短接电阻 R，电动机反向启动结束。反向制动过程与正向制动过
程类似。

2. PLC 控制程序设计

I/O 分配如表 3.25 所示。

表 3.25　PLC 控制 I/O 分配表

输　　　入		输　　　出	
SB1	X1	KM1	Y1
SB2	X2	KM2	Y2
SB3	X3	KM3	Y3
FR	X4	—	—
KV-Z	X5	—	—
KV-F	X6	—	—

反接制动控制的梯形图设计不能完全直译，需根据设计经验采用技巧法进行适当变换。梯形图和指令表如图 3.69 所示。

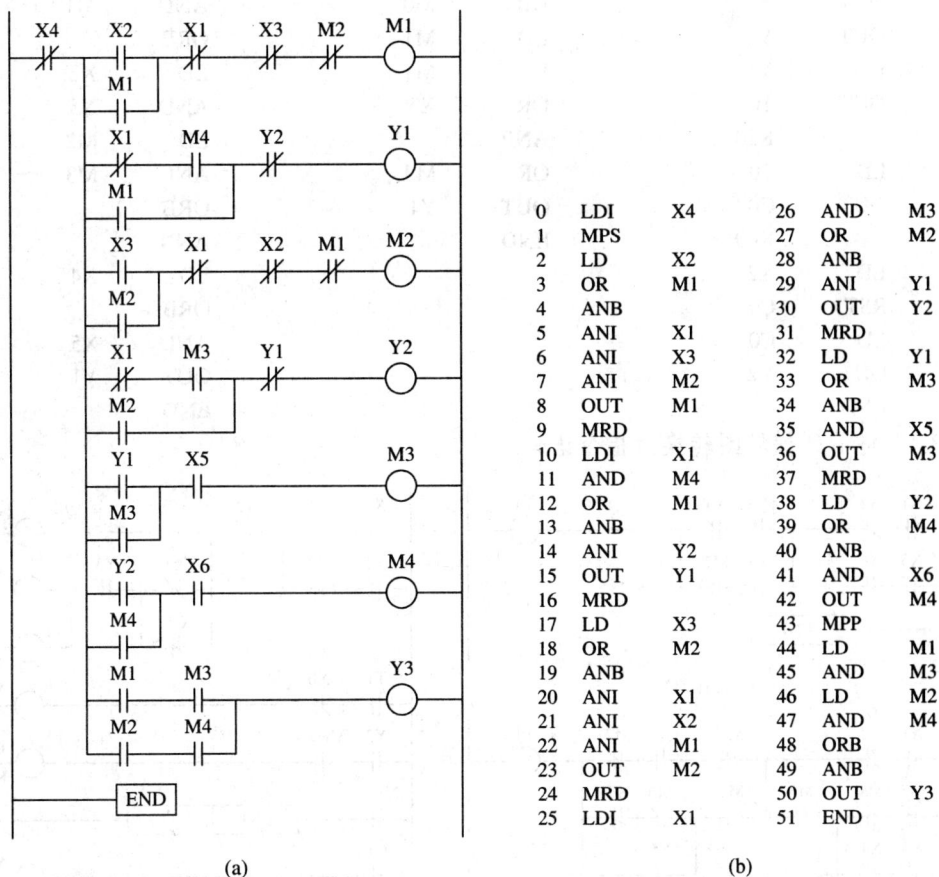

0	LDI	X4	26	AND	M3
1	MPS		27	OR	M2
2	LD	X2	28	ANB	
3	OR	M1	29	ANI	Y1
4	ANB		30	OUT	Y2
5	ANI	X1	31	MRD	
6	ANI	X3	32	LD	Y1
7	ANI	M2	33	OR	M3
8	OUT	M1	34	ANB	
9	MRD		35	AND	X5
10	LDI	X1	36	OUT	M3
11	AND	M4	37	MRD	
12	OR	M1	38	LD	Y2
13	ANB		39	OR	M4
14	ANI	Y2	40	ANB	
15	OUT	Y1	41	AND	X6
16	MRD		42	OUT	M4
17	LD	X3	43	MPP	
18	OR	M2	44	LD	M1
19	ANB		45	AND	M3
20	ANI	X1	46	LD	M2
21	ANI	X2	47	AND	M4
22	ANI	M1	48	ORB	
23	OUT	M2	49	ANB	
24	MRD		50	OUT	Y3
25	LDI	X1	51	END	

(a) (b)

图 3.69 梯形图和指令表
(a) 梯形图；(b) 指令表

习　题

3.1　判断题

(1) 输出指令的操作数可以是任意类型的继电器。　　　　　　　　　　　（　　）

(2) 使用堆栈指令时，最后必须使用 MPP 指令出栈。　　　　　　　　　（　　）

(3) 同一程序段中同一编号的定时器和计数器只能使用一次。　　　　　（　　）

3.2　简答题

(1) SET、RST 和 OUT 指令各有什么区别？

(2) 使用 MC、MCR 指令时应注意什么问题？

3.3 将下列指令语句转换为梯形图。

(1)	LD	X0	(2)	LD	X1	(3)	LD	X0
	OR	Y0		OR	Y0		ANI	X1
	ANI	X1		ANI	X0		LD	M0
	OUT	Y0		OR	M0		AND	M1
	OUT	Y1		LD	M1		ORB	
	LD	Y1		LD	M1		LD	X2
	OUT	T0		OR	X3		AND	X3
		K20		ANB			LD	M2
	LD	T0		OR	M3		ANI	M3
	OUT	C0		OUT	Y1		ORB	
		K60		END			ANB	
	LD	X2					LD	X4
	RST	C0					ORB	
	LD	C0					AND	X5
	OUT	Y2					OUT	Y1
	END						END	

3.4 将下列梯形图转换为指令语句。

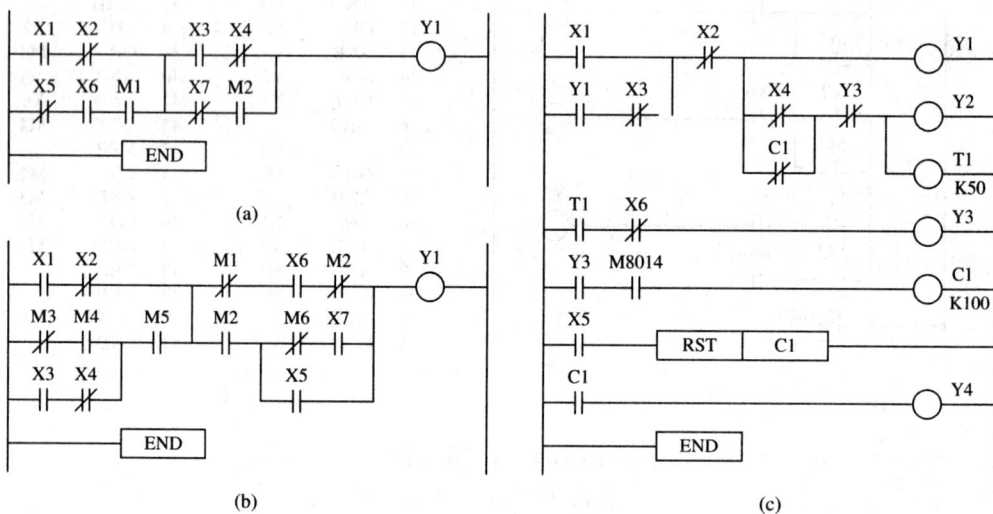

(a)

(b)

(c)

题 3.4 图

3.5 将下列梯形图进行等效变换后转换为指令语句。

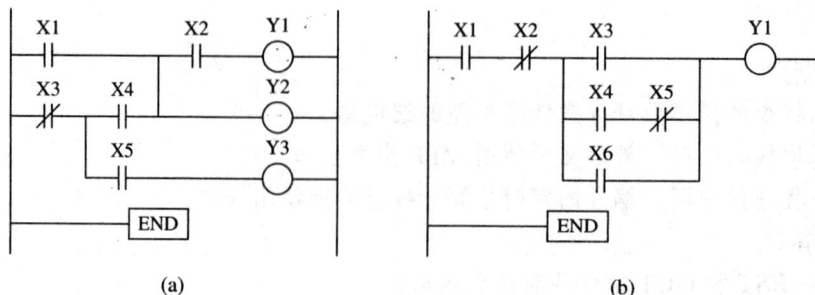

(a)

(b)

题 3.5 图

3.6 将下列梯形图改为用主控指令编程的梯形图并转换为指令语句。

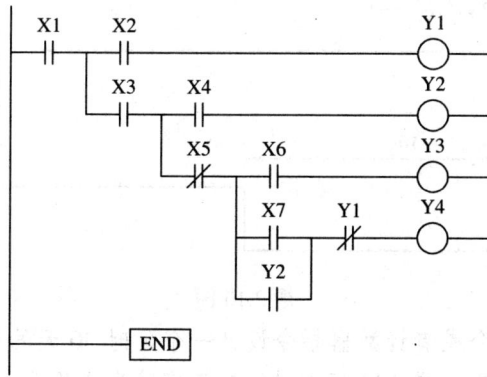

题 3.6 图

3.7 根据下列时序图，用不同的指令编制两种实现该功能的梯形图并转换为指令语句。

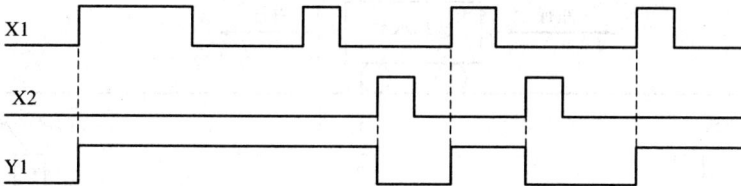

图 3.7 图

3.8 根据下列梯形图，在给出的时序图上画出输出 Y1 的波形。

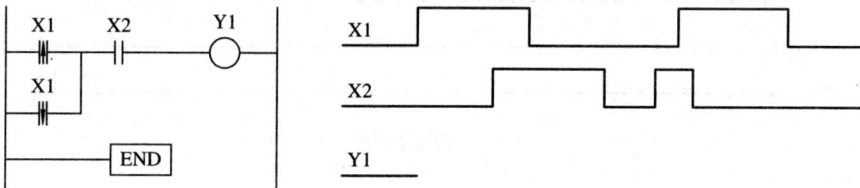

题 3.8 图

3.9 根据下列梯形图，在给出的时序图上画出输出 Y1 的波形。

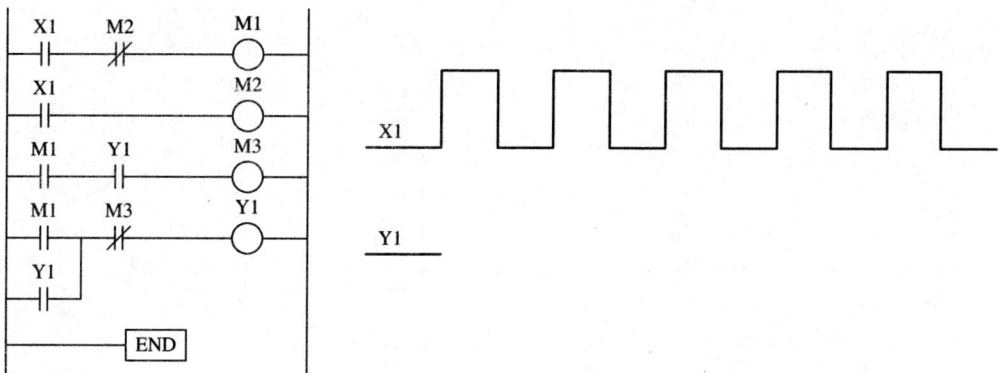

题 3.9 图

3.10 使用定时器指令设计一个程序，要求 Y1 在 X1 接通后 10 s 接通，在 X1 断开后 2 s 自动断开。时序图如下。

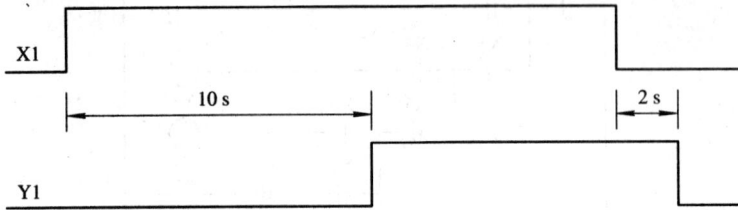

题 3.10 图

3.11 使用定时器指令或者计数器指令设计一个延时 30 天的程序。

3.12 设计一个在计数完成 100 万次时控制相应输出的程序。

3.13 运料小车按下图所示的(1)(2)(3)(4)顺序运行，运行路线如图中箭头所示。小车初始状态为 A 处，首先在 A 处装料，需要时间 5 s；轮流在 B、C 处卸料，在每处的卸料时间均为 3 s。试设计控制程序。

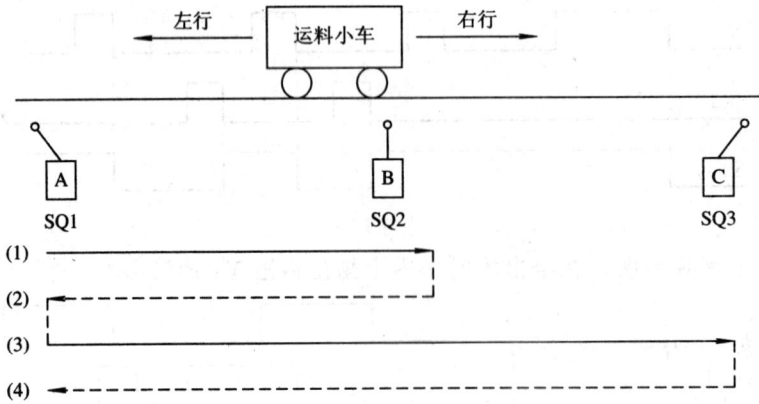

题 3.13 图

第4章 FX₂N 系列 PLC 步进顺控指令系统

————————————————▶▶▶

在顺序控制系统中，对于复杂顺序控制程序仅依靠基本指令系统编程就会感到很不方便，其梯形图复杂且不直观。三菱 FX₂N 系列 PLC 为用户提供了步进顺控指令系统，使得复杂的顺序控制得以方便地实现。

4.1 状态转移图(SFC 图)

4.1.1 状态转移图的构成

状态转移图(简称 SFC 图)包含了工步(状态)、具体动作和状态转移条件三个要素。对于复杂的顺序控制系统，可以将其分为若干个工步(状态)，状态之间有转移条件相分隔，当相邻两个状态之间的转移条件满足时，实现上一个状态到下一个状态之间的转移，即上一个状态运行结束而下一个状态运行开始。在每个状态下，都有各自不同的具体控制对象，而被控对象在该状态运行时输出相应的具体动作。

4.1.2 状态继电器

状态继电器用以表示状态转移图中的状态，FX₂N 系列 PLC 内部的状态继电器的分类、编号、数量和功能见表 3.7。在使用状态继电器时，需要注意以下几点：
(1) 状态继电器的编号必须在指定的类别范围内使用。
(2) 各状态继电器的触点在程序中的使用次数不限。
(3) 不使用步进顺控指令时，状态继电器 S 可以作为辅助继电器使用。
(4) 供报警用的状态继电器可用于外部故障诊断的输出。
(5) 通用状态继电器和断电保持状态继电器的地址编号分配可通过改变参数来设置。

4.1.3 状态转移图的表示

状态转移图就是用其三要素将控制系统的过程以一定的方式表示出来。下面以第 3 章中小车往复运动控制为例来说明。

小车往复运动的控制过程可以分为初始状态、右行状态和左行状态。由初始状态(小车停在中间位置)进入运行状态通过启动信号(X3)控制；启动后小车进入右行状态，当到达右限位行程开关(X1)时，右行状态结束并转为左行状态；当小车左行到达左限位行程开关(X2)时，左行状态结束又转为右行状态；依次实现往复运动。小车往复运动方框图和状态转移图如图 4.1 所示。

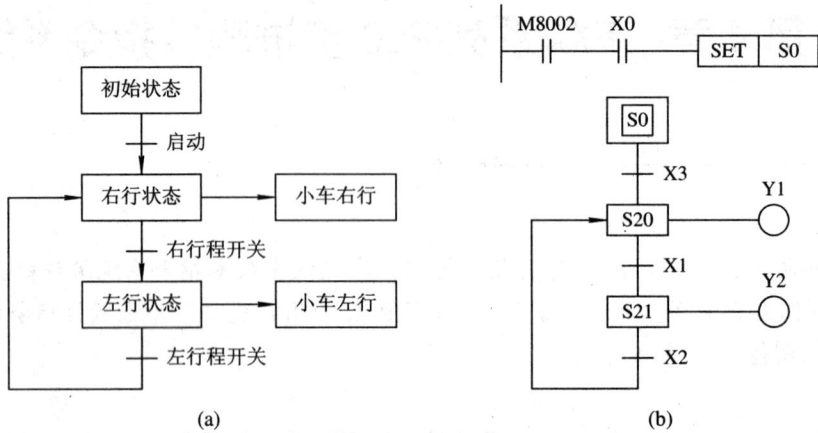

图 4.1　小车往复运动方框图和状态转移图

(a) 方框图；(b) 状态转移图

状态转移图中方框内为状态继电器编号，状态之间用带箭头的线段(从上到下、从左到右相连线段的箭头可以省去)相互连接，在垂直线段旁边标注的文字符号或者逻辑表达式表示转移条件，右边的线圈等表示具体输出信号。

在图 4.1 中，S0 表示初始状态，S20、S21 分别表示右行状态和左行状态。X0、X1、X2 和 X3 分别代表初始位置、右限位行程开关、左限位行程开关和启动的输入信号。小车的右行和左行用 PLC 的输出继电器 Y1 和 Y2 控制。

当小车原位输入信号 X0 闭合(ON)时，对初始状态继电器 S0 置位，即状态 S0 启动。按下启动按钮，输入信号 X3 闭合(ON)，即由状态 S0 转移到 S20 的转移条件具备，运行状态由初始状态 S0 转移到右行状态 S20，输出继电器 Y1 接通(ON)，小车向右运行。直到小车运行到右限位行程开关位置时，输入信号 X1 闭合(ON)，结束右行状态并(状态继电器 S20断开)转移到左行状态(状态继电器 S21 接通)，输出继电器 Y2 接通(ON)，小车向左运行。运行到左限位行程开关被压下时，输入信号 X2 闭合(ON)，结束右行状态并转移到左行状态。依次实现小车的往复运动。

4.2　步进顺控指令

4.2.1　步进顺控(STL 和 RET) 指令

1. 指令功能

STL：步进开始指令，与母线直接相连，表示步进顺控开始。

RET：步进结束指令，表示步进顺控结束，用于状态流程结束返回主程序。

STL 的操作元件为状态继电器 S0～S899；RET 无操作元件。

2．编程实例

对某控制系统中的部分控制对象所设计的 SFC 图、步进梯形图和指令表如图4.2所示。

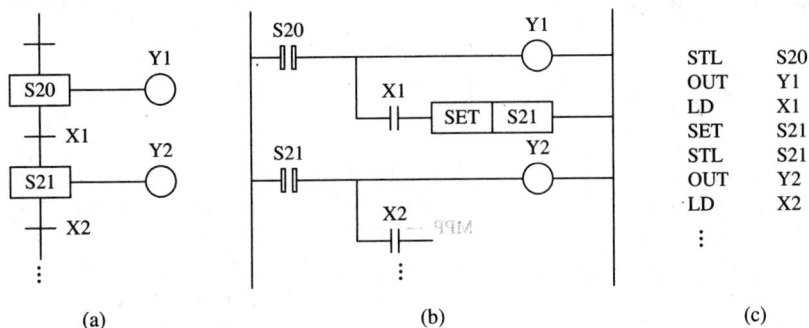

图 4.2　SFC 图、步进梯形图和指令表

(a) SFC 图；(b) 步进梯形图；(c) 指令表

程序解释：

状态继电器 S20 启动后，输出继电器 Y1 接通(ON)；当输入信号 X1 接通(ON)时，即状态转移条件具备，由状态 S20 转移到 S21，即状态继电器 S20 断开(OFF)且状态继电器 S21 接通(ON)，输出继电器 Y2 接通(ON)；当输入信号 X2 接通(ON)时，由状态 S21 转移到下一个状态。

3．指令使用说明

(1) 每个状态继电器具有三种功能：驱动相关负载、指定转移条件和转移目标。

(2) STL 触点与母线相连接，使用该指令后，相当于母线右移到 STL 触点右侧，并延续到下一条 STL 指令或者出现 RET 指令为止。同时该指令使得新的状态置位，原状态复位。

(3) 与 STL 指令相连接的起始触点必须使用 LD、LDI 指令编程。

(4) STL 触点和继电器的触点功能类似。在 STL 触点接通时，该状态下的程序执行；STL 触点断开时，一个扫描周期后该状态下的程序不再执行，直接跳转到下一个状态。

(5) STL 和 RET 是一对指令，在多个 STL 指令后必须加上 RET 指令，表示该次步进顺控过程结束，并且后移母线返回到主程序母线。

(6) 在步进顺控程序中使用定时器时，不同状态内可以重复使用同一编号的定时器，但相邻状态不可以使用，如图4.3所示。

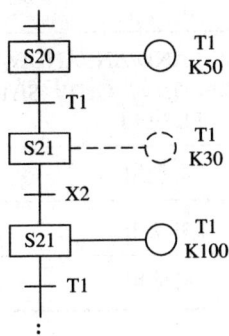

图 4.3　定时器在 SFC 图中使用

(7) 在 STL 触点后不可以直接使用 MPS、MRD 和 MPP 栈操作指令，只有在 LD 或 LDI 指令后才可以使用，如图 4.4 所示。

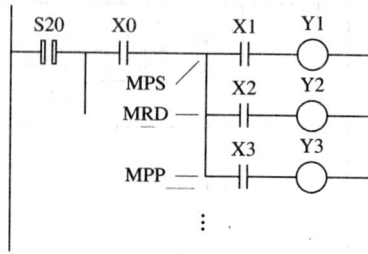

图 4.4　栈操作指令在 STL 图中的使用

(8) 在步进梯形图(亦称为 STL 图)中，OUT 指令和 SET 指令对 STL 指令后的状态(S) 具有相同的功能，都会将原状态自动复位。但在 STL 中分离状态(非相连状态)的转移必须 使用 OUT 指令，如图 4.5 所示。图中 S30 为分离状态。

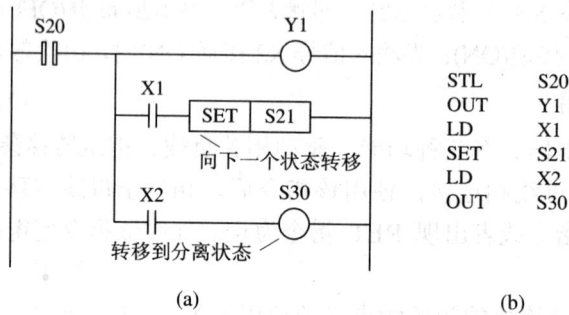

图 4.5　状态的转移

(a) STL 图；(b) 指令表

(9) 在中断程序和子程序中，不能使用 STL、RET 指令。而在 STL 指令中尽量不使用 跳转指令。在状态转移图中可以使用的指令如表 4.1 所示。

表 4.1　可在状态转移图内使用的指令

状　态		指　令		
		LD/LDI/LDP/LDF，AND/ANI/ANDP/ANDF，OR/ORI/ORP/ORF，INV，OUT，SET/RST，PLS/PLF	ANB/ORB，MPS/MRD/MPP	MC/MCR
初始状态/一般状态		可使用	可使用	不可使用
分支、汇合状态	输出处理	可使用	可使用	不可使用
	转移处理	可使用	不可使用	不可使用

(10) 在 SFC 图中，经常会使用一些特殊辅助继电器，其名称和功能如表 4.2 所示。

表 4.2　用于 SFC 图的特殊辅助继电器

元件编号	名　称	功 能 和 用 途
M8000	RUN 运行	PLC 在运行中始终接通的继电器，可作为驱动程序的输入条件或作为 PLC 运行状态的显示来使用
M8002	初始脉冲	在 PLC 接通(由 OFF→ON)时，仅在瞬间(1 个扫描周期)接通的继电器，用于程序的初始设定或初始状态的置位/复位
M8040	禁止转移	该继电器接通后，则禁止在所有状态之间转移。在禁止转移状态下，各状态内的程序继续运行，输出不会断开
M8046	STL 动作	任一状态继电器接通时，M8046 自动接通。用于避免与其他流程同时启动或者用于工序的动作标志
M8047	STL 监视有效	该继电器接通，编程功能可自动读出正在工作中的元件状态并加以显示

(11) 停电保持状态继电器采用内部电池保持其动作状态，应用于动作过程中突然停电而再次通电时需继续原来运行的场合。

(12) RET 指令可以多次使用。

(13) 转移条件为逻辑表达式时编程，如图 4.6 所示。

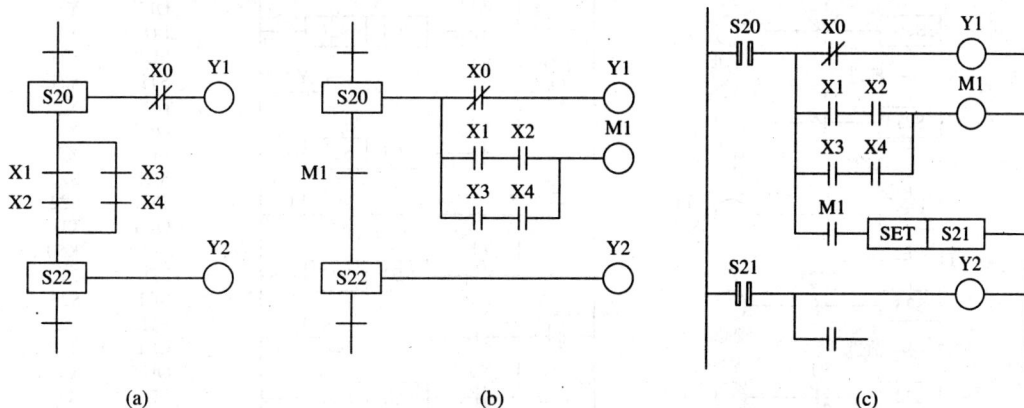

(a)　　　　　　　　　　(b)　　　　　　　　　　(c)

图 4.6　转移条件为逻辑表达式时编程

(a) 原 SFC 图；(b) 变换后的 SFC 图；(c) STL 图

(14) 边沿检测指令在 SFC 图中使用时编程，如图 4.7 所示。

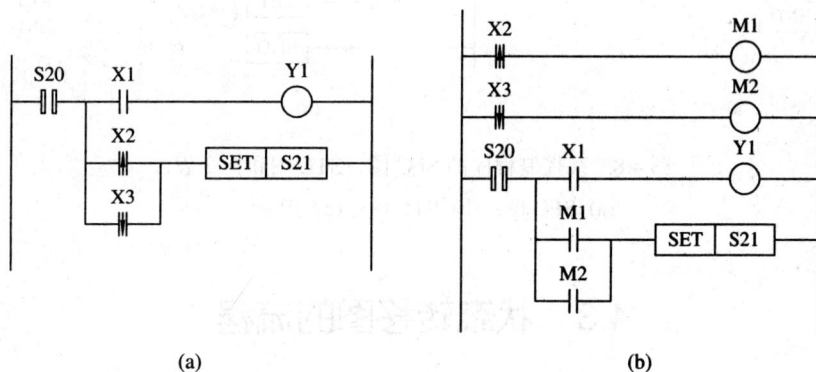

(a)　　　　　　　　　　　　　　(b)

图 4.7　边沿检测指令在 SFC 图中使用时编程

(a) 原 STL 图；(b) 变换后的 STL 图

4.2.2 状态转移图和步进梯形图的互换

对于顺序控制程序，既可以使用状态转移图(SFC 图)表示，也可以用步进梯形图(STL 图)或者采用指令表形式来表示，它们的实质内容完全相同，并且三者之间可以进行相互转换，如图 4.8 所示。在实际应用中，可以使用计算机和专用的编程软件进行 SFC 图的编制，然后通过接口传送到 PLC 的程序存储器中，由 PLC 运行该程序以实现对相应系统的控制。或者将 SFC 图转换为 STL 图，再编制为指令表语句程序，并由简易编程器送入 PLC 的程序存储器中供 PLC 使用。

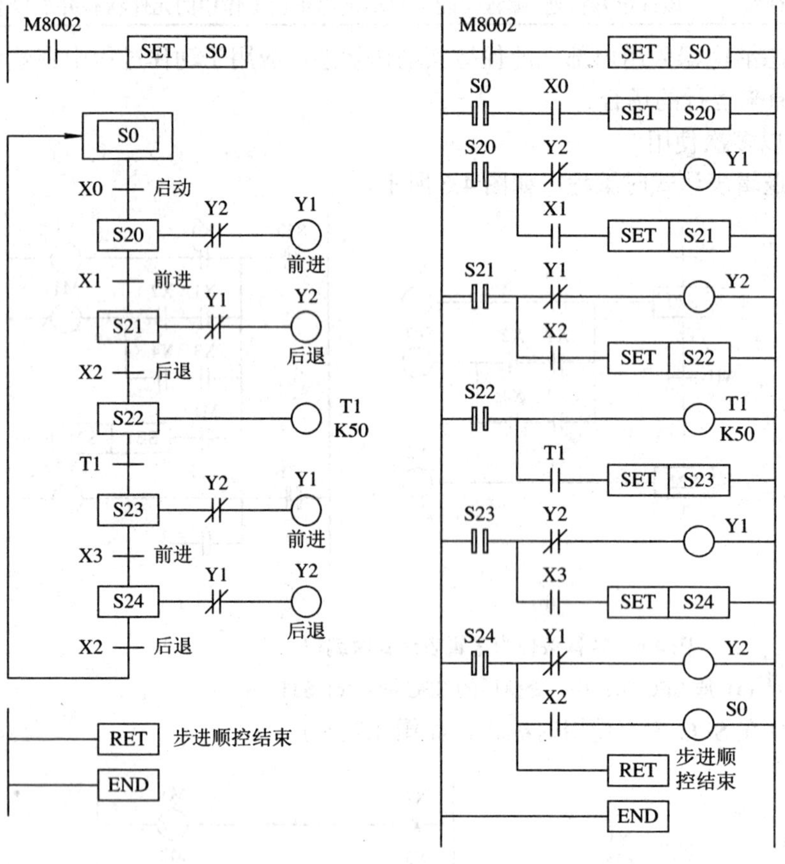


```
LD    M8002
SET   S0
STL   S0
LD    X0
SET   S20
STL   S20
LDI   Y2
OUT   Y1
LD    X1
SET   S21
STL   S21
LDI   Y1
OUT   Y2
LD    X2
SET   S22
STL   S22
OUT   T1
      K50
LD    T1
SET   S23
STL   S23
LDI   Y2
OUT   Y1
LD    X3
SET   S24
STL   S24
LDI   Y1
OUT   Y2
LD    X2
OUT   S0
RET
END
```

(a)　　(b)　　(c)

图 4.8　某控制程序的 SFC 图、STL 图和指令表

(a) SFC 图；(b) STL 图；(c) 指令表

4.3　状态转移图的流程

对于不同的控制系统，所编制的 SFC 图的流程也不同。根据流程的结构特点，可以分为单流程、选择性分支与汇合流程、并行分支与汇合流程、分支与汇合的组合流程等。

4.3.1 单流程

单流程指的是在整个 SFC 图没有分支或汇合，如图 4.8 所示。在单流程中可以带有重复或者流程内跳转，如图 4.9 所示，也可以跨流程跳转，即向流程外转移，如图 4.10 所示。对于分离状态的编程要用 OUT 指令，而不能使用 SET 指令。

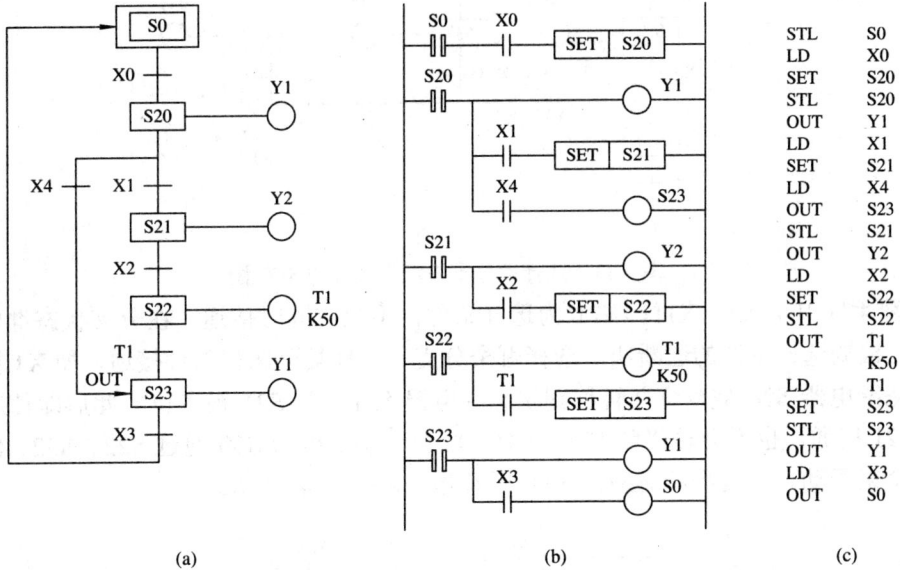

(a)   (b)   (c)

图 4.9   带跳转和重复的单流程

(a) SFC 图；(b) STL 图；(c) 指令表

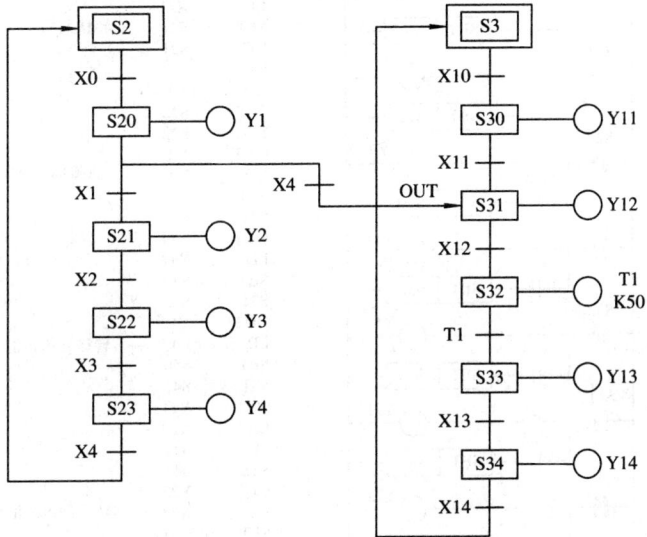

图 4.10   向流程外跳转的 SFC 图

4.3.2   选择性分支与汇合流程

选择性分支是指从多个流程中选择其中一个分支流程执行，并且一旦某个流程被选中，其他流程均不再执行(即使其选择条件随后具备)，如图 4.11 所示。

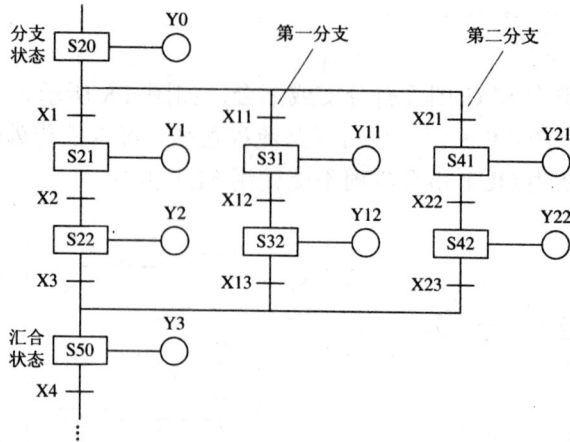

图 4.11　选择性分支与汇合流程的 SFC 图

在图 4.11 中，X1、X11、X21 为选择条件，不允许同时接通。在分支状态继电器 S20 接通时，根据选择条件的通断决定选择哪个分支。一旦某个选择条件接通，如 **X1** 接通，则分支状态继电器 S20 被复位并转移到状态继电器 S21，即 S21 被置位。此后即使选择条件 **X11、X21** 接通，也不会转移到 S31、S41。汇合状态继电器 S50 通过 S22、S32、S42 中的任意一个来驱动。该流程所对应的 STL 图和指令表如图 4.12 所示。

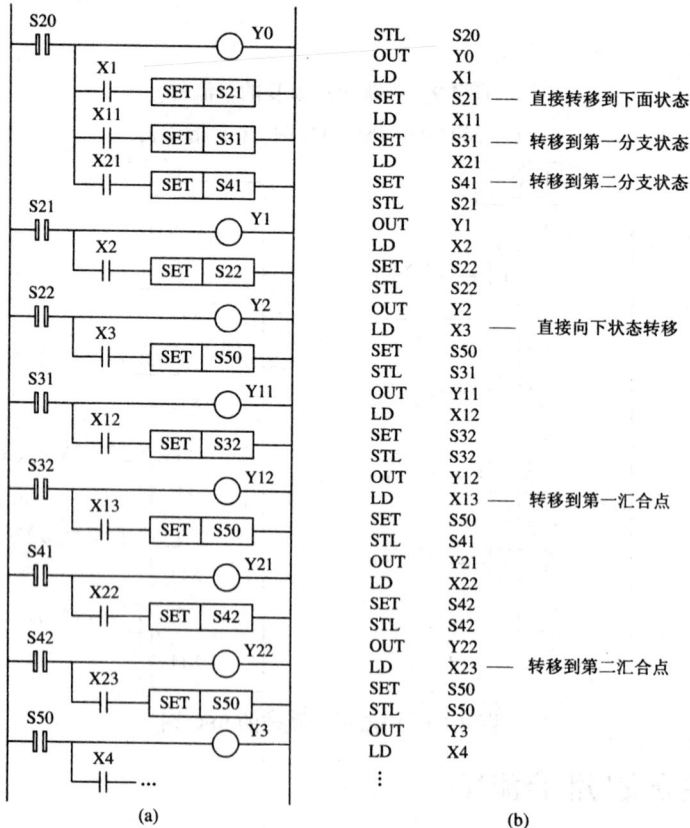

(a)　　　　　　　　　　　　(b)

图 4.12　选择性分支与汇合流程的 STL 图和指令表

(a) STL 图；(b) 指令表

在选择性分支和汇合的流程中，先进行驱动处理，再进行转移处理。在转移处理时，不能使用 MPS、MRD、MPP、ANB、ORB 指令；这些指令在驱动处理中也不能直接在 STL 指令后使用。

4.3.3 并行分支与汇合流程

并行分支是指多个分支流程在运行时同时执行的分支，如图 4.13 所示。该分支与汇合流程所对应的 STL 图和指令表如图 4.14 所示。

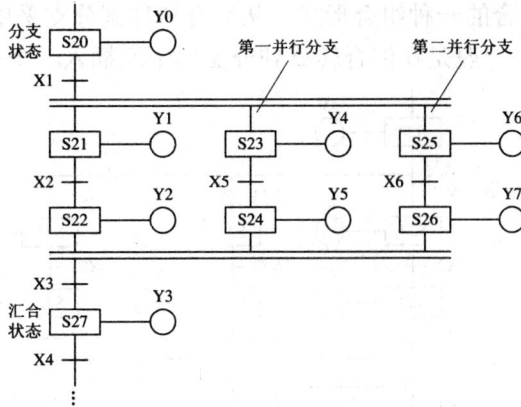

图 4.13 并行分支与汇合流程的 SFC 图

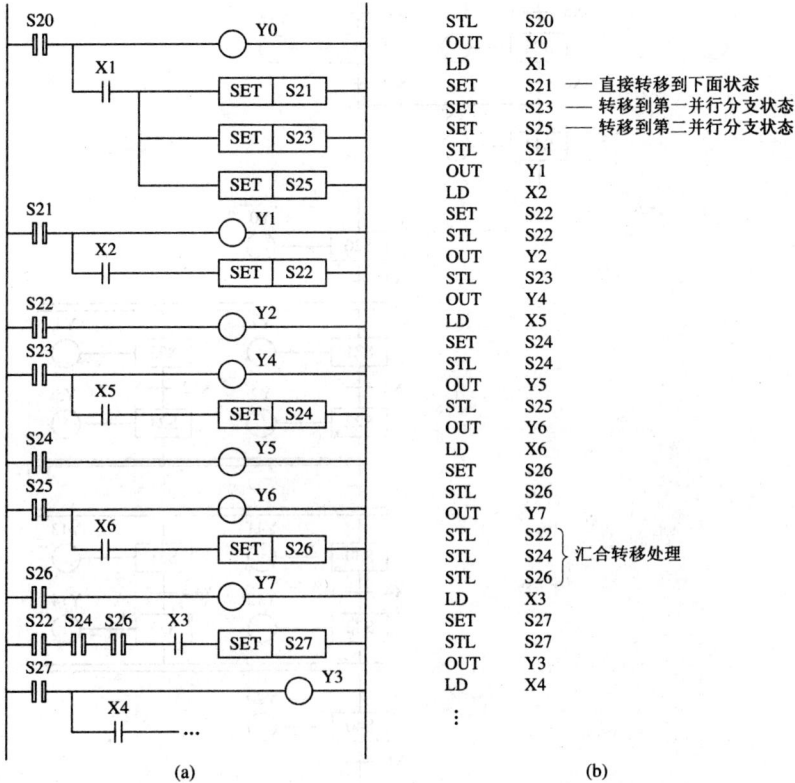

图 4.14 并行分支与汇合流程的 STL 图和指令表

(a) STL 图；(b) 指令表

在图 4.13 中，S20 为分支状态继电器，X1 为转移条件。当分支状态继电器 S20 接通时，若 X1 接通，则状态继电器 S21、S23、S25 同时接通，各分支流程同时开始动作。当各分支流程全部完成后，并且转移条件 X3 也接通时，转移到汇合状态继电器 S27，并且状态继电器 S22、S24、S26 全部复位。

在并行分支与汇合流程中，分支最多允许有 8 路。

4.3.4 分支与汇合的组合

图 4.15 为分支与汇合的一种组合形式，从汇合转移到分支采用直接相连，没有中间状态。对于该种组合形式，一般是在汇合转移到分支的中间插入一个空状态，如图 4.16 所示。

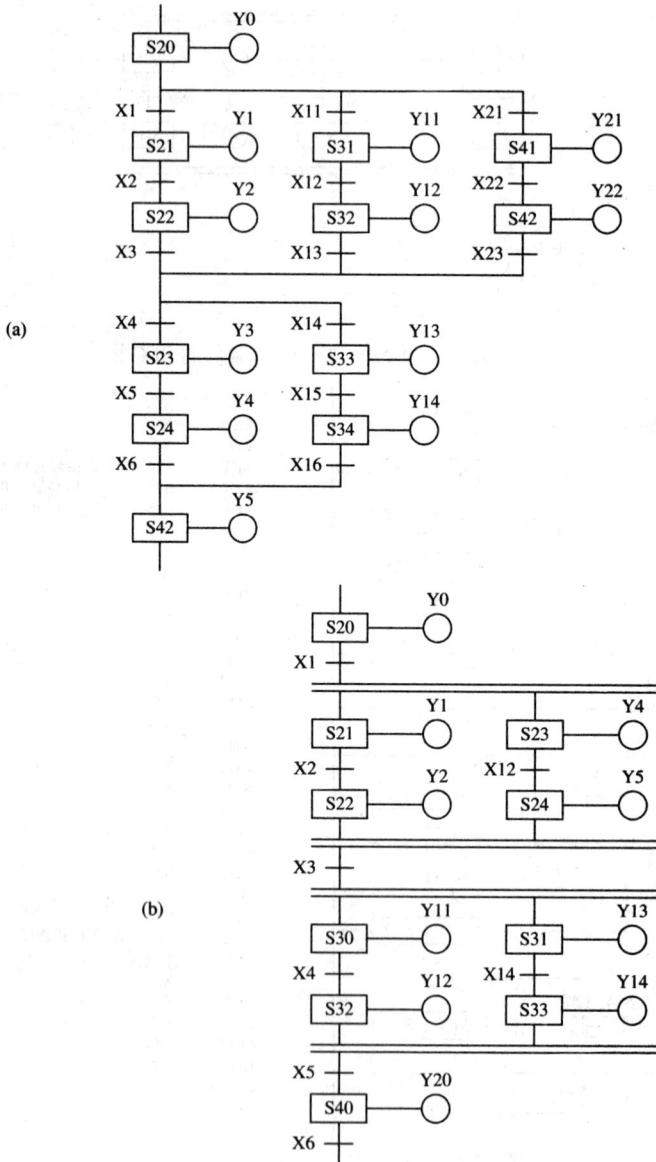

图 4.15 分支与汇合组合形式的 SFC 图
(a) SFC 图(一); (b) SFC 图(二)

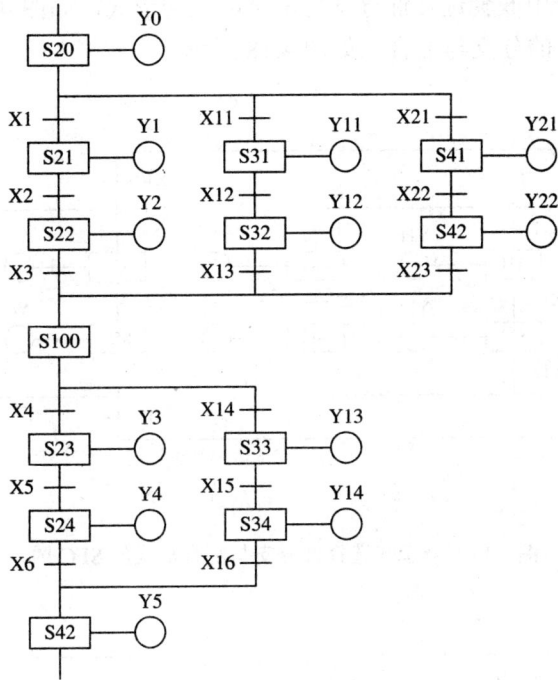

(a)

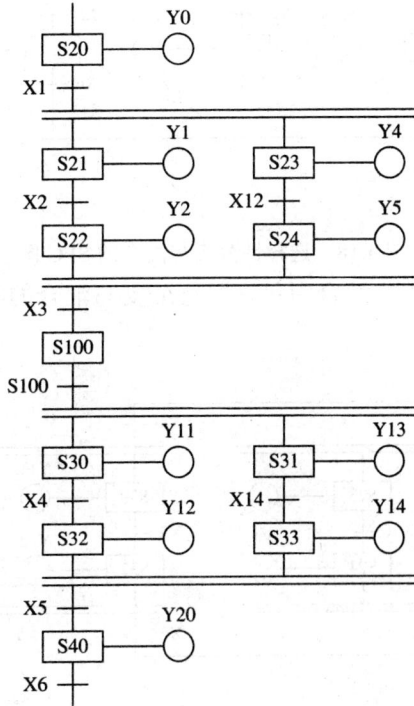

(b)

图 4.16 插入空状态的分支与汇合组合形式的 SFC 图
(a) SFC 图(一); (b) SFC 图(二)

选择性分支与汇合中嵌套选择性分支与汇合的组合形式，如图 4.17 所示。在编程时可以将其转变为没有嵌套的分支与汇合，如图 4.18 所示。

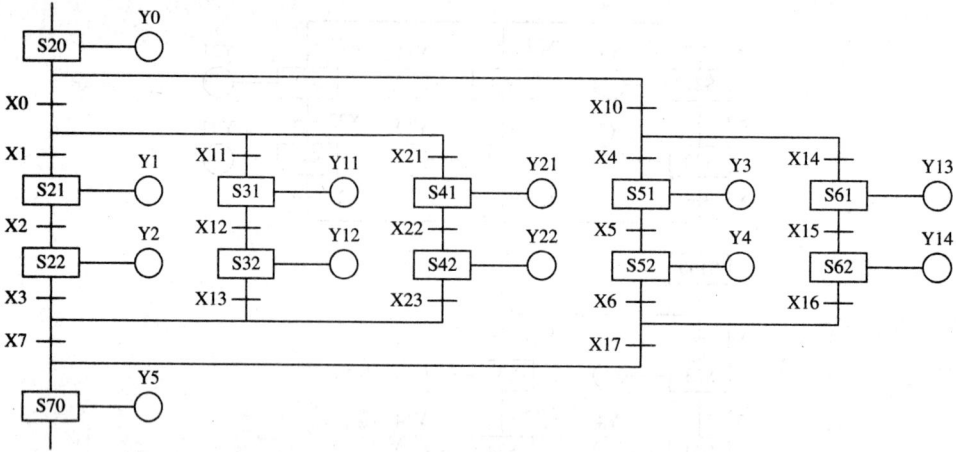

图 4.17　嵌套式选择性分支与汇合形式的 SFC 图

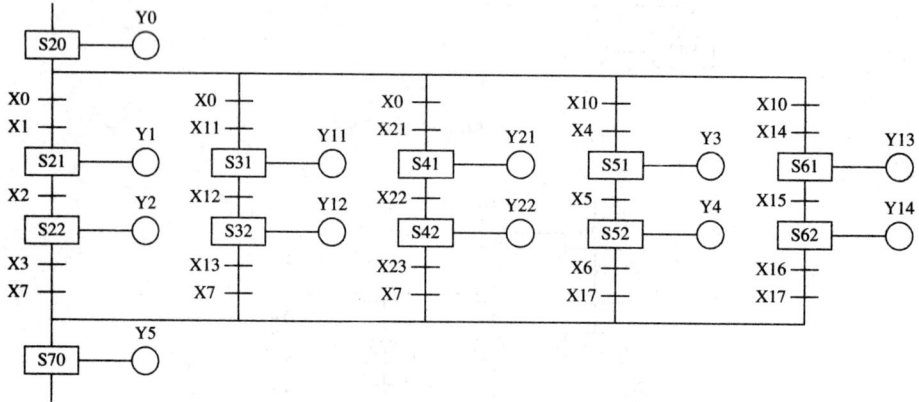

图 4.18　选择性分支与汇合的 SFC 图

此外，还有在选择性分支与汇合中包含并行分支与汇合的组合形式，如图 4.19 所示。

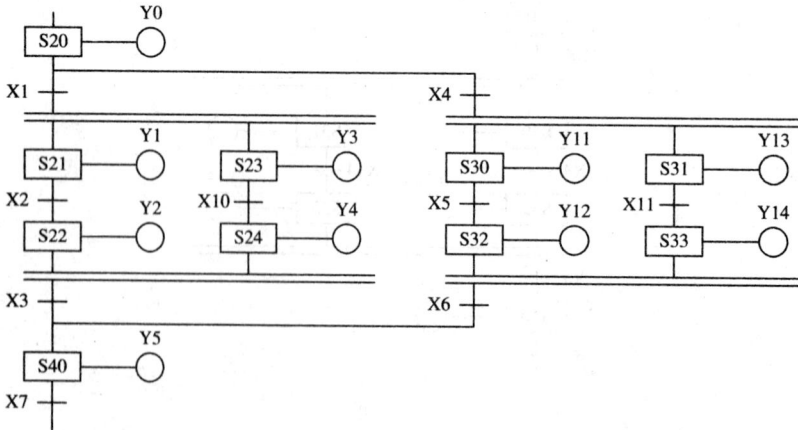

图 4.19　选择性与并行分支与汇合组合形式的 SFC 图

图 4.19 的 SFC 图对应的 STL 图和指令表如图 4.20 所示。

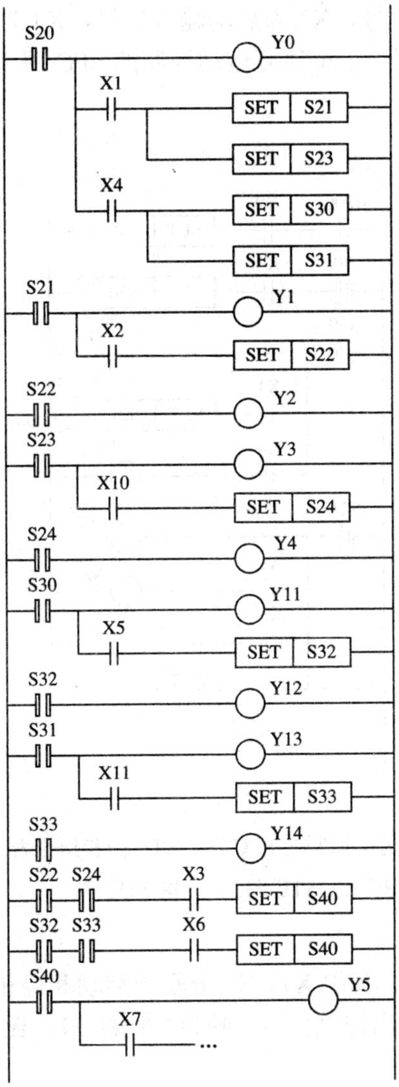

(a)

STL	S20
OUT	Y0
LD	X1
SET	S21
SET	S23
LD	X4
SET	S30
SET	S31
STL	S21
OUT	Y1
LD	X2
SET	S22
STL	S22
OUT	Y2
STL	S23
OUT	Y3
LD	X10
SET	S24
STL	S24
OUT	Y4
STL	S30
OUT	Y11
LD	X5
SET	S32
STL	S32
OUT	Y12
STL	S31
OUT	Y13
LD	X11
SET	S33
STL	S33
OUT	Y14
STL	S22
STL	S24
LD	X3
SET	S40
STL	S32
STL	S33
LD	X6
SET	S40
STL	S40
OUT	Y5
LD	X7
⋮	

(b)

图 4.20　选择性与并行分支与汇合组合形式的 STL 图和指令表

(a) STL 图；(b) 指令表

4.4　状态转移图的工程应用

在第 3 章中举例说明了基本指令在一些控制系统中的编程方法，这些控制系统同样也可以采用顺控指令进行编程，从而实现对被控系统的控制。

4.4.1　单流程控制系统

1．小车往复运动

小车往复运动示意图如图 3.58(a)所示。X0 为原位输入信号，X1 为右限位行程开关输入信号，**X2** 为左限位行程开关输入信号，**X3** 为启动输入信号，**X4** 为停止输入信号。**Y1**、**Y2** 分别为右行和左行的输出控制信号。小车往复运动控制的 SFC 图、STL 图和指令表如图 4.21 所示。

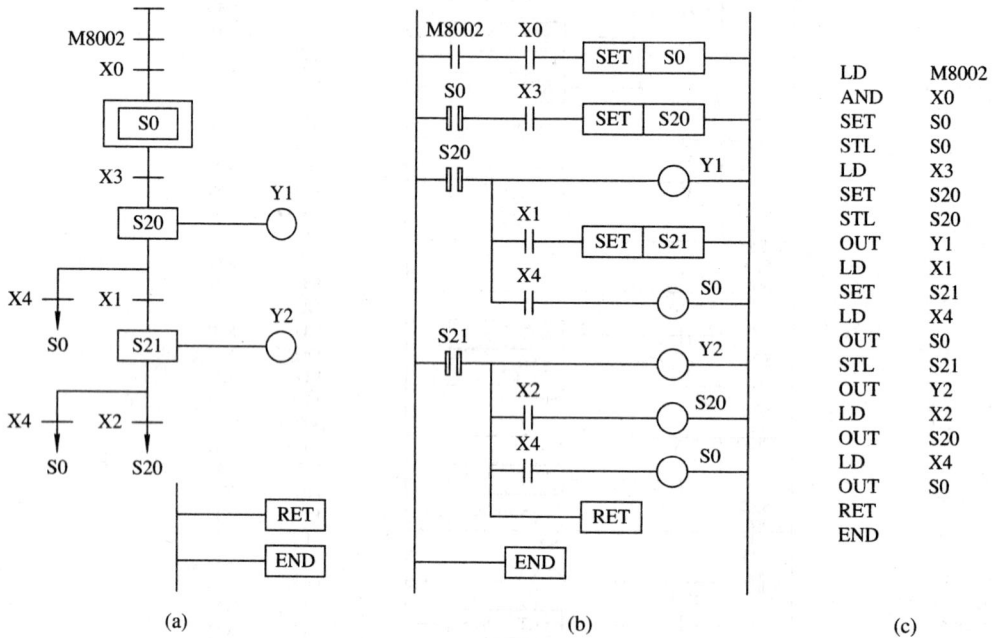

图 4.21 小车往复运动控制的 SFC 图、STL 图和指令表

(a) SFC 图；(b) STL 图；(c) 指令表

2. 喷泉控制

喷泉组及状态分配如图 4.22 所示。其中 **X1**、**X2** 分别为启动和停止输入信号。**Y1**、**Y2**、**Y3** 分别为 A 组、B 组、C 组喷头的输出控制信号。喷泉控制的 SFC 图、STL 图和指令表如图 4.23 所示。

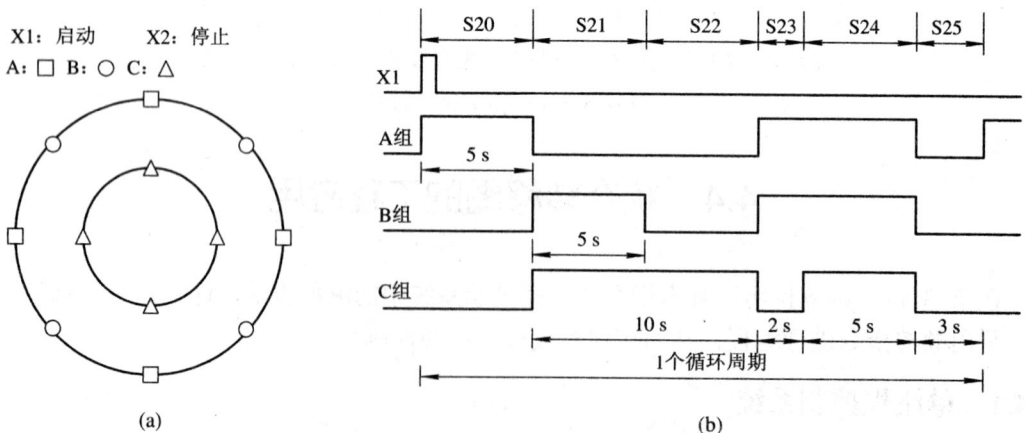

图 4.22 喷泉组及状态分配

(a) 喷泉组；(b) 时序图及状态分配

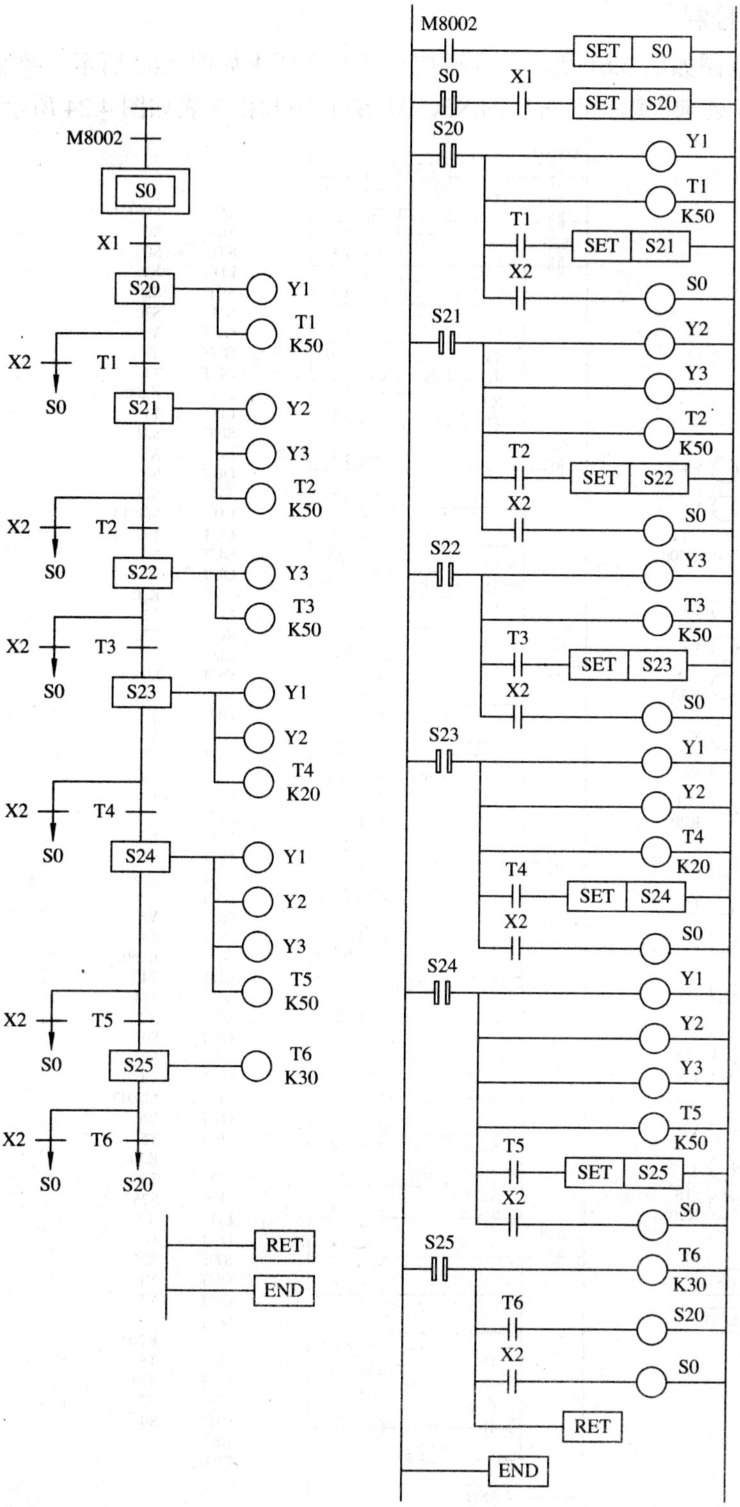

图 4.23 喷泉控制的 SFC 图、STL 图和指令表

(a) SFC 图；(b) STL 图；(c) 指令表

3. 十字路口交通信号灯控制

十字路口交通信号灯示意图如图 3.61 所示，交通信号灯时序要求如图 3.62 所示，控制梯形图如图 3.63 所示。采用步进顺控编程时对应的 SFC 图、STL 图和指令表如图 4.24 所示。

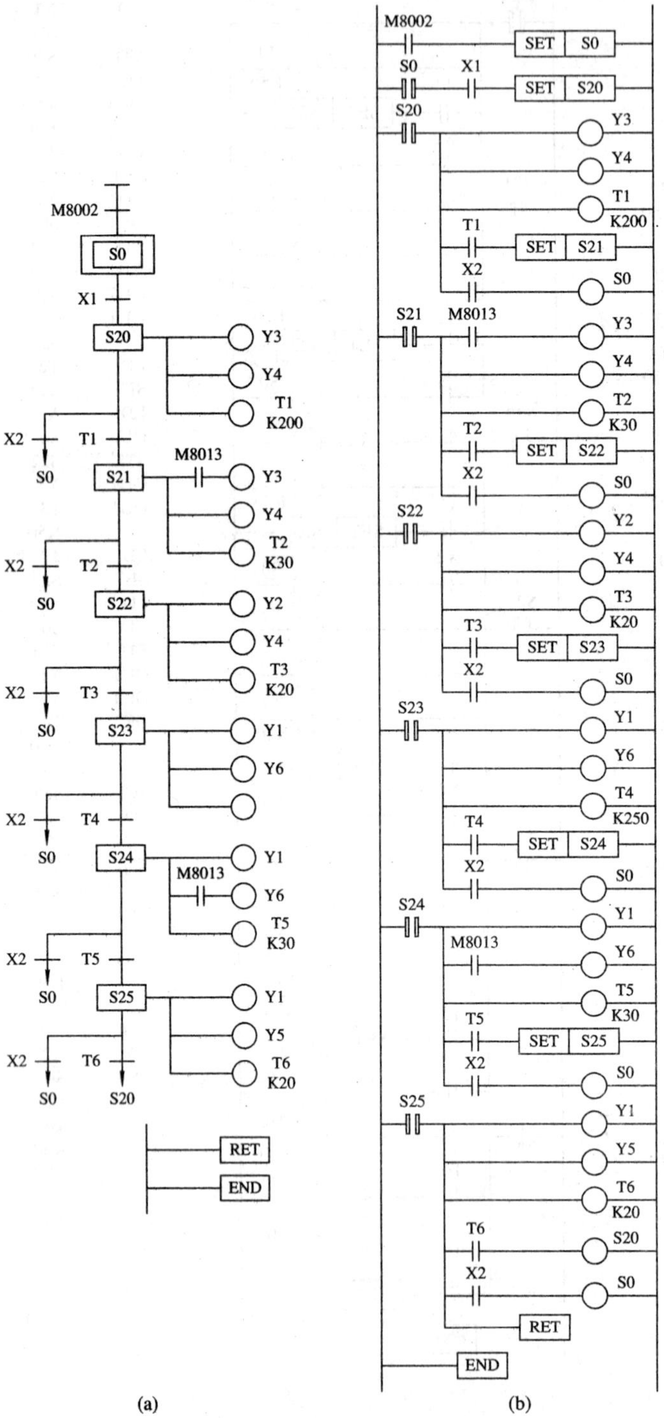

(c) 指令表

```
LD    M8002
SET   S0
STL   S0
LD    X1
SET   S20
STL   S20
OUT   Y3
OUT   Y4
OUT   T1
      K200
LD    T1
SET   S21
LD    X2
OUT   S0
STL   S21
LD    M8013
OUT   Y3
OUT   Y4
OUT   T2
      K30
LD    T2
SET   S22
LD    X2
OUT   S0
STL   S22
OUT   Y2
OUT   Y4
OUT   T3
      K20
LD    T3
SET   S23
LD    X2
OUT   S0
STL   S23
OUT   Y1
OUT   Y6
OUT   T4
      K250
LD    T4
SET   S24
LD    X2
OUT   S0
STL   S24
OUT   Y1
LD    M8013
OUT   Y6
OUT   T5
      K30
LD    T5
SET   S25
LD    X2
OUT   S0
STL   S25
OUT   Y1
OUT   Y5
OUT   T6
      K20
LD    T6
OUT   S20
LD    X2
OUT   S0
RET
END
```

图 4.24　十字路口交通信号灯控制的 SFC 图、STL 图和指令表

(a) SFC 图；(b) STL 图；(c) 指令表

4．多台电动机顺序启停控制

现有四台电动机，启动顺序为：M1 启动后 2 s 启动 M2，M2 启动后 3 s 启动 M3，M3 启动后 4 s 启动 M4；停止顺序为：M4 首先停止，M4 停止 4 s 后 M3 停止，M3 停止 3 s 后 M2 停止，M2 停止 2 s 后 M1 停止。

启动、停止按钮的输入信号分别为 X0、X1；四台电机 M1、M2、M3、M4 的输出控制信号分别为 Y1、Y2、Y3、Y4。控制系统的单流程 SFC 图如图 4.25(a)所示，控制系统采用选择性分支与汇合时的 SFC 图如图 4.25(b)所示。

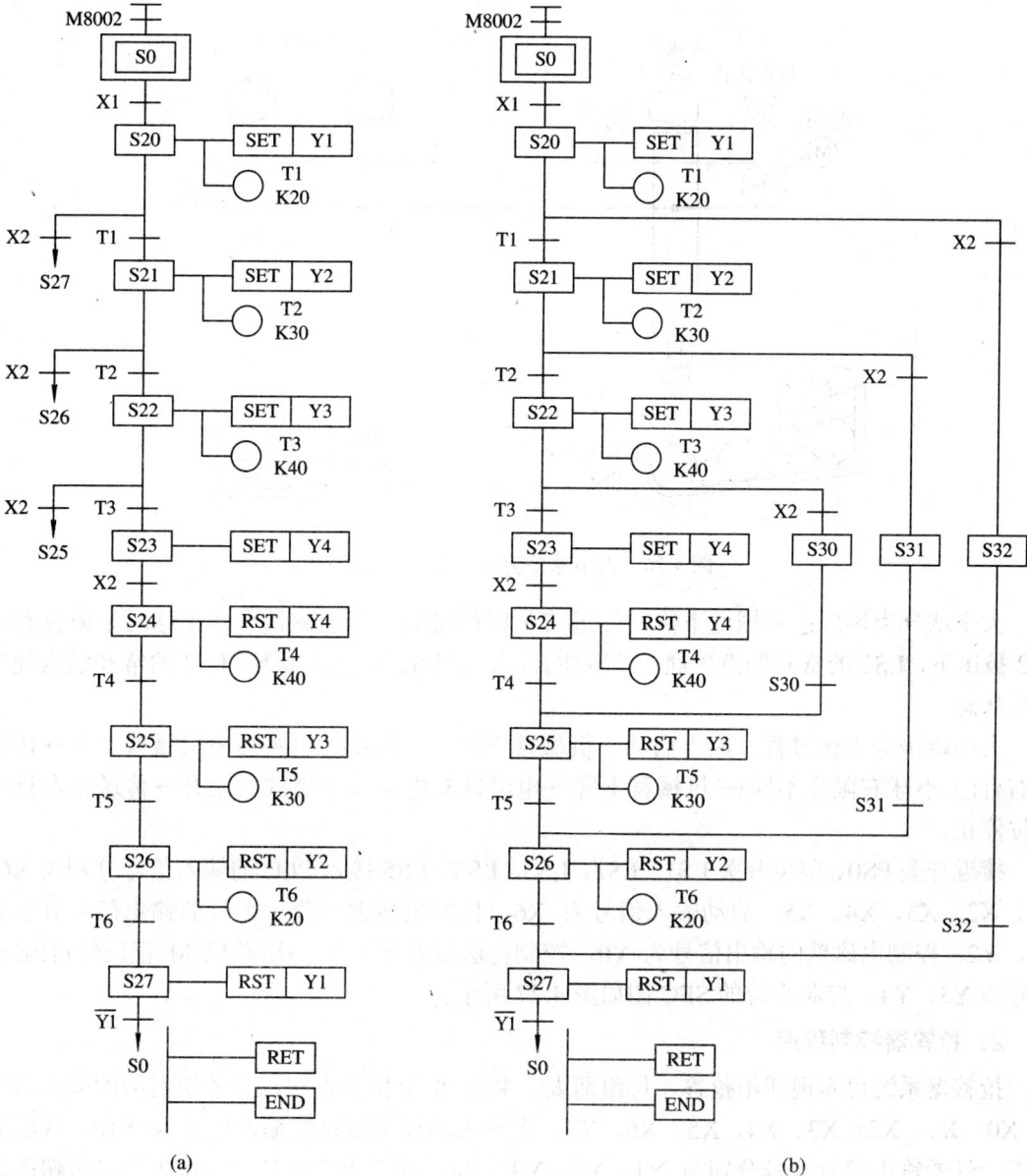

图 4.25　多台电动机顺序启停控制的 SFC 图

(a) 单流程的 SFC 图；(b) 分支与汇合流程的 SFC 图

4.4.2 选择性分支与汇合流程控制系统

1. 大小球分类及传送控制系统

图 4.26 所示为大小球分类及传送系统示意图。电动机 M 驱动传送带左右移动，机械臂由液压或气压系统驱动；上下移动通过电磁阀驱动液压缸来控制；利用电磁铁的磁力来吸引大球或小球。

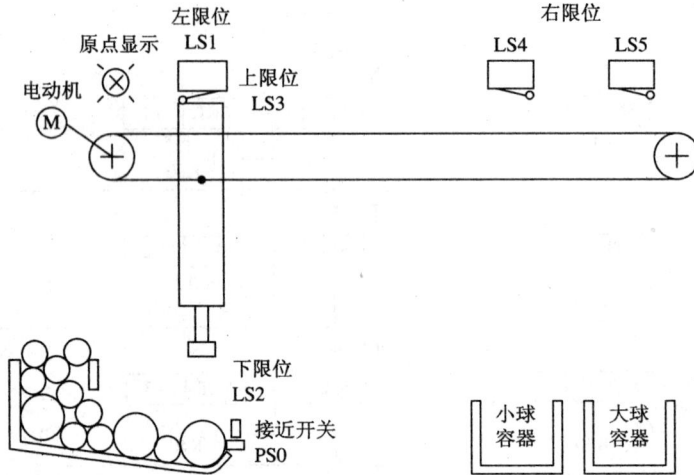

图 4.26 大小球分类传送系统示意图

大小球分类原理：机械臂下降，经过 T0 时间延时，当电磁铁压住小球时下限位开关 LS2 被压下，LS2 的常开触点接通。若压住大球，则 LS2 不会被压下，LS2 的常开触点处于断开状态。

大小球传送工作过程：原点启动→机械臂下降→电磁铁通电吸球→机械臂上升→传送带右行(大小球右限位不同)→机械臂下降→电磁铁断电释放→机械臂上升→传送带左行→原位停止。

接近开关 PS0、限位开关 LS1、LS2、LS3、LS4、LS5 接入 PLC 的输入信号分别为 X0、X1、X2、X3、X4、X5，启动输入信号为 X6；控制机械臂下降、上升的输出信号分别为 Y1、Y2，控制电磁铁的输出信号为 Y0，控制传送带右行、左行(电动机 M 正反转)的输出信号为 Y3、Y4。控制系统的 SFC 图如图 4.27 所示。

2. 抢答器控制程序

抢答器系统可实现四组抢答，每组两人。共有 8 个抢答按钮，各按钮对应的输入信号为 X0、X1、X2、X3、X4、X5、X6、X7；主持人的控制按钮的输入信号为 X10；各组对应指示灯的输出控制信号分别为 Y1、Y2、Y3、Y4。前三组中任意一人按下抢答按钮即获得答题权；最后一组必须同时按下抢答按钮才可以获得答题权；主持人可以对各输出信号复位。抢答器控制系统的 SFC 图如图 4.28 所示。STL 图和指令表如图 4.29 所示。

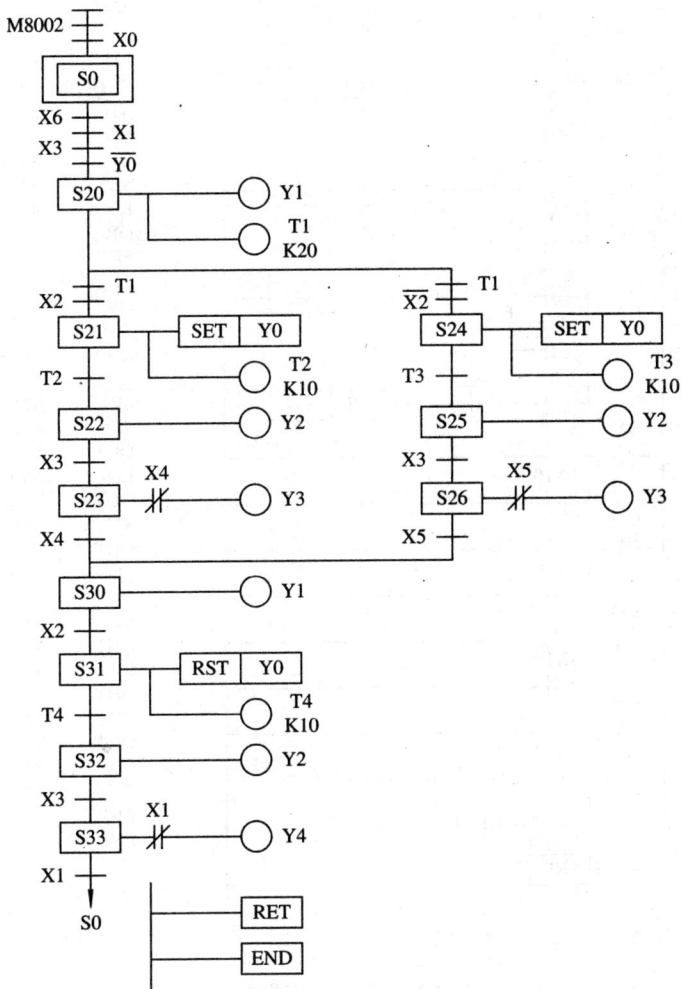

图 4.27 大小球分类传送控制系统的 SFC 图

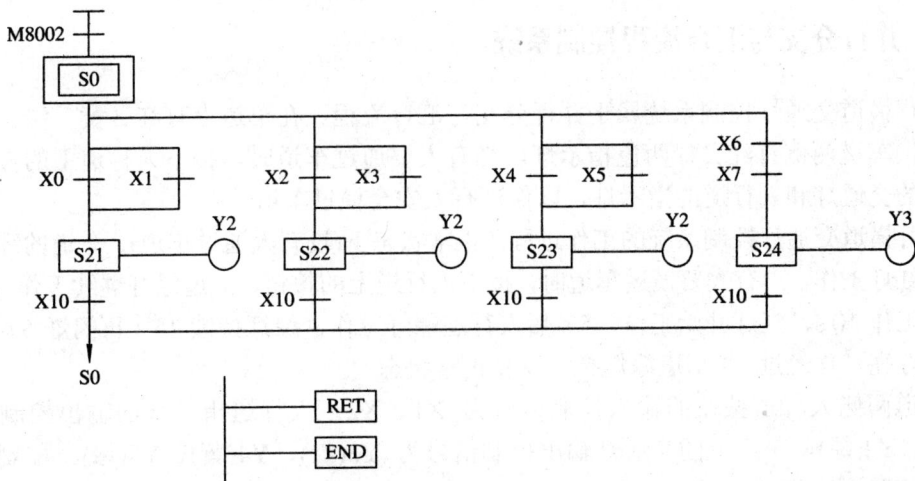

图 4.28 抢答器控制系统的 SFC 图

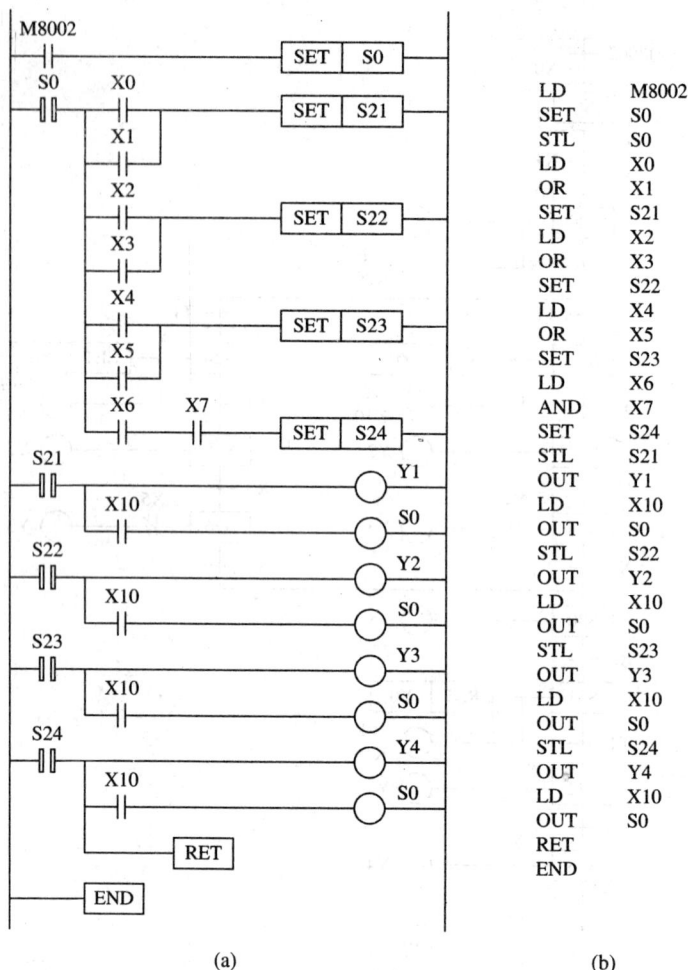

图 4.29 STL 图和指令表

(a) STL 图；(b) 指令表

4.4.3 并行分支与汇合流程控制系统

人行横道交通灯控制系统属于并行分支与汇合流程。在车道上有红、黄、绿三色交通信号灯，车道两侧有红、绿两色指示灯。当有人要通过车道时，按下人行道上的按钮，控制车道的交通灯和人行道的指示灯，以保证行人安全横过车道。

人行横道交通灯控制系统的工作过程：正常状态下(没有人通过车道)，车道的绿灯和人行道的红灯工作，当有人要横过车道时，按下人行道上的按钮，车道绿灯继续工作 30 s，黄灯开始工作 10 s，红灯开始工作，5 s 后人行道绿灯工作，绿灯持续 15 s 再闪烁 5 s 后，人行道红灯亮，再经过 5 s 车道绿灯亮，恢复正常状态。

车道两侧人行道按钮的输入控制信号为 X1、X2；人行道指示灯的输出控制信号为 Y1(红)、Y2(绿)，车道上的交通灯输出控制信号为 Y3(红)、Y4(黄)、Y5(绿)。控制系统的 SFC 图如图 4.30 所示。

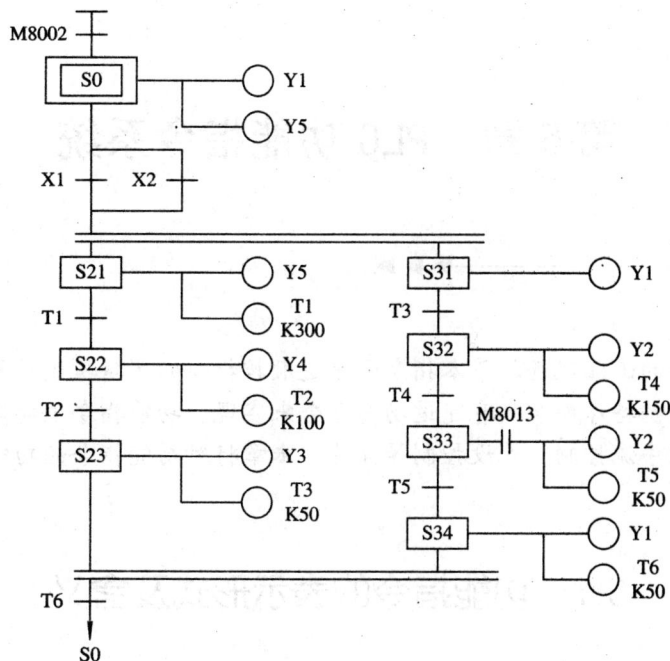

图 4.30　人行横道交通灯控制的 SFC 图

习　题

4.1　按第 3 章习题 3.13 的要求用步进顺控指令编程。

4.2　将图 4.27 所示的大小球分类传送控制系统的 SFC 图转换为 STL 图和指令表。

4.3　节日彩灯控制要求：系统启动后，红灯先亮，2 s 后绿灯亮，再过 3 s 黄灯亮；待红、绿、黄灯全亮 1 min 后，全部熄灭；20 s 后再重新开始循环。试用步进顺控指令编程。

第5章 PLC功能指令系统

━━━━━━━━━━▶▶▶

面对变化多样的工业现场，基本指令和步进顺控指令的逻辑控制功能无法满足各类现场的使用要求，这些特殊要求只有通过功能指令来实现。功能指令主要实现数据的传送比较、算术运算、程序流控制、外设控制等操作。本章将对功能指令的功能、编程格式及其使用加以详细说明。

5.1 功能指令的表示形式及含义

5.1.1 功能指令的表示形式

功能指令的表示形式与基本指令和顺控指令有所不同，它由助记符(功能号)和操作数两部分构成。助记符表示功能指令的功能，操作数为操作对象，即操作数据、地址等。图5.1为传送指令在编程中的格式示例。当X0为ON时执行该指令，将源(Source)操作数[S·]指定的字元件 D10 中的数据传送到目标(Destination)操作数[D·]指定的字元件 D12 中。

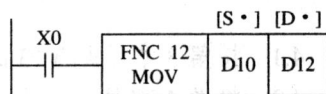

图 5.1 功能指令的梯形图表达形式

5.1.2 功能指令的含义

功能指令有多种类型，采用功能号和助记符来表示。在使用功能指令时，必须掌握功能指令中各参数所表示的含义。下面以图5.2所示的数据传送指令为例加以说明。

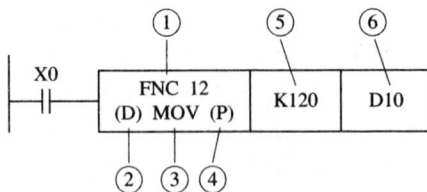

图 5.2 数据传送指令功能说明

图 5.2 中①～⑥的说明如下：

①为功能指令的功能号。FX_{2N} 系列 PLC 的功能指令的功能号从 FNC 00 到 FNC 246。由于功能指令的功能号不便记忆、理解和掌握，所以使用时功能指令用功能号＋助记符的

形式来表示，助记符代表功能指令的含义。

②为操作数据类型。功能指令中操作数的类型有 16 位和 32 位。(D)表示操作数为 32 位数据类型，无(D)表示操作数为 16 位数据类型。

③为助记符。助记符是该指令功能的英文缩写。如加法指令的英文写法为"addtion instruction"，助记符即为 ADD；比较指令"compare instruction"，助记符即为 CMP 等。MOV 为数据传送指令，用以实现数据的传送。

④为脉冲/连续执行指令标志(P)。功能指令中若带有(P)，为脉冲执行指令，仅在条件满足时执行一次该功能指令；若指令中没有(P)，则为连续执行指令，即在条件满足时，每个扫描周期都执行一次该功能指令。图 5.2 中的数据传送指令为脉冲执行指令，当 X0 为 ON 时仅传送一次数据。

⑤、⑥为操作数。操作数为功能指令中涉及的参数或数据，分为源操作数、目标操作数和其他操作数。源操作数在指令执行后不改变其内容；目标操作数在指令执行后，其内容根据指令功能做出相应的改变；其他操作数多为常数，或者是对源操作数、目标操作数做出补充说明的参数。常数 K 表示十进制数，H 表示十六进制数。图 5.2 中标注⑤为源操作数，⑥为目标操作数。

5.2 功能指令的分类及操作数

5.2.1 功能指令的分类

FX$_{2N}$ 系列 PLC 的功能指令极其丰富，根据其功能可概括为 14 大类，分别为程序流程控制指令、传送和比较指令、四则逻辑运算指令、循环移位指令、数据处理指令、高速处理指令、方便指令、外部设备 I/O 指令、外部设备 SER 指令、浮点运算指令、定位指令、时钟运算指令、外围设备指令和触点比较指令。

5.2.2 功能指令的操作数

功能指令的操作数可以指定为位元件、位组合元件、数据寄存器、指针等。要正确使用功能指令，必须首先了解和掌握各功能指令的操作数的含义。

1. 位元件

1) 位元件和字元件

位元件是只处理 ON/OFF 状态的元件，例如 X、Y、M 和 S 等；其他处理数字数据的元件，例如 T、C 和 D，称为字元件。

2) 位组合元件

4 个位元件组合成一个位组合元件单元。位组合元件用 KnMm 表示，其中 n 表示组数，m 表示首元件编号(m 可以是内部资源允许的任意值)，例如：

K1X0 表示由 X3～X0 共 4 个输入继电器的 4 位组合的数据。

K2X0 表示由 X7～X0 共 8 个输入继电器的 8 位组合的数据。

K3Y0 表示由 Y13～Y0 共 12 个输出继电器的 12 位组合的数据。

在 16 位数(或者 32 位数)运算时，参与操作的位组合单元数由 K1～K4(或 K1～K8)来指定，长度不足时的高位均为零，并且只能处理正数。

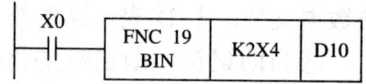

图 5.3 表示当输入继电器 X0 为 ON 时，将由 X4～X13 组合的 2 位 BCD 码转换成二进制数存储到数据寄存器 D10 中。

图 5.3 位组合元件的应用

2. 数据寄存器(D)

数据寄存器用于存储数值数据，寄存器都是 16 位(最高位为符号位)，可处理的数值范围为 $-32\,768～+32\,767$。

相邻两个的数据寄存器可组成 32 位数据寄存器(最高位为符号位)，可处理的数值范围为 $-2\,147\,483\,648～+2\,147\,483\,647$。

数据寄存器种类、编号及使用见表 3.11。

3. 变址寄存器(V、Z)

变址寄存器 V0～V7 和 Z0～Z7 除了可作为普通的 16 位数据寄存器外，也可以两个组合(Z 为低位，V 为高位)作为 32 位寄存器，如图 5.4 所示。在功能指令中，还可以同其他的元件编号或数值组合使用，用来改变内部元件的编号或数值。

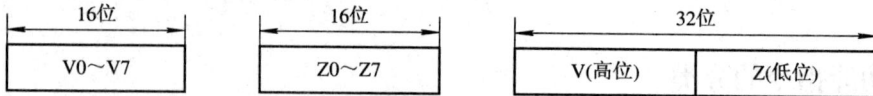

图 5.4 变址寄存器及其组合

可以利用变址寄存器改变编号或数据的元件有 X、Y、M、S、T、P、C、K、H、KnX、KnY、KnM 及 KnS 等。修改实例如图 5.5 所示。

图 5.5 变址寄存器修改参数实例

4．文件寄存器(D)

PLC 内部的断电保持数据寄存器可用来存储 PLC 运行过程中所生成的大量数据，为了便于数据管理和长期保存，常将这些数据以文件形式进行存储。FX$_{2N}$ 系列的数据寄存器 D1000 以后的数据寄存器是断电保持型寄存器，通过参数设定后，可作为最大 7000 点的文件寄存器，也可通过参数设定，将 7000 点文件寄存器分成 14 块，每个块 500 个文件寄存器。D1000 以后的一部分设定为文件寄存器，剩余部分可作为通用的掉电保持寄存器使用。

5．指针(P/I)

在跳转指令中，当跳转条件成立时，需用某一标识符表示该跳转程序的入口地址。此标识符就是指针，与跳转、子程序、中断等指令一起使用。地址号采用十进制进行编号。按用途指针可分为分支用指针(P)和中断用指针。各类指针编号如表 5.1 所示。

表 5.1　各类指针编号表

分支用指针	输入中断用	计数中断用	高速计数用		结束跳转用
P0～P62 P64～P127	I00□(X0) I10□(X1) I20□(X2) I30□(X3) I40□(X4) I50□(X5)	I6□□ I7□□ I8□□	I010　I040 I020　I050 I030　I060		P63

1) 指针 P

分支指针用于条件跳转指令和子程序调用指令，其地址号可以是 P0～P62 和 P64～P127。P63 为结束指令专用指针，相当于程序结束指令(END)，不能用于分支指针。分支指针 P 的应用实例如图 5.6 所示。在图 5.6(a)中，当 X0=ON 时，执行条件跳转指令，程序跳转到该跳转指令指定的标号 P0 位置，随后程序继续执行。在图 5.6(b)中，当 X0=ON 时，执行调用子程序指令所指定标号的子程序，当执行到子程序返回指令 FNC 02 SRET 时，返回到主程序原来位置继续执行。

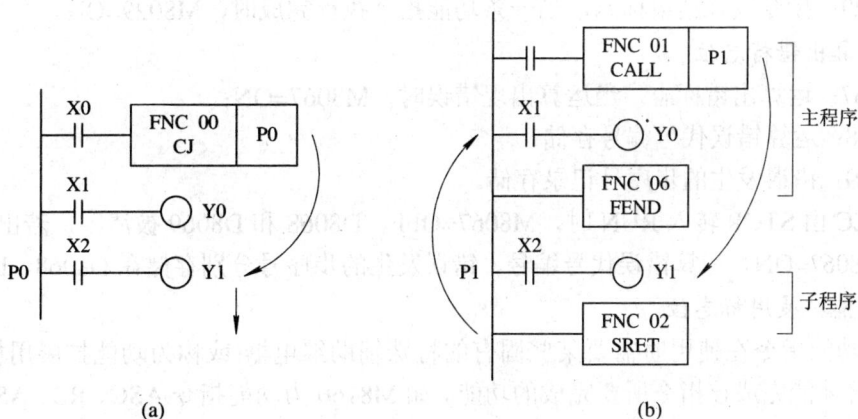

图 5.6　分支指针 P 的应用实例

(a) 条件跳转；(b) 子程序调用

2) 指针 I

指针 I 为中断用指针，根据中断类型可以将中断指针 I 分为三种类型：输入中断指针、定时器中断指针和高速计数器指针。在程序中与中断返回指令(IRET)、允许中断指令(EI)和禁制中断指令(DI)一起组合使用。中断指针的格式见 3.2.6 节。

● 输入中断指针

输入中断的中断信号源来自于外界输入信号(X0～X5)，外界输入信号条件成立时，开始执行相应的中断程序，并且不受 PLC 的扫描周期的影响，因此输入中断可以处理比扫描周期更短或需要优先处理的输入信号。例如对于输入中断指针 I410，当输入继电器 X4 由 ON 变为 OFF 时，停止执行主程序，开始执行中断指针为 I410 后面的中断程序，在执行到中断返回指令(IRET)时返回主程序并继续执行。

● 定时器中断指针

定时器中断的中断源信号来自其内部的定时器。例如 I650 为每隔 50 ms 停止执行主程序，开始执行一次中断指针为 I650 后面的中断程序，执行到中断返回指令(IRET)时返回主程序并继续执行。

● 高速计数器中断指针

高速计数器中断是指当高速计数器和该计数器设定值相等时，就执行相应的中断子程序，主要用于高速计数器需优先处理计数结果的控制系统中。

6. 标志位

功能指令在操作过程中，其执行结果可能会影响某些特殊继电器，称作标志位。标志位按照其功能分为一般标志位、运算出错标志位和功能扩展用标志位。

1) 一般标志位

功能指令在操作过程中，其运行结果将对下列标志位产生影响：

M8020：零标志，若运算结果为 0 时，M8020=ON；

M8021：借位标志，在作减法运算时，若被减数不够减，则 M8021=ON；

M8022：进位标志，在作加法运算时，若运算结果产生进位，则 M8022=ON；

M8029：指令执行结束标志，当一条功能指令执行完成时，M8029=ON。

2) 运算出错标志位

M8067：运算出错标志，当运算出现错误时，M8067=ON；

D8068：运算错误代号编号存储；

D8069：错误发生的步序号记录存储。

当 PLC 由 STOP 转入 RUN 时，M8067=OFF，D8068 和 D8069 被清零，若出现运算错误，则 M8067=ON，运算错误代号编号、错误发生的步序号分别存储在 D8068、D8069 中。

3) 功能扩展用标志位

部分功能指令在使用时需要某些固有的特殊辅助继电器(或称为功能扩展用标志位)的配合，这样才能完成该指令所要完成的功能。如 M8160 为功能指令 ASC、RS、ASCI、HEX 和 CCD 的功能扩展标志位。功能扩展标志位的具体含义和应用将在后续相应的功能指令说明中加以介绍。

5.3 程序流控制功能指令

程序流控制指令用于对程序的运行过程进行控制，共有 10 条，如表 5.2 所示。

表 5.2 程序流控制指令

FNC 代号	助 记 符	指令名称及功能
00	CJ	跳转功能指令
01	CALL	子程序调用指令
02	SRET	子程序返回指令
03	IRET	中断返回指令
04	EI	允许中断指令
05	DI	禁止中断指令
06	FEND	主程序结束指令
07	WDT	监视定时器指令
08	FOR	重复循环开始指令
09	NEXT	重复循环结束指令

5.3.1 FNC 00(CJ)跳转功能指令

1．指令功能

当跳转条件成立时，程序跳转到跳转指令指针指定的地方。

2．编程格式

条件跳转指令的编程应用如图 5.7 和图 5.8 所示。

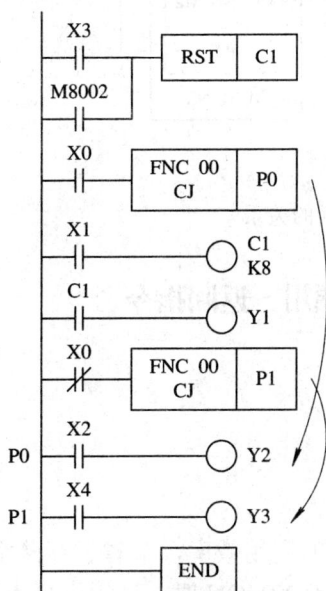

图 5.7 条件跳转指令编程应用一　　　　图 5.8 条件跳转指令编程应用二

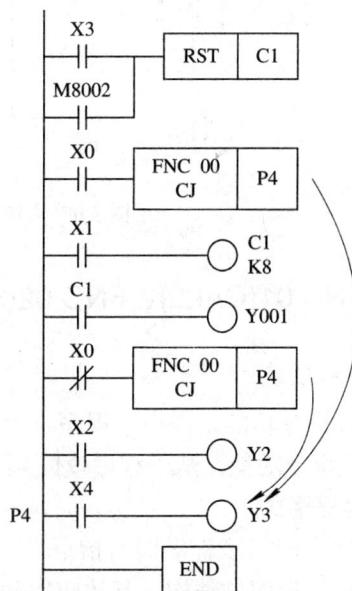

3. 指令使用说明

(1) 一个标号在程序中只能出现一次，多条跳转指令可以使用同一标号。

(2) 定时器 T192~T199、高速计数器 C235~C255 一经驱动，即使其处理指令被跳过，也会继续工作，其输出触点仍能工作。

(3) 对于积算型定时器及计数器的复位指令在跳转程序中时，即使程序执行时跳过复位指令，复位指令仍然被执行。

(4) 主控指令与跳转指令在使用时的关系如图 5.9 所示。图中标注 A.~E.说明如下：

A. 对于跳过主控区 1 的跳转指令不受任何限制；

B. 当跳转指令 CJ P1 执行时，则从主控区 1 外跳转到主控区 1 内，跳转指针 P1 以下程序中的 M0 视作 ON；

C. 当 M0=ON 时，主控区 1 内的跳转指令 CJ P2 才可能执行；

D. 当 M0=ON 时，从主控区 1 内跳转到主控区 1 外的跳转指令 CJ P3 才能执行，但主控区 1 内的 MCR N0 忽略；

E. 当 M1=ON 时，从主控区 2 内跳转到主控区 3 内的跳转指令 CJ P4 才能执行，主控区 3 中 P4 以下程序中的 M2 视作 ON，但主控区 2 内的 MCR N0 忽略。

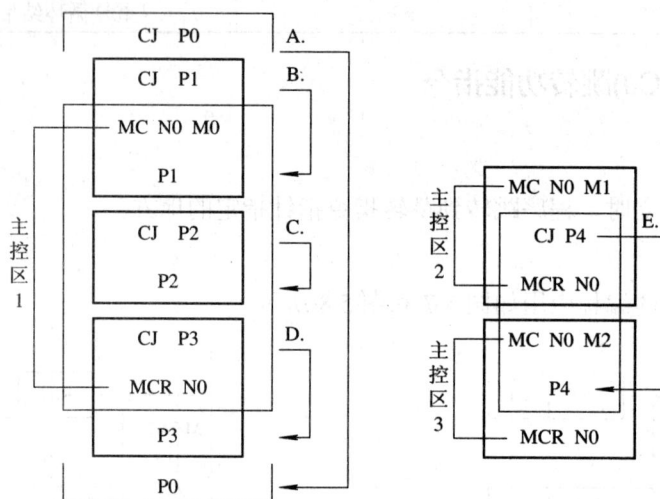

图 5.9　主控指令与跳转指令之间的关系

5.3.2　FNC 01(CALL)、FNC 02(SRET)子程序调用、返回指令

1. 指令功能

CALL 指令功能：调用子程序。

SRET 指令功能：从子程序返回到主程序。

2. 编程格式

在程序中应用子程序调用指令，一方面提高了程序的利用效率，节省了存储空间，另一方面优化了程序的结构。具体应用如图 5.10(a)所示，当 X0=ON 时，调用标号为 P1 的子程序，直到遇到 SRET 指令，返回到调用处，继续执行主程序。

3. 指令使用说明

(1) 子程序必须在主程序之后编写。

(2) FX$_{2N}$系列PLC子程序的指针编号为P0～P62，P64～P127(共127个)。

(3) 子程序必须以子程序结束指令(FNC 02 SRET)结束程序，并且只能用一次，否则程序不能正常执行。

(4) 子程序调用指令有连续式执行和脉冲式执行两种方式，图5.10(b)主程序中的子程序调用为脉冲式执行方式，即当输入信号X1由OFF→ON时执行一次CALL(P)P4。CALL P5为连续式执行子程序调用指令，在子程序1中，当输入信号X2为ON时，调用子程序2即程序跳转到P5，直到子程序结束执行到SRET时，返回到子程序1，然后继续执行子程序1，子程序1执行结束后再返回主程序继续执行。

(5) 在子程序中调用子程序，称为子程序的嵌套，图5.10(a)所示为1级嵌套，图5.10(b)所示为2级嵌套。FX$_{2N}$系列PLC中最多允许5级嵌套。

(6) 在子程序中使用定时器时，其规定范围为T192～199和T146～249。

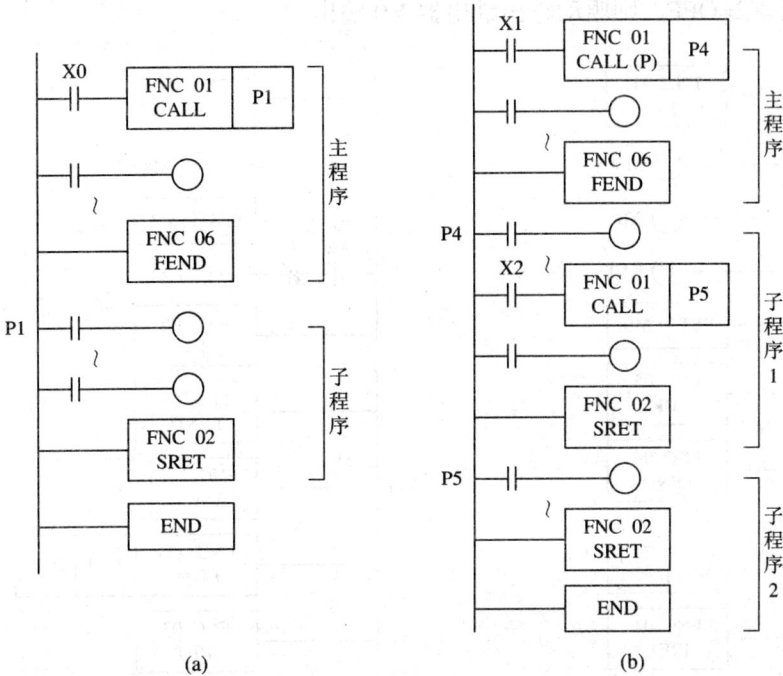

图 5.10 子程序调用的应用实例

(a) 调用的子程序；(b) 子程序的嵌套

5.3.3 FNC 03(IRET)、FNC 04(EI)和FNC 05(DI)中断指令

1. 指令功能

IRET 指令功能：中断返回。

EI 指令功能：允许中断，允许执行中断程序时，必须打开中断。

DI 指令功能：禁止中断，不允许执行行中断程序时，必须关闭中断。

2．编程格式

1) 外部输入中断

外部输入中断在程序应用中的格式如图 5.11 所示。在主程序执行时，当 X0=OFF 时，特殊辅助继电器 M8051=OFF，标号为 I101 的中断子程序允许执行；当 X0=ON 时，M8051=ON，标号为 I101 的中断子程序禁止执行。若 PLC 的外部中断源输入端 X1 由 OFF →ON，并且 M8051=OFF，标号为 I101 的中断子程序就执行一次，执行完毕后，返回主程序。本程序实现将窄脉冲保持的功能，脉冲的宽度由定时器 T1 确定。

2) 定时器中断

利用定时器中断，每隔 50 ms 将数据寄存器 D1 中的数据加 1，并与设定值 K20 进行比较，如图 5.12 所示。当 X1=OFF 时，特殊辅助继电器 M8057=OFF，标号为 I750 的中断子程序允许执行；当 X1=ON 时，M8057=ON，标号为 I750 的中断子程序禁止执行。当 X2=ON 时，将 M2 置 ON。在 M2 为 ON 期间，每隔 50 ms 执行一次标号为 I750 的定时器中断，子程序将 D1+1→D1，并将 D1 的当前值与常数 K20 比较，达到 20 时，将 M2 复位，D0 停止加 1，若此时 X2=OFF，则驱动输出继电器 Y0 输出。

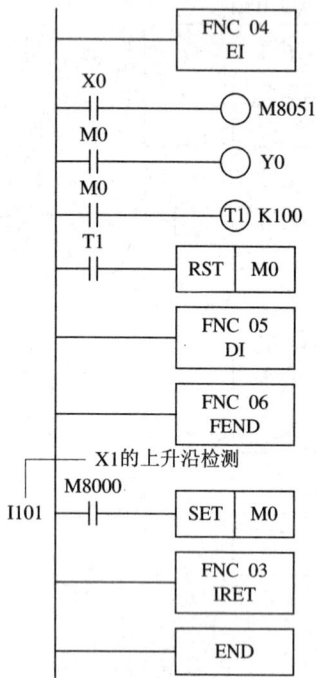

图 5.11　外部输入中断子程序的格式

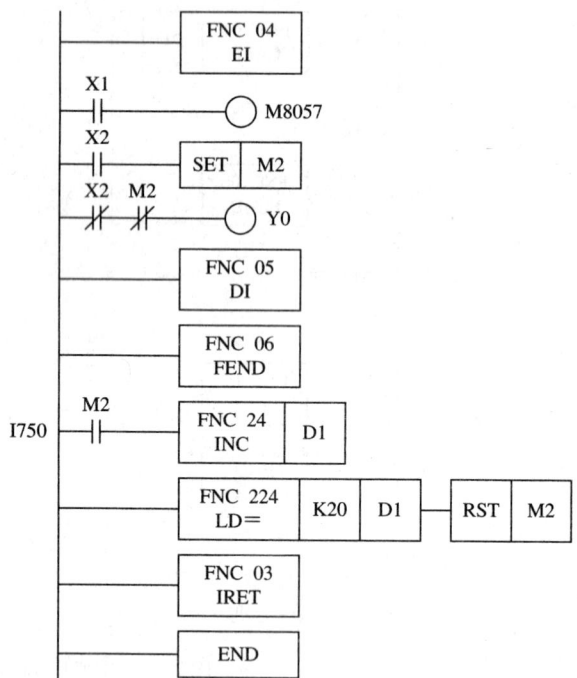

图 5.12　定时器中断子程序的应用实例

3) 计数器中断

图 5.13 所示是利用高速计数器 C255 实现的中断子程序。当 X3=OFF 时，特殊辅助继电器 M8059=OFF，标号为 I020 的中断子程序允许执行；当 X3=ON 时，M8059=ON，标号为 I020 的中断子程序禁止执行。当 M8059=OFF 时允许计数器中断，若高速计数器 C255 的当前值与设定值 K100 相等时，执行中断程序。输入信号 X3 决定是否允许计数器中断。

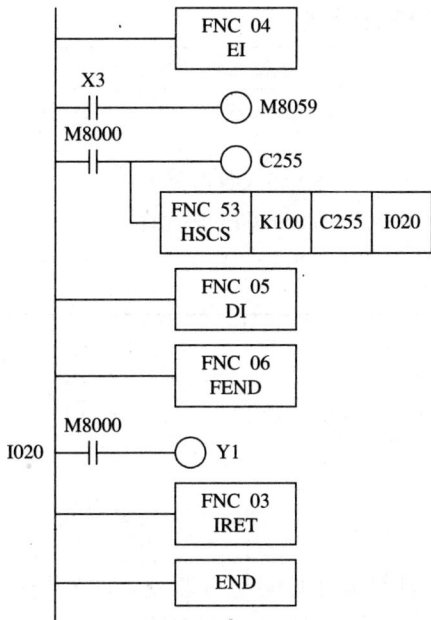

图 5.13　计数器中断子程序的应用实例　　　　　图 5.14　中断允许区间

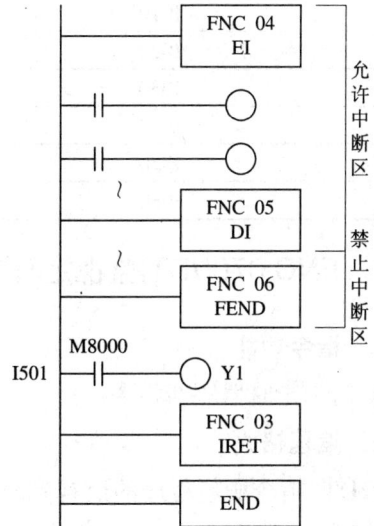

3．指令使用说明

(1) 在主程序中有时需禁止中断，有时需开启中断。允许中断的主程序必须在功能指令 EI 和 DI 之间，DI 之后主程序禁止执行中断子程序，如图 5.14 所示。

(2) 当多个中断信号同时有效时，中断指针编号小的具有较高的优先权，首先执行；每个中断子程序必须以 IRET 结束。中断程序必须在 FEND 指令之后。

(3) 中断子程序可以进行嵌套，最多为 2 级嵌套。

(4) 中断指针如表 5.3、5.4、5.5 所示。

表 5.3　外部输入中断指针表

输入信号	中断指针编号		中断禁止特殊辅助继电器
	上升沿中断	下降沿中断	
X0	I001	I000	M8050
X1	I101	I100	M8051
X2	I201	I200	M8052
X3	I301	I300	M8053
X4	I401	I400	M8054
X5	I501	I500	M8055

表 5.4　定时器中断指针表

中断指针编号	中断周期/ms	中断禁止特殊辅助继电器
I6□□	在指针标号中的□□部分中输入 10~99 整数。如 I850 为每 50 ms 执行一次该标号的中断程序	M8056
I7□□		M8057
I8□□		M8058

表 5.5　计数器中断指针表

指 针 编 号	中断禁止特殊辅助继电器
I010	
I020	
I030	M8059=ON 时禁止
I040	M8059=OFF 时允许
I050	
I060	

5.3.4　FNC 07(WDT)监视定时器指令

1. 指令功能

看门狗定时器刷新指令。

2. 编程格式

WDT 指令刷新程序的监视定时器。若扫描周期执行时间超过监视定时器规定的某一值时(如 FX$_{2N}$ 为 200 ms)，可编程控制器 CPU 出错指示灯亮同时停止工作。在这种情况下应将 WDT 指令插到合适的步序中刷新监视定时器，以使程序能正常运行。例如将一个扫描周期为 360 ms 的程序分为两个 180 ms 的程序，在两个程序之间插入 WDT 指令，如图 5.15 所示。

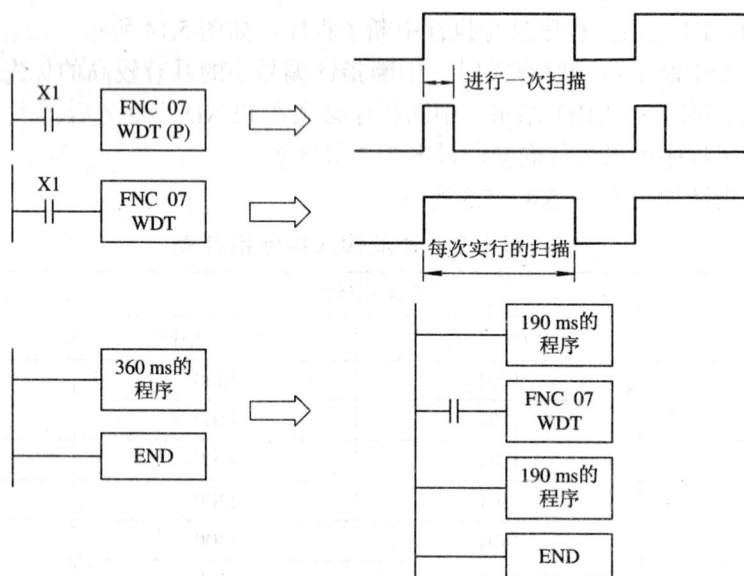

图 5.15　监视定时器的应用实例

3. 指令使用说明

(1) WDT 为连续执行型指令，WDT(P)为脉冲执行型指令，其梯形图和波形图如图 5.15 所示。

(2) 通过改写数据寄存器 D8000 的内容，可改变监视器的监视时间，如图 5.16 所示。执行该指令后监视器将按新设定的监视时间(400 ms)监视程序。

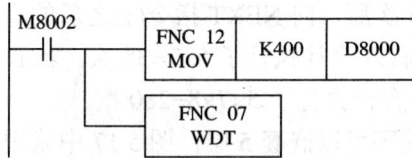

图 5.16 监视器监视时间的修改

(3) 对于复杂的控制系统,系统会由多种特殊扩展模块所构成。PLC 由 STOP→RUN 时,进行的缓冲存储器初始化时间会增加,扫描时间会延长。而在执行多条 FROM/TO 指令或向多个缓冲存储区传送数据时,扫描时间也会延长。这时将会导致监视器可能出错。因此应在起始步的附近添加上述程序,得以延长监视器的监视时间。

(4) 当 CJ 指令指针的步序号比 CJ 指令小时,可在指针后编写 WDT 指令延长监视时间,或在 FOR-NEXT 指令之间编程时使用该指令。

5.3.5 FNC 08(FOR)、FNC 09(NEXT)循环指令

1. 指令功能

FOR 指令功能:重复循环开始。

NEXT 指令功能:重复循环结束。

2. 编程格式

循环指令在程序应用中的格式如图 5.17 所示。

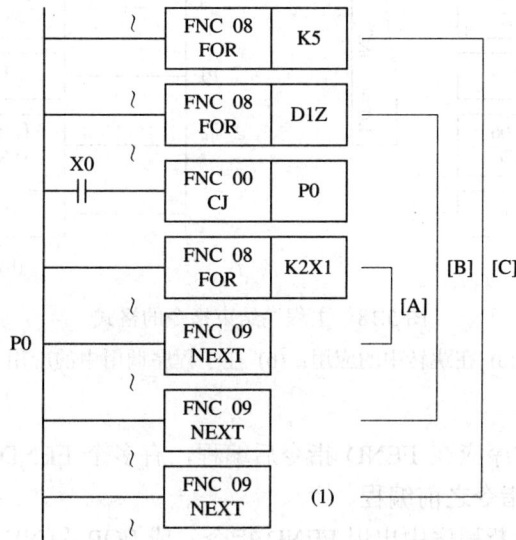

图 5.17 循环指令的格式

3. 指令使用说明

(1) FOR 指令和 NEXT 指令必须成对出现。

(2) 在 FOR-NEXT 之间的程序重复执行次数为 N(N=1~32 767,当 N<1 时被看作 1),其中 N 由 FOR 指令后的操作数指定。

(3) 循环程序[C]执行 5 次后，向 NEXT 指令(1)之后的程序转移。若 D1Z=7，则相应的循环程序[B]执行 7 次，[B]程序合计执行了 5×7=35 次。若 K2X1=8，X0=OFF，则循环程序[A]执行 8 次，[A]循环程序合计执行了 5×7×8=280 次。

(4) FOR-NEXT 循环程序可以嵌套 5 层，图 5.17 中采用了 3 层嵌套。

(5) 当循环程序循环次数多时，PLC 的扫描时间会延长，将会造成监视定时器出错，此时应采用 WDT 指令将程序分开，或者改变监视器的监视时间。

(6) 当 X0=ON 时，将跳过循环程序[A]。

5.3.6 FNC 06(FEND)主程序结束指令

1．指令功能

主程序结束。

2．编程格式

主程序结束指令在程序应用中的格式如图 5.18 所示。

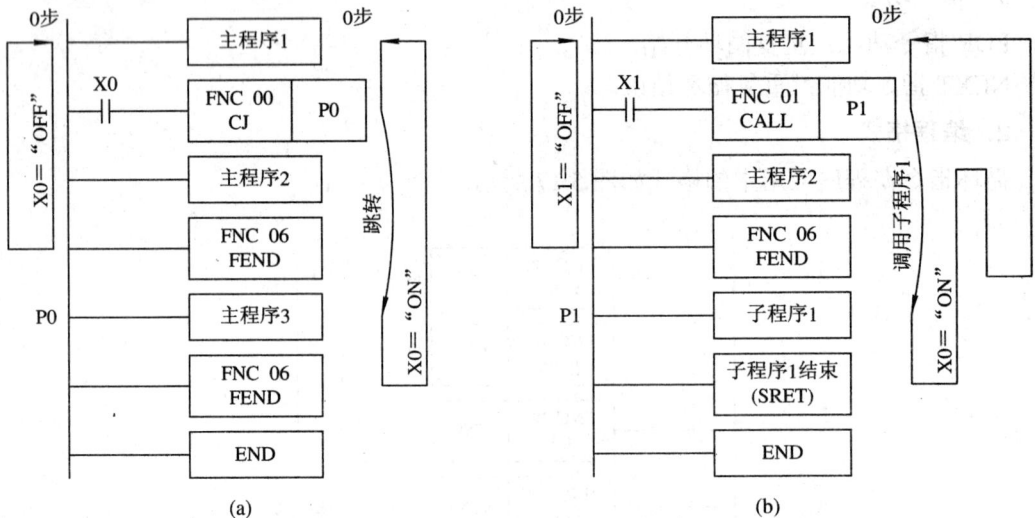

图 5.18 主程序结束指令的格式

(a) 在跳转中的应用；(b) 在子程序调用中的应用

3．指令使用说明

(1) 子程序和中断程序应在 FEND 指令后编程，有多个 FEND 指令时，应在最后一个 FEND 指令之后，END 指令之前编程。

(2) 若子程序或者中断程序中出现 FEND 指令，或 FOR 和 NEXT 之间的循环程序出现 FEND 指令，则程序将会出错。

5.4 传送和比较指令

传送和比较指令用于实现数据的传送、比较和转换功能，共有 10 条，如表 5.6 所示。

表 5.6　传送和比较指令

FNC 代号	助 记 符	指令名称及功能
10	CMP	比较指令
11	ZCP	区间比较指令
12	MOV	传送指令
13	SMOV	位传送指令
14	CML	反相传送指令
15	BMOV	成批传送指令
16	FMOV	多点传送指令
17	XCH	数据交换指令
18	BCD	BCD 变换指令
19	BIN	BIN 变换指令

5.4.1　FNC 10 (CMP)比较指令和 FNC 11(ZCP)区间比较指令

1. 指令功能

比较指令功能：将源操作数[S1·]和[S2·]的数据进行比较，比较结果送入目标操作数[D·]中，然后做出相应的驱动。

区间比较指令功能：将源操作数[S1·]、[S2·]和[S3·]进行比较，比较结果送入目标操作数[D·]中，然后做出相应的驱动。

操作数：[S1·]、[S2·]和[S3·]的操作数是 K、H、KnX、KnY、KnM、KnS、T、C、D、V、Z；目标操作数[D·]是 Y、M、S。

2. 编程格式

比较指令和区间比较指令在程序应用中的格式分别如图 5.19 和图 5.20 所示。

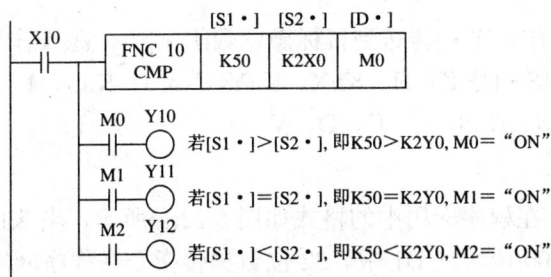

图 5.19　比较指令的格式

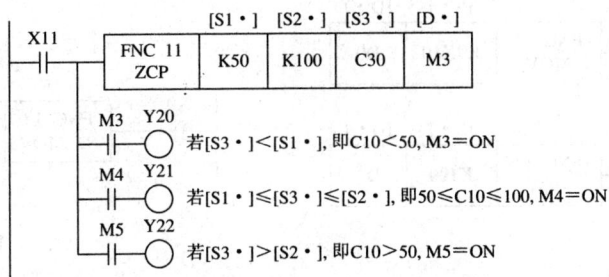

图 5.20　区间比较指令的格式

当 X10=ON 时，执行该指令。M0、M1 或 M2 置位后将一直保持，若要清除比较结果时，需采用 RST 和 ZRST 指令，如图 5.21 所示。

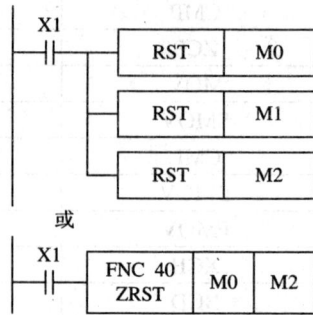

图 5.21　比较结果复位的格式

当 X1=ON 时，执行区间比较指令。

3. 指令使用说明

(1) CMP 和 ZCP 比较的数据是有符号的二进制数，如 $-8 < 1$。

(2) ZCP 指令的源操作数[S1]不能大于[S2]，例如[S1]=K100，[S2]=K90，则将[S2]当作 K100 来计算。

(3) 若 M0 被指定为目标操作数，则 M0、M1 和 M2 自动被占用，若 M3 被指定为目的操作数，则 M3、M4 和 M5 自动被占用。

(4) 这两种指令均有连续执行型和脉冲执行型，操作数均可为 16 位或 32 位操作数。

5.4.2　FNC 12(MOV)数据传送指令

1. 指令功能

指令功能：将源操作数[S·]传送到目标操作数[D·]中，源操作数内容保持不变。

操作数：源操作数[S·]是 K、H、KnX、KnY、KnM、KnS、T、C、D、V、Z；目标操作数[D·]是 KnY、KnM、KnS、T、C、D、V、Z。

2. 编程格式

16 位数据传送指令在程序应用中的格式如图 5.22(a)所示，当 X1=ON 时，将 K4X10 的内容传送到 D0 中，K100 传送到 D1 中。32 位数据传送指令在程序应用中的格式如图 5.22(b)所示，当 X0=ON 时，将计数器 C1 的当前值传送到(D11，D10)中。

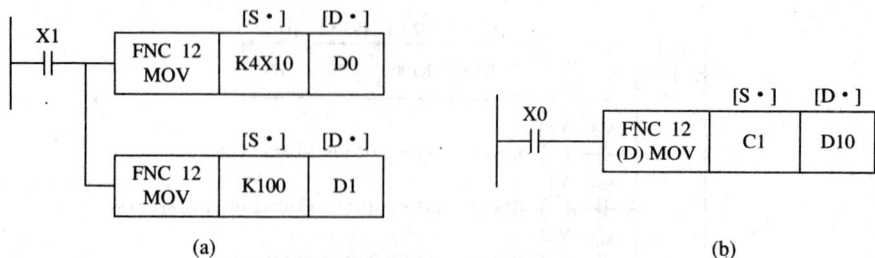

图 5.22　传送指令的格式

(a) 16 位传送指令的格式；(b) 32 位传送指令的格式

3. 指令使用说明

(1) 该指令执行时，常数自动转换成二进制数。

(2) MOV 为连续/脉冲执行型指令。操作数均可为 16 位或 32 位操作数。

(3) 源操作数为计数器时为 32 位操作数。

5.4.3 FNC 13(SMOV)移位传送指令

1. 指令功能

指令功能：将数据进行分配或者合成。

操作数：源操作数[S·]是 K、H、KnY、KnM、KnS、T、C、D、V、Z；目标操作数[D·]是 KnY、KnM、KnS、T、C、D、V、Z。

2. 编程格式

移位传送指令在程序应用中的格式及操作过程如图 5.23 所示。

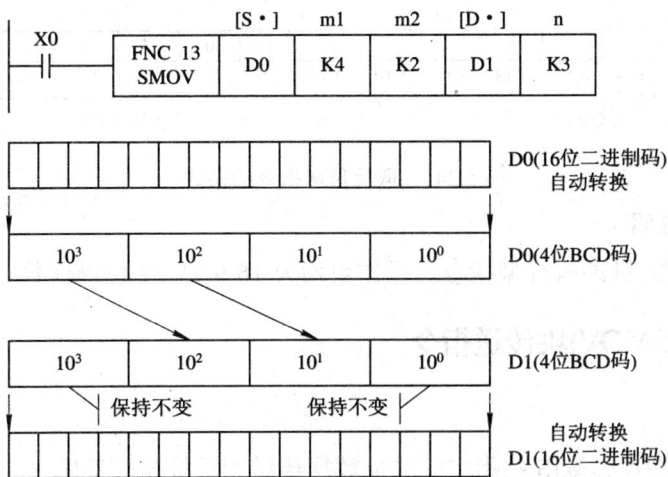

图 5.23　位移传送指令的格式及操作过程

当输入信号 X0 为 ON 时，首先将源操作数 D0 中的二进制数转换成 4 位 BCD 码，然后将 BCD 码移位传送。源操作数 D0 中 BCD 码的右起第 4 位(由 m1 确定，m1=4)开始的 2 位(由 m2 确定，m2=2)移位并传送到目标操作数 D1 的第 3 位(由 n 确定，n=3)和第 2 位。D1 的其余位保持不变，然后将 D1 自动换成二进制码。

3. 指令使用说明

(1) m1、m2 和 n 是 K、H，范围是 1~4。

(2) 该指令为连续/脉冲执行型指令。

(3) 若 SMOV 指令的操作数的范围为 0~9999，否则会出现错误。

(4) 特殊辅助继电器 M8168 驱动后执行 SMOV 指令时，源操作数和目标操作数不进行二进制和 BCD 码的转换，照原样以 4 位为单位进行移位传送操作。

5.4.4 FNC 14(CML)取反传送指令

1. 指令功能

指令功能：将源操作数[S·]逐位取反(0→1，1→0)后，向目标操作数[D·]传送。

操作数：源操作数[S·]是 K、H、KnX、KnY、KnM、KnS、T、C、D、V、Z、X、Y、M、S；目标操作数[D·]是 KnY、KnM、KnS、T、C、D、V、Z。

2. 编程格式

取反传送指令在程序应用中的格式如图 5.24 所示。

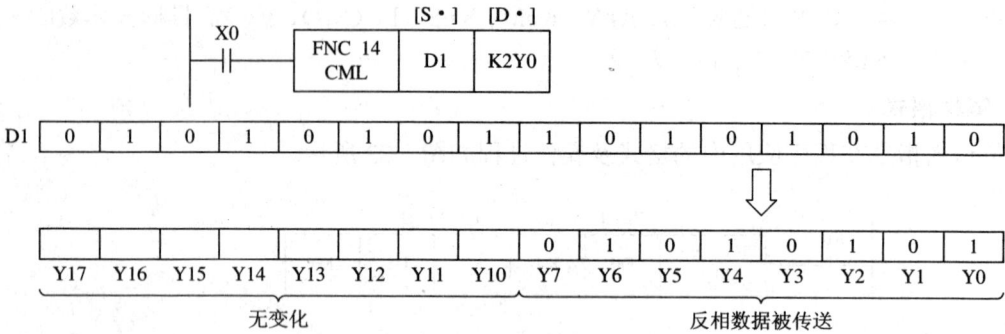

图 5.24　取反传送指令的格式

3. 指令使用说明

该指令可为连续/脉冲执行型指令。操作数均为 16 位或 32 位操作数。

5.4.5 FNC 15(BMOV)块传送指令

1. 指令功能

指令功能：将源操作数[S·]指定的成批数据传送到目标操作数[D·]中，传送数据的长度由源操作数[S·]的数据类型和 n 确定。

操作数：源操作数[S·]是 K、H、KnX、KnY、KnM、KnS、T、C、D；目标操作数[D·]是 KnY、KnM、KnS、T、C、D；n 是 K、H，取值范围应是 $1 \leqslant n \leqslant 512$。

2. 编程格式

块传送指令在程序应用中的格式如图 5.25 所示。

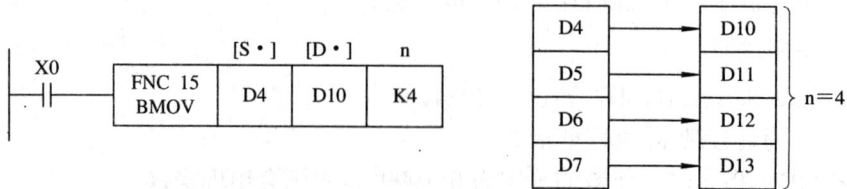

图 5.25　块传送指令的格式

当 X0=ON 时执行块传送指令，将 D4、D5、D6、D7 的内容传送到 D10、D11、D12、D13 中，其中传送数据寄存器的个数由 n 确定。

3. 指令使用说明

(1) BMOV 为连续/脉冲执行型指令。

(2) 如用到需要指定位数的位元件时，源和目标的指定位数必须相等，如图 5.26 所示。

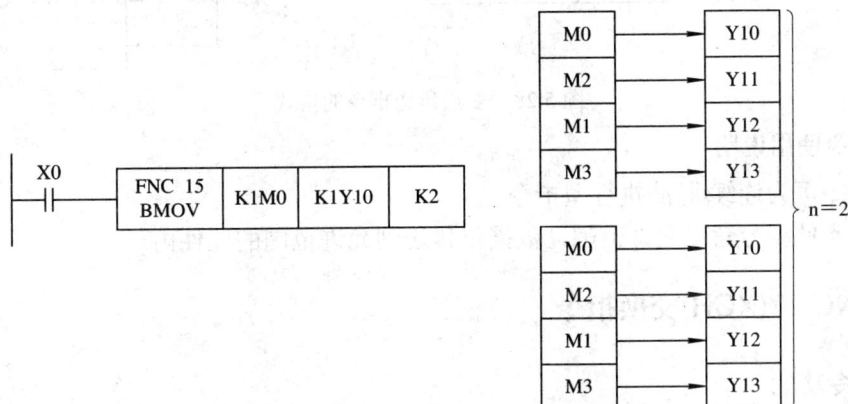

图 5.26　块传送指令的应用实例(一)

(3) 源操作数和目标操作数的地址发生重叠时，为了防止源操作数没有传送前被改写，PLC 将自动确定传送顺序，如图 5.27 所示。

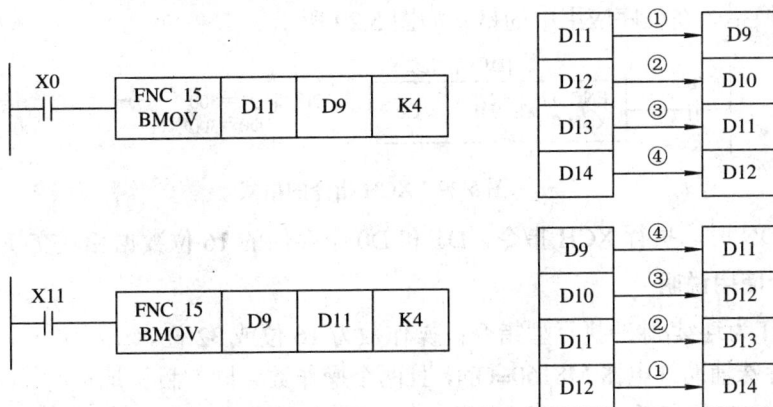

图 5.27　块传送指令的应用实例(二)

(4) 当特殊辅助继电器 M8024=ON 时，数据传送方向反转，即由目标向源传送。

5.4.6　FNC 16(FMOV)多点传送指令

1. 指令功能

指令功能：将源操作数[S·]向指定目标操作数[D·]开始的 n 个目标传送数据，且目标操作数的内容完全相同。

操作数：源操作数[S·]是 K、H、KnX、KnY、KnM、KnS、T、C、D、V、Z；目标操作数[D·]是 KnY、KnM、KnS、T、C、D；n 是 K、H，其取值范围是 $1 \leqslant n \leqslant 512$。

2. 编程格式

多点传送指令在程序应用中的格式如图 5.28 所示。可以利用 FMOV 指令对 D0～D3 的 4 个数据寄存器进行清零。图中，当 M8002=ON 时，D0～D3 的内容被清零。

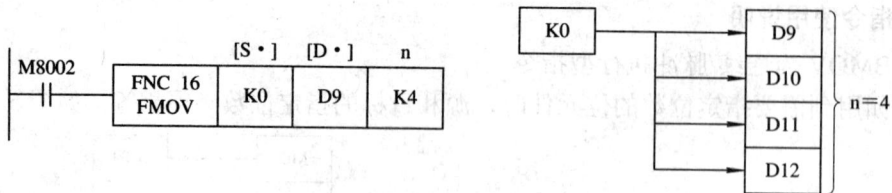

图 5.28　多点传送指令的格式

3．指令使用说明

(1) 指令可为连续/脉冲执行型指令。

(2) 若元件编号超出允许范围，数据仅传送到允许范围的元件内。

5.4.7　FNC 17(XCH)交换指令

1．指令功能

指令功能：将目标操作数[D1·]和[D2·]指定的两个目标元件存储的数据进行相互交换。

操作数：目标操作数[D1·]和[D2·]是 KnY、KnM、KnS、T、C、D、V、Z。

2．编程格式

数据交换指令在程序应用中的格式如图 5.29 所示。

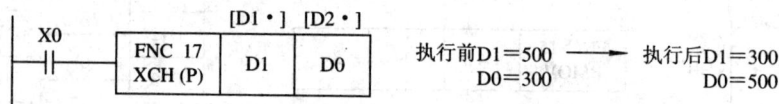

图 5.29　XCH 指令的格式

当 X0=ON 时，执行 XCH 指令，D1 和 D0 中存储的 16 位数据相互交换。

3．指令使用说明

(1) XCH 为连续/脉冲执行型指令；操作数为 16 位或 32 位。

(2) 若特殊辅助继电器 M8160=ON，且两个操作数为同一目标地址时，该指令执行会使目标元件的高 8 位和低 8 位相互交换，与 SWAP 指令的功能相同，如图 5.30 所示。若 M8160=ON 时两个操作数的元件不同时，出错标志 M8067 置 1，不执行该指令。

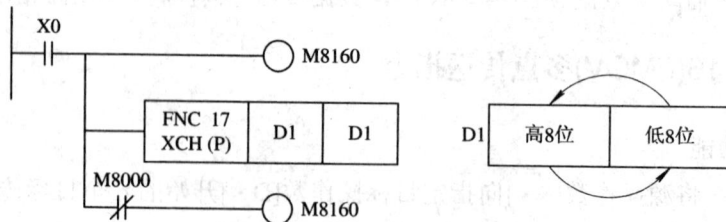

图 5.30　XCH 与 SWAP 等效的应用实例

5.4.8　FNC 18(BCD)变换指令和 FNC 19(BIN)变换指令

1．指令功能

BCD 指令功能：将源操作数[S·]指定的二进制数转换成 BCD 码，存入目标操作数[D·]。

BIN 指令功能：将源操作数[S·]指定的 BCD 码转换成二进制数，存入目标操作数[D·]。

操作数：源操作数[S·]是 KnX、KnY、KnM、KnS、T、C、D、V、Z；目标操作数[D·]是 KnY、KnM、KnS、T、C、D、V、Z。

2．编程格式

BCD 指令和 BIN 指令在程序应用中的格式如图 5.31 所示。

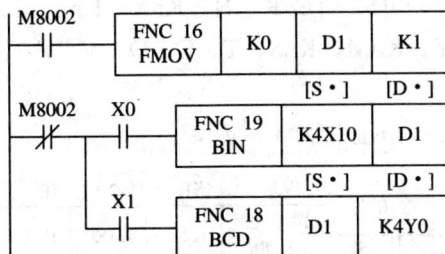

图 5.31 BIN 和 BCD 指令的格式

当 M8002=ON 时，执行 FMOV 指令，对 D1 清零；当 X0=ON，则执行 BIN 指令，将输入继电器 X27～X10 组成的 4 位 BCD 码转换成二进制数传送入 D1 中；若 X1=ON，则执行 BCD 指令，将 D1 的二进制数转换成 BCD 码由 Y17～Y0 输出。

3．指令使用说明

(1) BIN、BCD 为连续/脉冲执行型指令，操作数为 16 位或 32 位。

(2) BCD 码的数值范围：16 位操作时为 0～9999，32 位操作时为 0～99999999。

5.5　四则运算和逻辑运算指令

四则运算和逻辑运算指令共有 10 条，如表 5.7 所示。

表 5.7　四则运算和逻辑运算指令

FNC 代号	助 记 符	指令名称及功能
20	ADD	二进制加法指令
21	SUB	二进制减法指令
22	MUL	二进制乘法指令
23	DIV	二进制除法指令
24	INC	二进制加 1 指令
25	DEC	二进制减 1 指令
26	WAND	逻辑与指令
27	WOR	逻辑或指令
28	WXOR	逻辑异或指令
29	NEG	求补指令

5.5.1 FNC 20(ADD)二进制加法指令

1. 指令功能

指令功能：将源操作数[S1·]和[S2·]进行二进制加法运算，将结果存入目标操作数[D·]。

操作数：源操作数[S1·]和[S2·]是 K、H、KnX、KnY、KnM、KnS、T、C、D、V、Z；目标操作数[D·]是 KnY、KnM、KnS、T、C、D、V、Z。

2. 编程格式

二进制加法指令在程序应用中的格式如图 5.32 所示。

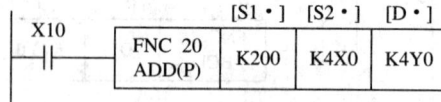

X10	FNC 20 ADD(P)	[S1·] K200	[S2·] K4X0	[D·] K4Y0

图 5.32　ADD 指令的格式

在 X10 由 OFF 到 ON 上升沿，执行 ADD 指令，即 K200+K4X0(X17～X0)→K4Y0。

3. 指令使用说明

(1) ADD 为连续/脉冲执行型指令，操作数为 16 位或 32 位。

(2) ADD 指令操作数的数据类型是有符号的数值。各数据的最高位是符号位(0 为正，1 为负)。各数据的运算是以代数形式进行运算，如 $-17+10=-7$。

(3) ADD 指令执行后，若运算结果为 0，则 M8020(零标志位)为 ON，若运算结果大于 32 767(16 位数据)或 2 147 483 647(32 位数据)，则 M8022(进位标志)为 ON；若运算结果小于 -32 768(16 位数据)或 -2 147 483 648(32 位数据)，则 M8021(借位标志)为 ON。

(4) 源操作数和目标操作数可以指定相同的编号，如图 5.33 所示。初始时 D0=0，第 1 次扫描时 D0(0)+2→D0(2)；第 2 次扫描时 D0(2)+2→D0(4)；第 n 次扫描时 D0(2n-2)+2→D0(2×n)。

X0	FNC 20 ADD	[S1·] D0	[S2·] K2	[D·] D0

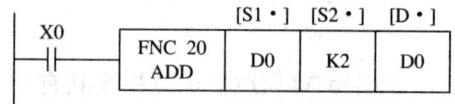

图 5.33　ADD 连续型指令的格式

5.5.2 FNC 21(SUB)二进制减法指令

1. 指令功能

指令功能：将源操作数[S1·]和[S2·]进行二进制减法运算，将结果存入目标操作数[D·]。

操作数：源操作数[S1·]、[S2·]是 K、H、KnX、KnY、KnM、KnS、T、C、D、V、Z；目标操作数[D·]是 KnY、KnM、KnS、T、C、D、V、Z。

2. 编程格式

二进制减法指令在程序应用中的格式如图 5.34 所示。

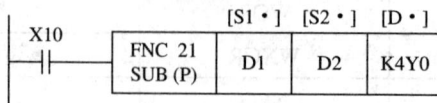

X10	FNC 21 SUB (P)	[S1·] D1	[S2·] D2	[D·] K4Y0

图 5.34　二进制减法指令的格式

当 X10=ON，执行二进制减法(SUB)指令，即(D1)－(D2)→ K4Y0(Y17～Y0)。

3．指令使用说明

使用要求与 ADD 指令相同

5.5.3 FNC 22(MUL)二进制乘法指令

1．指令功能

指令功能：将源操作数[S1·]和[S2·]进行二进制乘法运算，将结果存入目标操作数[D·]。

操作数：源操作数[S1·]、[S2·]是 K、H、KnX、KnY、KnM、KnS、T、C、D、V、Z；目标操作数[D·]是 KnY、KnM、KnS、T、C、D、V、Z。

2．编程格式

二进制 16 位运算的乘法指令在程序应用中的格式如图 5.35(a)所示，当 X10 由 OFF 变为 ON 时，执行一次二进制乘法运算，即(D0)×K4Y0→(D2，D1)；二进制 32 位运算的乘法指令在程序应用中的格式如图 5.35(b)所示，当 X10 由 OFF 变为 ON 时，执行一次二进制乘法运算，即(D1，D0)×K8Y0→(D7，D6，D5，D4)。

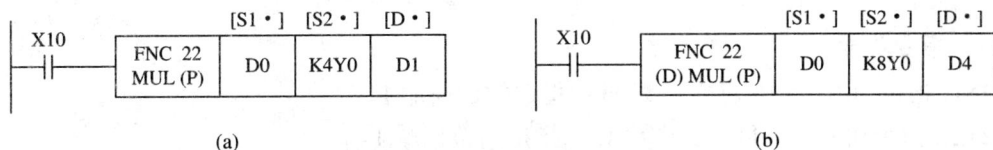

	[S1·]	[S2·]	[D·]
X10 FNC 22 MUL (P)	D0	K4Y0	D1

(a)

	[S1·]	[S2·]	[D·]
X10 FNC 22 (D) MUL (P)	D0	K8Y0	D4

(b)

图 5.35 二进制乘法指令的格式

(a) 二进制 16 位乘法运算指令；(b) 二进制 32 位乘法运算指令

3．指令使用说明

(1) 二进制乘法指令为连续/脉冲执行型指令，操作数为 16 位或 32 位。

(2) 对于 16 位 MUL 指令，若目标操作数是 KnY、KnM、KnS 时，可以进行 K1～K8 的指定。当指定为 K4 时，只能得到 16 位运算结果的低 16 位。

(3) 对于 32 位 MUL 指令，若目标操作数是 KnY、KnM、KnS，则只能得到 32 位的运算结果，因此最好采用浮点数运算。

(4) 执行 32 位数据操作指令时，目标操作数不能指定为 V 和 Z。

5.5.4 FNC 23(DIV)二进制除法指令

1．指令功能

指令功能：将源操作数[S1·]和[S2·]进行二进制除法运算，将结果存入目标操作数[D·]。

操作数：源操作数[S1·]、[S2·]是 K、H、KnX、KnY、KnM、KnS、T、C、D、V、Z；目标操作数[D·]是 KnY、KnM、KnS、T、C、D、V、Z。

2．编程格式

二进制 16 位除法运算指令在程序应用中的格式如图 5.36(a)所示，当 X0=ON 时，执行二进制除法指令，即(D0)÷200 的商存入(D1)，余数存入下一个元件(D2)中；二进制 32 位除法运算指令的格式说明如图 5.36(b)所示，当 X0=ON 时，执行二进制除法指令，即(D1，D0) ÷(D3，D2)的商存入(D9，D8)，余数存入下一个元件(D11，D10)。

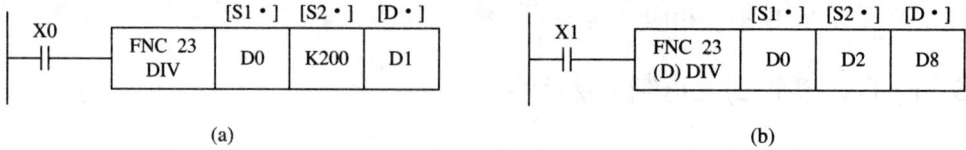

图 5.36 二进制除法指令的格式

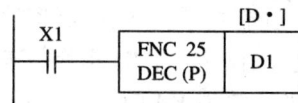

(a) 二进制 16 位除法运算指令；(b) 二进制 32 位除法运算指令

3. 指令使用说明

(1) 二进制除法指令为连续/脉冲执行型指令，操作数为 16 位或 32 位。

(2) 目标操作数是 KnY、KnM、KnS 时，同二进制乘法指令。

(3) 执行 32 位数据操作指令时，目标操作数不能指定为 Z。

(4) 若除数为"0"则出错，该指令不执行。

5.5.5 FNC 24(INC)加 1 指令和 FNC 25(DEC)减 1 指令

1. 指令功能

INC 指令功能：将目标操作数[D·]指定的数据加 1。

DEC 指令功能：将目的操作数[D·]指定的数据减 1。

操作数：INC 和 DEC 目标操作数[D·]是 KnY、KnM、KnS、T、C、D、V、Z。

2. 编程格式

二进制加 1 指令和二进制减 1 指令在程序应用中的格式分别如图 5.37 和图 5.38 所示。

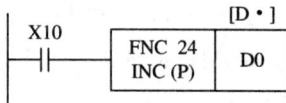

图 5.37 二进制加 1 指令的格式   图 5.38 二进制减 1 指令的格式

上面两图中，当 X10 由 OFF→ON 时(D0)+1→(D0)；当 X1 由 OFF→ON 时(D1)−1→(D1)。

3. 指令使用说明

(1) INC 指令和 DEC 指令均为连续/脉冲执行型指令，操作数为 16 位或 32 位。

(2) INC 指令和 DEC 指令对于借位标志位和进位标志位没有影响。

5.5.6 FNC 26(WAND)、FNC 27(WOR)和 FNC 28(WXOR)字逻辑指令

1. 指令功能

WAND(字逻辑与)指令功能：将源操作数[S1·]和[S2·]的各位数据依次求逻辑与运算，结果存入目标操作数[D·]。

WOR(字逻辑或)指令功能：将源操作数[S1·]和[S2·]的各位数据依次求逻辑或运算，结果存入目标操作数[D·]。

WXOR(字逻辑异或)指令功能：将源操作数[S1·]和[S2·]的各位数据依次求逻辑异或

运算，结果存入目标操作数[D·]。

操作数：字逻辑与、或、异或运算指令的源操作数[S1·]、[S2·]是 K、H、KnX、KnY、KnM、KnS、T、C、D、V、Z；目标操作数[D·]是 KnY、KnM、KnS、T、C、D、V、Z。

2. 编程格式

字逻辑与运算指令在程序应用中的格式如图 5.39 所示，当 X0=ON 时，执行 16 位逻辑与运算指令，即(D2)∧(D1)→(D0)；当 X1=ON 时，执行 32 位逻辑与运算指令，即(D1，D0)∧(D3，D2)→(D9，D8)。

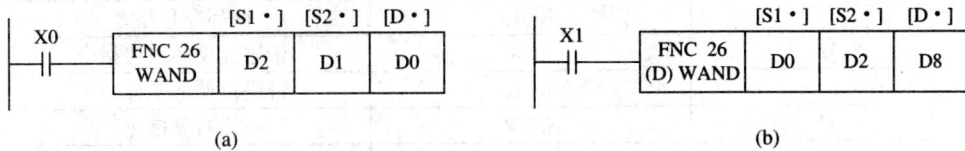

图 5.39 逻辑与运算指令的格式

(a) 16 位逻辑与运算指令；(b) 32 位逻辑与运算指令

3. 指令使用说明

(1) 字逻辑与、或及异或运算指令均为连续/脉冲执行型指令，操作数为 16 位或 32 位。

(2) 字逻辑或、逻辑异或运算指令同逻辑与运算指令相似，这里不再叙述。

5.5.7 FNC 29(NEG)求补运算指令

1. 指令功能

指令功能：将目标操作数[D·]的各位数据求反，将结果加 1 后存入目标操作数[D·]。

操作数：目标操作数[D·]是 KnY、KnM、KnS、T、C、D、V、Z。

2. 编程格式

求补运算在程序应用中的格式如图 5.40 所示。

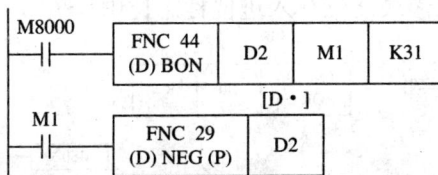

图 5.40 求补运算指令在负数求绝对值中的格式

由数值的补码表示方法知，对于正数进行求补运算可得正数的相反数；对于负数求补运算可得到负数的绝对值。图 5.40 中 BON 指令为指定位判别指令，当(D3、D2)的最高位为 1 时，M1=ON，否则 M1=OFF。当 M1 由 OFF→ON 时，则执行求补运算指令，即求(D3，D2)的绝对值。

3. 指令说明

(1) NEG 指令为连续/脉冲执行型指令，操作数为 16 位或 32 位。

(2) NEG 指令对于借位标志位和进位标志位没有影响。

5.6 循环移位和移位指令

循环移位和移位指令共有 10 条，如表 5.8 所示。

表 5.8 循环移位和移位指令

FNC 代号	助 记 符	指令名称及功能
30	ROR	循环右移指令
31	ROL	循环左移指令
32	RCR	带进位循环右移指令
33	RCL	带进位循环左移指令
34	SFTR	位右移指令
35	SFTL	位左移指令
36	WSFR	字右移指令
37	WSFL	字左移指令
38	SFWR	移位写入指令
39	SFRD	移位读取指令

5.6.1 FNC 30(ROR)循环右移指令和 FNC 31(ROL)循环左移指令

1. 指令功能

ROR 指令功能：将目标操作数[D·]的数据循环右移 n 位，将结果存入目标操作数[D·]。

ROL 指令功能：将目标操作数[D·]的数据循环左移 n 位，将结果存入目标操作数[D·]。

操作数：ROR 指令和 ROL 指令的目标操作数[D·]是 KnY、KnM、KnS、T、C、D、V、Z；n 的取值范围是 $0 \leqslant n \leqslant 16$(16 位指令)或 $0 \leqslant n \leqslant 32$(32 位指令)。

2. 编程格式

循环右移指令在程序应用中的格式如图 5.41 所示，当 X0 由 OFF→ON 时执行循环右移指令，即(D0)循环右移 4 位，最终位存入进位标志位中。

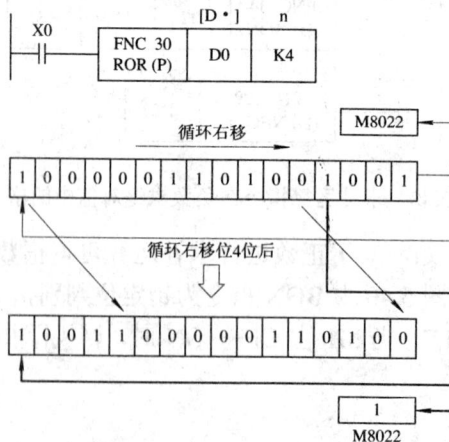

图 5.41 循环右移指令的格式

循环左移指令在程序应用中的格式如图 5.42 所示，当 X1 由 OFF→ON 时执行循环左移指令，即(D1)循环左移 4 位，最终位存入进位标志位中。32 位循环移位指令与此类似。

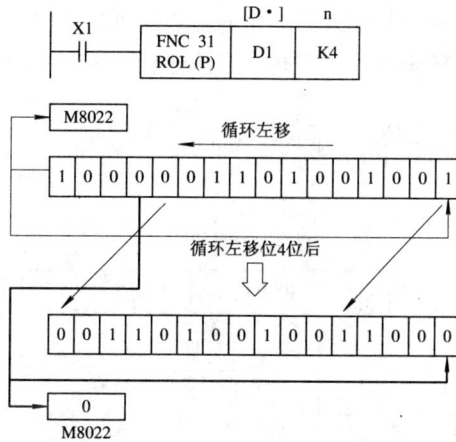

图 5.42 循环左移指令的格式

3．指令使用说明

(1) ROR 指令和 ROL 指令为连续/脉冲执行型指令，操作数为 16 位或 32 位；

(2) 若目标是 KnY、KnM、KnS 时，只有 K4(16 位指令)和 K8(32 位指令)有效；

(3) 循环移位指令影响进位标志位，最终位被移入进位标志位中。

5.6.2 FNC 32(RCR)带进位循环右移位指令和 FNC 33(RCL)带进位循环左移位指令

1．指令功能

RCR 指令功能：将目标操作数[D·]的数据和进位标志位共同组成的数据循环右移 n 位。

RCL 指令功能：将目标操作数[D·]的数据和进位标志位共同组成的数据循环左移 n 位。

操作数：RCR 指令和 RCL 指令的目标操作数[D·]是 KnY、KnM、KnS、T、C、D、V、Z；n 的取值范围是 $0 \leqslant n \leqslant 16$(16 位指令)或 $0 \leqslant n \leqslant 32$(32 位指令)。

2．编程格式

带进位循环右移指令在程序应用中的格式如图 5.43 所示，当 X0 由 OFF→ON 时，执行带进位循环右移指令，即(M8022，D0)循环右移 4 位。

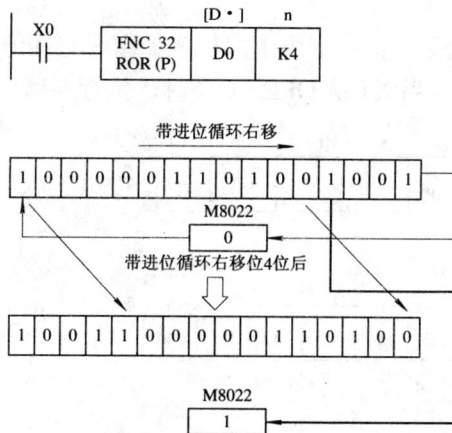

图 5.43 带进位循环右移指令的格式

带进位循环左移指令在程序应用中的格式如图 5.44 所示，当 X1 由 OFF→ON 时，执行带进位循环左移指令，即(M8022，D1)循环左移 4 位。32 位循环移位指令与此类似。

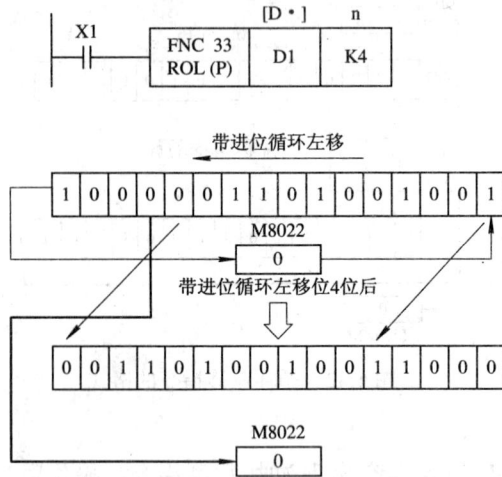

图 5.44　带进位循环左移指令的格式

3. 指令说明

(1) RCR 指令和 RCL 指令为连续/脉冲执行型指令，操作数为 16 位或 32 位。

(2) 若目标是 KnY、KnM、KnS 时，只有 K4(16 位指令)和 K8(32 位指令)有效。

5.6.3　FNC 34(SFTR)位右移指令和 FNC 35(SFTL)位左移指令

1. 指令功能

SFTR 指令功能：将目标操作数[D·]指定的移位寄存器(移位寄存器的长度为 n1 位)右移位 n2 位，移位后的数据由源操作数[S·]指定的数据填补。

SFTL 指令功能：将目标操作数[D·]指定的移位寄存器(移位寄存器的长度为 n1 位)左移位 n2 位，移位后的数据由源操作数[S·]指定的数据填补。

操作数：SFTR 指令和 SFTL 指令的源操作数[S·]是 X、Y、M、S；目标操作数[D·]是 Y、M、S；n1、n2 的取值范围是 0＜n2＜n1＜1024。

2. 编程格式

位右移指令和位左移指令在程序应用中的格式如图 5.45 和图 5.46 所示。当 X0 从 OFF→ON 时，执行右移位指令。当 X1 从 OFF→ON 时，执行左移位指令。

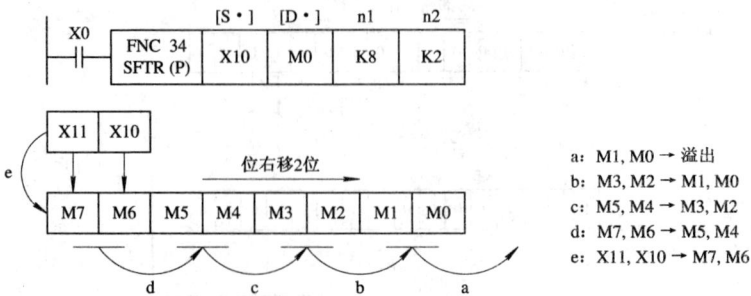

图 5.45　右移位指令的格式

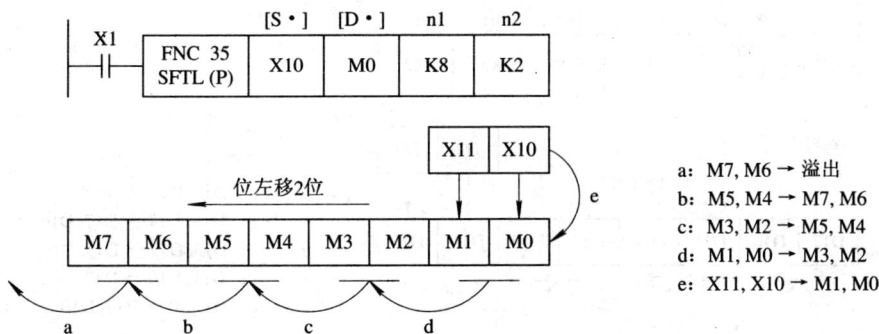

图 5.46 左移位指令的格式

3. 指令使用说明

SFTR 指令和 SFTL 指令为连续/脉冲执行型指令，操作数为 16 位。

5.6.4 FNC 36(WSFR)字右移指令和 FNC 37(WSFL)字左移指令

1. 指令功能

WSFR 指令功能：将目标操作数[D·]指定的移位寄存器(移位寄存器的长度为 n1 个字)右移位 n2 个字，移位后的数据由源操作数[S·]指定的数据填充。

WSFL 指令功能：将目标操作数[D·]指定的移位寄存器(移位寄存器的长度为 n1 个字)左移位 n2 个字，移位后的数据由源操作数[S·]指定的数据填充。

操作数：WSFR 指令和 WSFL 指令的源操作数[S·]是 KnX、KnY、KnM、KnS、T、C、D；目标操作数[D·]是 KnY、KnM、KnS、T、C、D；n1、n2 的取值范围是 0<n2<n1<512。

2. 编程格式

字右移指令在程序应用中的格式如图 5.47 所示，当 X0 从 OFF→ON 时，执行该指令。

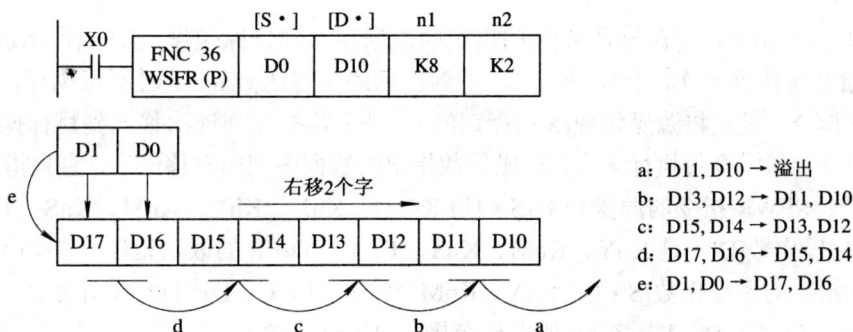

图 5.47 字右移指令的格式

字左移指令在程序应用中的格式如图 5.48 所示，当 X1 从 OFF→ON 时，执行该指令。

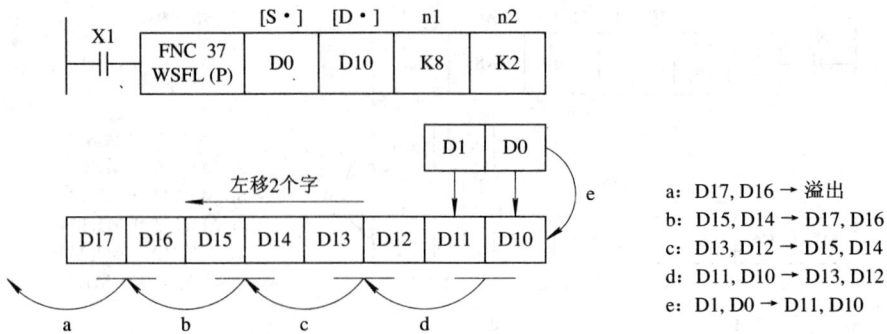

图 5.48　字左移指令的格式

3. 指令使用说明

(1) WSFR 指令和 WSFL 指令为连续/脉冲执行型指令，操作数为 16 位。

(2) 源操作数和目标操作数是 KnX、KnY、KnM、KnS 时，则 n1 和 n2 是位元件的组数(4 位为 1 个单元组)，如图 5.49 所示。

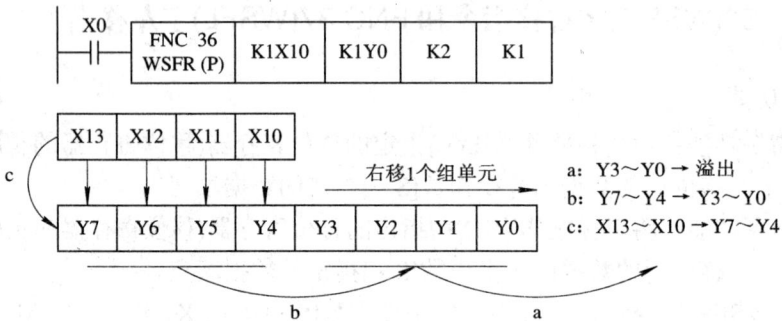

图 5.49　字左移指令位元件的格式

5.6.5　FNC 38(SFWR)移位写入指令和 FNC 39(SFRD)移位读取指令

1. 指令功能

SFWR 指令功能：将源操作数[S·]指定的数据写入到目标操作数[D·]指示器指示的元件中。该指令每执行一次，指示器加 1，直到指示的内容达到 n−1 时不再执行；

SFRD 指令功能：将源操作数[S·]指定的 n−1 个数据序列依次移入到目标操作数[D·]指定的元件中。该指令每执行一次，源操作数指定的数据序列向右移一字，直到指示器为零。

操作数：SFWR 指令的源操作数[S·]是 K、H、KnX、KnY、KnM、KnS、T、C、D、V、Z；目标操作数[D·]是 KnY、KnM、KnS、T、C、D；n 的取值范围是 2≤n≤512。

SFRD 指令的源操作数[S·]是 KnY、KnM、KnS、T、C、D；目标操作数[D·]是 KnY、KnM、KnS、T、C、D、V、Z；n 的取值范围是 2≤n≤512。

2. 编程格式

移位写入指令在程序应用中的格式如图 5.50 所示。当 X0 由 OFF→ON 时，源 D0 的数据写入 D11，而 D10 变为 1(指针)；当 X0 再次变 ON 时，则 D0 的数据写入 D12，D10 中数据变为 2。依次类推，当 D10 的内容为 9 时，则不再执行且进位标志位 M8022 置 1。

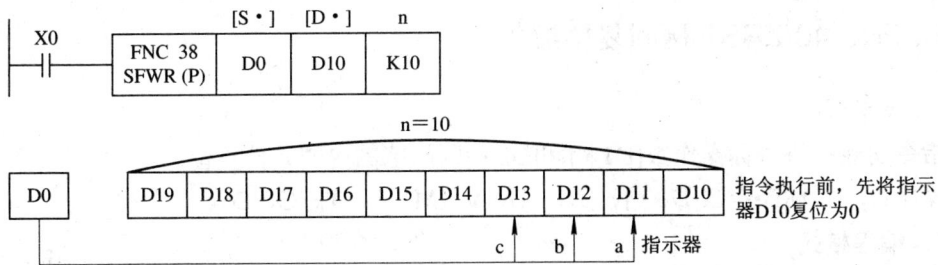

图 5.50　移位写入指令的编程格式

移位读取指令在程序应用中的格式如图 5.51 所示，当 X1 由 OFF→ON 时，将 D11 的数据传送到字元件 D0，同时指针 D10 减 1，单元序列中的数据向右移动 1 个字；当 X0 由 OFF→ON 时，将 D12 的数据传送到字元件 D0，指针 D10 再减 1，单元序列中的数据向右再移动 1 个字；依次类推，当 D10 为 0 时，则不再执行且零标志位 M8020 置 1。

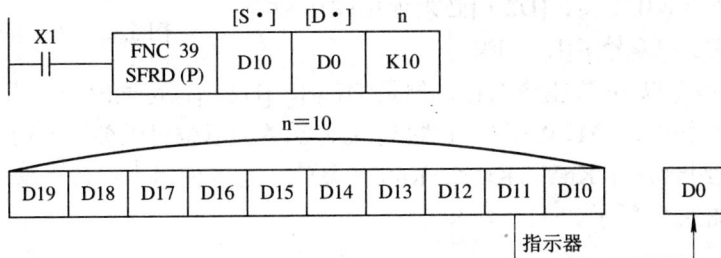

图 5.51　移位读取指令的格式

3. 指令使用说明

SFWR 指令和 SFRD 指令为连续/脉冲执行型指令，操作数为 16 位。

5.7　数据处理指令

数据处理指令共有 10 条，如表 5.9 所示。

表 5.9　数据处理指令表

FNC 代号	助 记 符	指令名称及功能
40	ZRST	区间复位指令
41	DECO	解码指令
42	ENCO	编码指令
43	SUM	ON 位数总数统计指令
44	BON	ON 判定指令
45	MEAN	平均值指令
46	ANS	信号报警器置位指令
47	ANR	信号报警器复位指令
48	SQR	二进制数据开方运算指令
49	FLT	二进制整数—二进制浮点数转换指令

5.7.1 FNC 40(ZRST)区间复位指令

1. 指令功能

指令功能：将目标操作数[D1·]和[D2·]区间范围内的元件复位。

操作数：目标操作数[D1·]、[D2·]是 Y、M、S、T、C、D。

2. 编程格式

区间复位指令在程序应用中的格式如图 5.52 所示，当 M8002 为 ON 时，执行区间复位指令。

3. 指令使用说明

(1) ZRST 指令为连续/脉冲执行型指令，操作数为16 位。

(2) 目标操作数[D1·]、[D2·]必须使用同一种类的软元件，且[D1·]编号≤[D2·]编号。

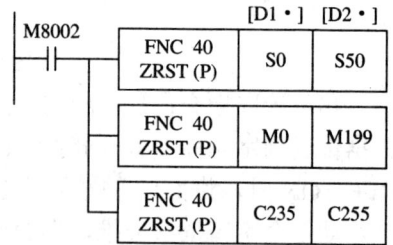

图 5.52 区间复位指令的格式

(3) ZRST 指令以 16 位指令执行，但是[D1·]、[D2·]也可同时指定为 32 位计数器。

(4) 对于位元件(Y、M、S)和字元件(T、C、D)单独复位可以使用 RST 指令。

(5) 对于位组合元件 KnY、KnM、KnS 的复位，可以使用多点传送指令(FMOV)，将 0 写入其中，如图 5.28 所示。

5.7.2 FNC 41(DECO)译码指令

1. 指令功能

指令功能：根据源操作数[S·]指定的元件为首的 n 位数据的数值(m)，将目标操作数[D·]指定的元件为首的第 m 位元件置 1。

操作数：源操作数[S·]是 K、H、T、C、D、X、Y、M、S、V、Z；目标操作数[D·]是 Y、M、S、T、C、D。

2. 编程格式

译码指令在程序应用中的格式如图 5.53 所示，当 X0=ON 时，执行该指令。

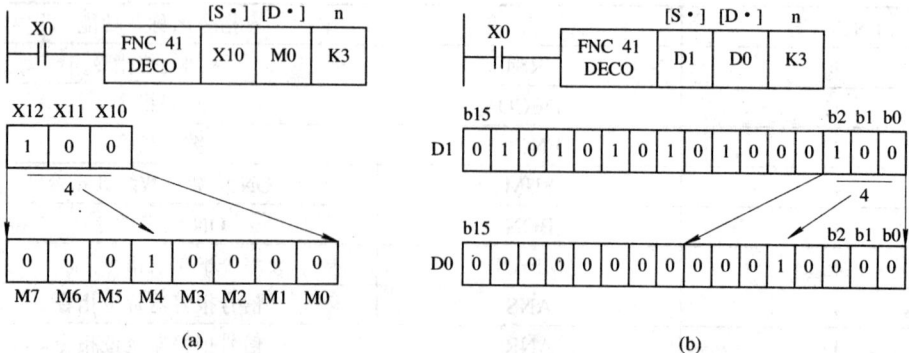

图 5.53 译码指令的格式

(a) 位元件的译码指令；(b) 字元件的译码指令

3．指令使用说明

(1) DECO 指令为连续/脉冲执行型指令，操作数为 16 位。

(2) 目标操作数是位元件，n 的取值范围是 1≤n≤8；目标操作数是字元件，n 的取值范围是 1≤n≤4，n=0 时不处理，n 在取值范围以外时运算错误标志动作。

(3) 驱动输入由 ON→OFF 时，指令停止执行，正在动作的译码输出保持动作。

5.7.3 FNC 42(ENCO)编码指令

1．指令功能

指令功能：将源操作数[S·]指定的元件为首的 2^n-1 位中，从最高位开始第一个为 1 的位编号写入目标操作数[D·]。

操作数：源操作数[S·]是 X、Y、M、S、T、C、D、V、Z；目标操作数[D·]是 T、C、D、V、Z。

2．编程格式

编码指令在程序应用中的格式如图 5.54 所示。当 X0=ON 时，执行该指令。

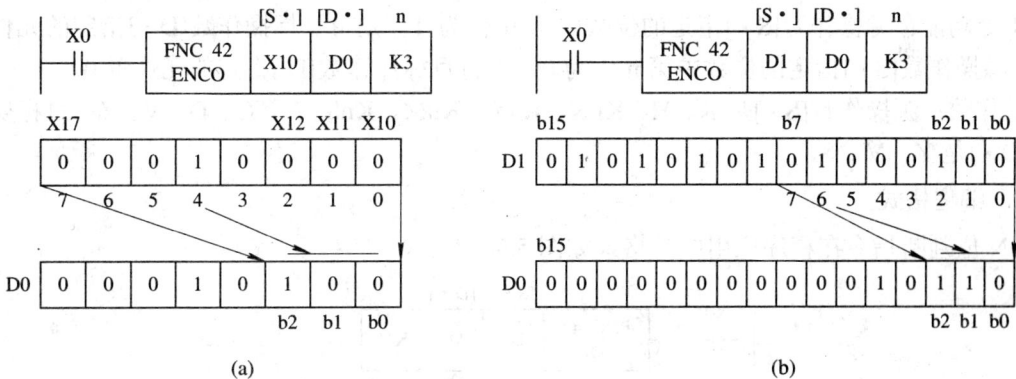

图 5.54 编码指令的格式

(a) 位元件的编码指令；(b) 字元件的编码指令

3．指令使用说明

与译码指令基本相同。

5.7.4 FNC 43(SUM)ON 位数指令

1．指令功能

指令功能：将源操作数[S·]的数据中"1"的个数存入目标操作数[D·]。

操作数：源操作数[S·]是 K、H、KnX、KnY、KnM、KnS、T、C、D、V、Z；目标操作数[D·]是 KnY、KnM、KnS、T、C、D、V、Z。

2．编程格式

ON 位数指令在程序应用中的格式如图 5.55 所示。当 X0=ON 时，执行 ON 位数指令，即统计 D1 中"1"的总数(4 个)，然后将其存入数据寄存器 D0。

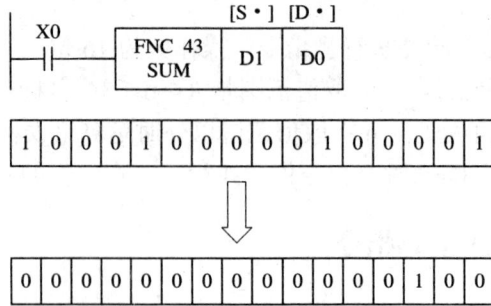

图 5.55 ON 位数指令的格式

3. 指令使用说明

(1) SUM 指令为连续/脉冲执行型指令，操作数为 16 位。

(2) 若 SUM 指令源操作数指定的元件中数据为 0，则零标志位 M8020=ON。

5.7.5 FNC 44(BON)ON 位判断指令

1. 指令功能

指令功能：源操作数[S·]指定的位数中第 n 位为 1，则将目标操作数[D·]指定的元件置 1；源操作数[S·]指定的位数中第 n 位为 0，则将目标操作数[D·]指定的元件置 0。

操作数：源操作数[S·]是 K、H、KnX、KnY、KnM、KnS、T、C、D、V、Z；目标操作数[D·]是 Y、M、S。

2. 编程格式

ON 位判断指令在程序应用中的格式如图 5.56 所示。

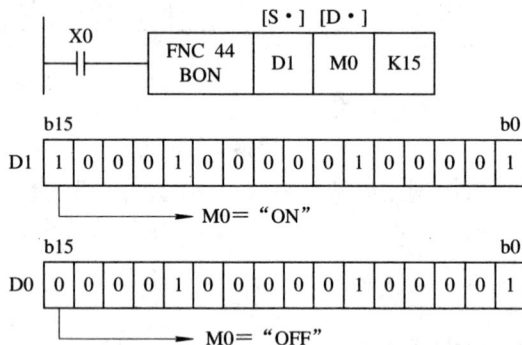

图 5.56 ON 位判断指令的格式

3. 指令使用说明

(1) ON 位判断指令为连续/脉冲执行型指令，操作数为 16 位和 32 位两种。

(2) 对于 16 位 ON 位判断指令，n=0～15；对于 32 位 ON 位判断指令，n=0～31。

5.7.6 FNC 45(MEAN)求平均值指令

1. 指令功能

指令功能：将源操作数[S·]指定的 n 个数据序列求平均，将结果存入目标操作数[D·]。

操作数：源操作数[S·]是 KnX、KnY、KnM、KnS、T、C、D；目标操作数[D·]是 KnY、KnM、KnS、T、C、D、V、Z。

2. 编程格式

求平均值指令在程序应用中的格式如图 5.57 所示，当 X0=ON 时，执行求平均值指令。

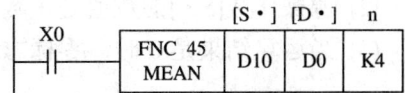

图 5.57　求平均值指令的格式

3. 指令使用说明

(1) 求平均值指令为连续/脉冲执行型指令，操作数为 16 位和 32 位两种。

(2) n 的取值范围是 $1 \leqslant n \leqslant 64$，n 在取值范围以外时运算错误标志动作。

5.7.7　FNC 46(ANS)报警信号设置指令和FNC 47(ANR)报警信号复位指令

1. 指令功能

ANS 指令功能：当源操作数[S·]的定时器当前值与 n 相等时，将目标操作数[D·]置 1。

ANR 指令功能：复位正在报警的信号。

2. 编程格式

报警信号指令在程序应用中的格式如图 5.58 所示。

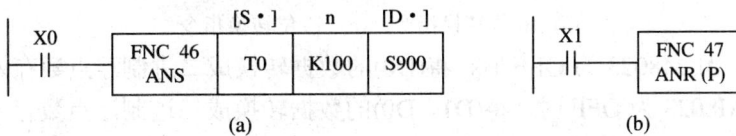

图 5.58　报警信号指令的格式

(a) 报警信号设置指令；(b) 报警信号复位指令

当 X0 接通 10 s 时，则 S900 置为 1 并保持，同时定时器 T0 复位。当 X1 由 OFF→ON 时，报警器 S900～S999 中正在报警的信号复位。

3. 指令使用说明

(1) 报警信号指令只有 16 位指令。

(2) 报警信号设置指令为连续型执行指令，报警信号复位指令有连续/脉冲型两种。

(3) 对报警信号复位时，若超过 1 个报警器信号被置 1，则元件号最低的一个被复位。

5.7.8　FNC 48(SQR)二进制开平方指令

1. 指令功能

指令功能：将源操作数[S·]的数值开平方，将结果存入目标操作数[D·]。

操作数：源操作数[S·]是 K、H、D；目标操作数[D·]是 D。

2. 编程格式

二进制开平方指令在程序应用中的格式如图 5.59 所示，当 X0=ON 时，$\sqrt{D10} \rightarrow D0$。

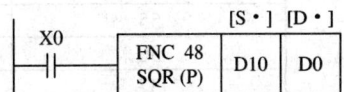

图 5.59　二进制开平方指令的格式

3．指令使用说明

(1) 二进制开平方指令为脉冲/连续型两种，操作数为 16 位和 32 位。

(2) 源操作数[S·]的数值是正数时有效，如是负数，则运算错误标志 M8067 被置为 1。

(3) 当运算结果是 0 时，零标志位 M8020 被置 1。

5.7.9 FNC 49(FLT)整数—二进制浮点数转换指令

1．指令功能

指令功能：将源操作数[S·]的整数转换成二进制浮点数存入目标操作数[D·]。

操作数：源操作数[S·]和目标操作数[D·]均是 D。

2．编程格式

整数—二进制浮点数转换指令在程序应用中的格式如图 5.60 所示。

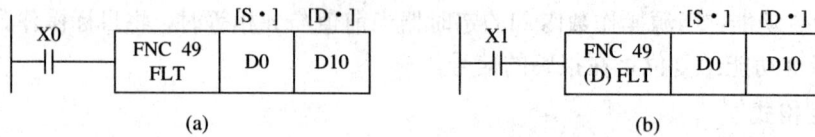

图 5.60 整数—二进制浮点数转换指令的格式

(a) 16 位转换指令；(b) 32 位转换指令

当 X0=ON，且 M8023 为 OFF 时，将(D0)的数据转换成二进制浮点数存入(D11，D10)；当 X1=ON，且 M8023 为 OFF 时，将(D1，D0)的数据转换成二进制浮点数存入(D11，D10)。

M8023 为 ON 时，将把浮点数转换为整数。用于存放浮点数的目标操作数应为双整数。源操作数可以是整数或双整数。

3．指令使用说明

(1) 整数—二进制浮点数转换指令为脉冲/连续型两种，操作数为 16 位和 32 位。

(2) 整数—二进制浮点数转换指令的逆变换指令是 FNC 129(INT)。

5.8 高速处理指令

高速处理指令共有 10 条，如表 5.10 所示。

表 5.10 高速处理指令表

FNC 代号	助 记 符	指令名称及功能
50	REF	输入/输出刷新指令
51	REFF	刷新及滤波时间调整指令
52	MTR	矩阵输入指令
53	HSCS	高速计数器置位指令
54	HSCR	高速计数器复位指令
55	HSZ	高速计数器区间比较指令
56	SPD	速度检测指令
57	PLSY	脉冲输出指令
58	PMW	脉宽调制指令
59	PLSR	带加减功能的脉冲输出指令

5.8.1 FNC 50(REF)输入/输出刷新指令

1. 指令功能

指令功能：立即刷新输入/输出信息，获取最新输入信息和立即输出信息。

操作数：目标操作数[D·]分别是 X 和 Y。

2. 编程格式

输入/输出刷新指令在程序应用中的格式如图 5.61 所示。

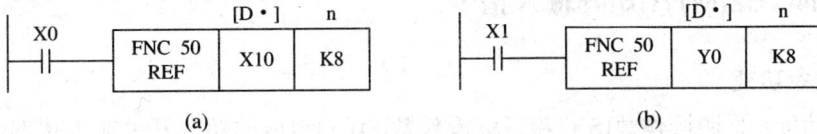

图 5.61　输入/输出刷新指令的格式

(a) 输入刷新指令；(b) 输出刷新指令

当 X0=ON 时，执行输入刷新指令。若在该指令执行 X10~X17 已经变为 ON 约 10 ms (输入滤波滞后应答时间)，则该指令执行后输入映像寄存器 X10~X17 为 ON；当 X1=ON 时执行输出刷新指令，即若 Y0~Y7 任一为 ON，则该指令执行后锁存存储区的相应输出也为 ON。

3. 指令使用说明

(1) 输入/输出刷新指令为脉冲/连续型两种，操作数为 16 位。

(2) 输入/输出刷新指令的目标操作数元件编号低位只能是 0，如 X0、Y10 等。

(3) 输入/输出刷新点数 n 应是 8 的倍数，如 8、16、32……256，否则将出错。

(4) 通常在 FOR-NEXT 以及标号(新步号)~CJ(老步号)之间使用该指令。

(5) 在有输入/输出动作的中断程序中，使用该指令可以获取最新的输入/输出信息。

(6) 输出刷新的输出触点，仍有滞后时间，继电器输出约 10 ms，晶体管输出约 0.2 ms。

5.8.2 FNC 51(REFF)刷新及滤波时间调整指令

1. 指令功能

指令功能：依据给定值调整输入滤波时间。

2. 编程格式

刷新及滤波时间调整指令在程序应用中的格式如图 5.62 所示。

当 X0=ON 时，主程序 2 中所使用的输入继电器的滤波时间是 1 ms，该指令前的输入滤波时间是 10 ms；当 X1=ON 时，主程序 3 中的输入继电器的滤波时间是 20 ms。

3. 指令使用说明

(1) 刷新及滤波时间调整指令为连续/脉冲型两种，操作数为 16 位。

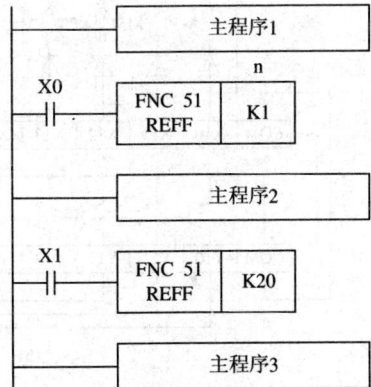

图 5.62　刷新及滤波时间调整指令的格式

(2) 为防止输入噪音影响，PLC 的输入 RC 滤波时间常数为 10 ms；对电子固态(无触点)开关，可以高速输入。

(3) 该指令可改变输入滤波时间的范围是 0～60 ms，即 K 的取值是 0～60，实际滤波时间最小为 50 μs(X0、X1 为 20 μs)。

(4) 当中断指针、高速计数器或者 FNC 56(SPD)指令采用 X0～X7 输入时，输入滤波时间自动调整为 50 μs(X0、X1 为 20 μs)。

(5) 可以通过 MOV 指令改写 D8020 数据寄存器的内容，改变输入滤波时间。

5.8.3 FNC 52(MTR)矩阵输入指令

1. 指令功能

指令功能：将源操作数[S·]和目标操作数[D1·]组成的矩阵开关输入状态信号存入目标操作数[D2·]。

操作数：源操作数[S·]只能是 X；[D1·]只能是 Y；[D2·]是 Y、M、S。

2. 编程格式

矩阵输入指令在程序应用中的格式、硬件接线和波形图如图 5.63 所示。

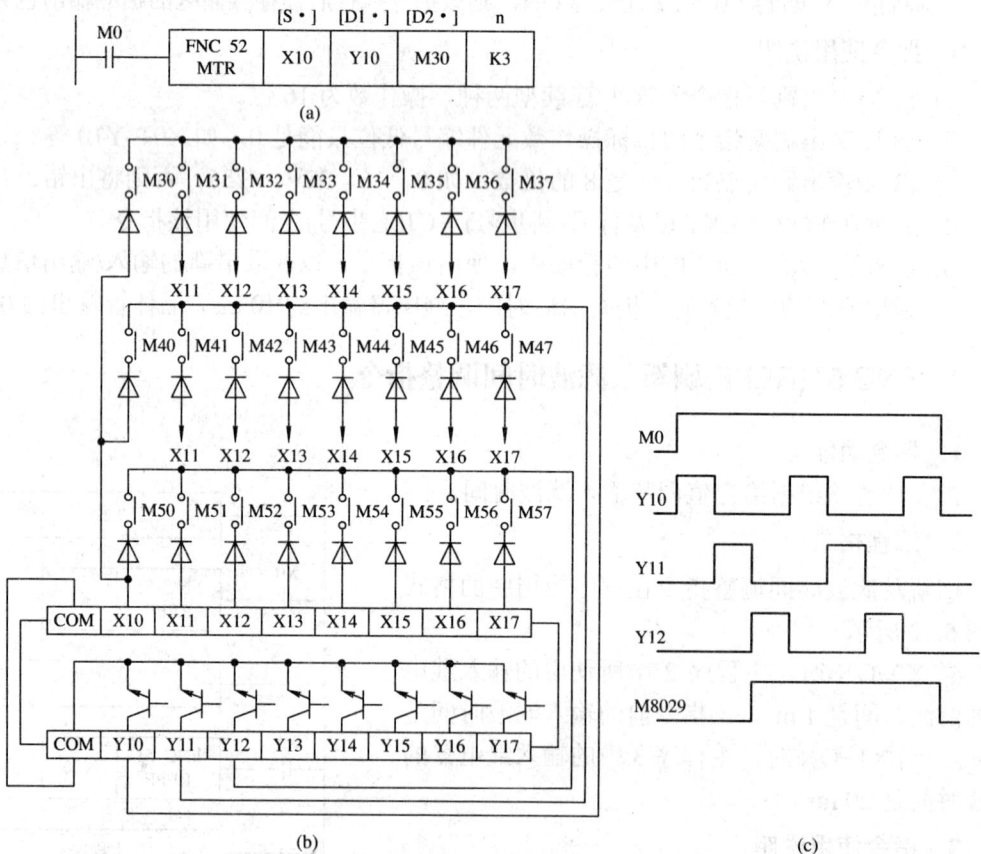

图 5.63　矩阵输入指令的格式

(a) 指令格式；(b) 硬件接线；(c) 时序图

当 M0=ON 时，将 8×3 的矩阵输入开关信号分别送入到目标操作数[D2·]，即存入 M30～M37、M40～M47 和 M50～M57 中。

在图 5.63 中，[S·]指定开关矩阵输入元件的起始地址，以 X10 开始占用 8 个输入点；[D1·]指定开关矩阵输出元件的起始地址，占用 n 点，以 Y10 开始占用 3 个输出点；[D2·]指定存放输入开关矩阵状态的起始地址。

Y10～Y12 依次输出一定宽度的脉冲，当 Y10=ON 时，读入第一行开关状态并存入 M30～M37 中；当 Y11=ON 时，读入第二行开关状态并存入 M40～M47 中；当 Y12=ON 时，读入第三行开关状态并存入 M50～M57 中；依此类推，反复执行。

5.8.4 FNC 53(HSCS)高速计数器置位指令和 FNC 54(HSCR)高速计数器复位指令

1. 指令功能

HSCS 指令功能：当源操作数[S2·]指定的高速计数器当前值和源操作数[S1·]指定的数值相等时，将目标操作数[D·]立即置 1。

HSCR 指令功能：当源操作数[S2·]指定的高速计数器当前值和源操作数[S1·]指定的数值相等时，将目标操作数[D·]立即复位。

操作数：源操作数[S1·]是 K、H、KnX、KnY、KnM、KnS、T、C、D、V、Z；源操作数[S2·]是 C235～C255；目标操作数[D·]是 Y、M、S。

2. 编程格式

高速计数器置位和复位指令在程序应用中的格式如图 5.64 所示，

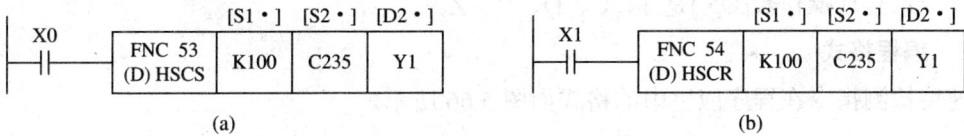

图 5.64　高速计数器置位和复位指令的格式

(a) 高速计数器置位指令(HSCS)；(b) 计数器复位指令(HSCR)

当 X0=ON 时，执行高速计数器置位指令，即高速计数器 C235 的当前值由 99 变为 100，或由 101 变为 100，Y1 立即置位为 1；当 X1=ON 时，执行高速计数器复位指令，即高速计数器 C235 的当前计数值由 99 变为 100，或由 101 变为 100，Y1 立即复位。

3. 指令使用说明

高速计数器置位指令和复位指令为连续型执行指令，操作数为 32 位。

5.8.5 FNC 55(HSZ)高速计数器区间比较指令

1. 指令功能

指令功能：将源操作数[S3·]和源操作数[S1·]、[S2·]进行比较，比较的结果决定以[D·]为首址的连续三个继电器的状态(ON/OFF)。

2. 编程格式

高速计数器区间比较指令在程序应用中的格式如图 5.65 所示。

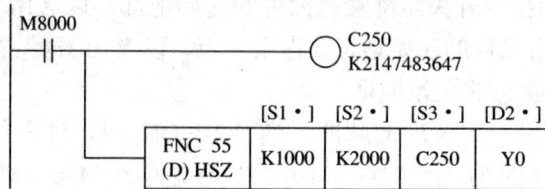

图 5.65　高速计数器区间比较指令的格式

当 PLC 运行，执行该指令。计数器 C250 的当前值小于 K1000 时，Y0=ON；计数器的当前值大于等于 1000 且小于等于 2000，Y1=ON；计数器的当前值大于 2000 时，Y2=ON。

3. 指令使用说明

(1) 高速计数器区间比较指令为连续型执行指令，操作数为 32 位。

(2) 高速计数器区间比较指令的源操作数[S1·]和[S2·]应满足[S1·]≤[S2·]。

(3) 若用 MOV 指令改写计数器当前值，则计数器输出状态保持到下一个计数过程。

5.8.6　FNC 56(SPD)速度检测指令

1. 指令功能

指令功能：用来检测在给定时间内编码器的脉冲个数，将源操作数[S1·]指定的输入脉冲在[S2·]指定的时间(以 ms 为单位)内计数，计数结果存入[D·]指定的连续 3 个字元件中。

操作数：源操作数[S1·]是 X0～X5，[S2·]是 K、H、KnX、KnY、KnS、KnM、T、C、D、V、Z；目标操作数[D·]是 T、C、D、V、Z。

2. 编程格式

速度检测指令在程序应用中的格式如图 5.66 所示。

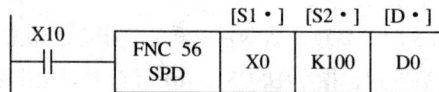

图 5.66　速度检测指令的格式

当 X10=ON 时，执行速度检测指令，即 X0 为速度检测脉冲输入点，计数时间为 100 ms，计数结果存入 3 个数据寄存器中，其中 D0 存放计数结果，D1 存放计数当前值，D2 存放剩余时间值。通过下式求出转速 N：

$$N = \frac{60(D0)}{n[S2]} = \frac{60(D0)}{nt} \times 10^3 \ (r/min)$$

式中，n 为脉冲的数量/转；t 为设定的计数时间(ms)。

3. 指令使用说明

(1) 速度检测指令为连续型执行指令，操作数为 16 位。

(2) 当 X0 作为速度检测脉冲输入点时，不能再将其作为其他高速计数的输入端。

5.8.7 FNC 57(PLSY)脉冲输出指令

1. 指令功能

指令功能：将源操作数[S1·]指定的频率和[S2·]指定个数的脉冲信号，由目标操作数[D·]指定的输出端口输出。

操作数：源操作数是 K、H、KnX、KnY、KnS、KnM、T、C、D、V、Z；目标操作数[D·]只能是 Y0 或 Y1。

2. 编程格式

脉冲输出指令在程序应用中的格式如图 5.67 所示。

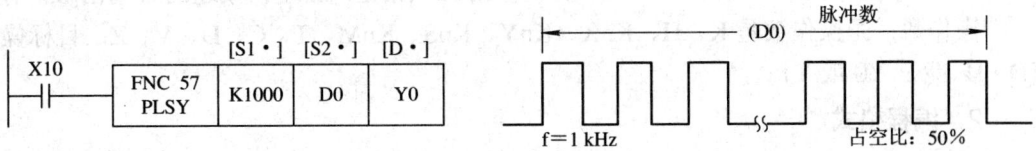

图 5.67 脉冲输出指令的格式

若 D0=500，当 X10=ON 时，由 Y0 输出端口输出 500 个频率为 1 kHz 的脉冲。

3. 指令使用说明

(1) 脉冲输出指令为连续型执行指令，操作数为 16 位和 32 位。

(2) 脉冲频率为 2～20 kHz，操作数为 16 位时最大脉冲个数为 32 767，操作数为 32 位时最大脉冲个数为 2 147 483 647。

(3) 输出脉冲的占空比为 50%，输出采用中断方式执行。

(4) 输出脉冲发送完毕，结束标志位 M8029 置 1。X10 断开，Y0 断开，M8029 复位。

(5) PLSY 和后续的 PWM、PLSR 指令只适用于晶体管输出型的 PLC。

(6) 脉冲输出指令和 PLSR 两条指令 Y0 或 Y1 输出的脉冲个数分别保存在(D8141，D8140)和(D8143，D8142)，Y0 和 Y1 的总数保存在(D8137，D8136)。

5.8.8 FNC 58(PWM)脉宽调制指令

1. 指令功能

指令功能：用来产生脉冲宽度和周期可调的 PWM 脉冲，其脉冲宽度由源操作数[S1·]指定，脉冲周期由源操作数[S2·]指定，目标操作数[D·]指定输出端口。

操作数：源操作数[S·]是 K、H、KnX、KnY、KnS、KnM、T、C、D、V、Z；目标操作数[D·]只能是 Y0 或 Y1。

2. 编程格式

脉宽调制指令在程序应用中的格式如图 5.68 所示。

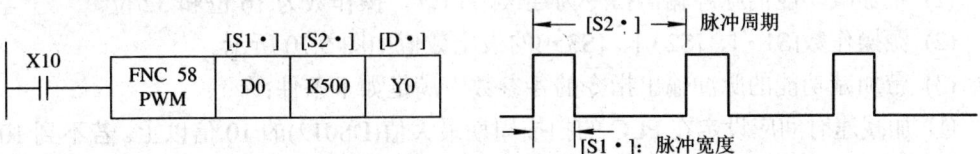

图 5.68 脉宽调制指令的格式

当 X10=ON 时，执行脉宽调制指令，Y0 输出宽度由 D0 确定，周期为 500 ms 的脉冲。

3. 指令使用说明

(1) 脉宽调制指令为连续型执行指令，操作数为 16 位。

(2) 该指令要求[S1·]≤[S2·]；取值范围：[S1·]为 0～32 767 ms，[S2·]为 1～32 767 ms。

5.8.9 FNC 59(PLSR)带加减功能的脉冲输出指令

1. 指令功能

指令功能：目标操作数[D·]输出频率从 0 加速到源操作数[S1·]指定的最高频率，到达最高频率后，再减速为 0，输出脉冲的总数量由[S2·]指定，加速和减速的时间由[S3·]指定。

操作数：源操作数是 K、H、KnX、KnY、KnS、KnM、T、C、D、V、Z；目标操作数[D·]只能是 Y0 或 Y1。

2. 编程格式

带加减功能的脉冲输出指令在程序应用中的格式如图 5.69 所示。

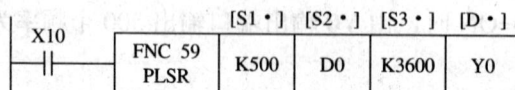

图 5.69　带加减功能的脉冲输出指令的格式

当 X10=ON 时，执行带加减功能的脉冲输出指令，由 Y0 输出频率可变化的脉冲，PLSR 指令具体执行过程如图 5.70 所示。

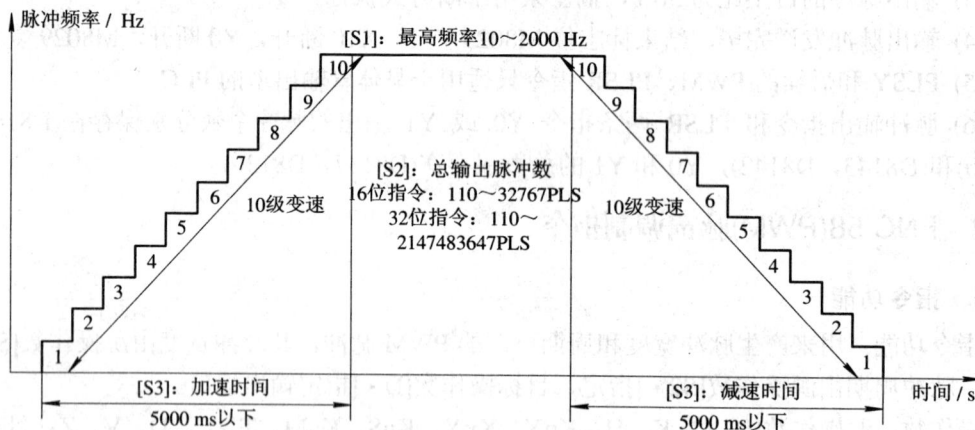

图 5.70　PLSR 指令执行过程

3. 指令使用说明

(1) 带加减功能的脉冲输出指令为连续型指令，操作数为 16 位和 32 位。

(2) 源操作数[S1·]、[S2·]、[S3·]的设定数值如图 5.70 所示。

(3) 带加减功能的脉冲输出指令的各参数应满足如下条件：

① 加减速时间应设定在 PLC 的扫描周期最大值(D8012)的 10 倍以上。若不到 10 倍时，则加减速时各级时间会不均等。

② 作为加减速时间可以设定的范围如下：

$$\frac{90\,000}{[S1]}\times 5\leqslant[S3]\leqslant\frac{[S2]}{[S1]}\times 818$$

设定值小于最小值时，加减速时间的误差增大；如设定不到 90 000/[S1]的值时，按四舍五入进行执行。

③ 加减速的变速级数固定为 10 次，如不能按照这些条件设定，应降低最高频率[S1·]。

(4) 该指令的输出频率为 10～20 kHz。最高速度、加减速的变速速度超过此范围时，自动在范围值内调低或进位。

(5) 脉冲输出控制采用中断处理，不受扫描时间的影响。

(6) 输出脉冲发送完毕，结束标志位 M8029 置 1。X10 断开，Y0 断开，M8029 复位。

5.9 方 便 指 令

方便指令共有 10 条，如表 5.11 所示。

表 5.11 方 便 指 令 表

FNC 代号	助 记 符	指令名称及功能
60	IST	状态初始化
61	SER	数据查找
62	ABSD	绝对值式凸轮顺控
63	INCD	增量式凸轮顺控
64	TTMR	示教定时器
65	STMR	特殊定时器
66	ALT	交替输出
67	RAMP	斜波信号
68	ROTC	旋转工作台控制
69	SORT	数据排序

5.9.1 FNC 60(IST)状态初始化指令

1. 指令功能

指令功能：用于步进顺序控制中相关状态寄存器和特殊辅助继电器的初始化设置。

操作数：源操作数[S·]是 X、Y、M；目标操作数[D1·]、[D2·]是 S20～S899。

2. 编程格式

状态初始化指令在程序应用中的格式如图 5.71 所示。

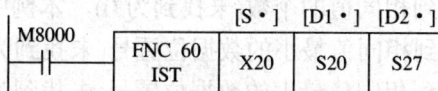

图 5.71 状态初始化指令的格式

该指令中的操作数说明如下：

[S·]指定操作方式输入的首元件，占用连续 8 个输入点：

X20：手工操作   X21：原点复归

X22：单步运行   X23：单周期运行

X24：连续运行   X25：回原点启动

X26：自动启动   X26：停止

[D1·]指定在自动操作模式中实际用到的最小状态号。

[D2·]指定在自动操作模式中实际用到的最大状态号。

在 PLC 的第一个扫描周期，执行状态初始化指令，下列元件被自动受控并保持。

M8040：禁止转移   S0：手动操作初始状态

M8041：传送开始   S1：回原点初始状态

M8042：起始脉冲   S2：自动运行初始状态

M8047：步进控制指令(STL)监控有效。

3．指令说明

(1) 状态初始化指令为连续型执行指令，操作数为 16 位。

(2) 状态初始化指令(IST)在程序中只能使用一次。

(3) 使用该指令时，S10～S19 用于原点回归操作，在编程时不要将其作为普通状态继电器使用。S0～S9 用于状态初始化处理，其中 S0～S2 用于以上操作，S3～S9 可自由使用。

(4) 编程时，IST 指令必须放在 STL 指令之前，即在 S0～S2 出现之前。

5.9.2 FNC 61(SER)数据查找指令

1．指令功能

指令功能：在指定的数据序列中查找一个指定的数据，并将查找结果存入目标操作数。

操作数：源操作数[S1 ·]是 KnX、KnY、KnS、KnM、T、C、D；[S2 ·]是 K、H、KnX、KnY、KnS、KnM、T、C、D，V、Z；目标操作数[D·]是 KnY、KnS、KnM、T、C、D；n 是 K、H、D。

2．编程格式

数据查找指令在程序应用中的格式如图 5.72 所示。

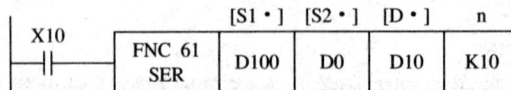

		[S1 ·]	[S2 ·]	[D ·]	n
X10	FNC 61 SER	D100	D0	D10	K10

图 5.72 数据查找指令的格式

当 X10=ON 时，将 D100～D109 中的每一个值与 D0 的内容比较，示例如表 5.12 所示，并将结果存入 D10～D14 中，其中 D10～D14 存放的数据如下：

D10 中存放数据中检索到相同值的个数(未找到为 0)，本例中为 4。

D11 中存放数据中检索到相同值最小的数据位置号(未找到为 0)，本例中为 0。

D12 中存放数据中检索到相同值最大的数据位置号(未找到为 0)，本例中为 7。

D13 中存放检索最小值的位置，本例中为 3。

D14 中存放检索最大值的位置，本例中为 6。

表 5.12　数据查找表的构成和数据示例

被检索元件	被检索数据	比较数据	数据位置	最大值	相同	最小值
D100	K104		0		相同	
D101	K113		1			
D102	K104		2		相同	
D103	K49		3			最小值
D104	K104	D0=K104	4		相同	
D105	K78		5			
D106	K156		6	最大值		
D107	K104		7		相同	
D108	K107		8			
D109	K99		9			

检索的结果如表 5.13 所示。

表 5.13　检 索 结 果 表

元 件 号	内 容	备 注
D10	4	相同数据个数
D11	0	相同数据初始位置
D12	7	相同数据最后位置
D13	3	最小值的位置
D14	6	最大值的位置

3．指令使用说明

(1) 数据查找指令为连续/脉冲型两种，操作数为 16 位和 32 位。

(2) 对于 16 位指令 n 的范围是 1～256，对于 32 位指令 n 的范围是 1～128。

(3) 以代数形式进行比较，如果有多个最小值和最大值，则保存最后位置。

5.9.3　FNC 62(ABSD)绝对值式凸轮顺控指令

1．指令功能

指令功能：产生一组对应于计数器数值变化的输出波形。

操作数：源操作数[S1·]是 KnX、KnY、KnS、KnM、T、C、D，源操作数[S2·]是 C；目标操作数[D·]是 X、Y、M、S，n 为 K、H。

2．编程格式

绝对值式凸轮顺控指令在程序应用中的格式如图 5.73 所示。

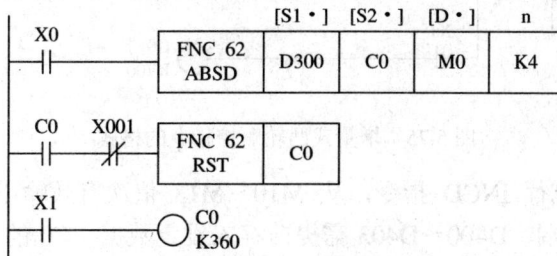

图 5.73　绝对值式凸轮顺控指令的格式

当 X0=ON 时，执行 ABSD 指令。X1 为计数器脉冲输入信号，计数器 C0 的当前值若与 D300～D307 中的某一值相等时，则使对应输出端信号状态发生变化。用 MOV 指令将设定数据写入到 D300～D307 中，其中开通点的数据写入偶数元件，关断点的数据写入奇数元件，如图 5.74(a)所示。当 X0=ON 时，M0～M3 的输出波形如图 5.74(b)所示。

开通点数据	断开点数据	输出
D300＝40	D301＝140	M0
D302＝100	D303＝200	M1
D304＝160	D305＝60	M2
D306＝240	D307＝280	M3

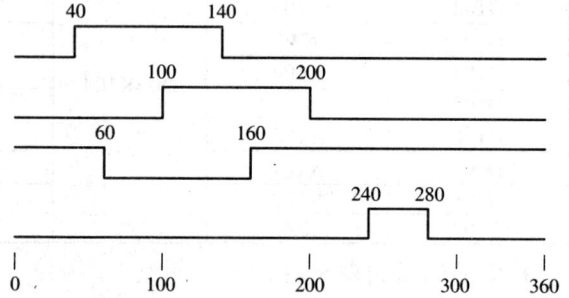

(a)

(b)

图 5.74　D300～D307 的内容及对应的输出波形

(a) 写入数据表；(b) 输出波形图

3．指令使用说明

(1) 绝对值式凸轮顺控指令为连续型执行指令，操作数为 16 位和 32 位。

(2) 绝对值式凸轮顺控指令在程序只能用一次。

5.9.4　FNC 63(INCD)增量式凸轮顺控指令

1．指令功能

指令功能：利用计数器产生一组变化的输出波形。

操作数：源操作数[S1·]是 KnX、KnY、KnS、KnM、T、C、D，源操作数[S2·]是 C；目标操作数[D·]是 X、Y、M、S；n 为 K、H。

2．编程格式

增量式凸轮顺控指令在程序应用中的格式如图 5.75 所示。

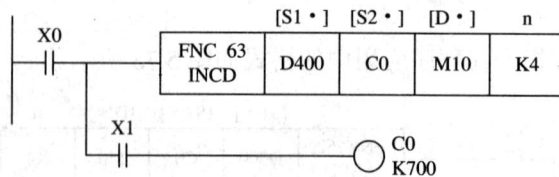

图 5.75　增量式凸轮顺控指令的格式

当 X0=ON 时，执行 INCD 指令，从 M10～M13 依次有效输出高电平。其中 X1 为计数器 C0 的脉冲输入端，D400～D403 需提前存入设定数据。C0 的当前值依次与 D400～D403 比较，若 D400＝400，D401＝200，D402＝500，D403＝150，则具体操作如图 5.76 所示。

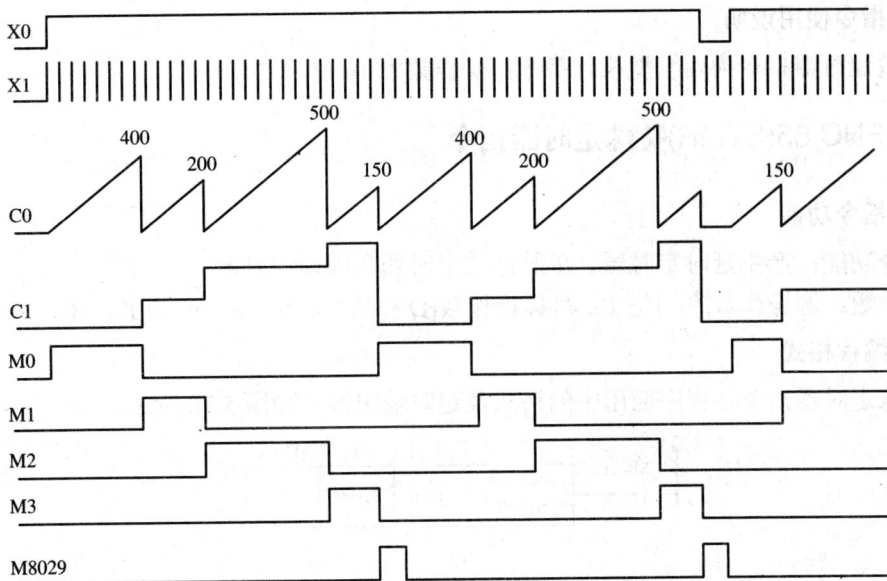

图 5.76　INCD 指令的操作过程

3．指令使用说明

同绝对值式凸轮顺控指令。

5.9.5　FNC 64(TTMR)示教定时器指令

1．指令功能

指令功能：利用按钮来调整定时器的设定值。

操作数：目标操作数[D・]是 D，n 为 0、1、2。

2．编程格式

示教定时器指令在程序应用中的格式和执行过程如图 5.77 所示。

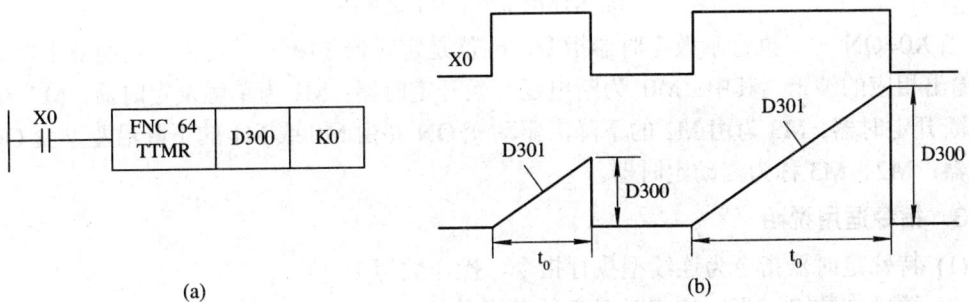

图 5.77　示教定时器指令的格式和执行过程

(a) TTMR 指令；(b) 波形图

当 X0=ON，执行 TTMR 指令。将 X0 闭合的时间 t_0 存入[D]+1(D301)中，而把测得的时间乘以由 n 指定的倍率，即 $10^n \cdot t_0 = 10^0 \cdot t_0 = t_0$(图中 n=0)存入[D](D300)中。当 X0 变为 OFF 时，D301 复位，而 D300 不变。

3. 指令使用说明

示教定时器指令为连续型执行指令，操作数为 16 位。

5.9.6　FNC 65(STMR)特殊定时器指令

1. 指令功能

指令功能：产生延时定时器、单脉冲式定时器和闪动定时器。

操作数：源操作数[S·]是 T；目标操作数[D·]是 Y、M、S；m 为 K、H。

2. 编程格式

特殊定时器指令在程序应用中的格式及定时输出波形如图 5.78 所示。

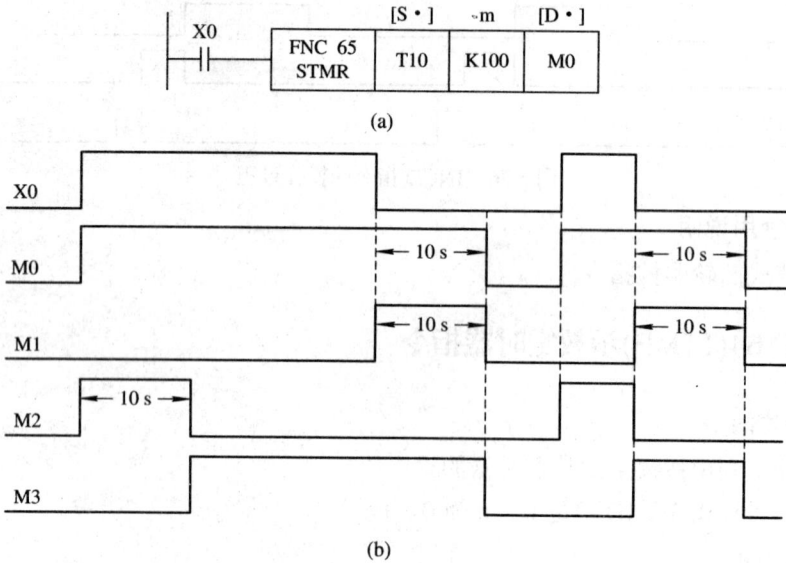

图 5.78　特殊定时器指令的格式和输出波形

(a) STMR 指令；(b) 波形图

当 X0=ON 时，执行示教定时器指令。m 值是定时器 T10 的设定值，辅助继电器 M0～M3 输出相应的波形。其中：M0 为断电延时断开定时器；M1 为单触发定时器；M2 为通电延时断开定时器；M3 为由 M2 的下降沿驱动变 ON 并由 M0 或 M1 的下降沿驱动变 OFF 的定时器；M2、M3 称为闪动定时器。

3. 指令适用说明

(1) 特殊定时器指令为连续型执行指令，操作数为 16 位。

(2) 源操作数[S·]指定的定时器 T 的范围是 T0～T199；m 的取值范围为 1～32 767。

(3) 程序中不能再用特殊定时器指令已用过的定时器。

5.9.7　FNC 66(ALT)交替输出指令

1. 指令功能

指令功能：在输入信号的上升沿，目标操作数状态改变。

操作数：目标操作数[D·]是 Y、M、S。

2. 编程格式

交替输出指令在程序应用中的格式如图 5.79 所示。

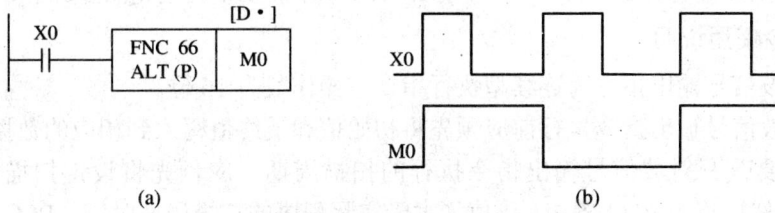

图 5.79 交替输出指令的格式和输出波形

(a) 交替指令；(b) 波形图

当 X0=ON 时，执行交替输出指令。该指令的实质就是输出信号为输入信号的二分频。

3. 指令使用说明

(1) 交替输出指令有连续型和脉冲型两种执行指令，操作数为 16 位。

(2) 交替输出指令可以实现一个按钮控制电机的启动和停止。第一次 X0=ON 时实现启动，第二次 X0=ON 时，实现停止。

5.9.8 FNC 67(RAMP)斜坡信号输出指令

1. 指令功能

指令功能：根据设定要求产生一个斜坡信号。

操作数：源操作数[S1·]、[S2·]和目标操作数[D·]均是 D；n 为 K、H。

2. 编程格式

斜坡信号输出指令在程序应用中的格式和输出波形如图 5.80 所示。

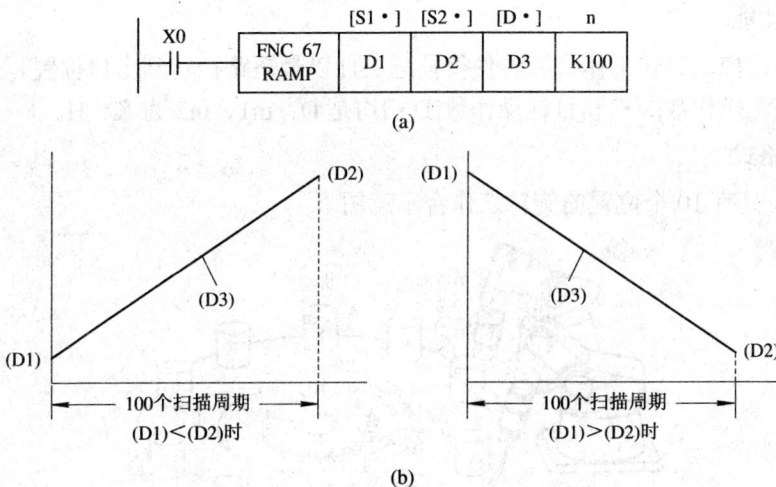

图 5.80 斜坡信号输出指令的格式和输出波形

(a) 斜坡信号输出指令；(b) 波形图

当 X0=ON 时，执行斜坡信号输出指令，输出(D1)到(D2)的斜坡信号，整个变化过程经过 100 个扫描周期。当 X0=OFF 时，斜坡信号停止输出；若 X0 再为 ON，则 D4 清零，斜坡信号重新从 D1 值开始，输出达到 D2 值时将标志位置 1，D3 恢复到 D1 的值。由于 D4 是停电保持型数据寄存器，X0 为 ON 前 RUN 开始时，D4 应预先清零。

3. 指令使用说明

(1) 斜坡信号输出指令为连续型执行指令，操作数为 16 位。

(2) 斜坡信号输出指令执行前应预先将初始值和最终值写入到相应的数据寄存器。

(3) 若要改变斜坡信号输出指令执行的扫描周期，应预先将设定扫描周期时间写入 D8039 中，然后将 M8039 置 1，该值稍大于实际程序的扫描周期时间，PLC 将进入恒扫描周期运行模式。如图 5.80 所示，若扫描周期设定值为 20 ms，则由(D1)到(D2)所需时间是 20 ms×100=2 s。

(4) RAMP 指令与模拟输出相结合可实现软启动和软停止。

(5) 保持标志 M8026 的状态决定 RAMP 指令的输出方式。M8026=ON 时，斜坡信号是保持型输出模式；M8026=OFF 时，斜坡信号是重复型输出模式，如图 5.81 所示。

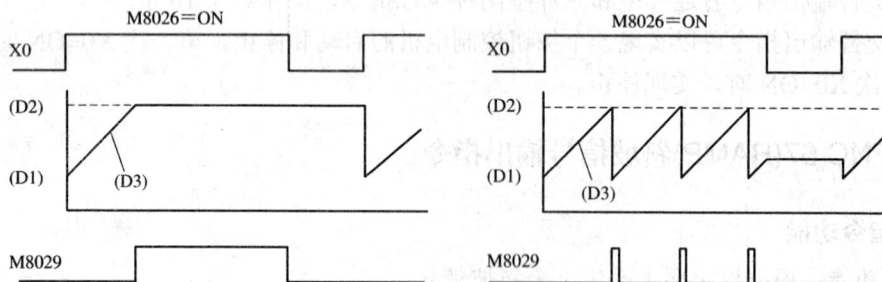

图 5.81　斜坡信号的两种输出模式

5.9.9　FNC 68(ROTC)旋转工作台控制指令

1. 指令功能

指令功能：控制旋转工作台旋转使得被选工件以最短路径转到出口位置。

操作数：源操作数[S·]和目标操作数[D·]均是 D；m1、m2 为 K、H。

2. 编程格式

图 5.82 为具有 10 个位置的旋转工作台示意图。

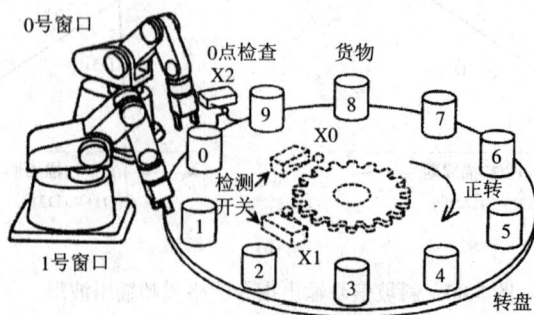

图 5.82　具有 10 个工件位置的旋转工作台示意图

旋转工作台指令在程序应用中的格式如图 5.83 所示。

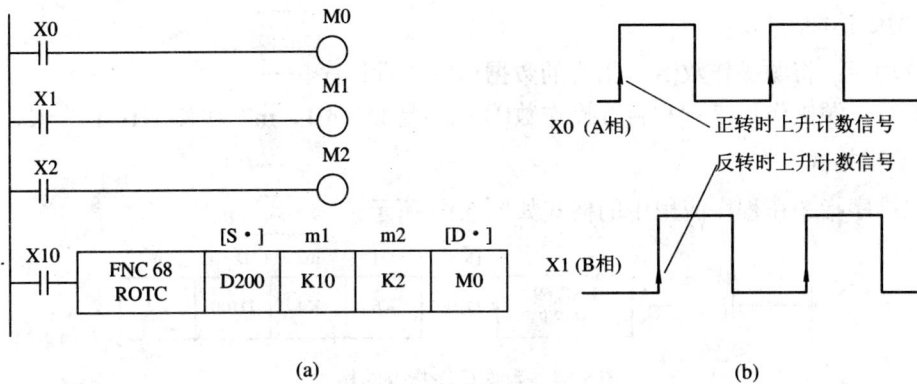

图 5.83　旋转工作台控制指令的格式

(a) ROTC 指令的编程格式；(b) X0、X1 位置信号波形

当 X10=ON 时，执行 ROTC 指令，若原点检测信号 M2 变为 ON，则计数寄存器 D200 清零，在 ROTC 指令执行任何操作之前必须先执行上述清零操作。

3．指令使用说明

(1) 旋转工作台指令为连续型执行指令，操作数为 16 位。

(2) 旋转工作台指令的有关参数及其意义如下：

● X0、X1 为旋转工作台正向和反向旋转的检测信号输入端，A 相接 X0，B 相接 X1。

● X2 为原点检测信号输入端，当 0 号工件转到 0 号位置时，X2 原点检测开关接通。

● 源操作数[S·]指定指令所用的数据寄存器(在图 5.83 中为 D200)，则 D200 作为旋转工作台位置检测计数寄存器；D201 作为自动存放取出窗口位置号的数据寄存器，图 5.82 中为 0 号、1 号窗口；D202 作为存放要取出工件位置号的数据寄存器。

● m1 将旋转工作台分成 m1 个区域，图 5.82 中为 10 个区域；m2 是低速旋转区域，图 5.82 中为 2 个位置。要求 m1>m2，m1 的范围是 2～32 767，m2 的范围是 0～32 767。

(3) 旋转工作台控制指令的目标操作数[D·]所指定的 M0～M7 的含义如下：

M0：A 相信号
M1：B 相信号 ｝ M0～M2 通过编程使之与相应的输入对应
M2：原点检测信号

M3：高速正转
M4：低速正转
M5：停止 ｝ 当 X10=ON 时，执行 ROTC 指令，自动得到结果 M3～M7
M6：低速反转 当 X10=OFF 时，M3～M7 均为 OFF
M7：高速反转

(4) 旋转工作台指令只能使用一次。

5.9.10 FNC 69(SORT)数据排序指令

1. 指令功能

指令功能：将源操作数[S·]指定的数据内容进行排序。

操作数：源操作数[S·]和目标操作数[D·]均是 D；m1、m2 为 K、H；n 为 K、H、D。

2. 编程格式

数据排序指令在程序应用中的格式如图 5.84 所示。

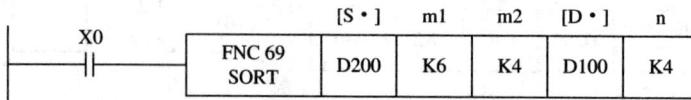

图 5.84 数据排序指令的格式

当 X0=ON 时，执行数据排序指令，即把以数据寄存器 D200(源操作数)为起始地址的 6 行 4 列(m1 决定行数，m2 决定列数)数据序列按照指令中 n 所指定的第 4 列从小到大进行重新排序，并将结果存入数据寄存器 D100(目标操作数)为首地址的新表中。以表 5.14 的数据序列为例，执行数据排序指令后的新数据序列如表 5.15 所示。

表 5.14 排序前的数据表

行 号	列号及其列名称			
	1	2	3	4
	学生编号	数学成绩	英语成绩	语文成绩
1	(D200)=001	(D206)=75	(D212)=80	(D218)=50
2	(D201)=002	(D207)=89	(D213)=61	(D219)=68
3	(D202)=003	(D208)=60	(D214)=70	(D220)=80
4	(D203)=004	(D209)=93	(D215)=56	(D221)=65
5	(D204)=005	(D210)=43	(D216)=67	(D222)=94
6	(D205)=006	(D211)=70	(D217)=90	(D223)=77

表 5.15 排序后的数据表

行 号	列号及其列名称			
	1	2	3	4
	学生编号	数学成绩	英语成绩	语文成绩
1	(D100)=001	(D106)=75	(D112)=80	(D118)=50
2	(D101)=004	(D107)=93	(D113)=56	(D119)=65
3	(D102)=002	(D108)=89	(D114)=61	(D120)=68
4	(D103)=006	(D109)=70	(D115)=90	(D121)=77
5	(D104)=003	(D110)=60	(D116)=70	(D122)=80
6	(D105)=005	(D111)=43	(D117)=67	(D123)=94

3. 指令使用说明

(1) 数据排序指令为连续型执行指令，操作数为 16 位。

(2) 数据排序指令执行完毕后结束标志 M8029 置 1 并停止工作。特别注意在排序过程中不要改变操作数和数据。

(3) [S·]为排序表的首地址；[D·]为排序后新表的首地址；m1 为排序表的行数，范围是 1～32；m2 为排序表的列数，范围是 1～6；n 为指定的 m2 列中以该列为重新排序列。

5.10 外部 I/O 指令

外部 I/O 指令共有 10 条，如表 5.16 所示。

表 5.16 外部 I/O 指令表

FNC 代号	助 记 符	指令名称及功能
70	TKY	十键输入指令
71	HKY	十六键输入指令
72	DSW	数字开关指令
73	SEGD	七段码译码指令
74	SEGL	七段码时分显示指令
75	ARWS	方向开关指令
76	ASC	ASCII 码转换指令
77	PR	ASCII 码打印指令
78	FROM	BFM 读出指令
79	TO	BFM 写入指令

5.10.1 FNC 70(TKY)十键输入指令

1. 指令功能

指令功能：分别接十个输入端的十个键来输入十进制数。

操作数：源操作数[S·]是 X、Y、M、S；目标操作数[D1·]是 KnY、KnM、KnS、T、C、D、V、Z；[D2·]是 Y、M、S。

2. 编程格式

十键输入指令在程序应用中的格式和十键的连接方式如图 5.85 所示。

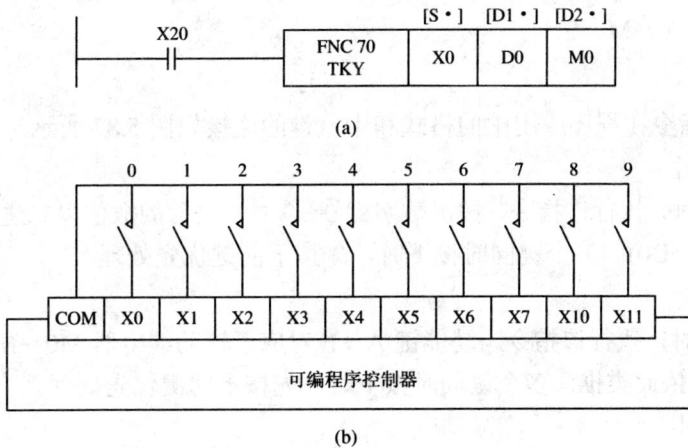

(a)

(b)

图 5.85 十键输入指令的格式

(a) 十键输入指令的格式；(b) 输入键与 PLC 的连接

当 X20=ON 时，执行该指令。输入元件为 X0～X11，输入数据的存储元件为 D0，与输入对应的辅助继电器为 M0～M9。

下面以输入十进制数 8374 为例来说明十键指令的应用。十键输入及其对应的辅助继电器的输出时序波形如图 5.86 所示。

当 X10=ON 时，将 X10 相对应的辅助继电器 M8 置 1 并保持到有另外键按下为止。当多个键被按下时，首先响应先按下的键。依次再按下与 X3、X7 和 X4 对应的按键，就可以把 8374 以二进制形式输入到 PLC 的数据寄存器 D0 或者(D1，D0)。

M10 记录按键状态，当有按键按下时置 1 并一直保持到按键放开。

3. 指令使用说明

(1) 十键输入指令为连续型执行指令，操作数为 16 位和 32 位。

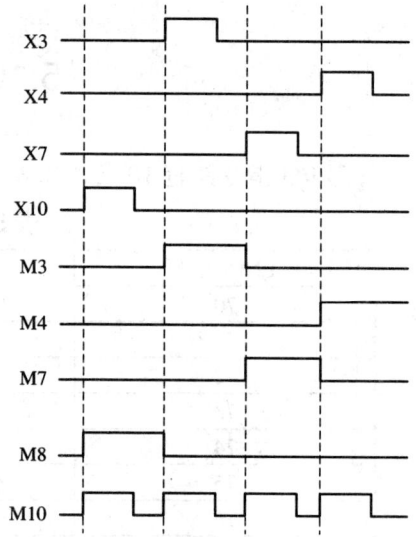

图 5.86 时间输入时的时序波形图

(2) 16 位操作时，最大数据为 9999；32 位操作时，最大数据为 99999999；超出最大限制时高位溢出并丢失。

(3) 十键输入指令只能使用一次。

5.10.2 FNC 71(HKY)十六键输入指令

1. 指令功能

指令功能：利用数字键 0～9 输入数值和功能键 A～F 进行有关功能切换的按键输入指令。

操作数：源操作数[S·]是 X；目标操作数[D1·]是 Y；[D2·]是 T、C、D、V、Z；目标操作数[D3·]是 Y、M、S。

2. 编程格式

十六键输入指令在程序应用中的格式和十六键的连接如图 5.87 所示。

1) 数字键操作

当 X20=ON 时，执行该指令。按下数字键 0～9 时，输入的数值以二进制形式存入数据寄存器 D0 或(D1，D0)。多个键同时按下时，先按下的键优先处理。

2) 功能键操作

当 X20=ON 时，执行该指令。功能键 A～F 对应于辅助继电器 M0～M5，按下 A 时，则 M0 置 1，其他依此类推。多个键同时按下时，先按下的键优先处理。

3) 键检测输出

当按下功能键时，只在键按下期间 M6 为 1；当按下数字键时，只在键按下期间 M7 为 1。键扫描输出 Y0～Y3 循环一次后，指令结束标志 M8029 置 1。

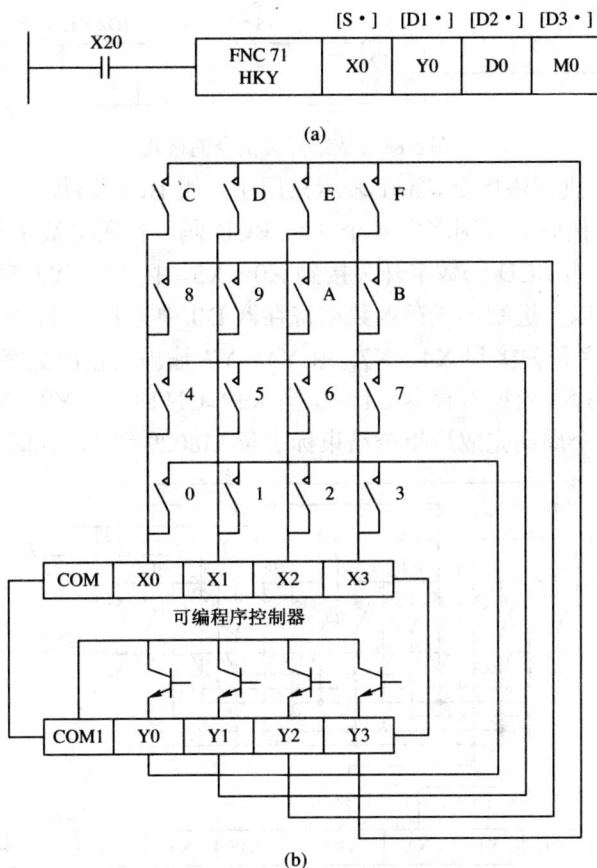

图 5.87　十六键输入指令的格式

(a) 指令格式；(b) 十六键与 PLC 的连接

3．指令使用说明

(1) 十六键输入指令为连续/脉冲型执行指令，操作数为 16 位和 32 位。

(2) 源操作数[S·]指定 4 个输入元件的首地址，目标操作数[D1·]指定的 4 个扫描输出元件的首地址，[D2·]指定输入的存储元件，[D3·]指定键状态的存储元件首地址。

(3) 若将 M8167 置 1，0～F 将以十六进制形式存入目标操作数[D2·]指定的数据寄存器中。例如：按下四个键的顺序依次为 34AC，则[D2·]指定的元件中的数值为 34AC。

(4) 十六键输入指令只能使用一次。

5.10.3　FNC 72(DSW)数字开关指令

1．指令功能

指令功能：读入 1 组或者 2 组 4 位数字开关状态的设定值。

操作数：源操作数[S·]是 X；目标操作数[D1·]是 Y；[D2·]是 T、C、D、V、Z；n 是 K、H。

2．编程格式

数字开关指令在程序应用中的格式如图 5.88 所示。

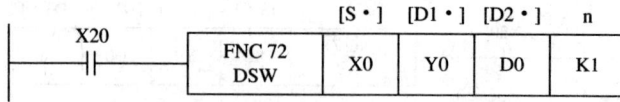

图 5.88　数字开关指令的格式

当 X20=ON 时，执行该指令。n=1 表示只用了一组 BCD 码数字开关。

每组开关由 4 个拨码盘分别产生 4 个 4 位 BCD 码。拨码盘数字开关与 PLC 的连线图如图 5.89 所示。第一组 BCD 码数字开关接到 X0～X3，由 Y0～Y3 输出端输出数字开关选通信号，读入的数据以二进制形式存入数据寄存器 D0 中。若 n=2，有 2 组 BCD 码数字开关，第二组 BCD 数字开关接到 X4～X7，由 Y4～Y7 输出端输出数字开关选通信号，读入的数据以二进制形式存入数据寄存器 D1 中。当 X20=ON 时，由 Y0～Y3 输出端顺次输出数字开关选通信号，一个周期完成后指令结束标志位 M8029 置 1，其时序如图 5.90 所示。

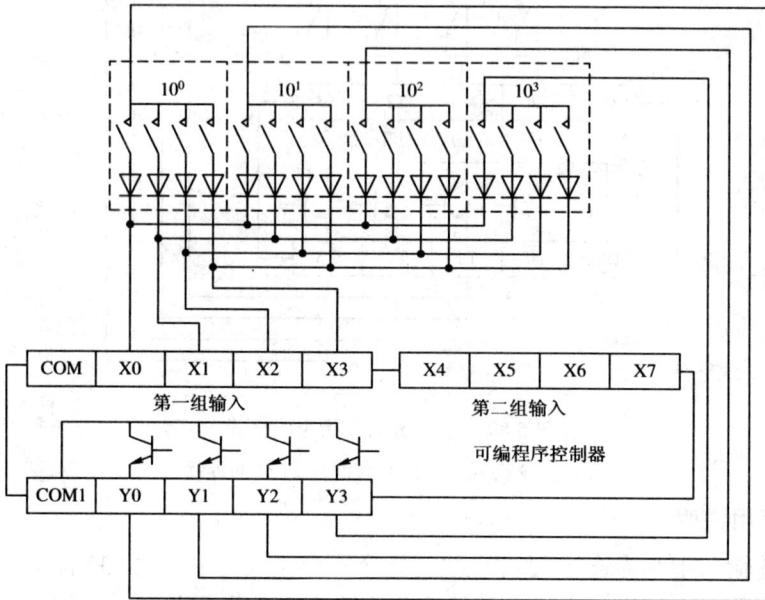

图 5.89　BCD 码数字开关与 PLC 的连接

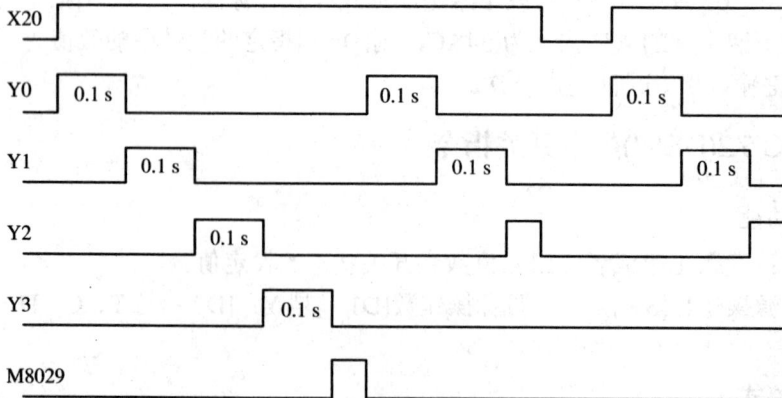

图 5.90　BCD 码数字开关选通信号 Y0～Y3 时序波形图

3. 指令使用说明

(1) 数字开关指令为连续型执行指令,操作数为 16 位。

(2) 源操作数[S·]为指定 4 个输入元件首地址;目标操作数[D1·]为指定 4 个开关选通输出元件首地址,目标操作数[D2·]为指定的开关状态存储寄存器;n 为开关的组数。

(3) 数字开关指令只适用于晶体管输出型 PLC。

(4) 数字开关指令只能使用两次。

5.10.4　FNC 73(SEGD)七段译码指令

1. 指令功能

指令功能:将指定的数据译码后驱动七段数码管。

操作数:源操作数[S·]是 K、H、KnX、KnY、KnM、KnS、T、C、D、V、Z;目标操作数[D·]是 KnY、KnM、KnS、T、C、D、V、Z。

2. 编程格式

七段译码指令在程序应用中的格式如图 5.91 所示。译码真值表如表 5.17 所示。

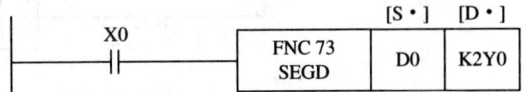

当 X0=ON 时,执行该指令,即将 D0 的数据译码后驱动数码管。

图 5.91　七段码译码指令的格式

表 5.17　SEGD 译码真值表

源操作数		七段码显示器	目标操作数								显示数字
十六进制	二进制		B7	B6	B5	B4	B3	B2	B1	B0	
0	000		0	0	1	1	1	1	1	1	0
1	001		0	0	0	0	0	1	1	0	1
2	0010		0	1	0	1	1	0	1	1	2
3	0011		0	1	0	0	1	1	1	1	3
4	0100		0	1	1	0	0	1	1	0	4
5	0101		0	1	1	0	1	1	0	1	5
6	0110		0	1	1	1	1	1	0	1	6
7	0111		0	0	1	0	0	1	1	1	7
8	1000		0	1	1	1	1	1	1	1	8
9	1001		0	1	1	0	1	1	1	1	9
A	1010		0	1	1	1	0	1	1	1	A
B	1011		0	1	1	1	1	1	0	0	b
C	1100		0	0	1	1	1	0	0	1	C
D	1101		0	1	0	1	1	1	1	0	d
E	1110		0	1	1	1	1	0	0	1	E
F	1111		0	1	1	1	0	0	0	1	F

3．指令使用说明

七段译码指令为连续/脉冲型执行指令，操作数为 16 位。

5.10.5 FNC 74(SEGL) 带锁存七段译码显示指令

1．指令功能

指令功能：驱动 1 组或 2 组带锁存和译码功能的七段数码显示器。

操作数：源操作数[S·]是 K、H、KnX、KnY、KnM、KnS、T、C、D、V、Z；目标操作数[D·]是 D；n 为 K、H。n 的取值范围是 0～7，当选 1 组时 n=0～3，当选 2 组时 n=4～7。

2．编程格式

带锁存七段译码指令在程序应用中的格式如图 5.92 所示。

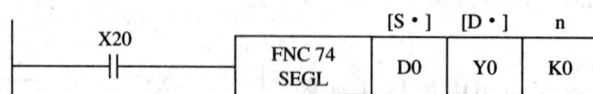

图 5.92 带锁存七段译码显示指令的格式

当 X20=ON 时，执行 SEGL 指令，将 D0 中的二进制数转换成 BCD 码(0～9999)后依次由 Y0～Y3 输出。各位的选通信号依次由 Y4～Y7 输出。

若 n=4～7 时(2 组)，D0 的数值转换成 BCD 码后依次由 Y0～Y3 输出。D1 的数值转换成 BCD 码依次由 Y10～Y13 输出。各位的选通信号依次由 Y4～Y7 输出。

带锁存和译码功能的七段数码显示器与 PLC 的连接如图 5.93 所示。

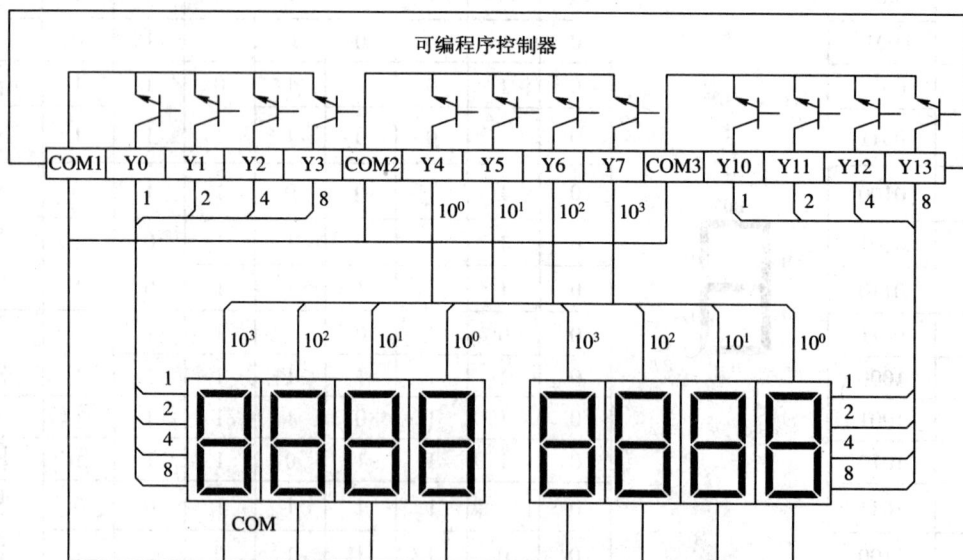

图 5.93 带锁存和译码功能的七段数码显示器与 PLC 的连接

3. 指令使用说明

(1) 带锁存七段译码显示指令为连续/脉冲型执行指令,操作数为 16 位。

(2) 带锁存七段译码显示指令用来显示 4 位(1 组或 2 组)十进制的数字,4 位数字的显示时间为 12 个扫描周期。完成显示后,指令结束标志 M8029 置 1。

(3) 参数 n 用于选择七段数据输入、选通信号的正负逻辑及显示单元组数(1 或 2)。七段译码显示逻辑见表 5.18;参数 n 的设定取决于可编程序控制器的正负逻辑与数码显示正负逻辑是否一致,见表 5.19。

(4) 带锁存七段译码显示指令只能使用一次,且必须选用晶体管输出型 PLC。

表 5.18 七段码显示逻辑

信 号	正 逻 辑	负 逻 辑
数据输入	以高电平表示 BCD 数据	以低电平表示 BCD 数据
选通脉冲	以高电平保持锁存的数据	以低电平保持锁存的数据

表 5.19 参数 n 的选择

4 位 1 组			4 位 2 组		
数据输入	选通脉冲信号	n	数据输入	选通脉冲信号	n
一致	一致	0	一致	一致	4
一致	不一致	1	一致	不一致	5
不一致	一致	2	不一致	一致	6
不一致	不一致	3	不一致	不一致	7

5.10.6 FNC 75(ARWS)方向开关指令

1. 指令功能

指令功能:利用 4 个方向开关实现对 4 位数值的修改和显示。

操作数:源操作数[S·]是 X、Y、M、S;目标操作数[D1·]是 T、C、D、V、Z;目标操作数[D2·]只能是 Y;n 为 K、H,其取值范围是 0～3。

2. 编程格式

方向开关指令在程序应用中的格式如图 5.94 所示。其中源操作数[S·]指定的是 4 个方向开关的输入端的首地址,目标操作数[D1·]指定存储需要修改的 4 位数据,目标操作数[D2·]指定驱动带锁存的七段显示器的数据输出和为选通脉冲输出端元件的首地址。

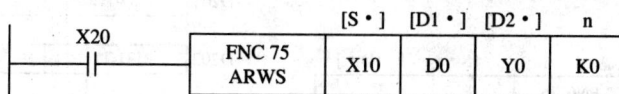

图 5.94 方向开关指令的格式

当 X20=ON 时,执行该指令。

下面采用方向开关并配合译码显示器来说明该指令的工作过程,如图 5.95 所示。

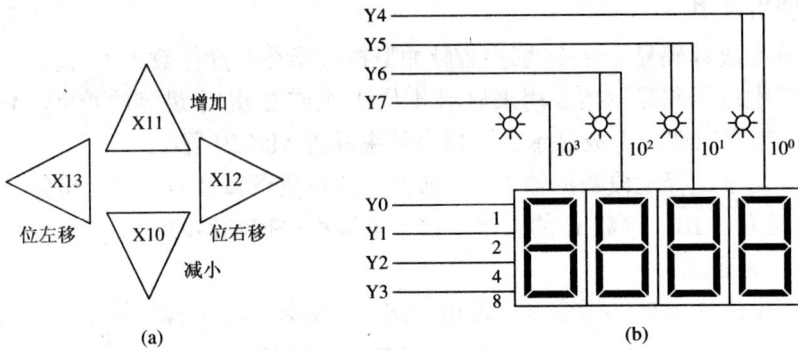

图 5.95　方向开关指令应用说明

(a) 方向开关；(b) 数码管与 PLC 的连接

　　为了应用方便，将 D0 中的数据均以 BCD 码形式表示(0~9999)。当 X20=ON 时，指定的位是 10^3 位，每按一次右移键，指定位按以下顺序移动：$10^3 \rightarrow 10^2 \rightarrow 10^1 \rightarrow 10^0 \rightarrow 10^3$。当按一次左移键，指定位移动顺序为 $10^3 \rightarrow 10^0 \rightarrow 10^1 \rightarrow 10^2 \rightarrow 10^3$。指定的位可由选通信号(Y4~Y7)上的数码管来确定。指定位的数值可由增加键和减小键来修改，按一下增加键，则 D0 中的内容按 $0 \rightarrow 1 \rightarrow 2 \rightarrow 3 \rightarrow 4 \rightarrow 5 \rightarrow 6 \rightarrow 7 \rightarrow 8 \rightarrow 9 \rightarrow 0$ 变化；按一下减小键，则 D0 中的内容按 $0 \rightarrow 9 \rightarrow 8 \rightarrow 7 \rightarrow 6 \rightarrow 5 \rightarrow 4 \rightarrow 3 \rightarrow 2 \rightarrow 1 \rightarrow 0$ 变化。

　　利用方向开关指令可将需要的数据写入 D0 中，并且所写入的数据通过带锁存器的数码管进行显示。

3．指令使用说明

(1) 方向开关指令为连续/脉冲型执行指令，操作数为 16 位。

(2) 方向开关指令只能用一次，而且必须用晶体管输出型 PLC。

5.10.7　FNC 76(ASC)ASCII 码转换指令

1．指令功能

指令功能：将指定的字符或数字据转换成 ASCII 码并存放到指定元件。

操作数：目标操作数[D・]是 T、C、D。

2．编程格式

ASCII 码转换指令在程序应用中的格式及转换后存储格式如图 5.96 所示。

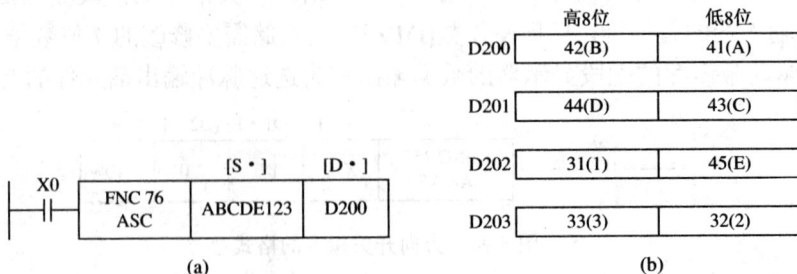

图 5.96　ASC 指令的格式

(a) ASC 指令的编程格式；(b) ASCII 码存放格式

当 X0=ON 时,将源操作数中存放的"ABCDE123"转换成 ASCII 码并依次存入 D200~D203 中。每个数据寄存器分别存放 2 个字符。此时,M8161=OFF。

当 M8161=ON 时,每个字符转换成 ASCII 后占用 1 个 16 位数据寄存器,即占用 8 个数据寄存器(D200~D207)的低 8 位,高 8 位全为零,如表 5.20 所示。

表 5.20　M8161 置 1 时 ASCII 码存放格式

元件编号	高 8 位	低 8 位	存放字符或数字
D200	00	41	A
D201	00	42	B
D202	00	43	C
D203	00	44	D
D204	00	45	E
D205	00	31	1
D206	00	32	2
D207	00	33	3

3. 指令使用说明

(1) ASCII 转换指令为连续型执行指令,操作数为 16 位。

(2) ASCII 转换指令的源操作数是要转换的字符或者数字。

5.10.8　FNC 77(PR)打印输出指令

1. 指令功能

指令功能:将指定位置的 ASCII 码经指定的输出元件输出。

操作数:源操作数[S·]是 T、C、D;目标操作数[D·]是 Y。

2. 编程格式

打印输出指令在程序应用中的格式和指令执行过程如图 5.97 所示。

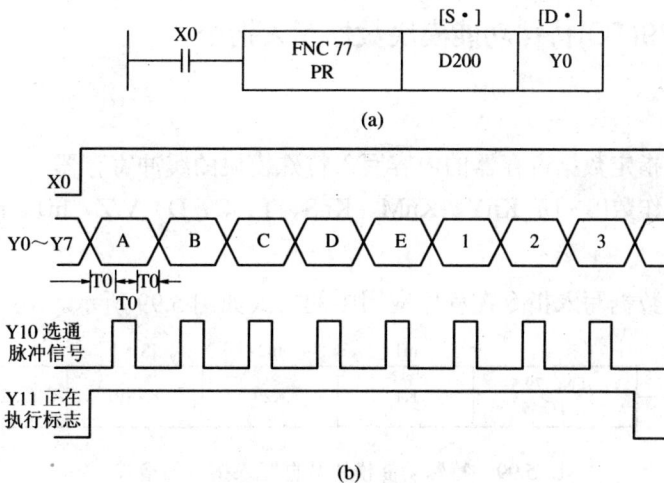

图 5.97　打印输出指令的格式及指令执行过程

(a) 指令格式; (b) 指令执行时序波形

当 X0=ON 时，将 D200～D203 中的字符"ABCDE123"经 Y7～Y0 依次输出，发送顺序为 A、B、C、D、E、1、2、3，T0 为 PLC 的扫描周期，其中 Y10 为选通脉冲信号，Y11 为正在执行标志信号，字符发送完后 Y11 复位。

3．指令使用说明

打印输出指令为连续型执行指令，操作数为 16 位。且该指令只能使用两次。

5.10.9 FNC 78(FROM)特殊功能模块数据读取指令

1．指令功能

指令功能：从特殊模块中读取数据并存入指定数据寄存器。

操作数：目标操作数[D·]是 KnY、KnM、KnS、T、C、D、V/Z，m1、m2 和 n 为 K、H。

2．编程格式

特殊功能模块数据读取指令在程序应用中的格式如图 5.98 所示。

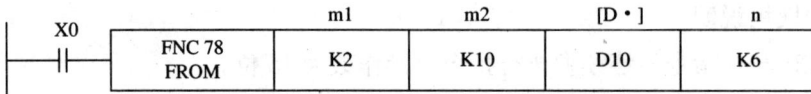

		m1	m2	[D·]	n
X0	FNC 78 FROM	K2	K10	D10	K6

图 5.98　特殊功能模块数据读取指令的格式

当 X0=ON 时，执行 FROM 指令，即将编号为 2(m1)的特殊功能模块内从缓冲寄存器 (BFM)编号为 10(m2)开始的 6(n)个数据读入 D10 开始的 6 个数据寄存器。

3．指令使用说明

(1) 特殊功能模块数据读取指令为脉冲型执行指令，操作数为 16 位和 32 位。

(2) m1 为特殊功能模块编号，取值范围是 0～7；m2: 特殊功能模块内缓冲寄存器首元件编号，取值范围是 0～31；n: 待传送的数据长度，其取值范围是 1～32。

5.10.10 FNC 79(TO)特殊功能模块数据写入指令

1．指令功能

指令功能：将指定数据寄存器的内容写入特殊模块的缓冲寄存器。

操作数：源操作数[S·]是 KnY、KnM、KnS、T、C、D、V/Z，m1、m2 和 n 为 K、H。

2．编程格式

特殊功能模块数据写入指令在程序应用中的格式如图 5.99 所示。

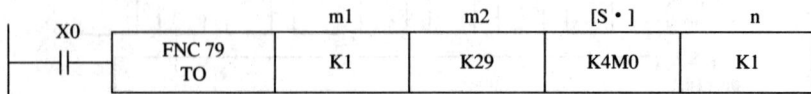

		m1	m2	[S·]	n
X0	FNC 79 TO	K1	K29	K4M0	K1

图 5.99　特殊功能模块数据写入指令的格式

当 X0=ON 时，执行 TO 指令，即将 K4M0(M15M14……M0)的数据写入编号为 1 的特殊功能模块的 BFM#29 中，传送数据长度为 1。

3. 指令使用说明

(1) 特殊功能模块数据写入指令为脉冲型执行指令，操作数为 16 位和 32 位。

(2) m1 为特殊功能模块编号，取值范围是 0～7；m2：特殊功能模块内缓冲寄存器首元件编号，取值范围是 0～31；n：待传送的数据长度，其取值范围是 1～32。

5.11 FX$_{2N}$ 系列外部设备指令

外部设备指令是用于对通过串行口连接的特殊适配器进行控制的指令，如表 5.21 所示。

表 5.21 外部设备指令

FNC 代号	指 令 符 号	指 令 功 能
80	RS	串行数据传送
81	PRUN	八进制位传送
82	ASCI	HEX→ASCII 转换
83	HEX	ASCII→HEX 转换
84	CCD	校验码
85	VRRD	电位器值读出
86	VRSC	电位器刻度
88	PID	PID 运算

5.11.1 FNC 80(RS)串行数据传送指令

1. 指令功能

指令功能：使用 RS-232 和 RS-485 功能扩展板及特殊适配器时发送和接收串行数据。

操作数：该指令的发送数据首地址和接收数据首地址的操作数是 D；发送和接收数据的元件数量的操作数是 K、H、D。

2. 编程格式

RS 指令在程序应用中的格式如图 5.100 所示。

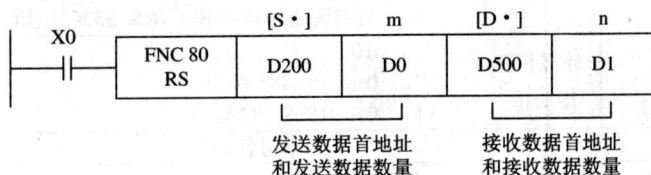

图 5.100 RS 指令的格式

m 和 n 是发送和接收数据的数量，当发送接收的数量可变时，可用数据寄存器来存储该数值。在图 5.100 中，当输入信号 X0 接通时，把以 D200 开始的连续 m 个数据寄存器中的内容发送到起始地址为 D500 的 n 个数据寄存器中。

3. 指令使用说明

(1) 不进行数据的发送或接收时，可以将发送或接收数据的元件数量设置为 K0。

(2) 对于 FX$_{2N}$ 系列可编程控制器，V2.00 以下的产品采用半双工方式进行通信；V2.00 以上的产品采用全双工方式进行通信。

(3) FNC 80(RS)指令还涉及若干数据寄存器和特殊辅助继电器，如表 5.22 所示。

表 5.22　与 RS 相关的数据寄存器和特殊辅助继电器

数据寄存器	功　能	特殊辅助继电器	功　能
D8120	通信格式设置(见表 5.23)	M8121	发送延迟标志
D8122	发送信息剩余 byte 数；当前值(待发送 byte 数)	M8122	发送请求标志
D8123	已接收信息 byte 数	M8123	接收完成标志
D8124	存放信息开始辨识符的 ASCII 码。缺省为"STX"，02HEX	M8124	载波检测标志
D8125	存放信息结束辨识符的 ASCII 码。缺省为"EXT"，03HEX		
D8129	停工超时判定时间	M8129	停工超时标志

(4) 数据传送格式通过特殊数据寄存器 D8120 来设定，D8120 的设定方法如表 5.23 所示。

表 5.23　特殊数据寄存器 D8120 的设定

bit 号	名　称	内　容	
		0(OFF)	1(ON)
b0	数据长	7 位	8 位
b1 b2	奇偶性	b1，b2 (0，0)：无 (0，1)：奇数(ODD) (1，1)：偶数(EVEN)	
b3	停止位	1 位	2 位
b4 b5 b6 b7	传送速率 (b/s)	b7，b6，b5，b4 (0，0，1，1)：300 (0，1，0，0)：600 (0，1，0，1)：1200 (0，1，1，0)：2400	b7，b6，b5，b4 (0，1，1，1)：4800 (1，0，0，0)：9600 (1，0，0，1)：19200
b8[①]	起始符	无	有(D8124)　初始值：STX(02H)
b9[①]	终止符	无	有(D8125)　初始值：EXT(03H)
b10 b11	控制线	无顺序 b11，b10 (0，0)：无(RS-232C 接口) (0，1)：普通模式(RS-232C 接口) (1，0)：互锁模式(RS-232C 接口)[②] (1，1)：调制解调器模式(RS-232C 接口、RS-485 接口)[③] 计算机链接通信[④] b11，b10 (0，0)：RS-485 接口 (1，0)：RS-232C 接口	
b12	不可使用		
b13[⑤]	和校验	不附加	附加
b14[⑤]	协议	不使用	使用
b15[⑤]	控制顺序	方式 1	方式 4

注：① 起始符和终止符的内容可由用户变更。使用计算机通信时，必须将其设定为 0。

② 适用机种为 FX$_{2N}$ 及 FX$_{2NC}$ 版本 V2.00 以上。

③ RS-485 未考虑设置控制线的方法，使用 FX$_{2N}$-485-BD 时，设定(b11，b10)=(1，1)。

④ 是在计算机链接通信连接时设定，与 FNC80(RS)无关。

⑤ b13～b15 是计算机链接通信连接时的设定项目。使用 FNC 80(RS)指令时必须设定为 0。

现有 PLC 要实现如下的通信要求：数据长度为 7 位；奇数；停止位为 1 位；传输速率为 19 200 b/s；无起始符和终止符；无控制线。上述要求的通信格式设定可通过程序实现，如图 5.101 所示。

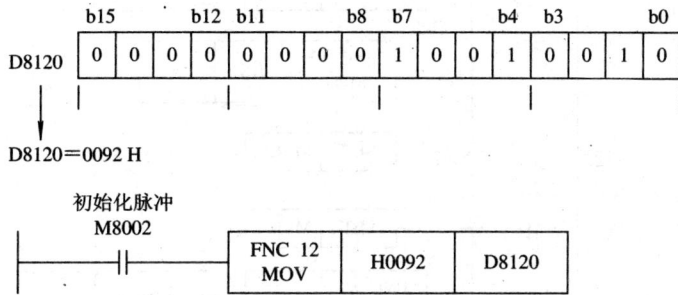

图 5.101　串行通信格式设定

(5) 通过 RS 指令可以指定可编程序控制器发送数据的起始地址和发送的数据量以及接收数据地起始地址和可以接收的数据总量。RS 指令收发数据的程序结构如图 5.102 所示。

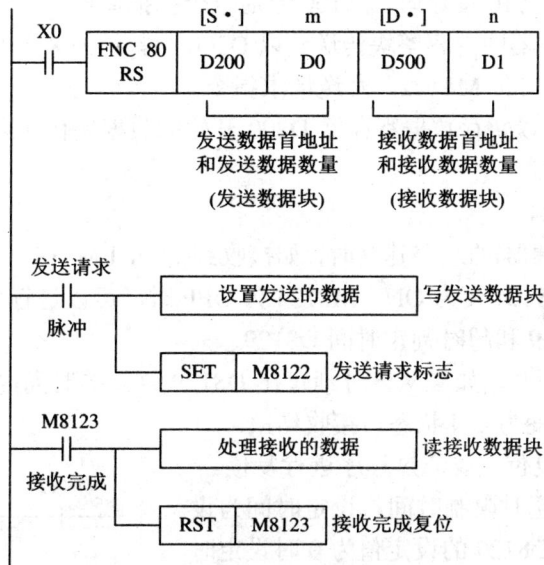

图 5.102　RS 指令收发数据程序结构

程序说明：

● 发送请求 M8122

当 RS 指令的输入信号 X0 处于接通(ON)状态时，可编程序控制器进入接收等待状态。在等待状态或者接收完成状态下，用脉冲指令置位 M8122，即开始发送从 D200 开始数量为(D0)的数据，发送结束 M8122 自动复位。

● 接收完成 M8123

接收完成标志 M8123 为 ON 后，首先把接收的数据传送到给定存储地址，然后再对 M8123 复位，并再次进入等待状态。串行数据传送指令的应用程序如图 5.103 所示。

```
    X10
─────┤├───────────[ PLS    M100 ]

    M100
─────┤├────────┬──[ FNC 15   D100   D200   K8 ]
               │    BMOV
               │
               ├──[ FNC 12   K8   D0 ]
               │    MOV
               │
               └──[ SET    M8122 ]

    X0
─────┤├────────┬──[ SET    M8161 ]
               │
               └──[ FNC 80   D200   D0   D500   K10 ]
                    RS
```

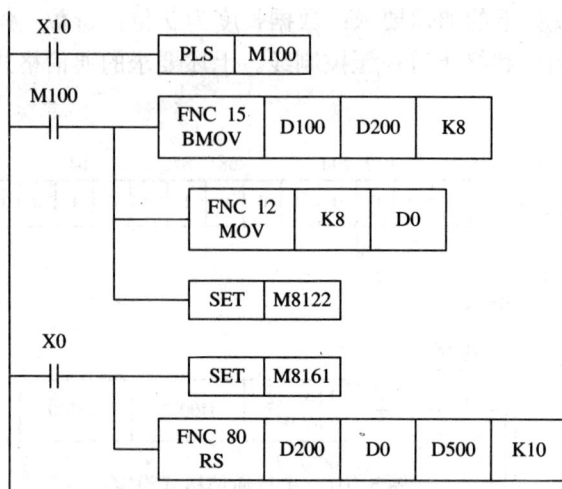

图 5.103　串行数据传送指令的应用

特殊辅助继电器 M8161 决定数据的位数，当 M8161 接通(ON)时为 8 bit，M8161 断开 (OFF)时为 16 bit。FNC 82(ASCI)、FNC 83(HEX)指令应用中的 M8161 与此相同。

在图 5.103 中，当 X10 接通时，M100 导通一个扫描周期，将以数据寄存器 D100 为首址的连续 8 个数据寄存器的内容整块传送到以 D200 为首址的 8 个暂存数据寄存器中，把常数 8 送到 D0 中。同时置位 M8122，发送请求指令。

当 X0 接通时，将以暂存数据寄存器 D200 开始的数据块传送到以 D500 为首址的数据寄存器中。

● 载波检测 M8124

MODEM(调制解调器)的线路建立时，如接收到(MODEM→PLC)的 CD(DCD)信号(通过接收载波检测)，则 M8124 变为 ON。M8124 为 OFF 时，可以进行拨号的传送。

● 超时判定 M8129 和超时判定时间 D8129

接收数据途中中断时，如果从该时刻起在 D8129 规定的时间内不能重新开始接收，则超时输出标志 M8129 变为 ON 状态，接收结束。

M8129 不能自动复位，要通过程序进行复位。

D8129 用来设定超时限制时间，设定时间为设定值×10 ms。另外当 D8129 的设定值为 0 时设定时间变为 100 ms。设定超时时间(假设为 60 ms)的方法如图 5.104 所示。

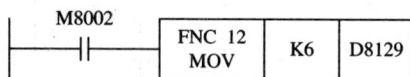

```
   M8002
────┤├──────[ FNC 12   K6   D8129 ]
             MOV
```

图 5.104　超时时间设定方法

5.11.2　FNC 81(PRUN)八进制位传送指令

1. 指令功能

指令功能：传送八进制的数据。

操作数：该指令的源操作数是 KnX、KnM；目标操作数是 KnY、KnM；n=1～8。

2. 编程格式

PRUN 指令在程序应用中的格式如图 5.105 所示。

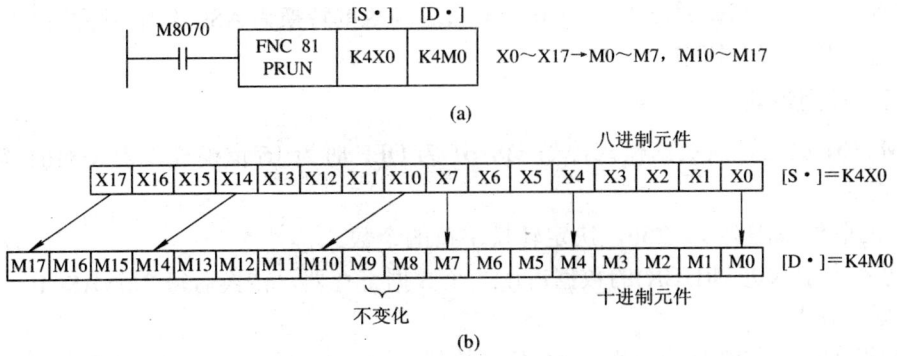

图 5.105 PRUN 指令的格式和说明

(a) 指令格式；(b) 操作说明

当 M8070 接通时，将输入继电器 X0～X17 的数据传送到辅助继电器 M0～M7、M10～M17 中。

3. 指令使用说明

该指令适用于两台并联运行的 PLC 之间的数据交换。可以进行主站内部、主站与从站之间的数据传送，如图 5.106 所示。

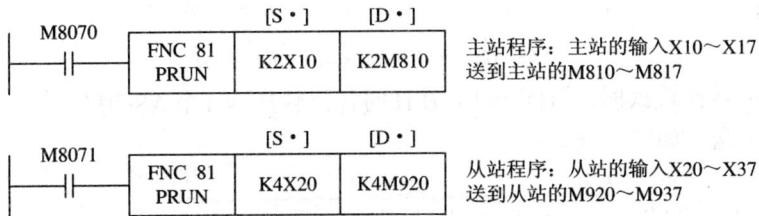

图 5.106 PRUN 指令的应用

主站驱动为 M8070，从站驱动为 M8071。

5.11.3 FNC 82(ASCI)十六进制到 ASCII 转换指令

1. 指令功能

指令功能：将十六进制的数据转换为 ASCII 码字符并存入目标寄存器。

操作数：该指令的源操作数是 KnX、KnY、KnM、KnS、K、H、T、C、D、V/Z；目标操作数是 KnY、KnM、KnS、T、C、D；n 的操作数为 K、H，n=1～256。

2. 编程格式

ASCI 指令在程序应用中的格式如图 5.107 所示。

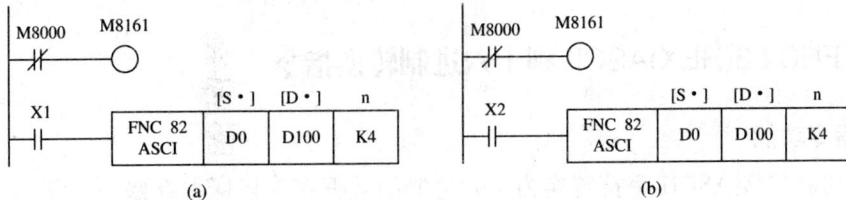

图 5.107 ASCI 指令的格式

(a) 16 位模式转换；(b) 8 位模式转换

当输入信号X1或X2接通时,将D0的十六进制数据转换为ASCII码字符并存入以D100开始的若干个数据寄存器中。

3. 指令使用说明

(1) M8161 决定转换数据模式,当 M8161 为 OFF 时为 16 位模式,当 M8161 为 ON 时为 8 位模式。

(2) n 的取值范围为 1~256,决定转换字符的个数。

(3) 每 4 个十六进制(HEX)的数据占用一个数据寄存器,转换后每 2 个 ASCII 码字符占用一个数据寄存器。

(4) 假设(D0)=2A7B H,当执行 16 位转换模式时,将(D0)=2A7B H 转换为 4 个 ASCII 码,存入 D100 和 D101 中,如图 5.108 所示。

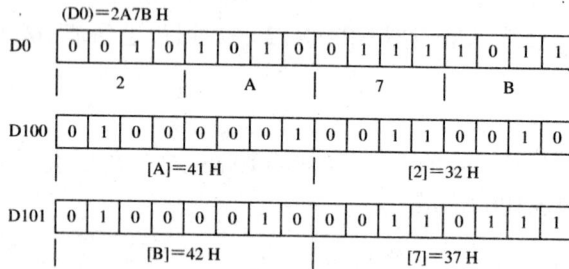

图 5.108 n=K4 时,16 位转换结果

当执行 8 位转换模式时,将(D0)=2A7B H 的各位转换成 4 个 ASCII 码字符向 D100、D101、D102、D103 传送,如图 5.109 所示。

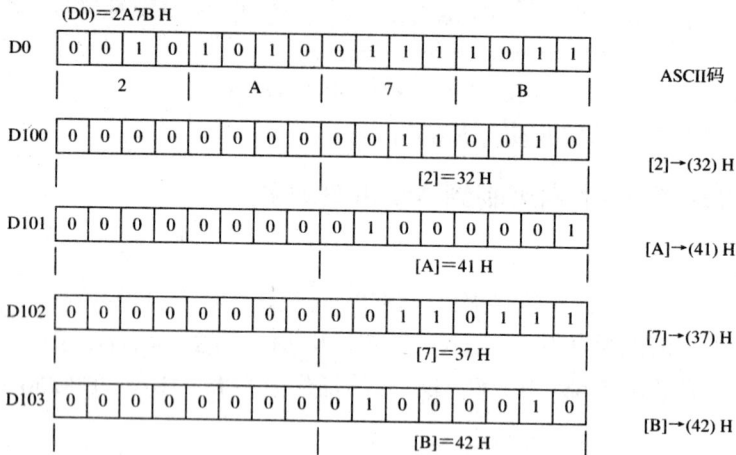

图 5.109 n=K4 时,8 位转换结果

5.11.4 FNC 83(HEX)ASCII 到十六进制转换指令

1. 指令功能

指令功能:将 ASCII 字符转换为十六进制的数据存入目标寄存器。

操作数:该指令的源操作数是 KnX、KnY、KnM、KnS、K、H、T、C、D;目标操作数是 KnY、KnM、KnS、T、C、D、V/Z;n 的操作数为 K、H,n=1~256。

2．编程格式

HEX 指令在程序应用中的格式如图 5.110 所示。

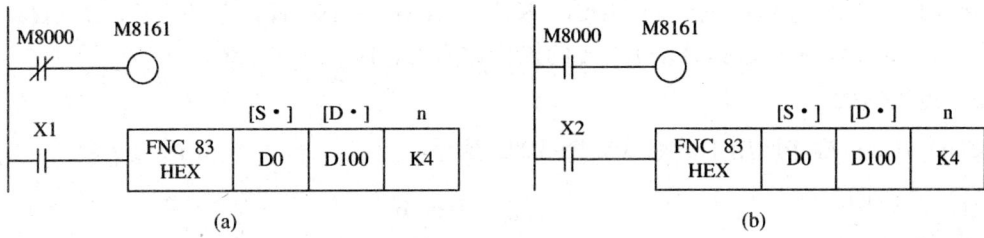

图 5.110　ASCI 指令的格式

(a) 16 位模式转换；(b) 8 位模式转换

当输入信号 X1 或 X2 接通时，将以 D0 开始的 ASCII 字符转换为十六进制数据存入 D100 数据寄存器中。

3．指令使用说明

(1) M8161 决定转换数据模式，当 M8161 为 OFF 时为 16 位模式，当 M8161 为 ON 时为 8 位模式。

(2) n 的取值范围为 1～256，决定转换字符的个数。

(3) 每 4 个十六进制(HEX)的数据占用一个数据寄存器，每 2 个 ASCII 字符占用一个数据寄存器。

(4) 图 5.110 中，当 X1 接通时，将源寄存器中的高、低各 8 位的 ASCII 字符转换成 HEX(十六进制)数据，以 4 位一组向目标数据寄存器传送，转换的字符数由 n 决定。

当 X2 接通时，将源寄存器中的低 8 位的 ASCII 字符转换成 HEX(十六进制)数据，以 4 位一组向目标数据寄存器传送，转换的字符数由 n 决定。源寄存器中的高 8 位在转换时忽略。

转换结果如图 5.111 所示。

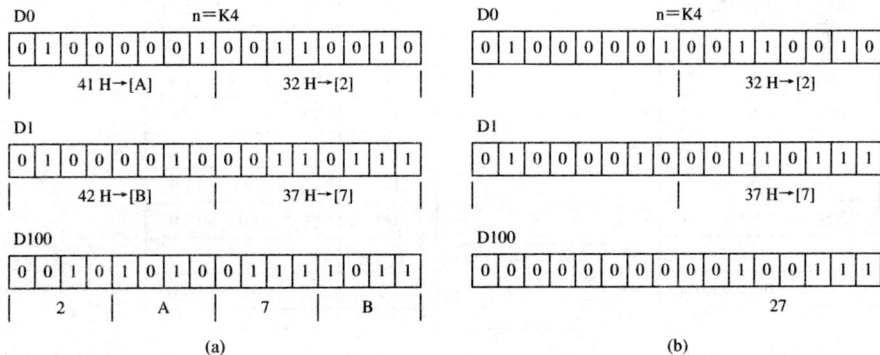

图 5.111　n=K4 时的转换结果

(a) 16 位模式；(b) 8 位模式

5.11.5　FNC 84(CCD)校验码指令

1．指令功能

指令功能：将[S·]指定的寄存器开始的 n 字节数据组成堆栈(高 8 位、低 8 位拆分)，并把各字节数值的总和送到[D·]指定的寄存器，而将堆栈中垂直奇偶校验值送到[D·]+1数据寄存器。

操作数：该指令的源操作数是KnX、KnY、KnM、KnS、K、H、T、C、D；目标操作数是KnY、KnM、KnS、T、C、D；n的操作数为K、H，n=1～256。

2. 编程格式

CCD指令在程序应用中的格式如图5.112所示。

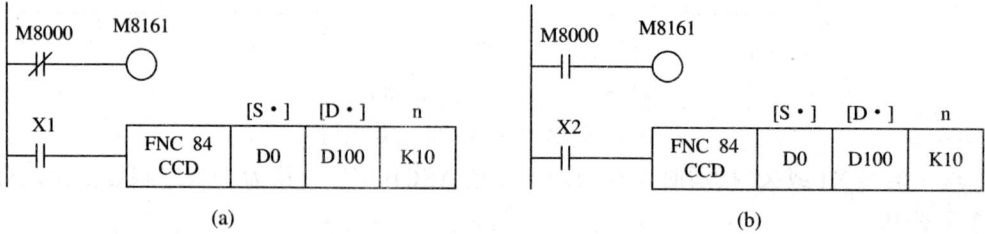

图5.112　n=K10时的校验码指令格式

(a) 16位模式；(b) 8位模式

3. 指令使用说明

(1) 当M8161为OFF时，执行16位模式，将以[S·]指定的寄存器开始的n字节(数据寄存器内容拆分为高、低8位的2个字节)数据的总和与垂直奇偶校验数据存储于寄存器[D·]与[D·]+1中。该指令用于通信数据的校验。图5.112(a)所示程序的执行结果如图5.113(a)所示。

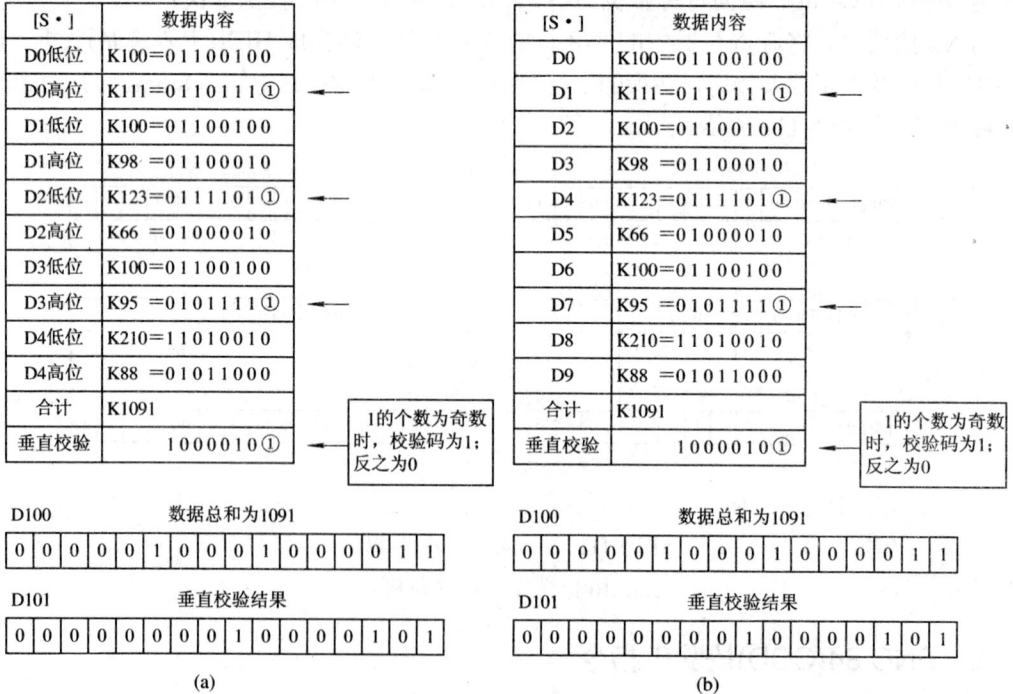

图5.113　n=K10时的校验结果

(a) 16位模式；(b) 8位模式

(2) 当 M8161 为 ON 时，执行 8 位模式，将以[S·]指定的寄存器开始的 n 字节(数据寄存器的低 8 位)数据的总和与垂直奇偶校验数据存储于寄存器[D·]与[D·]+1 中。用于通信数据的校验。图 5.112(b)所示程序的执行结果如图 5.113(b)所示。

5.11.6 FNC 85(VRRD)电位器值读取指令

1. 指令功能

指令功能：将指定位置读取到的模拟量转换成 8 bit 二进制的数据并传送给指定的数据寄存器。

操作数：源操作数为 K、H，对应于电位器的序列号(0～7)；目标操作数为 KnY、KnM、KnS、T、C、D、V/Z。

2. 编程格式

VRRD 指令在程序应用中的格式如图 5.114 所示。

当输入信号 X1 接通时，将电位器 0 的模拟量读出，并转换为 8 bit 二进制的数据存储到数据寄存器 D1 中，然后以 D1 中的数据作为定时器 T1 的设定值。当输入信号 X2 接通时定时器 T1 开始延时。

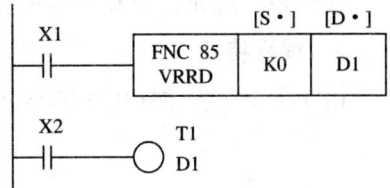

图 5.114 VRRD 指令的格式

3. 指令使用说明

该指令应用于专用的电位器模拟量功能扩展板。

5.11.7 FNC 86(VRSC)电位器刻度指令

1. 指令功能

指令功能：将某个电位器读出的数据(0～10)以二进制形式存储于指定的数据寄存器。

操作数：源操作数为 K、H，对应于电位器的序列号(0～7)；目标操作数为 KnY、KnM、KnS、T、C、D、V/Z。

2. 编程格式

VRSC 指令在程序应用中的格式如图 5.115 所示。

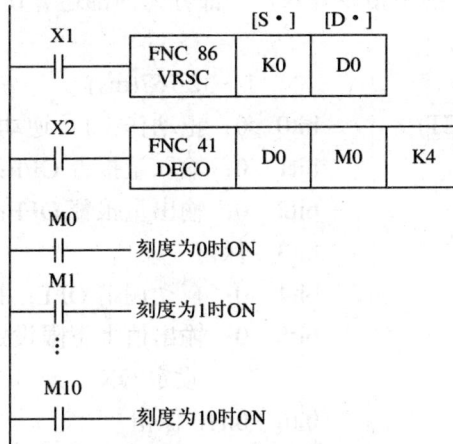

图 5.115 VRSC 指令的格式

当输入信号 X1 接通时，将电位器 0 的模拟量读出(0～10 整数形式)，并转换为 8 bit 的二进制数据存储到数据寄存器 D0 中。当输入信号 X1 接通时，将 D0 中的数据进行译码并控制辅助继电器 M0～M10 中的某一位接通。DECO(FNC41)译码占用 M0～M15 共 16 个辅助继电器。图 5.115 可以看作一个有 11 挡的模拟电子开关。

3．指令使用说明

读取的模拟量数值不是整数时采用四舍五入的方法变为整数。

5.11.8　FNC 88(PID)PID 运算指令

1．指令功能

指令功能：将当前过程值[S2]与设定值[S1]之差(偏差)送到 PID 环节中计算，得出当前输出控制值并送到目标寄存器[D]中。

操作数：源操作数和目标操作数都是 D0～D7975。

2．编程格式

PID 指令在程序应用中的格式如图 5.116 所示。

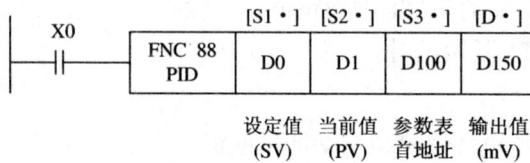

图 5.116　PID 指令的格式

3．指令使用说明

(1) PID 指令在编程时可多次使用，但各 PID 环节所占用的寄存器不能重复。

(2) PID 指令有特定的出错码，出错标志为 M8067，相应的出错码存放在 D8067。

(3) [D]尽量使用通用数据寄存器；若使用断电保持数据寄存器，在 PLC 运行时要清除数据寄存器中原有内容。可使用 M8002 对数据寄存器复位。

(4) PID 参数表占有[S3]指定的首地址开始的连续 25 个断电保持数据寄存器。参数表中一部分需用户在 PID 运算前用指令写入，一部分为内部运算使用，还有一部分用于存放运算结果。各部分说明如下：

[S3]　　　采样时间(T_s)　　　　　　1～32 767(ms)

[S3]+1　动作方向(ACT)　　　bit0　0：正动作；1：逆动作

　　　　　　　　　　　　　　bit1　0：输入量报警 OFF；1：输入量报警 ON

　　　　　　　　　　　　　　bit2　0：输出量报警 OFF；1：输出量报警 ON

　　　　　　　　　　　　　　bit3　保留

　　　　　　　　　　　　　　bit4　0：自动调谐 OFF；1：自动调谐 ON

　　　　　　　　　　　　　　bit5　0：输出值上下限设定 OFF；1：输出值上下限设定 ON

　　　　　　　　　　　　　　bit6～bit16 保留

　　　　　　　　　　　　　　(bit2 和 bit5 不能同时处于 ON 状态)

[S3]+2	输入滤波常数(α)	00~99(%)，0 时没有输入滤波
[S3]+3	比例增益(K_P)	1~32767(%)
[S3]+4	积分时间(T_I)	0~32767(×100 ms)，0 时作为∝处理(无积分)
[S3]+5	微分增益(K_D)	1~100(%)，0 时无微分增益
[S3]+6	微分时间(T_D)	3~32767(×100 ms)，0 时无微分处理

[S3]+7 ⎫
[S3]+19 ⎭ PID 运算的内部处理占用

[S3]+20	过程量最大增量值	0~32767([S3]+1<ACT>的 bit1=1 时有效)
[S3]+21	过程量最大减量值	0~32767([S3]+1<ACT>的 bit1=1 时有效)
[S3]+22	输出增量报警设定值	0~32767([S3]+1<ACT>的 bit2=1，bit5=0 时有效)
	输出上限设定值	−32767~32767([S3]+1<ACT>的 bit2=0，bit5=1 时有效)
[S3]+23	输出减量报警设定值	0~32767([S3]+1<ACT>的 bit2=1，bit5=0 时有效)
	输出下限设定值	−32767~32767([S3]+1<ACT>的 bit2=0，bit5=1 时有效)
[S3]+24	报警输出	bit0 输入增量溢出
		bit1 输入减量溢出　⎫　([S3]+1<ACT>的 bit1=1
		bit2 输出增量溢出　⎬　或者 bit2=1 时有效)
		bit3 输出减量溢出　⎭

(5) 阶跃响应法确定 PID 参数。阶跃响应法就是给控制对象加上阶跃输入，测出输出响应曲线，并根据曲线计算出 K_P、T_I、T_D 的方法。图 5.117 所示为阶跃响应，表 5.24 所示为参数计算。

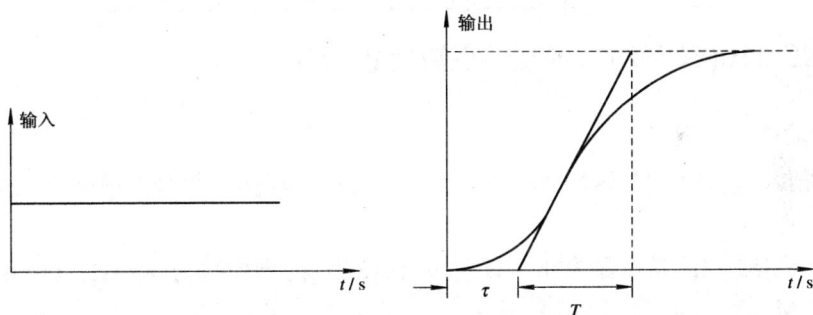

图 5.117　阶跃响应

表 5.24　PID 参数计算

控制方式	比例增益(K_P)(%)	积分时间(T_I)(×100 ms)	微分时间(T_D)(×100 ms)
比例控制	$\dfrac{1}{R\tau}$×输出值(mV)	—	—
PI 控制	$\dfrac{0.9}{R\tau}$×输出值(mV)	33τ	—
PID 控制	$\dfrac{1.2}{R\tau}$×输出值(mV)	20τ	5τ

从图 5.117 中我们可以求出直线的斜率 R，就可以从表 5.24 中计算出不同调节方式相应参数。

5.12 浮点数运算指令

浮点数处理指令用于实现浮点数的比较、转换、四则运算、开方、求整数以及三角函数等功能，该类指令及功能如表 5.25 所示。

表 5.25 浮点数运算指令

FNC 代号	指令符号	指令名称及功能
110	ECMP	二进制浮点数比较
111	EZCP	二进制浮点数区间比较
118	EBCD	二进制浮点数→十进制浮点数转换
119	EBIN	十进制浮点数→二进制浮点数转换
120	EADD	二进制浮点数加法
121	ESUB	二进制浮点数减法
122	EMUL	二进制浮点数乘法
123	EDIV	二进制浮点数除法
127	ESQR	二进制浮点数开方
129	INT	求整数指令
130	SIN	二进制浮点数 SIN 运算(求正弦)
131	COS	二进制浮点数 COS 运算(求余弦)
132	TAN	二进制浮点数 TAN 运算(求正切)

5.12.1 FNC 110(ECMP)二进制浮点数比较指令

1. 指令功能

指令功能：将源[S1·]与[S2·]的浮点数进行比较，将比较的结果送到目标[D·]中，然后做出相应的驱动。

操作数：源[S1·]的操作数为 K、H、D；源[S2·]的操作数为 K、H、D；目标[D·]的操作数为 Y、M、S。

2. 编程格式

ECMP 指令在程序应用中的格式如图 5.118 所示。

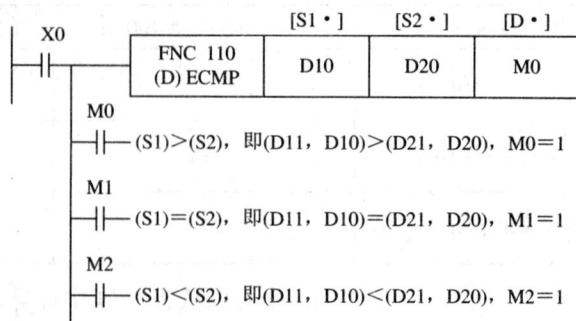

图 5.118 ECMP 指令的格式

当输入信号 X0 接通(ON)时，(S1)和(S2)进行比较，当(S1)>(S2)时，辅助继电器 M0 接通；当(S1)=(S2)时，辅助继电器 M1 接通；当(S1)<(S2)时，辅助继电器 M2 接通。

3. 指令使用说明

(1) ECMP 指令功能及操作与 CMP 指令相似。

(2) ECMP 指令比较的数为浮点数(32 位)。

(3) ECMP 指令比较的数也可以是 K、H 常数，在执行比较指令时自动转换为二进制浮点数。

5.12.2 FNC 111(EZCP)二进制浮点数区间比较指令

1. 指令功能

指令功能：将一个浮点数据和两个源数据值进行比较，将结果送到目标[D·]中，然后做出相应的驱动。

操作数：源[S1·]、源[S2·]和[S·]的操作数均为 K、H、D；目标[D·]的操作数为 Y、M、S。

2. 编程格式

EZCP 指令在程序应用中的格式如图 5.119 所示。

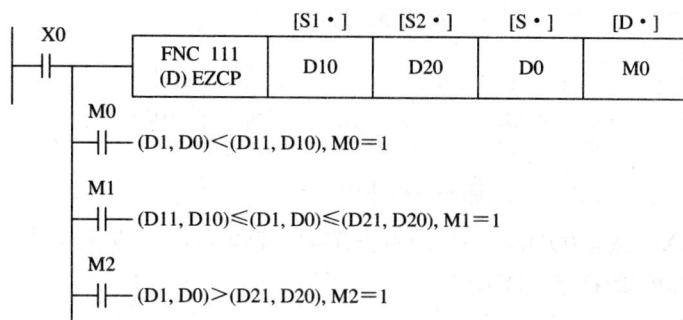

图 5.119　EZCP 指令的格式

当输入信号 X0 接通(ON)时，(S)和(S1)、(S2)进行比较，当(S)<(S1)时，辅助继电器 M0 接通；当(S1)≤(S)≤(S2)时，辅助继电器 M1 接通；当(S)>(S2)时，辅助继电器 M2 接通。

3. 指令使用说明

(1) [S1·]、[S2·]和[S·]均为 32 位操作数，也可以是常数 K、H。

(2) 在图 5.119 中，当 X0 由 ON 变为 OFF 时，M0、M1 和 M2 保持 X0 为 OFF 前的状态。

5.12.3 FNC 118(EBCD)二进制浮点数转换为十进制浮点数指令

1. 指令功能

指令功能：将二进制浮点数转换为十进制浮点数。

操作数：源[S·]和目标[D·]的操作数均为 D。

2. 编程格式

EBCD 指令在程序应用中的格式如图 5.120 所示。

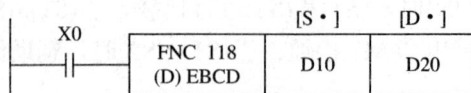

图 5.120   EBCD 指令的格式

当输入信号 X0 接通(ON)时,将源数据(D11,D10)的二进制浮点数转换为十进制的浮点数并保存在目标地址(D21,D20)中。

3. 指令使用说明

[S·]和[D·]均为 32 位操作数。

5.12.4   FNC 119(EBIN)十进制浮点数转换为二进制浮点数指令

1. 指令功能

指令功能:将十进制浮点数转换为二进制浮点数。

操作数:源[S·]和目标[D·]的操作数均为 D。

2. 编程格式

EBIN 指令在程序应用中的格式如图 5.121 所示。

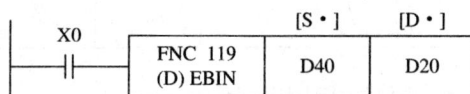

图 5.121   EBIN 指令的格式

当输入信号 X0 接通(ON)时,将源数据(D41,D40)的十进制浮点数转换为二进制的浮点数并保存在目标地址(D21,D20)中。

3. 指令使用说明

[S·]和[D·]均为 32 位操作数。

5.12.5   FNC 120(EADD)二进制浮点数加法指令

1. 指令功能

指令功能:实现二进制浮点数的加法运算。

操作数:源[S1·]和[S2·]的操作数均为 K、H、D,目标[D·]的操作数为 D。

2. 编程格式

EADD 指令在程序应用中的格式如图 5.122 所示。

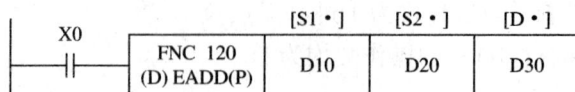

图 5.122   EBCD 指令的格式

当输入信号 X0 接通(ON)时，将两个源地址的二进制浮点数相加，并将运算结果以二进制浮点数形式送入目标地址(D31，D30)中，即(D11，D10)+(D21，D20)→(D31，D30)。

3. 指令使用说明

(1) [S1·]、[S2·]和[D·]均为 32 位操作数。

(2) 当源数据为常数 K、H 时，自动转换为二进制浮点数进行运算。

(3) 若源数据地址和目标地址为同一编号地址时，必须用脉冲指令，这是因为使用连续指令时每个扫描周期都将进行相加运算。

(4) 上述三条说明同样适用于二进制浮点数减法、乘法和除法运算，后面将略去相应的说明。

5.12.6 FNC 121(ESUB)二进制浮点数减法指令

1. 指令功能

指令功能：实现二进制浮点数的减法运算。

操作数：源[S1·]和[S2·]的操作数均为 K、H、D；目标[D·]的操作数为 D。

2. 编程格式

ESUB 指令在程序应用中的格式如图 5.123 所示。

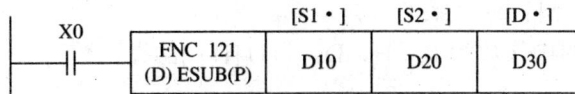

	[S1·]	[S2·]	[D·]
X0 FNC 121 (D) ESUB(P)	D10	D20	D30

图 5.123　ESUB 指令的格式

当输入信号 X0 接通(ON)时，将两个源地址的二进制浮点数相减，并将运算结果以二进制浮点数形式送入目标地址(D31，D30)中，即(D11，D10)-(D21，D20)→(D31，D30)。

5.12.7 FNC 122(EMUL)二进制浮点数乘法指令

1. 指令功能

指令功能：实现二进制浮点数的乘法运算。

操作数：源[S1·]和[S2·]的操作数均为 K、H、D；目标[D·]的操作数为 D。

2. 编程格式

EMUL 指令在程序应用中的格式如图 5.124 所示。

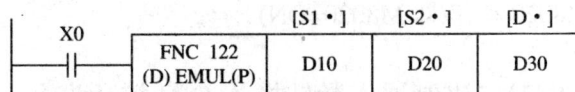

	[S1·]	[S2·]	[D·]
X0 FNC 122 (D) EMUL(P)	D10	D20	D30

图 5.124　EMUL 指令的格式

当输入信号 X0 接通(ON)时，将两个源地址的二进制浮点数相乘，并将运算结果以二进制浮点数的形式送入目标地址中，即(D11，D10)×(D21，D20)→(D31，D30)。

5.12.8 FNC 123(EDIV)二进制浮点数除法指令

1. 指令功能

指令功能：实现二进制浮点数的除法运算。

操作数：源[S1·]和[S2·]的操作数均为 K、H、D；目标[D·]的操作数为 D。

2. 编程格式

EDIV 指令在程序应用中的格式如图 5.125 所示。

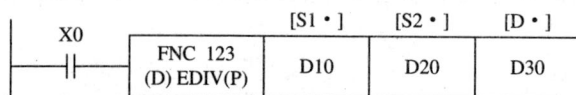

图 5.125 EDIV 指令的格式

当输入信号 X0 接通(ON)时，将两个源地址的二进制浮点数相除，并将运算结果以二进制浮点数的形式送入目标地址中，即(D11，D10)÷(D21，D20)→(D31，D30)。

5.12.9 FNC 127(ESQR)二进制浮点数开方指令

1. 指令功能

指令功能：实现二进制浮点数的开方运算。

操作数：源[S·]的操作数为 K、H、D；目标[D·]的操作数为 D。

2. 编程格式

ESQR 指令在程序应用中的格式如图 5.126 所示。

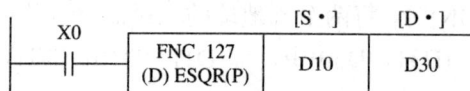

图 5.126 ESQR 指令的格式

当输入信号 X0 接通(ON)时，将源地址的二进制浮点数开平方根，并将运算结果以二进制浮点数形式送入目标地址中，即 $\sqrt{(D11, D10)} \rightarrow (D31，D30)$。

3. 指令使用说明

(1) [S·]和[D·]均为 32 位操作数。

(2) 当源数据为常数 K、H 时，自动转换为二进制浮点数进行运算。

(3) 源数据必须为正数才有效。若为负数，标志位 M8067 动作，指令不执行；如运算结果为 0，则零标志 M8020 动作(即 M8020=ON)。

5.12.10 FNC 129(INT)二进制浮点数转换为 BIN 整数指令

1. 指令功能

指令功能：将二进制浮点数格式的数据转换为二进制整数，并以 BIN 格式存入目标地址。

操作数：源[S·]和目标[D·]的操作数均为 D。

2. 编程格式

INT 指令在程序应用中的格式如图 5.127 所示。

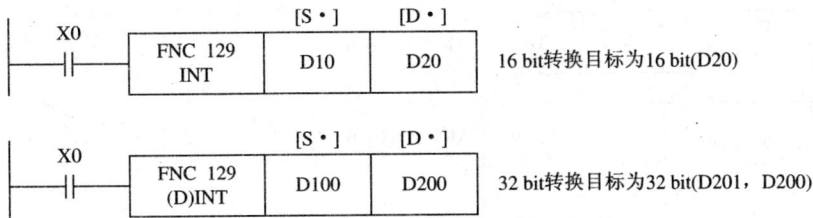

图 5.127　INT 指令的格式

当输入信号 X0 接通(ON)时，将 16 bit 的源地址(D10)二进制浮点数格式数据转换为二进制整数，并以 BIN 格式存入目标地址(D20)中；当输入信号 X10 接通(ON)时，将 32 bit 的源地址(D101，D100)二进制浮点数格式数据转换为二进制整数，并以 BIN 格式存入目标地址(D201，D200)中。

3. 指令使用说明

(1) [S·]和[D·]为 16/32 位操作数。

(2) 该指令为 FNC 49(FLT)指令的逆变换。

(3) 该指令操作影响标志位。当转换不满 1 而舍去时，借位标志 M8021 动作(即 M8021=ON)；当运算结果为 0 时，零标志 M8020 动作(即 M8020=ON)；当 16 位转换的数据超出范围(−32 768～+32 767)或 32 位转换的数据超出范围(−2 147 483 648～+2 147 483 647)时，进位标志 M8022 动作(即 M8022=ON)。

5.12.11　FNC 130(SIN)浮点数正弦函数指令

1. 指令功能

指令功能：计算源操作数指定地址中的二进制浮点数(角度)所对应的正弦函数值，并将运算结果以二进制浮点数的格式存入目标地址。

操作数：源[S·]和目标[D·]的操作数均为 D。

2. 编程格式

SIN 指令在程序应用中的格式如图 5.128 所示。

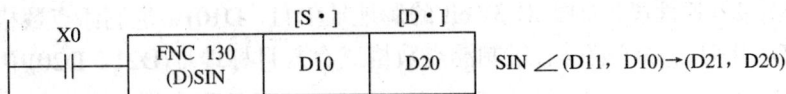

图 5.128　SIN 指令的格式

当输入信号 X0 接通(ON)时，对 32 bit 的源地址(D11，D10)二进制浮点数格式的数据做正弦函数计算，并把运算结果以二进制浮点数格式存入目标地址(D21，D20)中。

3. 指令使用说明

(1) [S·]和[D·]为 32 位操作数。

(2) 源操作数中的角度以弧度(0≤(S)≤2π)来表示，并且数据格式为二进制浮点数。如果角度为 0°～-360° 数值，必须变为弧度后才可以利用该指令进行计算，如图 5.129 所示(COS 和 TAN 指令与此相同)。

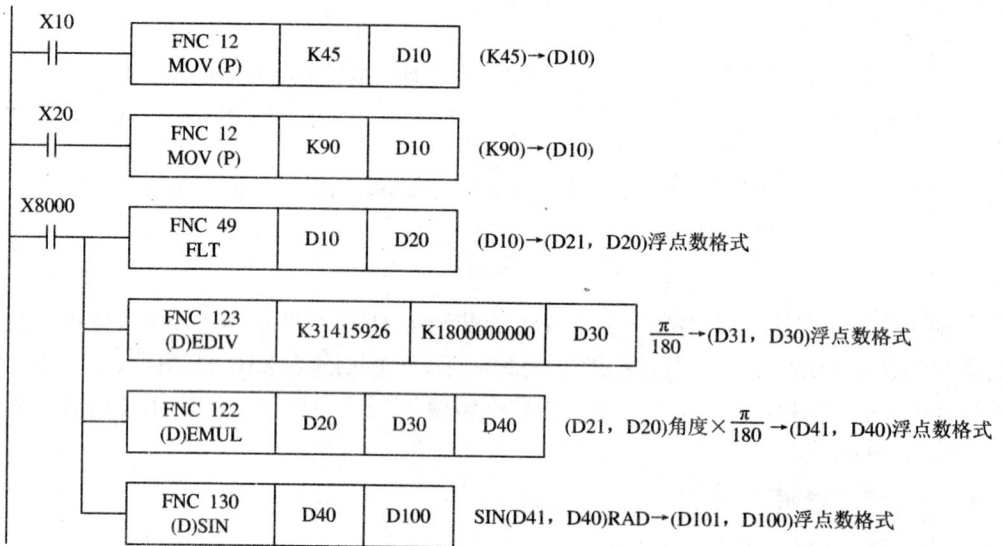

图 5.129　SIN 指令的应用

5.12.12　FNC 131(COS)浮点数余弦函数指令

1. 指令功能

指令功能：计算源操作数指定地址中的二进制浮点数(角度)所对应的余弦函数值，并将运算结果以二进制浮点数的格式存入目标地址。

操作数：源[S·]和目标[D·]的操作数均为 D。

2. 编程格式

COS 指令在程序应用中的格式如图 5.130 所示。

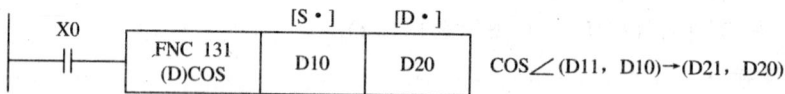

图 5.130　COS 指令的格式

当输入信号 X0 接通(ON)时，对 32 bit 的源地址(D11，D10)二进制浮点数格式的数据做余弦函数计算，并把运算结果以二进制浮点数格式存入目标地址(D21，D20)中。

5.12.13　FNC 132(TAN)浮点数正切函数指令

1. 指令功能

指令功能：计算源操作数指定地址中的二进制浮点数(角度)所对应的正切函数值，并将运算结果以二进制浮点数的格式存入目标地址。

· 164 ·

操作数：源[S·]和目标[D·]的操作数均为 D。

2．编程格式

TAN 指令在程序应用中的格式如图 5.131 所示。

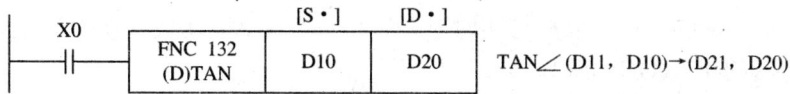

图 5.131　TAN 指令的格式

当输入信号 X0 接通(ON)时，对 32 bit 的源地址(D11，D10)二进制浮点数格式的数据做正切函数计算，并把运算结果以二进制浮点数格式存入目标地址(D21，D20)中。

5.13　位控制指令

点位控制指令只适用于 FX_{1S} 及 FX_{1N} 系列 PLC，目的是使这两个低成本系列的 PLC 不借助于其他扩展设备 (例如 1GM) 就可以实现简单的点位控制。本节对该类指令不再详述，需要时参阅有关资料。该类指令及功能如表 5.26 所示。

表 5.26　点位控制指令

FNC 代号	指 令 符 号	指 令 功 能
155	(D)ABS	ABS 当前值读取
156	ZRN	原点回归
157	PLSV	变速脉冲输出
158	DRVI	相对位置控制
159	DRVA	绝对位置控制

5.14　实时时钟处理指令

实时时钟处理指令是对 PLC 内置的实时时钟进行时间校准和时钟数据格式化处理，该类指令及功能如表 5.27 所示。

表 5.27　实时时钟处理指令

FNC 代号	指 令 符 号	指 令 功 能
160	TCMP	时钟数据比较
161	TZCP	时钟数据区间比较
162	TADD	时钟数据加法运算
163	TSUB	时钟数据减法运算
166	TRD	时钟数据读取
167	TWR	时钟数据写入
169	HOUR	计时表指令

5.14.1 FNC 160(TCMP)实时时钟数据比较

1. 指令功能

指令功能：将设定的时钟数据与实时时钟数据进行比较，比较的结果决定以[D·]开始的连续三个继电器的状态(ON/OFF)。

操作数：源数据[S1·]、[S2·]、[S3·]的操作数为 K、H、KnX、KnY、KnM、KnS、T、C、D、V/Z；[S·]的操作数为 T、C、D；[D·]的操作数为 Y、M、S。

2. 编程格式

TCMP 指令在程序应用中的格式如图 5.132 所示。

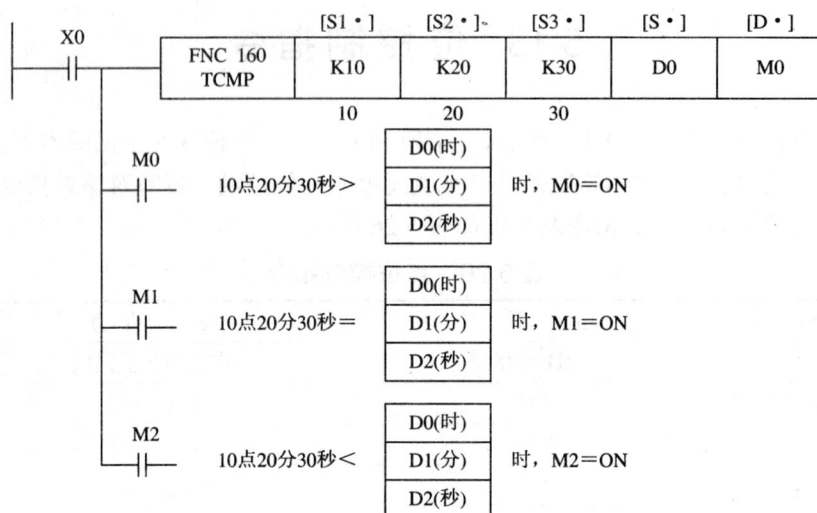

图 5.132　TCMP 指令的格式

当输入信号 X0 接通(ON)时，执行该指令。

3. 指令使用说明

(1) [S1·]、[S2·]、[S3·]分别存放设定的时、分、秒；[S1·]的设定值为 0～23；[S2·]的设定值为 0～59；[S3·]的设定值为 0～59。

(2) 存放实时时钟的时、分、秒的地址分别为[S·]、[S·]+1、[S·]+2。

5.14.2 FNC 161(TZCP)实时时钟数据区间比较指令

1. 指令功能

指令功能：将设定的时钟数据与两个指定的实时时钟数据进行比较，比较的结果决定以[D·]开始的连续三个继电器的状态(ON/OFF)。

操作数：源数据[S1·]、[S2·]、[S·]的操作数为 T、C、D；[D·]的操作数为 Y、M、S。

2. 编程格式

TZCP 指令在程序应用中的格式如图 5.133 所示。

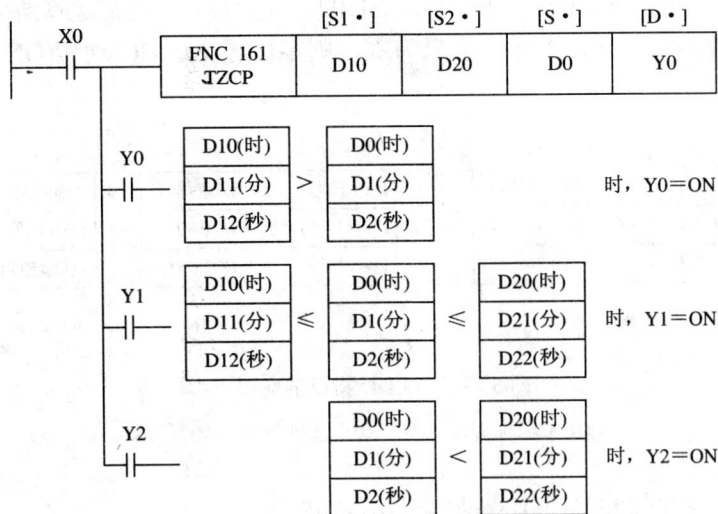

图 5.133　TZCP 指令的格式

当输入信号 X0 接通(ON)时，执行该指令。

3. 指令使用说明

(1) [S1·]、[S2·]、[S·]的连续 3 个地址分别存放两个指定实时时钟和设定时钟的时、分、秒；"时"的设定值为 0~23；"分"的设定值为 0~59；"秒"的设定值为 0~59。

(2) 指定的两个实时时钟必须[S1·]≤[S2·]。

(3) 在图 5.133 中，当 X0 断开(OFF)时，输出继电器 Y0、Y1、Y2 保持 X0 断开前的状态不变。

5.14.3　FNC 162(TADD)实时时钟加法运算指令

1. 指令功能

指令功能：实现时钟的加法运算。

操作数：源和目标的操作数均为 T、C、D。

2. 编程格式

TADD 指令在程序应用中的格式如图 5.134 所示。

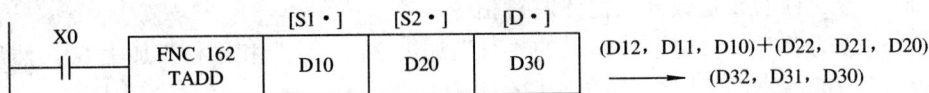

图 5.134　TADD 指令的格式

当输入信号 X0 接通(ON)时，执行该指令。

3. 指令使用说明

(1) 时、分、秒的设定数据同前述时钟指令。

(2) 时钟数据相加时，其进位应该是秒进分，分进时；分、秒为 60 进制，时为 24 进制。

(3) 当"时"运算超过 24 时，进位标志 M8022 动作(ON)，将把运算结果减去 24 后的余下数值作为运算结果保存；若运算结果为零，则零标志 M8020 动作(ON)，如图 5.135 所示。

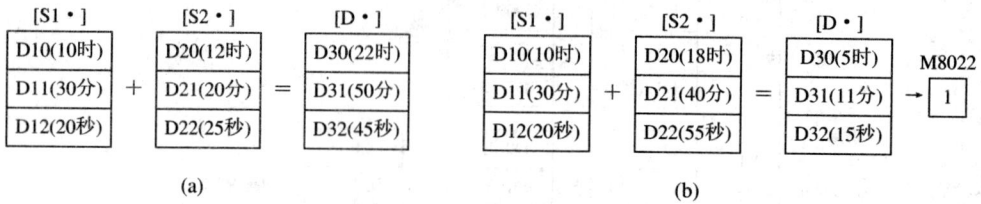

图 5.135　TADD 指令的应用

(a) 无进位加法运算；(b) 有进位加法运算

5.14.4　FNC 163(TSUB)实时时钟减法运算指令

1. 指令功能

指令功能：实现时钟的减法运算。

操作数：源和目标的操作数均为 T、C、D。

2. 编程格式

TSUB 指令在程序应用中的格式如图 5.136 所示。

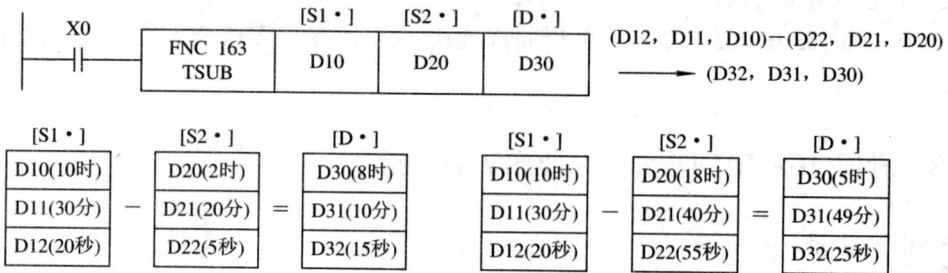

图 5.136　TSUB 指令的格式

当输入信号 X0 接通(ON)时，执行该指令。

3. 指令使用说明

(1) 时、分、秒的设定数据同前述时钟指令。

(2) 当运算为负时，将把运算结果的"时"加上 24，"分"和"秒"加上 60，然后将所得出的数值作为运算结果保存，如图 5.136 所示。

5.14.5　FNC 166(TRD)实时时钟数据读取指令

1. 指令功能

指令功能：将 PLC 的实时时钟数据读取后存入目标寄存器。

操作数：目标的操作数为 D。

2. 编程格式

TRD 指令在程序应用中的格式如图 5.137 所示。

元件	项目	时钟数据	元件	项目
D8018	年(公历)	00～99年(公历后两位)	D30	年(公历)
D8017	月	1～12	D31	月
D8016	日	1～31	D32	日
D8015	时	0～23	D33	时
D8014	分	0～59	D34	分
D8013	秒	0～59	D35	秒
D8019	星期	0(星期天)～6(星期六)	D36	星期

（左侧标注：特殊数据寄存器实用时钟用）

图 5.137 TRD 指令的格式

当输入信号 X0 接通(ON)时，执行该指令。

3. 指令使用说明

(1) 时钟数据占用 7 个地址，分别存放年、月、日、时、分、秒、星期等七个参数。

(2) 特殊数据寄存器 D8013～D8019 专门存放时钟参数，具有断电保持功能。

5.14.6 FNC 167(TWR)实时时钟数据写入指令

1. 指令功能

指令功能：将有关时钟数据写入存放 PLC 的实时时钟数据的特殊数据寄存器。

操作数：源操作数为 D，无目标操作数。

2. 编程格式

TWR 指令在程序应用中的格式如图 5.138 所示。

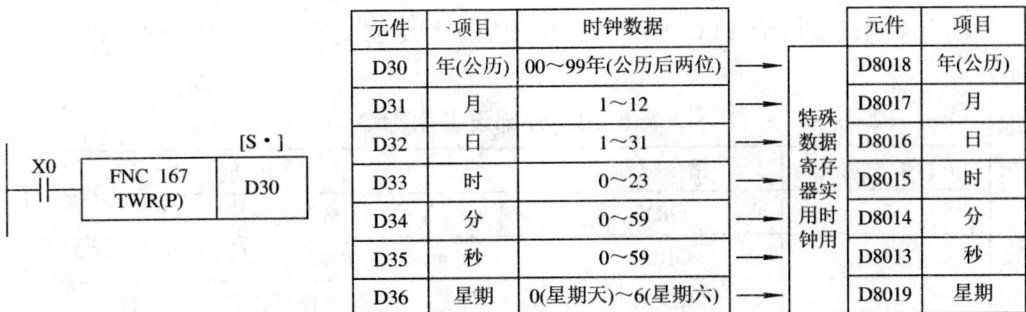

元件	项目	时钟数据	元件	项目
D30	年(公历)	00～99年(公历后两位)	D8018	年(公历)
D31	月	1～12	D8017	月
D32	日	1～31	D8016	日
D33	时	0～23	D8015	时
D34	分	0～59	D8014	分
D35	秒	0～59	D8013	秒
D36	星期	0(星期天)～6(星期六)	D8019	星期

（右侧标注：特殊数据寄存器实用时钟用）

图 5.138 TWR 指令的格式

当输入信号 X0 接通(ON)时，执行该指令。

3. 指令使用说明

(1) 时钟数据占用 7 个地址，分别存放年、月、日、时、分、秒、星期等七个参数。

(2) 特殊数据寄存器 D8013～D8019 专门存放时钟参数，具有断电保持功能。

5.14.7 FNC 169(HOUR)计时表指令

1. 指令功能

指令功能：以小时为单位进行加法运算(计时)。

操作数：源[S·]操作数为 K、H、KnX、KnY、KnM、KnS、T、C、D、V、Z；[D1·]的操作数为 D(具有断电保持功能)；[D2·]的操作数为 Y、M、S。

2. 编程格式

HOUR 指令在程序应用中的格式如图 5.139 所示。

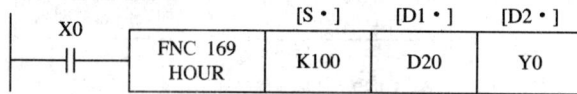

图 5.139　HOUR 指令的格式

当输入信号 X0 接通(ON)时，执行该指令。当[D1·]中为 100 小时+1 秒时，[D2·]动作(Y0=1)。

3. 指令使用说明

(1) 当 HOUR 指令为 16 位操作数时，[S·]的设定值是使[D2·]变 ON 的时间，以小时为单位；[D1·]是以小时为单位的累计时间当前值，[D1·]+1 为不满一小时的当前值，单位为秒；[D2·]为输出报警地址。

(2) 当 HOUR 指令为 32 位操作数时，则用(D)HOUR 指令，指定的数据运算为 32 位运算。[S·]的设定值是使[D2·]变 ON 的时间，以小时为单位；[D1·]和[D1·]+1 是以小时为单位的累计时间当前值，[D1·]+2 为不满一小时的当前值，单位为秒；[D2·]为输出报警地址。

5.15　外部设备用指令

外部设备用指令用于 PLC 跟外部特殊模块进行数据交换。该类指令及功能如表 5.28 所示。

表 5.28　外部设备用指令

FNC 代号	指令符号	指 令 功 能
170	GRY	格雷码转换
171	GBIN	格雷码逆转换
176	RD3A	模拟量模块数据读取
177	WR3A	模拟量模块数据写入

5.15.1 FNC 170(GRY)格雷码转换指令

1. 指令功能

指令功能：将二进制数据转换为格雷码并送入目标地址。

操作数：源[S·]操作数为 K、H、KnX、KnY、KnM、KnS、T、C、D、V、Z；[D·]的操作数为 KnY、KnM、KnS、T、C、D、V、Z。

2．编程格式

GRY 指令在程序应用中的格式如图 5.140 所示。

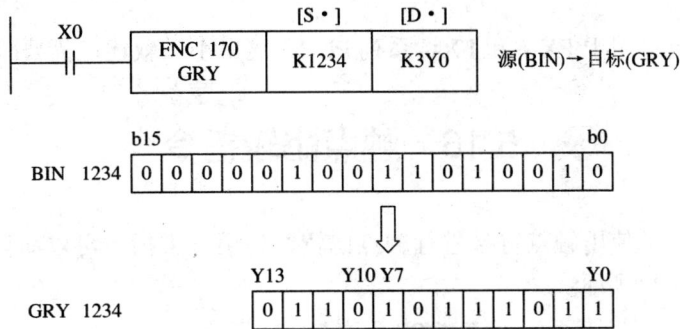

图 5.140　GRY 指令的格式

当输入信号 X0 接通(ON)时，执行该指令。

3．指令使用说明

(1) [S·]的范围：16 位操作时为 0～32 767；32 位操作时为 0～2 147 483 647。

(2) 32 位操作时注意使用(D)GRY 指令。

5.15.2　FNC 171(GBIN)格雷码逆转换指令

1．指令功能

指令功能：将格雷码转换为二进制数据并送入目标地址。

操作数：源[S·]操作数为 K、H、KnX、KnY、KnM、KnS、T、C、D、V、Z；[D·]的操作数为 KnY、KnM、KnS、T、C、D、V、Z。

2．编程格式

GBIN 指令在程序应用中的格式如图 5.141 所示。

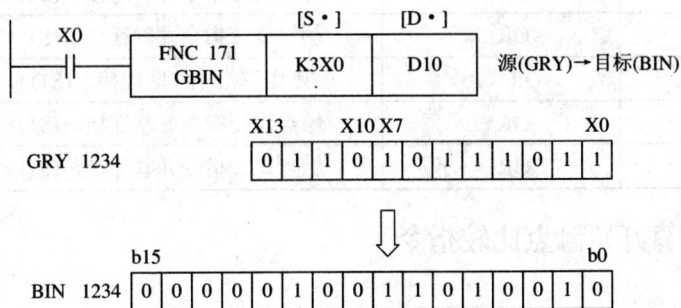

图 5.141　GBIN 指令的格式

当输入信号 X0 接通(ON)时，执行该指令。

3. 指令使用说明

(1) [S·]的范围: 16 位操作时为 0~32 767; 32 位操作时为 0~2 147 483 647。

(2) 32 位操作时注意使用(D)GBIN 指令。

5.15.3 FNC 176(RD3A)/ FNC 177(WR3A)模拟量模块数据读取/写入指令

这两条指令仅适用于 FX$_{1N}$ 和 FX$_{0N}$ 系列 PLC,这里不做叙述,需要时查阅相关资料。

5.16　触点比较指令

触点比较指令是使用触点符号进行触点比较,使用该类指令可以简化程序结构。该类指令及功能如表 5.29 所示。

表 5.29　触点比较指令

FNC 代号	指令符号	指 令 功 能
224	LD=	触点比较指令运算开始,(S1)=(S2)时导通
225	LD>	触点比较指令运算开始,(S1)>(S2)时导通
226	LD <	触点比较指令运算开始,(S1)<(S2)时导通
228	LD<>	触点比较指令运算开始,(S1)<>(S2)时导通
229	LD≤	触点比较指令运算开始,(S1)≤(S2)时导通
230	LD≥	触点比较指令运算开始,(S1)≥(S2)时导通
232	AND=	触点比较指令串联连接,(S1)=(S2)时导通
233	AND>	触点比较指令串联连接,(S1)>(S2)时导通
234	AND<	触点比较指令串联连接,(S1)<(S2)时导通
236	AND<>	触点比较指令串联连接,(S1)<>(S2)时导通
237	AND≤	触点比较指令串联连接,(S1)≤(S2)时导通
238	AND≥	触点比较指令串联连接,(S1)≥(S2)时导通
240	OR=	触点比较指令并联连接,(S1)=(S2)时导通
241	OR>	触点比较指令并联连接,(S1)>(S2)时导通
242	OR<	触点比较指令并联连接,(S1)<(S2)时导通
244	OR<>	触点比较指令并联连接,(S1)<>(S2)时导通
245	OR≤	触点比较指令并联连接,(S1)≤(S2)时导通
246	OR≥	触点比较指令并联连接,(S1)≥(S2)时导通

5.16.1　LD 运算开始触点比较指令

1. 指令功能

指令功能: 当满足指令要求条件时导通。

操作数: 源和目标操作数均为 K、H、KnX、KnY、KnM、KnS、T、C、D、V、Z。

2．编程格式

LD＝、LD＞、LD≤指令在程序应用中的格式如图 5.142 所示。

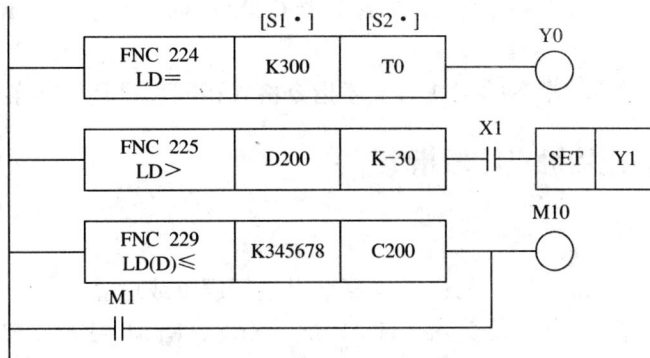

图 5.142　运算开始指令的格式

当定时器 T0 的当前值等于 K300 时，输出继电器 Y0 接通(ON)；当 D200 的数值大于 −30，且输入信号 X1 为 ON 时，输出继电器 Y1 被置位(ON)；当计数器 C200 的当前值小于 等于 K345678 或者辅助继电器 M1 为 ON 时，辅助继电器 M10 接通(ON)。

运算开始类的其他触点比较指令的格式与上述指令格式相同，只是导通条件不同。

3．指令使用说明

(1) 运算开始指令是连续操作指令，操作数可以是 16 位也可以是 32 位。当 32 位计数 器参与比较时，必须使用 32 位操作指令。

(2) 当源数据最高位(16 位数据的 b15，32 位数据的 b31)为 1 时，该数值作为负数进行 比较。

(3) 串联连接触点比较指令和并联连接触点比较指令的使用同上。

5.16.2　AND 串联连接触点比较指令

1．指令功能

指令功能：将比较的结果与前面的运算结果进行逻辑与运算。

操作数：源和目标操作数均为 K、H、KnX、KnY、KnM、KnS、T、C、D、V、Z。

2．编程格式

AND＝、AND＞、AND≤指令在程序应用中的格式如图 5.143 所示。

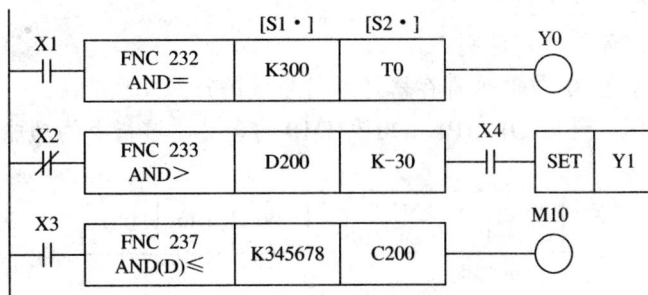

图 5.143　串联比较指令的格式

在输入信号 X1 接通后,当定时器 T0 的当前值等于 K300 时,输出继电器 Y0 接通(ON);在输入信号 X2 闭合后,当 D200 的数值大于−30 且输入信号 X4 为 ON 时,输出继电器 Y1 被置位(ON);在输入信号 X3 接通后,当计数器 C200 的内容小于等于 K345678 时,辅助继电器 M10 接通(ON)。

该类的其他触点比较指令的格式与上述指令格式相同,只是导通条件不同。

5.16.3　OR 并联连接触点比较指令

1. 指令功能

指令功能:将比较的结果与前面的运算结果进行逻辑或运算。

操作数:源和目标操作数均为 K、H、KnX、KnY、KnM、KnS、T、C、D、V、Z。

2. 编程格式

OR＝、OR≥指令在程序应用中的格式如图 5.144 所示。

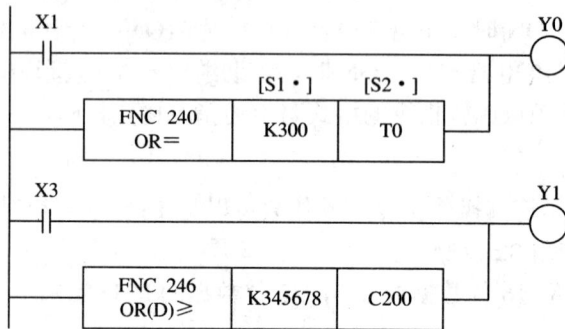

图 5.144　并联比较指令的格式

当输入信号 X1 接通或者定时器 T0 的当前值等于 K300 时,输出继电器 Y0 接通(ON);当输入信号 X3 接通或者计数器 C200 的内容大于等于 K345678 时,输出继电器 Y1 接通(ON)。

该类的其他触点比较指令的格式与上述指令格式相同,只是导通条件不同。

习　　题

5.1　功能指令分为几大类?

5.2　位元件和字元件有何区别?

5.3　功能指令中的 32 位数据寄存器是如何组成的?

5.4　试根据下图,说出(D)、(P)、D0 和 D10 的含义,该指令的功能是什么?

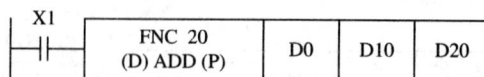

题 5.4 图

5.5　编制两数相减并求其绝对值的运算程序。

5.6 现有 16 盏彩灯均分为两组，要求两组彩灯每间隔 1 分钟交替点亮，试用功能指令编程实现。

5.7 在下图中，已知(D0)=01010011，(D1)=00110101，当 X0 由 OFF→ON 时，(D2)、(D3)、(D4)的结果各是多少？

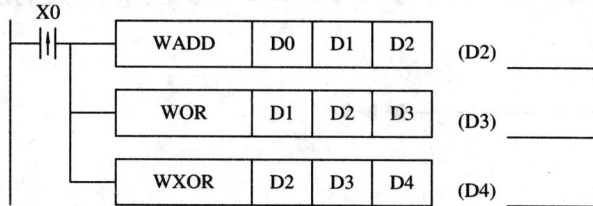

题 5.7 图

5.8 某定位及减速控制装置在精确定位控制切刀下降将材料切断，工作要求如下：

(1) 多齿凸轮与控制电机同轴转动，由接近开关检测凸齿产生的脉冲信号；

(2) 电机转至脉冲数为 4900 时开始减速，5000 时停止；

(3) 当脉冲信号达到 5000 时，切刀下降切断材料。

根据上述要求，设计控制装置的梯形图和指令表。

第6章 FX₂ₙ系列 PLC 的特殊功能模块

可编程序控制器在工业现场的应用范围极广，控制对象随着系统的变化也具有多样性。为了便于直接处理特殊问题，PLC 生产厂家开发出了各种类型的特殊模块。FX₂ₙ 系列 PLC 的特殊功能模块大致分为模拟量输入/输出模块、高速计数模块、PID 过程控制调节模块、运动控制模块和通信接口模块等。

6.1 模拟量输入模块 FX₂ₙ-4AD

6.1.1 FX₂ₙ-4AD 的特点及性能指标

1. FX₂ₙ-4AD 特点

(1) 提供 12 位高精度分辨率(包括符号)。

(2) 4 通道电压输入(-10~10 V 直流)或电流输入(4~20 mA 或-20~20 mA 直流)。

(3) 对每个通道可以规定电压输入或电流输入。

2. FX₂ₙ-4AD 性能指标

模拟量输入模块 FX₂ₙ-4AD 的外接电源电压为 24±2.4 V，电流为 55 mA，其他相关性能参数如表 6.1 所示。

表 6.1 FX₂ₙ-4AD 主要性能指标

性能项目	电压输入	电流输入
	输入信号分为电压输入或电流输入，使用端子有所不同	
模拟量输入范围	-10~10 V 直流(输入电阻 200 kΩ) 最大绝对量程为 ±15 V	-20~20 mA 直流(输入电阻 200 kΩ) 最大绝对量程为 ±32 mA
数字输出	带符号位的 12 位二进制数字(有效位为 11 位)，最大值为 2047，最小值为-2048	
分辨率	5 mV(10 V 默认范围：1/2000)	20 μA(20 mA 默认范围：1/1000)
总体精度	±1%(-10~10 V 的范围)	±1%(-20~20 mA 的范围)
转换速度	15 ms/通道(标准速度)；6 ms/通道(高速)	
占有 I/O 点数	该模块占用 8 个输入或输出点(输入输出均可)	
隔离	在模拟量与数字量之间采用光电隔离；直流/直流变压器隔离主单元电源；模拟量通道之间无隔离	

6.1.2 FX₂N-4AD 的接线方式

模拟量输入模块 FX$_{2N}$-4AD 采用扩展电缆与 PLC 主机相连。四个通道与外界的连接是根据输入信号的类型确定的，如图 6.1 所示。

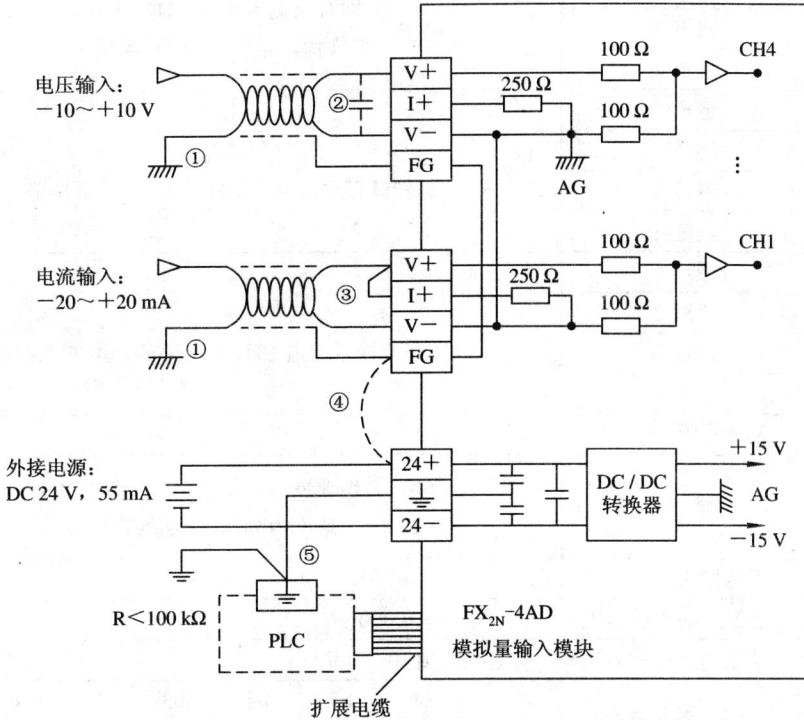

图 6.1　FX$_{2N}$-4AD 的接线图

图中标注的说明如下：

① 外部模拟量输入通过双绞屏蔽线与 FX$_{2N}$-4AD 的各个通道相连接。

② 输入电压有波动或者有外部电气电磁干扰影响时，可在模块的输入端口加上平滑电容(0.1～0.47 μF/25 V)。

③ 外部输入信号为电流信号时，必须将 V+ 和 I+ 短接。

④ 如有过多的干扰存在，应将机壳的地 FG 端和 FX$_{2N}$-4AD 的接地端相连。

⑤ 尽可能将 FX$_{2N}$-4AD 与主单元 PLC 的地连接起来。

6.1.3 缓冲寄存器(BFM)分配及使用说明

可编程序控制器主单元与输入模块 FX$_{2N}$-4AD 之间的数据通信是通过 FROM 和 TO 指令来实现的。FROM 指令是主单元从 FX$_{2N}$-4AD 读取数据的指令，TO 指令是主单元将数据写入 FX$_{2N}$-4AD 的指令。实际上读/写操作都是对 FX$_{2N}$-4AD 的缓冲寄存器(BFM)进行的操作。

1. FX₂N-4AD 的 BFM 分配

缓冲寄存器(BFM)由 32 个 16 位的寄存器组成，编号为 BFM#0～#31，BFM 分配如表 6.2 所示。

表 6.2 FX$_{2N}$-4AD 的 BFM 分配表

BFM		内　　容								
W	*#0	通道初始化，缺省设定值=H0000								
	*#1	通道 1	平均值取样次数，缺省值=8 分别对应输入通道 CH1～CH4 采样值设定范围为 1～4096							
	*#2	通道 2								
	*#3	通道 3								
	*#4	通道 4								
	#5	通道 1	平均值 分别储存输入通道 CH1～CH4 的平均值							
	#6	通道 2								
	#7	通道 3								
	#8	通道 4								
	#9	通道 1	当前值 分别存放输入通道 CH1～CH4 的读取的当前值							
	#10	通道 2								
	#11	通道 3								
	#12	通道 4								
	#13～#14	不能使用								
	#15	A/D 转换速度设定	如设定为 0，转换速度为正常速度(15 ms/通道)(缺省设置) 如设定为 1，转换速度为高速(6 ms/通道)							
	#16～#19	不能使用								
W	*#20	复位为缺省设定值，缺省设定值=H0000								
	*#21	禁止偏移和增益调整，缺省设定值=0，1(允许)								
	*#22	偏移、增益调整	b7	b6	b5	b4	b3	b2	b1	b0
			G4	O4	G3	O3	G2	O2	G1	O1
	*#23	偏移值，缺省设置=0								
	*#24	增益值，缺省设置=5000								
	#25～#28	不能使用								
	#29	出错信息								
	#30	识别码 K2010								
	#31	不能使用								

　　表中标有"W"的缓冲寄存器中的数据可由 PLC 通过 TO 指令改写，改写这些寄存器中的数据就可以改变 FX$_{2N}$-4AD 的运行参数，调整其输入方式、输入增益和偏移等。不带"*"号的缓冲寄存器中的数据可由 PLC 通过 FROM 指令读取。在指定的模拟输入模块读取数据前应先将设定值写入，否则按缺省设置执行。

　　2. BFM 各寄存器的使用说明

　　1) 输入通道选择

　　在 BFM#0 中写入十六进制 4 位数字 H××××进行 A/D 模块通道的初始化，最低位数字控制 CH1，最高位数字控制 CH4，数字的意义如下：

　　×=0：设定输入范围为-10～10 V；

　　×=1：设定输入范围为 4～20 mA；

×=2：设定输入范围为-20～20 mA；

×=3：关闭该通道。

2) 模拟量到数字量的转换速度设置

由 BFM#15 设定 A/D 转换速度，如表 6.2 中所示。当设定为高速转换时，应尽量少用 FROM 和 TO 指令。

3) 调整偏移值和增益值

(1) 当 BFM#20 设置为 1 时，FX$_{2N}$-4AD 模块所有设置被复位而变为缺省值。

(2) 当 BFM#21 的(b1，b0)设置为(1，0)时，偏移值和增益值被保护。所以要设定偏移和增益时，必须将(b1，b0)设置为(1，0)，缺省值为(0，1)。

(3) 在 BFM#23 和 BFM#24 内设定偏移值和增益值，并被送到指定的输入通道的偏移和增益寄存器中。需要调整的输入通道由 BFM#22 的 G—O(增益—偏移)位的状态来设定。如 BFM#22 的 G1、O1 置 1，其他置 0，则将 BFM#23 和 BFM#24 设定偏移值和增益值送入输入通道 1 的偏移和增益寄存器，其他通道按缺省设定值处理。各通道的偏移和增益值可统一调整也可单独调整。

(4) BFM#23 和 BFM#24 中设定偏移值和增益值的单位分别是 mV 和 μA。由表6.1可知，FX$_{2N}$-4AD 电压输入和电流输入的分辨率分别为 5 mV 和 20 μA，因此实际相应的最小单位为 5 mV 或 20 μA。

(5) 偏移值和增益值的定义：偏移是校正线的位置，由数字 0 标识；增益决定了校正线的角度(斜率)，由数字 1000 标识，如图 6.2 所示。

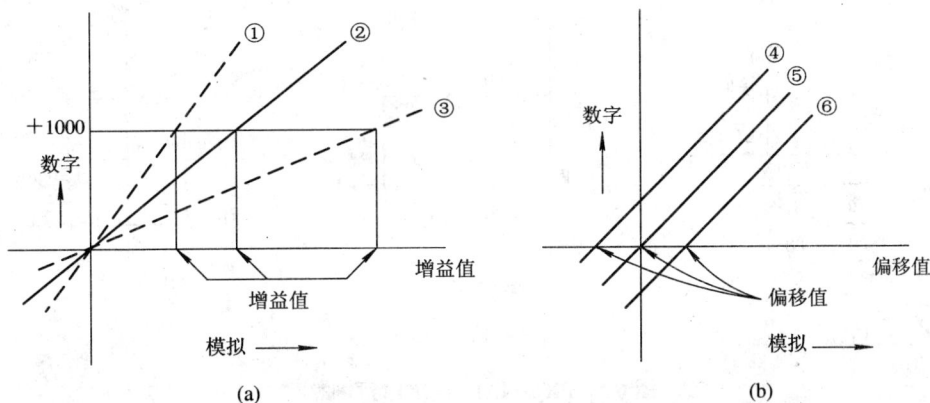

① 小增益，读取数字值间隔大。　④ 负偏移。
② 零增益，缺省为5 V 或 20 mA。　⑤ 零偏移，缺省为 0 V 或 4 mA。
③ 大增益，读取数字值间隔小。　⑥ 正偏移。

图 6.2　偏移和增益的定义

(a) 增益；(b) 偏移

偏移和增益可以同时或单独设置，偏移的设置范围为-5～+5 V 或-20～+20 mA；增益的设置范围为 1～15 V 或 4～32 mA。

4) BFM#29 状态位信息说明

BFM#29 中各位的状态是 FX$_{2N}$-4AD 运行正常与否的信息，见表 6.3 所示。

表 6.3　BFM#29 各位的状态信息

BFM#29 的位元件	ON	OFF
b0：错误	b1~b3 中任何一个为 ON，则 b0 为 ON；如果 b2~b4 任何一个为 ON，则所有通道的 A/D 转换停止	无错误
b1：偏移/增益错误	偏移值和增益值调整错误	偏移值和增益值正常
b2：电源故障	24 V DC 错误	电源正常
b3：硬件错误	A/D 或其他器件错误	硬件正常
b10：数字范围错误	数字输出值小于−2048 或者大于+2047	数字输出正常
b11：平均取样错误	数字平均采样值大于 4096 或者小于 0(使用 8 位缺省值设定)	平均值正常(1~4096)
b12：偏移/增益调整禁止	禁止调整：BFM#21 缓冲器的(b1，b0)设置为(1，0)	允许调整：BFM#21 缓冲器的(b1，b0)设置为(0，1)

5) 识别码

可以使用 FROM 指令读出特殊功能模块的识别号(或 ID)。FX$_{2N}$-4AD 的识别号为 K2010。

6.1.4　FX$_{2N}$-4AD 的 I/O 特性曲线

FX$_{2N}$-4AD 的 I/O 特性曲线如图 6.3 所示。

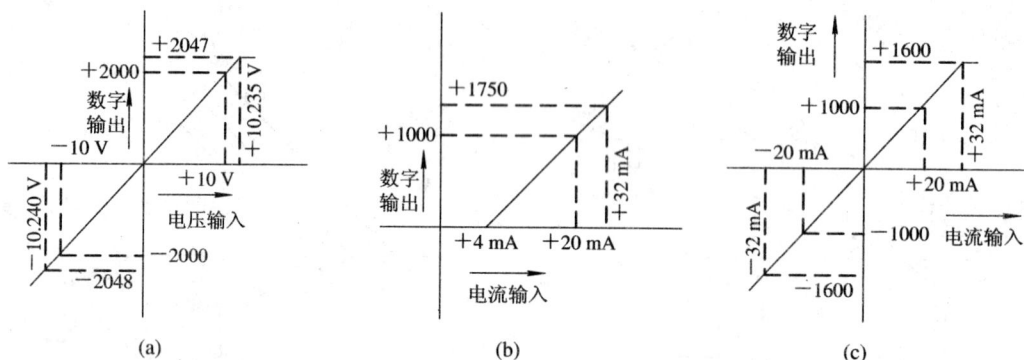

图 6.3　FX$_{2N}$-4AD 的 I/O 特性曲线

(a) 预设 0(−10~+10 V)；(b) 预设 1(+4~+20 mA)；(c) 预设 2(−20~+20 mA)

通过 BFM#0 的设置选择图 6.3 所示的三种特性之一，必须注意对所选择的输入方式进行正确接线。

6.1.5　FX$_{2N}$-4AD 应用及编程

1．基本编程

现有 FX$_{2N}$-4AD 模拟量输入模块直接与基本单元连接，仅开通 CH1 和 CH2 通道作为电压量输入通道；计算平均值的取样次数为 4 次；PLC 的数据寄存器 D0 和 D1 分别接收 CH1 和 CH2 通道输入量的平均值数字量。应用程序如图 6.4 所示。

M8002
├┤├──────────────┬──── | FROM | K0 | K30 | D4 | K1 |　　输入模块FX$_{2N}$-4AD在0号位置，BFM#30中的识别读取到D4
初始
脉冲　　　　　　　└──── | CMP | K2010 | D4 | M0 |　　若识别码为2010(即为FX$_{2N}$-4AD)，则M1=1

M1
├┤├──────────────┬──── | TO(P) | K0 | K0 | K3300 | K1 |　　将H3300送入BFM#0(通道初始化)，CH1、CH2为电压输入，CH3、CH4关闭

　　　　　　　　　├──── | TO(P) | K0 | K1 | K4 | K2 |　　在BFM#1、BFM#2中设定CH1、CH2，计算平均值的取样次数为4

　　　　　　　　　├──── | FROM | K0 | K29 | K4M10 | K1 |　　将BFM#29的状态信息分别读取并送到M25～M10(16位)中

　　M10　　M20
　　─┤/├──┤/├──── | FROM | K0 | K5 | D0 | K2 |　　若无错，则将BFM#5、BFM#6中的内容传送到PLC的数据寄存器D0、D1中
　　无错　　数字输
　　　　　　出正常

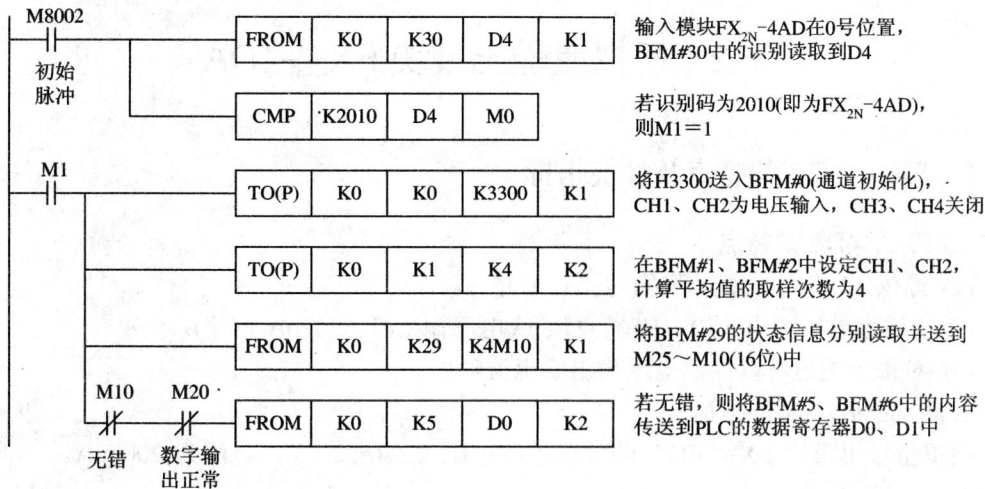

图 6.4　FX$_{2N}$-4AD 基本应用程序

2. 偏移/增益值调整程序

采用 PLC 的软件程序，改变 FX$_{2N}$-4AD 的偏移/增益值，程序如图 6.5 所示。

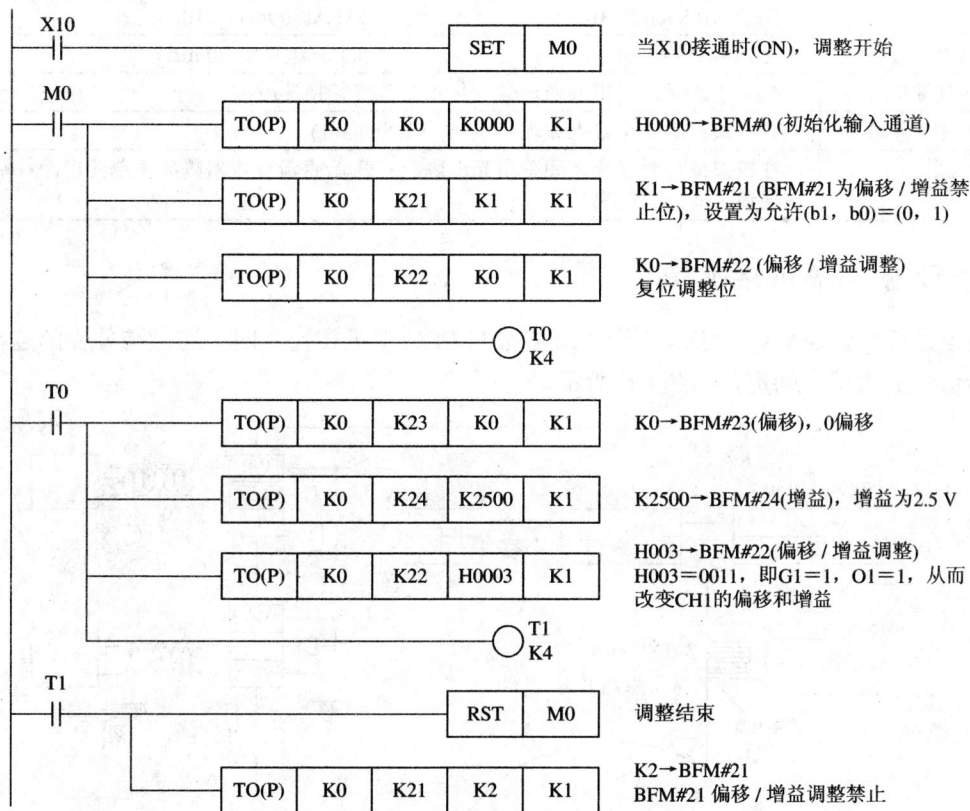

X10
├┤├──────────────────── | SET | M0 |　　当X10接通时(ON)，调整开始

M0
├┤├──────────────┬──── | TO(P) | K0 | K0 | K0000 | K1 |　　H0000→BFM#0 (初始化输入通道)

　　　　　　　　　├──── | TO(P) | K0 | K21 | K1 | K1 |　　K1→BFM#21 (BFM#21为偏移/增益禁止位)，设置为允许(b1, b0)=(0, 1)

　　　　　　　　　├──── | TO(P) | K0 | K22 | K0 | K1 |　　K0→BFM#22 (偏移/增益调整)复位调整位

　　　　　　　　　└──── (T0) K4

T0
├┤├──────────────┬──── | TO(P) | K0 | K23 | K0 | K1 |　　K0→BFM#23(偏移)，0偏移

　　　　　　　　　├──── | TO(P) | K0 | K24 | K2500 | K1 |　　K2500→BFM#24(增益)，增益为2.5 V

　　　　　　　　　├──── | TO(P) | K0 | K22 | H0003 | K1 |　　H003→BFM#22(偏移/增益调整) H003＝0011，即G1＝1，O1＝1，从而改变CH1的偏移和增益

　　　　　　　　　└──── (T1) K4

T1
├┤├──────────────┬──── | RST | M0 |　　调整结束

　　　　　　　　　└──── | TO(P) | K0 | K21 | K2 | K1 |　　K2→BFM#21 BFM#21 偏移/增益调整禁止

图 6.5　偏移值/增益值调整程序

6.2 模拟量输出模块 FX₂N-4DA

6.2.1 FX₂N-4DA 的特点及性能指标

1. FX₂N-4DA 的特点
(1) 提供 12 位高精度分辨率(包括符号)。
(2) 4 通道电压输出(-10~10 V 直流)或电流输出(0~20 mA 直流)。
(3) 对每个通道可以规定电压输出或电流输出。

2. FX₂N-4DA 性能指标

模拟量输出模块 FX₂N-4DA 的外接电源电压为 24±2.4 V，电流为 200 mA。其他相关性能参数如表 6.4 所示。

表 6.4   FX₂N-4DA 主要性能指标

性能项目	电 压 输 出	电 流 输 出
模拟量输出范围	DC：-10~10V(外接负载阻抗 2 kΩ~1 MΩ)	DC：0~20 mA(外接负载阻抗 500 Ω)
数字输入	带符号位的 12 位二进制数字(有效位为 11 位)	
分辨率	5 mV(10 V×1/2000)	20 μA(20 mA×1/1000)
总体精度	±1%(满量程 10 V)	±1%(满量程 20 mA)
转换速度	4 通道 2.1 ms(使用的通道数变化不会改变转换速度)	
占有 I/O 点数	该模块占用 8 个输入或输出点(输入输出均可)	
隔离	在模拟量与数字量之间采用光电隔离；直流/直流变压器隔离主单元电源；模拟量通道之间没有隔离	

6.2.2 FX₂N-4DA 的接线方式

模拟量输出模块 FX₂N-4DA 采用扩展电缆与 PLC 主机相连。四个通道与外界的连接根据输出信号的类型来确定，如图 6.6 所示。

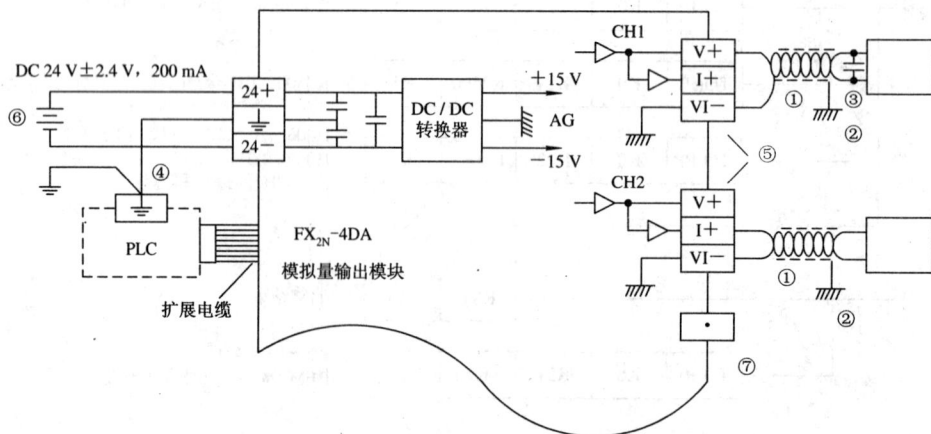

图 6.6   FX₂N-4DA 的接线图

图中标注的说明如下：

① FX$_{2N}$-4DA 的各个通道通过双绞线屏蔽电缆与外部设备相连接，应远离干扰源。

② 在输出电缆的负载端使用单点接地。

③ 如有噪音或干扰影响时，可加上平滑电容(0.1～0.47 μF/25 V)。

④ FX$_{2N}$-4DA 与 PLC 主机的地连接起来。

⑤ 电压输出端或电流输出端，若短接的话，可能会损坏 FX$_{2N}$-4DA。

⑥ 24 V 电源，电流 200 mA，外接或用 PLC 的 24 V 电源。

⑦ 对于不使用的端子，有 ⬚·⬚ 标记的，不要和任何单元相连接。

6.2.3　缓冲寄存器(BFM)分配及使用说明

可编程序控制器主单元与输出模块 FX$_{2N}$-4DA 之间的数据通信是通过 FROM 和 TO 指令来实现的。FROM 指令是主单元从 FX$_{2N}$-4DA 读取数据的指令，TO 指令是主单元将数据写入 FX$_{2N}$-4DA 的指令。实际上读/写操作都是对 FX$_{2N}$-4DA 的缓冲寄存器(BFM)的操作。

1. FX$_{2N}$-4DA 的 BFM 分配

缓冲寄存器(BFM)由 32 个 16 位的寄存器组成，编号为 BFM#0～#31，BFM 分配如表6.5 所示。

表6.5　FX$_{2N}$-4DA 的 BFM 分配表

BFM		内　　　　　容	
W	#0	输出模式选择，出厂设定为 H0000	
	#1	输出通道 1～4 的数据	
	#2		
	#3		
	#4		
	#5(E)	输出数据保持模式，出厂设定为 H0000	
#6、#7		不能使用	
W	#8(E)	CH1、CH2 的偏移/增益设定命令，初始值为 H0000	
	#9(E)	CH3、CH4 的偏移/增益设定命令，初始值为 H0000	
	#10	偏移数据 CH1	单位：mV(或者 μA)　初始偏移值：0；输出　初始增益值：+5000；模式 0
	#11	增益数据 CH1	
	#12	偏移数据 CH2	
	#13	增益数据 CH2	
	#14	偏移数据 CH3	
	#15	增益数据 CH3	
	#16	偏移数据 CH4	
	#17	增益数据 CH4	
#18、#19		不能使用	
W	#20(E)	初始化，初始值=0	
	#21(E)	禁止调整 I/O 特性(初始值：1)	
#22～#28		不能使用	
	#29	错误状态	
	#30	K3020 识别码	
	#31	不能使用	

表中标有"W"的缓冲寄存器中的数据可由 PLC 通过 TO 指令写入，标有"E"的缓冲寄存器中的数据可以写入 EEPROM，当电源关闭时可以保持缓冲寄存器中的数据。

2. BFM 的各寄存器使用说明

1) 输出模式选择

在 BFM#0 中写入十六进制 4 位数字 H×××× 进行 D/A 模块通道的初始化，最低位数字控制 CH1，最高位数字控制 CH4，数字的意义如下：

×=0：设置电压输出模式(-10～+10 V)；

×=1：设置电流输出模式(+4～+20 mA)；

×=2：设置电流输出模式(0～+20 mA)。

2) 输出数据通道

BFM#1～BFM#4 存放输出的数据。BFM#1～BFM#4 分别对应 CH1～CH4，初始值均为零。

3) 输出数据保持模式

BFM#5 决定输出数据保持模式。当 BFM#5=H0000 时，PLC 从 RUN 状态变为 STOP 状态时，其运行数据被保持；若要复位并使其成为偏移值，则需在 BFM#5 中写入 1。

4) 偏移/增益设定命令

BFM#8、BFM#9 为偏移/增益设定命令，改变 BFM#8、BFM#9 的设置就可以改变偏移/增益值。

例如：BFM#8　　　　　　　　　　BFM#9

H $\underline{\times}$　$\underline{\times}$　$\underline{\times}$　$\underline{\times}$　　　H $\underline{\times}$　　$\underline{\times}$　　$\underline{\times}$　　$\underline{\times}$

　G2　O2　G1　O1　　　　G4　　O4　　G3　　O3

×=0：无变化；　　　　　　×=1：有变化

5) 偏移值/增益值

在 BFM#8、BFM#9 设定后，通过 BFM#10～BFM#17 写入通道的偏移值和增益值。

BFM#10～BFM#17 有关参数说明：

(1) 偏移值：当缓冲器 BFM#1～BFM#4 为 0 时，实际模拟量的输出值。

(2) 增益值：当缓冲器 BFM#1～BFM#4 为+1000 时，实际模拟量的输出值。

(3) 当设置为模式 1(+4～+20 mA)电流输出时，自动设置偏移值为+4000，增益值为+2000。

(4) 当设置为模式 2(0～+20 mA)电流输出时，自动设置偏移值为 0，增益值为+2000。

6) 初始化

当 BFM#20 被设置为 1 时，所有设置变为缺省值。

7) I/O 特性调整

当 BFM#21 被设置为 2 时，禁止用户调整 I/O 特性；当 BFM#20 被设置不为 1 时，禁止调整功能一直保持。当 BFM#20 为缺省值 1 时，允许调整。

8) BFM#29 状态位信息说明

BFM#29 中各位的状态是 FX$_{2N}$-4DA 运行正常与否的信息，见表 6.6 所示。

表 6.6   BFM#29 各位的状态信息

BFM#29 的位元件	ON	OFF
b0: 错误	当 b1～b4 为 1 时，则错误	无错误
b1: 偏移/增益错误	偏移值和增益值不正常或设置错误	偏移值和增益值正常
b2: 电源故障	24 V DC 错误	电源正常
b3: 硬件错误	A/D 或其他器件错误	硬件正常
b10: 数字范围错误	数字输入后模拟输出超出正常范围	输入/输出值正常
b12: 偏移/增益调整禁止	BFM#21 缓冲器设置不为 1	处于调整状态,缓冲器 BFM#21=1

9) 识别码

可以使用 FROM 指令读出特殊功能模块的识别号(或 ID)。FX$_{2N}$-4DA 的识别号为 K3020。

6.2.4   FX$_{2N}$-4DA 的 I/O 特性曲线

FX$_{2N}$-4DA 的 I/O 特性曲线如图 6.7 所示。

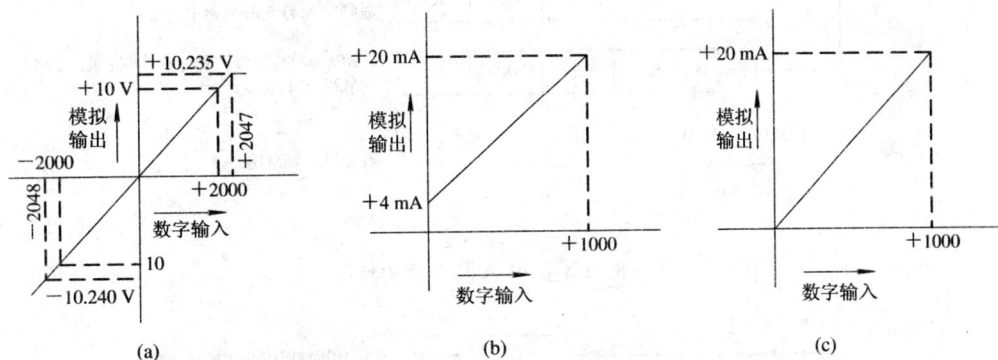

图 6.7   FX$_{2N}$-4DA 的 I/O 特性曲线

(a) 预设 0(-10～+10 V)；(b) 预设 1(+4～+20 mA)；(c) 预设 2(0～+20 mA)

通过 BFM#0 的设置选择图 6.7 所示的三种特性之一，必须注意对所选择的输出方式进行正确接线。

6.2.5   FX$_{2N}$-4DA 应用及编程

1. 基本编程

现有 FX$_{2N}$-4DA 模拟量输出模块处于 NO.1 的位置，CH1 和 CH4 为电压输出通道 (-10～+10 V)，CH2 通道为电流输出通道(+4～+20 mA)，CH3 通道也为电流输出通道 (0～+20 mA)；PLC 从 RUN 状态变为 STOP 状态时，其运行数据被保持。应用程序如图 6.8 所示。

2. 偏移/增益值调整程序

采用 PLC 的软件程序，可以改变 FX$_{2N}$-4DA 的偏移/增益值，对图 6.8 中的通道 2(CH2) 进行调整，假定偏移值为 5 mA，增益值为 9 mA，CH1、CH3 和 CH4 禁止调整。程序如图 6.9 所示。

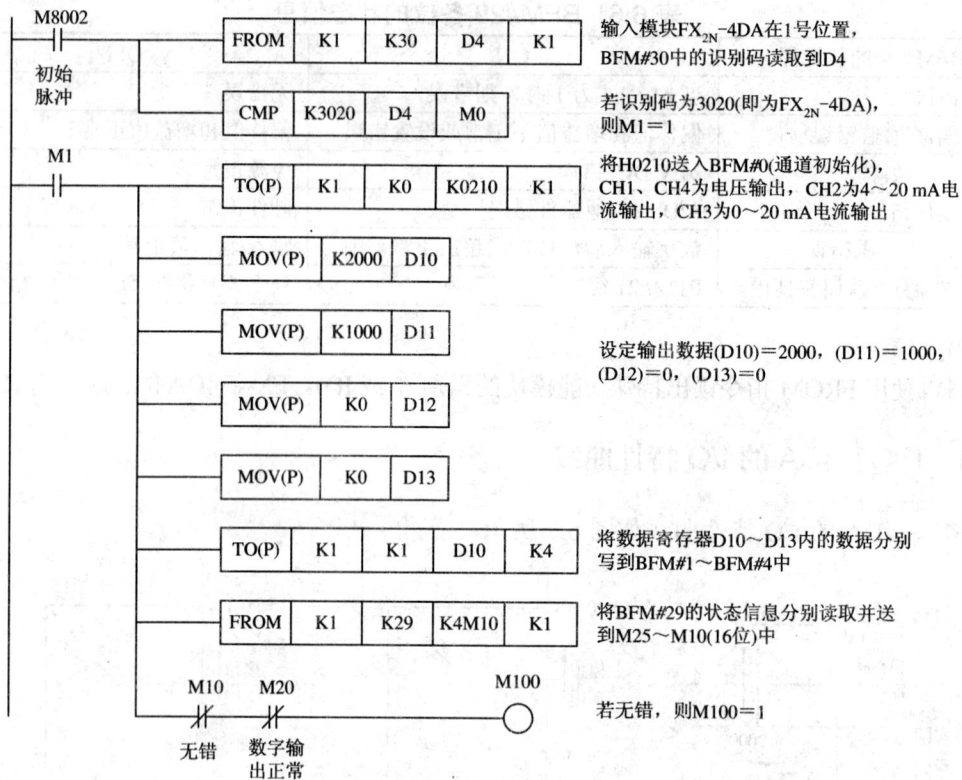

图 6.8   FX₂N-4DA 基本应用程序

触点/线圈	指令	操作数			说明
M8002 初始脉冲	FROM	K1	K30	D4	K1	输入模块FX2N-4DA在1号位置，BFM#30中的识别码读取到D4
	CMP	K3020	D4	M0		若识别码为3020(即为FX2N-4DA),则M1=1
M1	TO(P)	K1	K0	K0210	K1	将H0210送入BFM#0(通道初始化),CH1、CH4为电压输出,CH2为4~20 mA电流输出,CH3为0~20 mA电流输出
	MOV(P)	K2000	D10			
	MOV(P)	K1000	D11			设定输出数据(D10)=2000,(D11)=1000,(D12)=0,(D13)=0
	MOV(P)	K0	D12			
	MOV(P)	K0	D13			
	TO(P)	K1	K1	D10	K4	将数据寄存器D10~D13内的数据分别写到BFM#1~BFM#4中
	FROM	K1	K29	K4M10	K1	将BFM#29的状态信息分别读取并送到M25~M10(16位)中
M10(无错) M20(数字输出正常)	○ M100					若无错，则M100=1

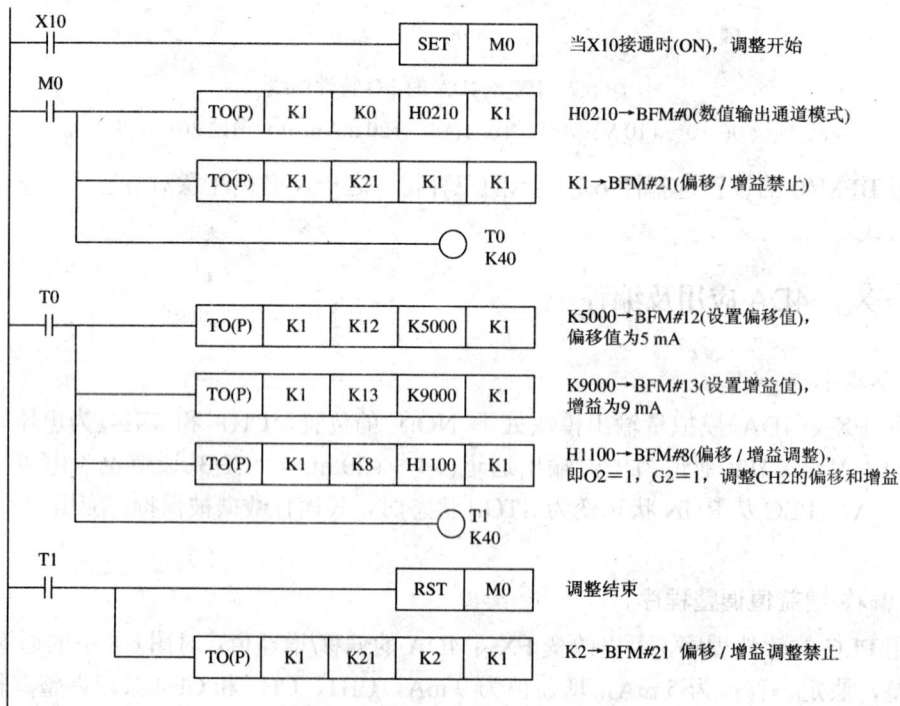

图 6.9   FX₂N-4DA 的偏移/增益值调整程序

触点/线圈	指令	操作数			说明
X10	SET	M0				当X10接通时(ON),调整开始
M0	TO(P)	K1	K0	H0210	K1	H0210→BFM#0(数值输出通道模式)
	TO(P)	K1	K21	K1	K1	K1→BFM#21(偏移/增益禁止)
	○ T0 K40					
T0	TO(P)	K1	K12	K5000	K1	K5000→BFM#12(设置偏移值),偏移值为5 mA
	TO(P)	K1	K13	K9000	K1	K9000→BFM#13(设置增益值),增益为9 mA
	TO(P)	K1	K8	H1100	K1	H1100→BFM#8(偏移/增益调整),即O2=1,G2=1,调整CH2的偏移和增益
	○ T1 K40					
T1	RST	M0				调整结束
	TO(P)	K1	K21	K2	K1	K2→BFM#21 偏移/增益调整禁止

6.3 其他特殊功能模块简介

6.3.1 高速计数模块 FX₂ₙ-1HC

1. FX₂ₙ-1HC 的特点

(1) 单相/双相、50 kHz 计数器硬件可以高速输入。

(2) 配有高速一致输出功能，可通过硬件比较器来实现。

(3) 对双相计数，可设置×1、×2、×4 乘法模式。

(4) 通过 PLC 或外部输入进行计数或复位。

(5) 可以连接线驱动器输出型编码器。

2. 性能规格

FX₂ₙ-1HC 高速计数器模块的性能指标如表 6.7 所示。

表 6.7 FX₂ₙ-1HC 高速计数器的主要性能指标

项　目	指　标
信号等级	5 V、12 V 和 24 V，取决于连接端子。线驱动器输出连接到 5 V 端子
频率	单相单输入：不超过 50 kHz 单相双输入：每个不超过 50 kHz 双相双输入：不超过 50 kHz(1 倍数)；不超过 25 kHz(2 倍数)；不超过 12.50 kHz(4 倍数)
计数范围	32 位二进制计数器：−2147483648～+2147483647 16 位二进制计数器：0～65535
计数方式	自动时，向上/向下(单相双输入或双相输入)；当工作在单相单输入时，向上/向下由一个 PLC 或外部输入端子确定
比较类型	YH：直接输出，通过硬件比较器处理 YS：软件比较器处理后的输出，最大延迟时间为 300 ms
输出类型	NPN 开路输出，2.5～24 V，直流每点 0.5 A
辅助功能	可以通过 PLC 的参数来设置模式和比较结果 可以监测当前值、比较结果和误差状态
占用 I/O 点数	占用 8 个输入或输出点
基本单元供电	5 V，90 mA

6.3.2 运动控制模块

1. 脉冲输出模块 FX₂ₙ-1PG 和 FX₂ₙ-10PG

1) FX₂ₙ-1PG 的特点

(1) 配有便于控制的七种操作模式。

(2) 一个模块控制一个轴，FX₂ₙ 系列 PLC 最多可连接 8 个模块。

(3) 输出脉冲频率可达 100 kHz。

2) FX₂ₙ-10PG 的特点

(1) 输出脉冲频率最高可达 1 MHz。

(2) 最小 1 ms 的启动时间，缩短了操作时间。

(3) 采用最优速度控制，具有近似 S 型加速/减速控制的功能。

(4) 可以接收从外部脉冲发生器产生的最高 30 kHz 的脉冲输入。

(5) 安装表格操作，使得多定位编程更容易。

3) 性能规格

脉冲输出模块的 FX₂ₙ-1PG 的性能指标如表 6.8 所示，FX₂ₙ-10PG 的性能指标如表 6.9 所示。

表 6.8　FX₂ₙ-1PG 主要性能指标

项　　目		指　　标
控制轴数		1(一台 PLC 最多可控制 8 根单轴)
指令速度		在脉冲频率为 10 Hz~100 kHz 之间工作。指令单位可以在 Hz、cm/min、10 deg/min 和 inch/min 之间选择
设置脉冲		0~±999.99；可以选择绝对位置或相对位置 指令单位可以在 Hz、mm、mdeg 和 10^{-4}inch 之间选择 位置数据可以设置为 10^0、10^1、10^2 或 10^3 的倍数
脉冲输出格式		可以选择前向(FP)和反向(RP)脉冲或具有方向(DIR)的脉冲(PLS) 集电极开路和晶体管输出。5~24 V 直流、不超过 20 mA
占用 I/O 点数		占用 8 个输入或输出点
电源	对输入信号	24 V±10%直流，电流消耗不超过 40 mA，外电源提供或 PLC 提供
	对内部控制	5 V、55 mA 直流，通过扩展电缆从 PLC 供电
	对脉冲输出	5~24 V 直流，电流消耗不超过 20 mA

表 6.9　FX₂ₙ-10PG 性能规格

项　　目		规　　格
控制轴数		1(一台 PLC 最多可控制 8 根单轴)
指令速度		在脉冲频率为 1 Hz~1 MHz 之间工作。指令单位可以在 Hz、cm/min、10 deg/min 和 inch/min 之间选择
设置脉冲		−2147483648~+2147483647；可以选择绝对位置或相对位置 指令单位可以在 Hz、mm、mdeg 和 10^{-4}inch 之间选择 位置数据可以设置为 10^0、10^1、10^2 或 10^3 的倍数
脉冲输出格式		可以选择前向(FP)和反向(RP)脉冲(通过 VIN 端子提供 5~24 V 直流电源) 电流不超过 20 mA。CLR：5~24 V 直流，不超过 20 mA。从伺服放大器或外部电源供电
占用 I/O 点数		占用 8 个输入或输出点
电源	对输入信号	START、DOG、X0 和 X1：24 V±10%直流，电流消耗不超过 32 mA START、DOG、X0 和 X1 可以连接到 PLC 主机的电源上(24+端子)
	对内部控制	5 V 直流，电流消耗不超过 120 mA，PLC 主机供电
	对脉冲输出	通过 VIN 伺服放大器或外部电源供电

2．定位模块 FX$_{2N}$-10GM(单轴)和 FX$_{2N}$-20GM(双轴)

1) FX$_{2N}$-10GM 和 FX$_{2N}$-20GM 的特点

(1) FX$_{2N}$-10GM 不仅可以处理单轴定位和中断定位，而且能处理复杂的控制，如多速操作。FX$_{2N}$-20GM 能同时执行双轴控制和线性插补以及圆形插补。

(2) 可以独立操作，不必连接到 PLC 上。

(3) 一个定位单元控制一轴，FX$_{2N}$ 系列 PLC 最多可连接 8 个定位单元。

(4) 最高输出脉冲频率为 200 kHz (FX$_{2N}$-20GM 在插补期间最大 100 kHz)。

(5) 配备有绝对位置检测器功能和手动脉冲发生器的连接功能。

(6) 具有流程图的编程软件，使程序开发可视化。

2) 性能规格

FX$_{2N}$-10GM 和 FX$_{2N}$-20GM 的性能规格如表 6.10 所示。

表 6.10　FX$_{2N}$-10GM 和 FX$_{2N}$-20GM 的性能规格

项　目	规　格	
	FX$_{2N}$-10 GM	FX$_{2N}$-20GM
控制轴数	单轴	双轴(或同时两个独立轴)
插补	不可以	可以
驱动方式	作为特殊功能模块连接到 PLC 上或独立使用(独立使用时 I/O 扩展不可能)	作为特殊功能模块连接到 PLC 上或独立使用(独立使用时 I/O 扩展可能)
程序寄存器	3.8 k 步，带内置 RAM	7.8 k 步，带内置 RAM
定位单位	指令单位：mm、deg、inch 和 pls(相对/绝对)；指令数值范围：±999999(间接规定时 32 位)	
累加地址	−2147483648～+2147483647	
速度指令	最大 200 kHz, 153 000 cm/min(不超过 200 kHz)。自动梯形图方式加速/减速	
零返回	最大 200 kHz, 153 000 cm/min(不超过 200 kHz)。自动梯形图方式加速/减速(插补驱动不超过 200 kHz)	
绝对位置探测	使用具有防抱死功能的 MR-J2 和 MR-H 类型伺服电机时，可以探测绝对位置	
控制输入	操作系统：FWD(手动向前)、RVS(手动反向)、ZRN(机器零返回)、STRAT(自动启动)、STOP、手动脉冲发生器(最大 2 kHz)、单步操作输入(依赖于参数设置)　机械系统：DOG(近点信号)、LSF(向前转动极限)、LSR(向后转动极限)、中断：4 点伺服系统：SVRDY(准备伺服)、SVEND(伺服结束)、PG0(零点信号)	
输出控制	伺服系统：FP(正向转动脉冲)、RP(反向转动脉冲)、CLR(计数器清零)　一般：Y0～Y5	一般：Y0～Y7　使用扩展模块：Y10～Y67(最多 48 点)
控制方法	通过特殊编程工具以定位控制单位的形式编写程序并完成控制　当和 PLC 一起使用时，通过 FROM/TO 指令完成定位控制	
占用 I/O 点数	占用 8 个输入或输出点	
与 PLC 通信	FROM/TO 指令	
电源	24 V−15%、+10%直流，5 W	24 V−15%、+10%直流，10 W

6.3.3 可编程凸轮开关 FX$_{2N}$-1RM-SET

1. FX$_{2N}$-1RM-SET 的特点

(1) 使用给定的分解器探测转动角度，实现精确位置控制，它受机械凸轮开关控制。

(2) 使用扩充型设置单元，很容易实现工作角度设置和检测显示。

(3) 探测转动角度精度很高：增量(415 r/min)/0.5° 或(830 r/min)/1.0°。

(4) EEPROM 内置且不用电池，可以储存 8 种程序。

(5) 安装在机器里的无刷分解器的电缆可以延伸到 100 m。

(6) 使用 CC-Link 接口 FX$_{2N}$-32CCL，当单独使用时可以连接到 CC-Link 系统。

2. 性能规格

FX$_{2N}$-1RM-SET 的性能规格如表 6.11 所示。

表 6.11　FX$_{2N}$-1RM-SET 性能规格

项　目	规　　格
可编程序控制器	可以连接系列可编程序控制器的总线，也可以单一驱动
凸轮输出点数	48 点内部输出
探测器	无刷分解器(F$_2$-32RM 的 F$_2$-720RSV)
分辨率	720 分度/转(0.5°)或 360 分度/转(1°)
响应速度	(415 r/min)/0.5° 或(830 r/min)/1°
程序存储单元数	8 个存储单元(由可编程序控制器规定)/4 个存储单元(由外部输入规定)
设置单元	给定数据设置单元(集成扩展型)，通过 PLC 为 PLC 配置的外设(要求顺序控制)
ON/OFF 次数	8 次/凸轮输出
输入	2 个存储单元输入点(代码输入 0～3)、24 V 直流、7 mA，响应时间 3 ms，光耦隔离
占用 I/O 点数	占用 8 个输入或输出点
与 PLC 通信	FROM/TO 指令

6.3.4 通信模块

PLC 与计算机之间的交换通常采用通信接口模块，简称通信模块。与 FX$_{2N}$ 系列 PLC 所适配的通信模块很多，由于系统组成不同，因而所需要的模块也不一样，请参照第 7 章的有关内容。

习　　题

6.1　FX$_{2N}$ 系列 PLC 的特殊功能模块有哪些？举例写出四种特殊模块。

6.2　简述高速计数模块的特点。

6.3　简述各类运动控制模块的功能。

6.4　说明 FORM 和 TO 指令的含义及使用。

6.5　现对室内温度进行控制，四个温度传感器分布于室内，要求以其均值作为室内温度值，试选择特殊功能模块并编制程序。

第 7 章　FX2N 系列 PLC 通信技术

━━━━━━━━━━━━▶▶▶

在工业生产自动化领域中，自动控制技术与计算机技术及网络技术综合应用，发展形成管控一体化的自动化控制系统。采用中央计算机进行管理的工厂级为系统的最高级，在生产现场使用计算机或可编程序控制器进行监视和控制的车间级属于中间级，最低级则是用可编程序控制器对现场设备进行直接控制的设备级。这种层次化结构的控制系统需要在级与级之间进行数据通信。因此，世界各 PLC 生产厂家纷纷在自己的产品上增加了通信及联网的功能，以适应控制领域新的要求。随着计算机网络技术的发展，PLC 的通信及网络技术也将向高速、多层次、大信息量、高可靠性和现场总线技术的方向发展。现在，即使是三菱 FX2N 系列小型 PLC 也提供了异步通信接口和网络通信接口，极大地拓宽了它们在自动化领域的应用。

7.1　PLC 通信的基本知识

7.1.1　通信系统的基本组成

通常数据网络由传输设备、传输控制设备、通信介质、通信协议和通信软件等部分构成，各部分之间的关系如图 7.1 所示。

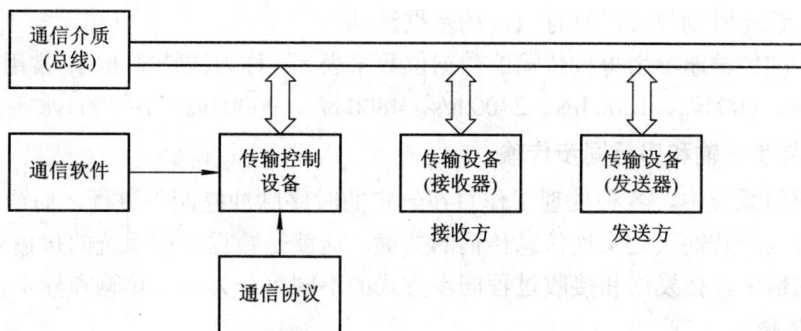

图 7.1　通信系统的基本组成

传输设备至少要有两个，其中有的是发送设备，有的是接收设备，有的既可接收又可发送。对于多台设备之间的数据传输，通常有主、从设备之分。主设备控制、发送和信息处理，从设备被动地接收、监视和执行主设备的指令。在 PLC 通信系统中，传输设备可以是 PLC、上位微机和各种外围设备。传输控制设备主要用于控制发送与接收之间的同步协调，以保证信息发送与接收的一致性。通信介质是信息传输的通道，就 PLC 通信而言，就是指它的物理网络。通信协议是指通信过程中必须遵守的各种数据传输规则。通信软件用于对通信的软、硬件进行统一地调度、控制和管理。

7.1.2 通信方式和介质

1. 基本通信方式

数据通信有两种基本方式：并行通信方式(Parallel Transmission)和串行通信方式(Serial Transmission)。短距离可采用并行方式，以发挥其传输速度快的特点。较长距离和长距离则采用串行方式。

1) 并行通信方式

并行通信时数据的各个位同时发送或接收，以字或字节为单位并行进行。并行通信速度快，但除了 8 根或 16 根数据线及 1 根公共线外，还需要通信双方联络用的控制线，通信线路复杂，成本高，宜于进行近距离通信。计算机或 PLC 各种内部总线就是以并行方式传输数据的。

2) 串行通信方式

串行通信时数据是以二进制的位(bit)为单位顺序发送或接收的，每次传输一位，除了公共线外，在一个数据传输方向上只需要一根数据线，数据信号和联络信号在这根线上按位传输。串行传输的速度低，但传输的距离较长，因此串行通信适用于长距离且速度要求不高的场合。在 PLC 网络中传输数据绝大多数采用串行通信方式。

从通信双方信息的交互方式看，串行通信有三种基本工作方式，即单工方式、半双工方式和全双工方式。单工方式是指信息的传递始终保持一个固定的方向，不能进行反方向的传递。单工方式不能实现双方的信息交流，故在 PLC 网络中极少使用。半双工方式是指两个通信设备同一时刻只能有一个设备发送数据，而另一个设备接收数据，即这两个设备不能同时发送或接收数据，同一时刻只能有一个方向的数据传输。半双工通信线路简单，只需两条通信线，因此得到广泛应用。全双工方式是指两个通信设备可以同时发送和接收数据，线路上任一时刻都可以进行双向的数据流动。

串行通信的传输速率用每秒传输的数据位数来表示，称为波特率(b/s)。常用的标准传输速率有 300 b/s、600 b/s、1200 b/s、2400 b/s、4800 b/s、9600 b/s、19 200 b/s 等。

2. 串行异步传输和串行同步传输

在数据通信系统中，各种处理工作总在一定的时序脉冲控制下进行，而通信系统的收发端工作的协调一致性又是实现信息传输的关键，这就是数据通信系统的传输同步问题。

在串行通信中，按发送和接收过程同步方式的不同可分为同步传输和异步传输。

1) 异步传输

串行异步传输有严格的数据格式和时序关系，以字符为单位发送数据，每个字符都有起始位和停止位作为字符的开始标志和结束标志，构成一帧数据信息。进行数据传输时，把被传输的数据编码成一串脉冲。

图 7.2 给出了串行异步通信的传输数据格式。在空闲状态下，线路呈现出高电平（"1"）状态。传输时，首先发送起始位，接收端接收到起始位时开始接收。其后的数据传输都以

起始位作为同步时序的基准信号。起始位以"0"表示，紧跟其后的是数据位，根据采用的编码，数据位可能为7位/8位。奇偶校验位可有可无。最后位是停止位，以"1"表示，位数可能是1位/2位。停止位后可以加空闲位，以"1"表示，位数不限，其作用是等待下一个字符的传输。

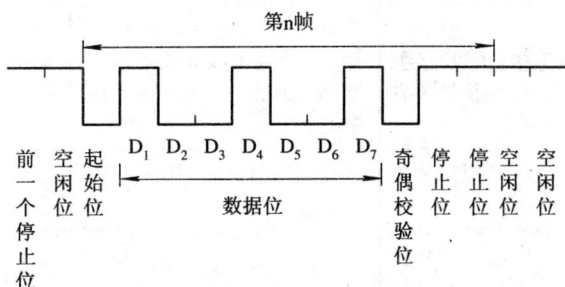

图 7.2　串行异步传输格式

传输格式中的起始位和停止位在数据传输过程中起着十分重要的作用。通信中有两个因素影响着数据的正确接收。一是数据发送是随机的，接收端必须随时准备接收数据；二是接收端和发送端不使用同一个时钟。在通信线路的两端各自具有时钟信号源，虽然可以设定双方的时钟频率一样，但脉冲边沿可能不一致。脉冲周期、脉冲宽度总有误差。开始发送时，接收端必须准确地检测到起始位的下降边沿，使其内部时钟和发送端保持同步。因此在进行异步串行数据传输时，要保证发送设备和接收设备有相同的数据传输格式和传输速率。

异步数据传输就是按照上述约定好的固定格式一帧一帧地传输的。由于每个字符都要用起始位和停止位作为字符开始和结束的标志，因而传输效率低，但硬件结构简单，主要用于中、低速通信的场合。PLC一般使用串行异步通信。

2) 同步传输

在串行同步传输中，所有设备共用一个时钟，这个时钟可以由参与通信的设备或器件中的一台产生，也可以由外部时钟信号源提供。所有传输的数据位都与这个时钟信号同步。

同步传输时，用1个或2个同步字符表示传输过程的开始，接着是n个字符的数据块，字符之间不允许有空隙。发送端发送时，首先对欲发送的原始数据进行编码，形成编码数据后再向外发送。由于发送端发出的编码自带时钟，因此实现了收、发双方的自同步。接收端经过解码，便可以得到原始数据。

在串行同步传输的一帧信息中，多个要传输的字符放在同步字符后面，这样就不需要每个字符的起始和停止位，减少了额外开销。故同步传输的数据传输效率高于异步传输，常用于高速通信的场合，但同步传输的硬件比异步传输复杂。

3．常用通信介质

通信介质是信息传输的物理基础和通道。目前PLC网络普遍使用的介质有屏蔽双绞线、同轴电缆和光缆等，它们的性能比较见表7.1。

屏蔽双绞线是把两根导线扭绞在一起，可以减少外部的电磁干扰，并用金属织网加以屏蔽，增强抗干扰能力。屏蔽双绞线成本低、安装简单。

表 7.1 常用通信介质性能比较

性　能	通信介质		
	屏蔽双绞线	同轴电缆	光缆
传输速率	9.6 kb/s～2 Mb/s	1～450 Mb/s	10～500 Mb/s
连接方法	点对点连接,可多点连接,1.5 km 内不用中继站	点对点连接,可多点连接,宽带时 10 km 内不用中继站,基带时 3 km 内不用中继站	点对点连接,50 km 内不用中继站
传输信号	数字信号、模拟信号、调制信号	数字信号、调制信号、声音图像信号	数字信号、调制信号、声音图像信号
支持网络	星型网、环型网、小型交换机	总线型网、环型网	总线型网、环型网
抗干扰能力	一般	好	极好
抗恶劣环境能力	好	好,但必须将电缆与腐蚀物隔离	极好,耐高温和其他恶劣环境

同轴电缆共有四层,最内层为中心导体,导体的外层包着电介质绝缘层,再向外一层为外屏蔽层,最外层为外绝缘层。与屏蔽双绞线相比同轴电缆的传输速率较高,传输距离较远,成本相对要高。

光缆是一种传导光波的光纤介质,由纤芯、包层和护套三部分组成。最内层为纤芯,由一根或多根非常细的用玻璃或塑料制成的绞合线或纤维组成,每一根纤维都由各自的包层包着,包层是玻璃或塑料涂层,具有与光纤不同的光学特性,最外层则是起保护作用的护套。光纤用于传输经编码后的光信号。与电缆相比光缆尺寸小,重量轻,抗干扰能力很强,传输距离也远,但安装需要专门设备,成本较高,维修复杂。

PLC 要求通信介质必须具有传输速率高、能量损耗小、抗干扰能力强、性能价格比高等特性。由于屏蔽双绞线和同轴电缆的成本低,且安装简单,因此广泛应用于 PLC 的通信中。

7.1.3 PLC 的通信接口

可编程序控制器常用的串行异步通信接口主要有 RS-232C、RS-422A、RS-485A 等。

1. RS-232C

RS-232C 是美国电子工业协会 EIA(Electronic Industries Association)于 1969 年公布的一种标准化串行通信接口。它既是一种协议标准,又是一种电气标准,规定了终端设备(DTE)和通信设备(DCE)之间的信息交换的方式与功能。

RS-232C 采用负逻辑,规定标准的逻辑"1"电平在-5～-15 V 范围内,逻辑"0"电平在+5～+15 V 范围内。串行接口能够识别的逻辑"1"小于-3 V,而逻辑"0"则大于+3 V,显然具有较强的抗干扰能力。RS-232C 只能进行一对一的通信。

RS-232C 接口是标准 25 针的 D 型连接器。实际使用时通常仅用 9 针，最简单的通信只需 3 针。所以，当 PLC 与计算机通信时，使用的连接器有 25 针的，也有 9 针的，用户可根据需要自行配置。

RS-232C 的电气接口为非平衡型，每个信号用一根导线，所有信号回路共用一根地线，由于是单线，线间干扰较大。在通信距离较近，传输速率要求不高(最高为 20 kb/s)的场合可以直接采用该接口实现联网通信。PLC 与上位机的通信就是通过 RS-232C 接口完成的。

2. RS-422A

RS-422A 接口是 EIA 于 1977 年推出的新接口标准 RS-449 的一个子集。它定义 RS-232C 所没有的 10 种电路功能，规定用 37 脚的连接器。它采用平衡驱动、差分接收的工作方式，发送器、接收器仅使用 +5 V 的电源，因此在传输速率、通信距离、抗共模干扰等方面较 RS-232C 接口都有较大提高。

3. RS-485A

RS-485A 通信接口实际上是 RS-422A 的变形。它与 RS-422A 的不同点在于 RS-422A 为全双工，RS-485A 为半双工；RS-422A 采用两对平衡差分的信号线，而 RS-485A 只需其中的一对。信号传输是用两根导线间的电位差来表示逻辑 1、0 的，这样 RS-485A 接口仅需两根传输线就可完成信号的发送与接收。由于传输线也采用平衡驱动、差分接收的工作方式，而且输出阻抗低、无接地回路问题，所以它的干扰抑制性很好，通信距离可达 1200 m，传输速率可达 10 Mb/s。RS-485A 以半双工方式传输数据，能够在远距离高速通信中利用屏蔽双绞线完成通信任务，因此在 PLC 的控制网络中广泛应用。

4. RS-232C、RS-422A 和 RS-485A 的性能比较

RS-232C、RS-422A 和 RS-485A 三种接口的性能比较如表 7.2 所示。

表 7.2　RS-232C、RS-422A 和 RS-485A 的性能参数对照表

参考项目	RS-232C	RS-422A	RS-485A
传输方式	单端	差动	差动
通信距离/m	15	1200(速率 100 kb/s)	1200(速率 100 kb/s)
最高传输速率/(b/s)	20 k	10 M(距离 12 m)	10 M(距离 12 m)
驱动器输出阻抗/Ω	300	100	54
接收器输入阻抗/kΩ	3～7	≥4	>12
输入电压范围/V	−25～+25	−7～+7	−7～+12
接收器敏感度/V	±3	±0.2	±0.2
最大驱动器数量	1	1	32 单位负载
最大接收器数量	1	10	32 单位负载

普通微机一般不配备 RS-422A、RS-485A 接口，但工业控制微机多有配置。普通微机可以通过插入通信板扩展上述两个通信接口。在实际使用中，为了把距离较远的两个或多个带 RS-232C 接口的计算机系统连接起来进行通信或组成分散型系统，通常用 RS-232C/RS-422A 转换器把 RS-232C 转换成 RS-422A 后进行连接。

7.1.4 通信协议

为了保证通信的正常进行，除需具备良好、可靠的通信信道外，还需通信各方遵守共同的协议，才能保证高效、可靠的通信。通信协议一般采用分层设计的方法。分层设计可以便于实现网间互联，因为它只需修改相应的某层协议及接口，而不影响其他各层。各层之间相互独立，通过接口发生联系。

1978 年国际标准化组织(ISO)提出了开放系统互联参考模型 OSI(Open System Interconnection/Reference Model)。该模型规定了 7 个功能层，每层都使用自己的协议。OSI参考模型如图 7.3 所示。

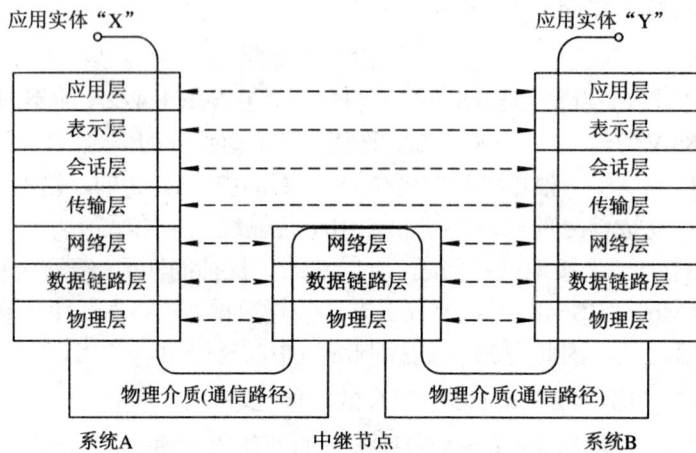

图 7.3   OSI 参考模型

1~3 层功能被称为底层功能(LLF)，即通信传输功能，这是网络与终端设备都需具备的功能；4~7 层功能被称为高层功能(HLF)，即通信处理功能，通常由终端设备提供。

1．物理层(Physical)

物理层并不是物理介质本身，物理层规范只是开放系统中利用物理介质实现物理连接的功能描述和执行连接的规程。物理层提供用于建立、保持和断开物理连接的机械、电气功能和规程条件。简言之，物理层提供数据流在物理介质上的传输手段，实现节点间的同步。前面介绍的 RS-232C、RS-422A、RS-485A 等均为物理层的典型协议。

2．数据链路层(Data Link)

数据链路层用于建立、维持和拆除链路连接，实现无差错传输的功能，在点到点或点到多点的链路上保证报文的可靠传递。该层对相邻连接的通路进行差错控制、数据成帧、同步等控制。差错检测一般可采用循环冗余校验(CRC)等措施。同步数据链路控制(SDLC)、高级数据链路控制(HDLC)以及异步串行数据链路协议都属于此范围。

3．网络层(Network)

网络层规定了有关网络连接的建立、维持和拆除协议。网络层的主要功能是利用数据链路层所提供的功能，通过路由器的选择，实现两个系统之间的连接。在计算机网络系统中，网络层还具有多路复用的功能。

4. 传输层(Transport)

传输层完成开放系统之间的数据传输控制，在系统之间实现数据的收发确认，同时还用于弥补各种通信网路的质量差异，对经过下三层之后仍然存在的传输差错进行纠正，进一步提高可靠性。另外，通过复用、分段和组合、连接和分离、分流和合流等技术措施，提高信息量和服务质量。

5. 会话层(Session)

用户之间的连接称为会话。为了建立会话，用户必须提供其希望连接的远程地址(会话地址)。会话双方彼此确认，然后双方按照共同约定的方式开始数据传输。

会话层依靠传输层以下的通信功能使数据传输在开放系统间有效地进行。会话层根据应用进程之间的约定，按照正确的顺序收、发数据，进行各种形式的对话。

在会话层一方面要实现接收处理和发送处理的逐次交替变换；另一方面要在单方向传输大量数据的情况下给数据打上标记。如果出现通信意外，可以由打标记处重发。例如可以将长文件分页标记，逐页发送。

6. 表示层(Presentation)

表示层的主要功能是把应用层提供的信息内容变换为能够共同理解的形式，提供字符代码、数据格式、控制信息格式、加密等的统一表示。表示层仅对应用层的信息内容进行形式变换，而不改变其内容本身。

7. 应用层(Application)

应用层是 OSI 参考模型的最高层。其功能是实现各种应用进程之间的信息交换，同时还具有一系列业务处理所需要的服务功能。

7.2 FX$_{2N}$ 系列常用串行通信接口

7.2.1 FX$_{2N}$-232-BD

用于 RS-232C 的通信板 FX$_{2N}$-232-BD(简称 "232BD")可连接到 FX$_{2N}$ 系列可编程序控制器的主单元，其功能如下：

(1) 在 RS-232C 设备之间进行数据传输，如个人电脑、条形码阅读机和打印机。

(2) 在 RS-232C 设备之间使用专用协议进行数据传输。

(3) 连接编程工具。

232BD 的通信格式包括传输速率、奇偶性和数据长度，由参数或 FX$_{2N}$ 可编程序控制器的特殊数据寄存器 D8120 进行设定。一个基本单元只可连接一个 232BD。在应用中，当需要两个或多个 RS-232C 单元连接在一起使用时，使用其他用于 RS-232C 通信的特殊模块。

1. 连接器管脚布局

连接器为 9 针 D-SUB 型，管脚的配置如表 7.3 所示。

表 7.3 FX$_{2N}$-232-BD 连接器管脚的说明

管脚号	信号名称	意　义	功　　能
1	CD(DCD)	载波检测	当检测到数据接收载波时为 ON
2	RD(RXD)	接收数据	接收数据(RS-232C 设备到 232-BD)
3	SD(TXD)	发送数据	发送数据(232-BD 到 RS-232C 设备)
4	ER(DTR)	发送请求	数据发送到 RS-232C 设备的信号请求准备
5	SG(GND)	信号地	信号地
6	DR(DSR)	发送使能	表示 RS-232C 设备准备好接收
7，8，9	NC	不接	

2．特性

232BD 的特性如表 7.4 所示。

表 7.4 FX$_{2N}$-232-BD 通信板的特性

传输标准	遵照 RS-232C
通信距离	最大 15 m
LED 指示	RXD，TXD
通信方法	半双工通信系统
协议	编程协议，专用协议(格式 1 或 4)，无协议
隔离	不隔离

3．相关辅助继电器和数据寄存器

相关辅助继电器的操作描述如表 7.5 所示。数据寄存器的操作描述如表 7.6 所示。

表 7.5 相关辅助继电器

特殊辅助继电器	操　作　描　述
M8121	数据传输延迟(RS 指令)
M8122	数据传输标志(RS 指令)
M8123	数据接收结束标志(RS 指令)
M8124	载波检测标志(RS 指令)
M8126	全局标志(专用协议)
M8127	接通要求握手标志(专用协议)
M8128	接通要求错误标志(专用协议)
M8129	接通要求字节/字变换标志(专用协议)
	超时评估标志(RS 指令)
M8161	应用指令的 8 位/16 位操作选择(ASCI、HEX、CCD 指令共用)(RS 指令)

表 7.6 相关数据寄存器

特殊数据寄存器	操　作　描　述
D8120	通信格式(RS 指令，专用协议)
D8121	本地站号设定(专用协议)
D8122	剩余待传输的数据量(RS 指令)
D8123	已经接收到的数据量(RS 指令)
D8124	数据头<初始值：STX(02H)>(RS 指令)
D8125	数据结束<初始值：ETX(03H)>(RS 指令)
D8127	接通要求首单元寄存器(专用协议)
D8128	接通要求数据长度寄存器(专用协议)
D8129	数据网络超时计时器值(RS 指令，专用协议)

两个串行通信设备进行任意通信之前，必须设置相互可辨认的且一致的参数，包括传输速率、数据长度、停止位、奇偶校验等，这些参数都储存在 PLC 的特殊数据寄存器 D8120 中。利用 232BD 在 RS-232C 之间、在 232BD 和 RS-232C 单元之间发送和接收数据，要根据所使用 RS-232C 单元的不同设置适当的通信格式。修改设置后，一定要关闭可编程序控制器的电源并再打开。关于通信格式 D8120 参数的设置参见 5.11 节中的相关内容。

4．设备连接

使用 RS-232C 电缆连接 232BD 和 RS-232C 设备时，确保电缆的屏蔽线接地($<100\,\Omega$)。232BD 的连接器为 9 针 D-SUB 型的。根据所使用设备的不同，RS-232C 设备的连接也不同，使用时务必先检查设备的特性，再进行连接。使用 ER 和 DR 信号时，根据 RS-232C 设备的特性，检查是否要使用 RS 和 CS 信号。设备间的连线如图 7.4 所示。

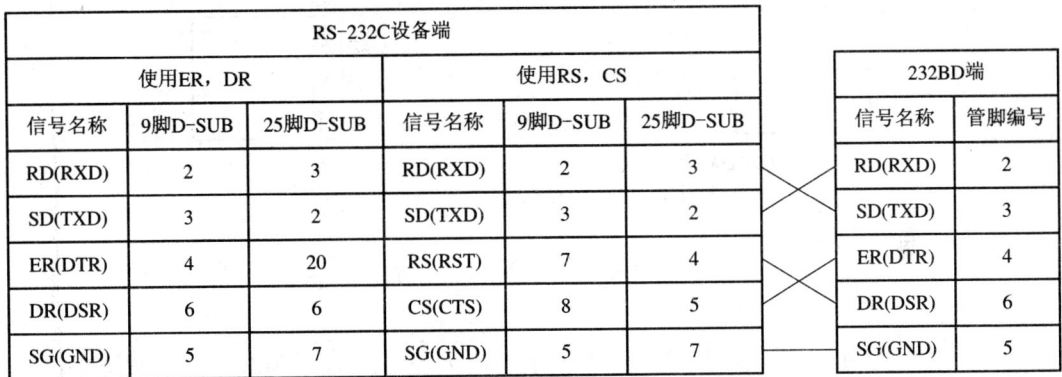

RS-232C设备端						232BD端	
使用ER，DR			使用RS，CS				
信号名称	9脚D-SUB	25脚D-SUB	信号名称	9脚D-SUB	25脚D-SUB	信号名称	管脚编号
RD(RXD)	2	3	RD(RXD)	2	3	RD(RXD)	2
SD(TXD)	3	2	SD(TXD)	3	2	SD(TXD)	3
ER(DTR)	4	20	RS(RST)	7	4	ER(DTR)	4
DR(DSR)	6	6	CS(CTS)	8	5	DR(DSR)	6
SG(GND)	5	7	SG(GND)	5	7	SG(GND)	5

图 7.4 FX_{2N}-232-BD 与 RS-232C 设备之间的连线

7.2.2 FX_{2N}-485-BD

用于 RS-485A 的通信板 FX_{2N}-485-BD(简称"485BD")可连接到 FX_{2N} 系列可编程序控制器的基单元，其功能如下：

(1) 使用无协议，通过 RS-485A(422A)转换器，可在各种带有 RS-232C 单元的设备之间进行数据通信，如个人电脑，条形码阅读机和打印机。在这种应用中，数据的发送和接收是通过由 RS 指令指定的数据寄存器来进行的。

(2) 使用专用协议，可在 1∶N 基础上通过 RS-485A(422A)进行数据传输。

(3) 通过 FX_{2N} 可编程序控制器，可在 1∶1 基础上对 100 个辅助继电器和 10 个数据寄存器进行数据传输。

(4) 通过 FX_{2N} 可编程序控制器，可在 N∶N 基础上进行数据传输。

1．系统配置

1) 无协议或专用协议

在系统中使用 485BD 时，整个系统的扩展距离为 50 m。使用专用协议时，最多 16 个站，包括 A 系列的可编程序控制器，系统配置如图 7.5 所示。

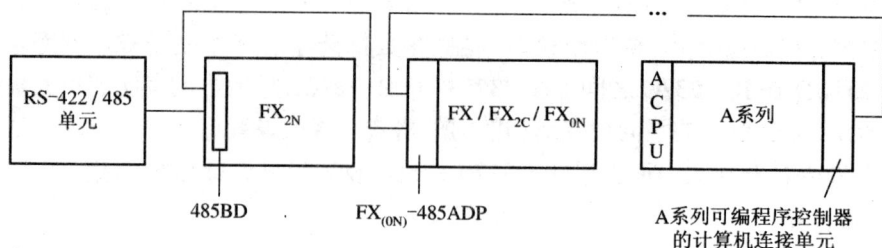

图 7.5 采用无协议或专用协议通信时 FX$_{2N}$-485-BD 的系统配置

2) 并行链接

在系统中使用 485BD 时，整个系统的扩展距离为 50 m。但是，当系统中使用 FX$_2$-40AW 时，此距离为 10 m。系统配置如图 7.6 所示。

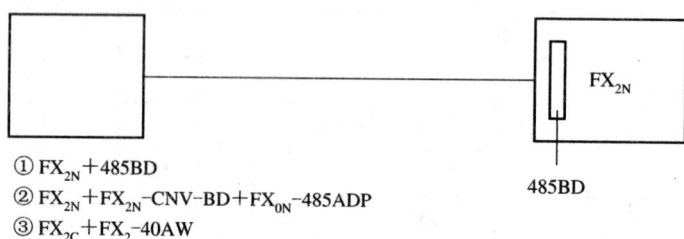

① FX$_{2N}$+485BD
② FX$_{2N}$+FX$_{2N}$-CNV-BD+FX$_{0N}$-485ADP
③ FX$_{2C}$+FX$_2$-40AW

图 7.6 采用并行链接时 FX$_{2N}$-485-BD 的系统配置

3) N：N 网络

在系统中使用 485BD 时，整个系统的扩展距离为 50 m，最多为 8 个站。系统配置如图 7.7 所示。

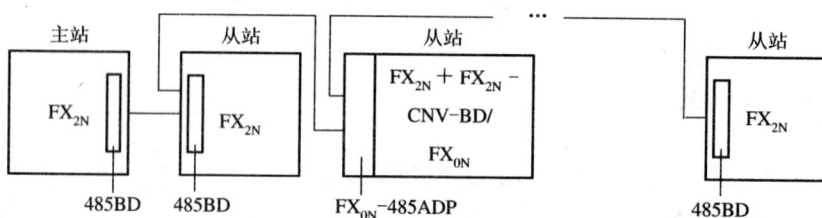

图 7.7 采用 N：N 网络通信时 FX$_{2N}$-485-BD 的系统配置

2. 特性

485BD 的特性如表 7.7 所示。

表 7.7 FX$_{2N}$-485-BD 通信板的特性

项 目	内 容	项 目	内 容
传输标准	遵照 RS-485A 和 RS-422A	通信距离	最大 50 m
通信方法和协议	N：N 网络	传输速率	专用协议和无协议：300～19 200 b/s
	专用协议(格式 1 或格式 4)		
	半双工通信		并行链接：19 200 b/s
	并行链接		N：N 网络：38 400 b/s
LED 指示	SD，RD	隔离	无隔离

3. 设备连接

在系统中使用 485BD 时，有两种设备连接方式：一是使用两对导线连接(如图 7.8 所示)，二是使用一对导线连接(如图 7.9 所示)。图中 R 为端子电阻(330 Ω)，在两对导线连接时，端子 SDA 和 SDB 及 RDA 和 RDB 之间需连接端子电阻；在一对导线连接时，仅端子 RDA 和 RDB 之间需连接端子电阻。屏蔽双绞电缆的屏蔽线必须接地(<100 Ω)，且当使用并行链接时，两端都需接地；当使用无协议或专用协议时，一端需接地。在使用 RS-232C/485A 或 RS-232C/422A 接口时，则需使用 FX-485PC-IF。

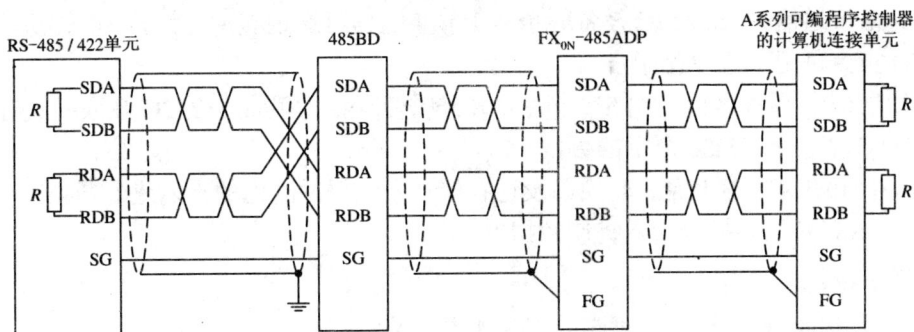

图 7.8 采用两对导线时的连接

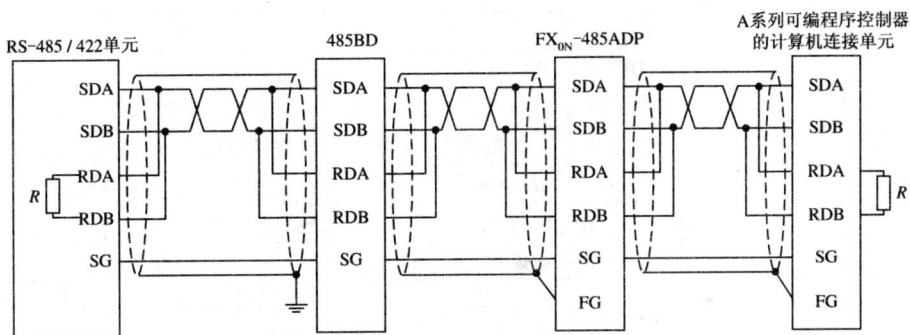

图 7.9 采用一对导线时的连接

7.2.3 FX$_{2N}$-422-BD

用于 RS-422A 通信板的 FX$_{2N}$-422-BD(简称"422BD")可连接到 FX$_{2N}$ 系列的可编程序控制器，并作为编程或监控工具的一个端口。FX$_{2N}$-422-BD 通信板的性能指标如表 7.8 所示。当使用 422BD 时，两个 DU 系列单元可连接到 FX$_{2N}$ 或一个 DU 系列单元和一个编程工具，但是一次只能连接一个编程工具。只能有一个 422BD 连接到基单元上，且 422BD 不能与 FX$_{2N}$-485-BD 或 FX$_{2N}$-232-BD 一起使用。使用 422BD 时，不要使用任何其他的通信格式或参数。只能有一个编程工具(如 FX-10P、FX-20P 等)连接到编程端口或 422BD 端口上。

表 7.8 FX$_{2N}$-422-BD 通信板的性能指标

项 目	内 容	项 目	内 容
接口	遵照 RS-422A	最大通信距离	总扩展限制在 50 m 内
连接器	MINI DIN 8 针	通信方法	半双工通信系统
协议	编程协议	隔离	不隔离

7.2.4　FX$_{2N}$-232IF

RS-232C 接口模块 FX$_{2N}$-232IF(简称"232IF")连接到 FX$_{2N}$ 可编程序控制器，以实现与其他 RS-232C 接口的全双工串行通信，如个人电脑、条形码阅读机和打印机等。其功能如下：

(1) 通过 RS-232C 特殊功能模块及两个或多个 RS-232C 接口可连接到 FX$_{2N}$ 可编程序控制器。最多可有 8 个特殊功能模块加到 FX$_{2N}$ 系列的可编程序控制器上。

(2) 无协议通信。RS-232C 设备的全双工异步通信可通过缓冲存储器(BFM)进行指定。FROM/TO 指令可用于缓冲存储器。

(3) 发送/接收缓冲区可容纳 512 个字节/256 个字。当使用 RS-232C 互联模式时，也可接收到超过 512 个字节/256 个字的数据。

(4) ASCII/HEX 转换功能。转换并发送存储在发送缓冲区内的十六进制数据(0～F)以及将接收到的 ASCII 码转换成十六进制数据(0～F)。

1. 连接器管脚布局

连接器为 9 针 D-SUB 型，管脚的配置如表 7.9 所示。

表 7.9　FX$_{2N}$-232IF 连接器管脚说明

管脚编号	信号名称	意　义	功　能
1	CD(DCD)	载波检测	此信号只表示状态
2	RD(RXD)	接收数据	接收数据(RS-232C 设备到 232IF)
3	SD(TXD)	发送数据	发送数据(232IF 到 RS-232C 设备)
4	ER(DTR)	数据终端就绪	当接收/发送使能为 ON 时，此信号为 ON
5	SG(GND)	信号地	信号地
6	DR(DSR)	数据设定就绪	此信号只表示状态
7	RS(RTS)	请求发送 <清空接收>	当发送命令为 ON 时，此信号为 ON <当 232IF 为接收使能时，此信号为 ON>
8	CS(CTS)	清空发送	当 RS-232C 设备处于接收就绪状态时，此信号为 ON
9	CI(RI)	呼叫指示	此信号只表示状态

2. 特性

232IF 的特性如表 7.10 所示。

表 7.10　FX$_{2N}$-232IF 接口模块的性能指标

项　目	内　容
传输标准	遵照 RS-232C
通信距离	最大 15 m
连接数目	1：1
LED 指示	POWER，SD，RD
通信方法	全双工异步无协议
传输速率/b/s	300，600，1200，2400，4800，9600，19 200
隔离	光耦合
占用的 I/O 点数目	占用了可编程序控制器控制总线的 8 个点(可作为输入或输出)
与可编程序控制器的通信	FROM/TO 指令

3. 设备连接

232IF 可直接连接到 FX_{2N} 可编程序控制器的基单元或连接到其他扩展模块/单元的右侧。每个特殊单元/模块都分配一个序号，从离主单元最近的单元开始计数，并以 No.0，No.1……No.7 的方式进行编号，理论上可连接 8 个特殊单元/模块。

RS-232C 设备的信号布线根据所连接的 RS-232C 规范的不同而有所不同。有代表性的连接模式如下：

1) 无控制线连接模式

BFM#0 通信模式：b9=0，b8=0，无控制线连接模式。直接与对方设备端子连接，如图 7.10 所示，并根据 232IF 内部软件所定的条件及对方设备条件进行通信。

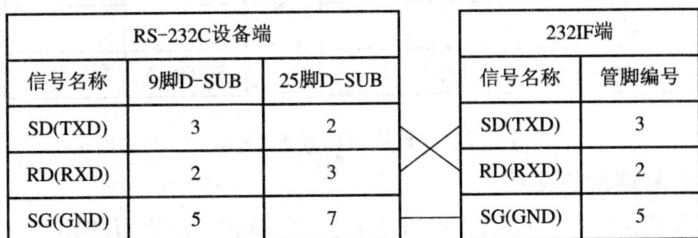

RS-232C设备端			232IF端	
信号名称	9脚D-SUB	25脚D-SUB	信号名称	管脚编号
SD(TXD)	3	2	SD(TXD)	3
RD(RXD)	2	3	RD(RXD)	2
SG(GND)	5	7	SG(GND)	5

图 7.10　无控制线连接模式下 FX_{2N}-232IF 的连接

2) 标准 RS-232C 连接模式

BFM#0 通信模式：b9=0，b8=1，标准 RS-232C 模式。使用十字型电缆与对方设备端子连接，如图 7.11 所示。由于 232IF 管脚的发送载波信号(CS)自身接收到发送请求信号(RS)，信号传输的进行就像是对方设备在起作用一样。

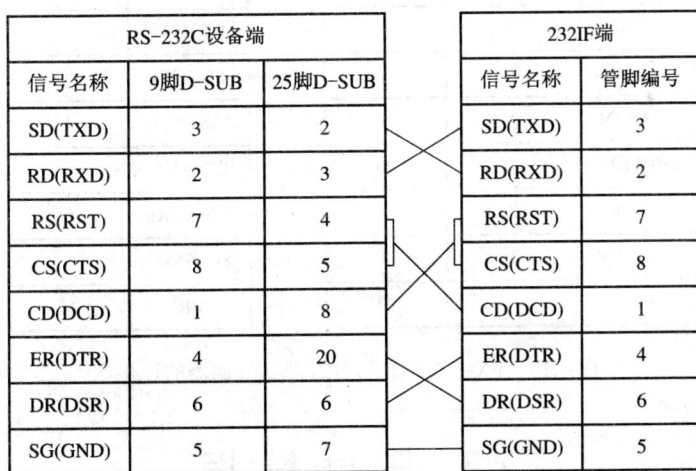

RS-232C设备端			232IF端	
信号名称	9脚D-SUB	25脚D-SUB	信号名称	管脚编号
SD(TXD)	3	2	SD(TXD)	3
RD(RXD)	2	3	RD(RXD)	2
RS(RST)	7	4	RS(RST)	7
CS(CTS)	8	5	CS(CTS)	8
CD(DCD)	1	8	CD(DCD)	1
ER(DTR)	4	20	ER(DTR)	4
DR(DSR)	6	6	DR(DSR)	6
SG(GND)	5	7	SG(GND)	5

图 7.11　标准 RS-232C 连接模式下 FX_{2N}-232IF 的连接

3) RS-232C 互连连接模式

BFM#0 通信模式：b9=1，b8=1，RS-232C 互连连接模式。使用串行十字型电缆与对方设备端子连接，如图 7.12 所示。在这种模式下，可接收超过 512 字节的数据。请求发送(RS)信号如同 232IF 中的接收使能信号一样工作。当接收到的数据超过 512 字节时(232IF 中接收缓冲区的上限)，232IF 设置发送请求(RS)信号为"OFF"，并要求对方设备挂起发送操作。

当存储在接收缓冲区中的数据被顺序程序读出时，剩余的数据就可被接收。

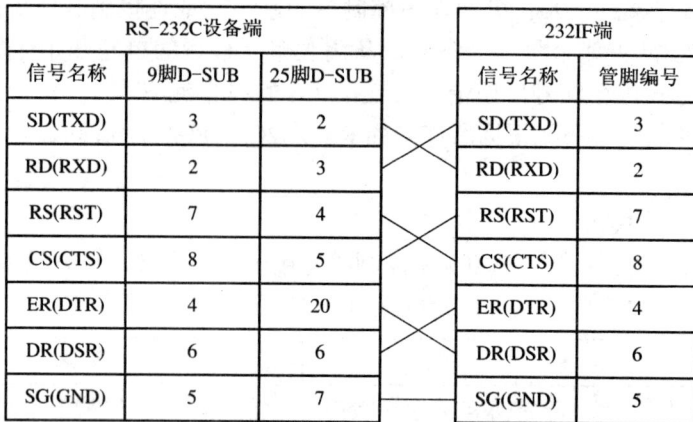

RS-232C设备端			232IF端	
信号名称	9脚D-SUB	25脚D-SUB	信号名称	管脚编号
SD(TXD)	3	2	SD(TXD)	3
RD(RXD)	2	3	RD(RXD)	2
RS(RST)	7	4	RS(RST)	7
CS(CTS)	8	5	CS(CTS)	8
ER(DTR)	4	20	ER(DTR)	4
DR(DSR)	6	6	DR(DSR)	6
SG(GND)	5	7	SG(GND)	5

图 7.12　RS-232C 互连连接模式下 FX_{2N}-232IF 的连接

4) 与对方调制解调器的连接

BFM#0 通信模式：b9=0，b8=1，标准 RS-232C 模式。使用直线电缆与对方调制解调器连接，如图 7.13 所示。

RS-232C设备端			232IF端	
信号名称	9脚D-SUB	25脚D-SUB	信号名称	管脚编号
SD(TXD)	3	2	SD(TXD)	3
RD(RXD)	2	3	RD(RXD)	2
RS(RST)	7	4	RS(RST)	7
CS(CTS)	8	5	CS(CTS)	8
CD(DCD)	1	8	CD(DCD)	1
ER(DTR)	4	20	ER(DTR)	4
DR(DSR)	6	6	DR(DSR)	6
SG(GND)	5	7	SG(GND)	5
CI(RI)	9	22	CI(RI)	9

图 7.13　FX_{2N}-232IF 与对方调制解调器的连接

7.3　并　行　链　接

FX_{2N} 系列可编程序控制器之间以及 FX_{2N} 和 FX_{2NC} 系列可编程序控制器之间进行数据传输时，是采用 100 个辅助继电器和 10 个数据寄存器在 1∶1 的基础上完成的，这种通信连接模式称为并行链接。而 FX_{2N} 系列与其他系列的 PLC 之间则不能进行并行链接。并行链接的传输标准符合 RS-485A(422A)，最大通信距离为 500 m，为 1∶1 连接模式，采用半双工通信，传输速率为 19 200 b/s。

7.3.1 系统配置

并行链接系统配置如图 7.14 所示，PLC 与通信接口的配置如表 7.11 所示。

图 7.14 并行链接的系统配置

表 7.11 并行链接时 PLC 与通信接口的配置

PLC 型号	使 用 接 口	通信介质	最大通信距离/m
FX$_{2N}$	FX$_{2N}$-485-BD	屏蔽双绞线	50
	FX$_{2N}$-CNV-BD+FX$_{0N}$-485ADP		500
FX$_{2NC}$	FX$_{0N}$-485ADP		

7.3.2 设置

1. 辅助继电器

与并行链接相关的辅助继电器和数据寄存器如表 7.12 所示。

表 7.12 并行链接需设置的相关辅助继电器和数据寄存器

辅助继电器和数据寄存器	动 作 功 能
M8070	并行链接中，可编程序控制器为主站点时驱动
M8071	并行链接中，可编程序控制器为从站点时驱动
M8072	并行链接中，当可编程序控制器运行时为 ON
M8073	并行链接中，M8070/M8071 设置不正确时为 ON
M8162	并行链接为高速模式时为 ON，仅 2 个数据字读/写
D8070	并行链接监视时间

2. 模式和链接单元

并行链接的工作模式有普通模式和高速模式两种，通过特殊辅助继电器 M8162 来设置。主、从站之间通过周期性的自动通信并由表 7.13 和表 7.14 中所示的辅助继电器和数据寄存器实现数据共享。

表 7.13 并行链接普通模式下的链接单元

通信元件	主站→从站	从站→主站
	M800～M899(100 点)	M900～M999(100 点)
	D490～D499(10 点)	D500～D509(10 点)
通信时间	70(ms)+主扫描时间(ms)+从扫描时间(ms)	

表 7.14 并行链接高速模式下的链接单元

通信元件	主站→从站	从站→主站
	D490，D491(2 点)	D500，D501(2 点)
通信时间	20(ms)+主扫描时间(ms)+从扫描时间(ms)	

1) 普通模式

特殊辅助继电器 M8162=OFF 时，并行链接工作在普通模式下，如图 7.15 所示。

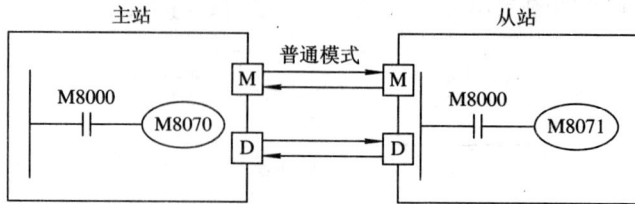

图 7.15　并行链接的普通工作模式

【例 1】　两台 FX$_{2N}$ 系列 PLC 采用并行链接方式通信，工作在普通模式下。设计满足下列要求的主站和从站程序。

① 主站点的输入点 X0～X7 的状态输出到从站的 Y0～Y7；

② 当主站点的计算值 (D0+D2)≤100 时，从站的输出点 Y10 为 ON；

③ 从站点的 M0～M7 的状态输出到主站点的 Y0～Y7；

④ 从站点的 D10 的值作为主站计数器 T0 的设定值。

主站和从站控制程序如图 7.16 和图 7.17 所示。

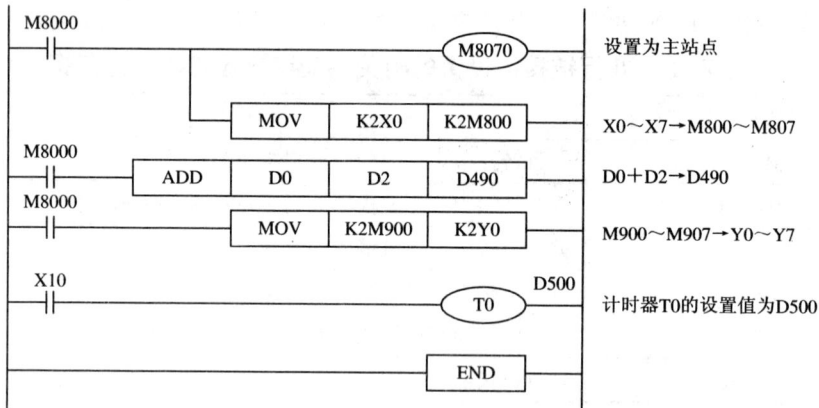

图 7.16　主站点控制程序

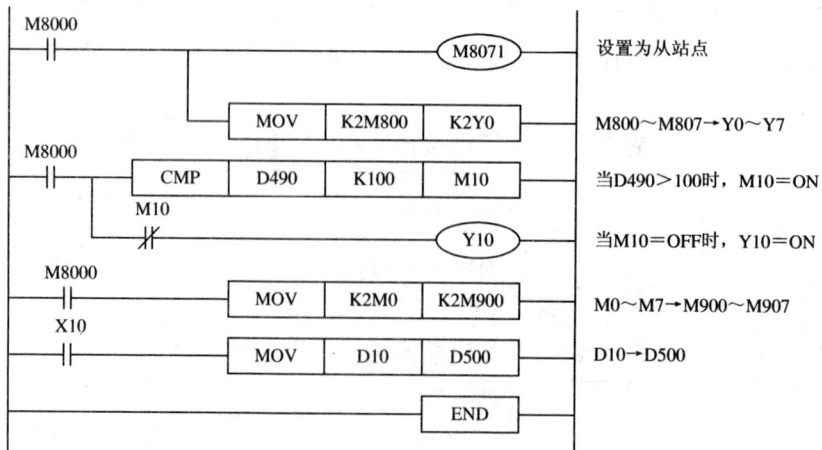

图 7.17　从站点控制程序

2) 高速模式

特殊辅助继电器 M8162=ON 时，并行链接工作在高速模式下，如图 7.18 所示。

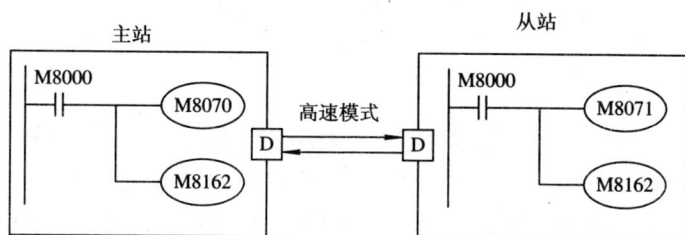

图 7.18　并行链接的高速工作模式

【例 2】　两台 FX 系列 PLC 采用并行链接方式通信，工作在高速模式下。设计满足下列要求的主站和从站程序。

① 当主站的计算值(D0+D2)≤100 时，从站的输出点 Y10 为 ON；
② 从站点的 D10 的值作为主站点的计数器 T10 的设定值。

主站和从站控制程序如图 7.19 和图 7.20 所示。

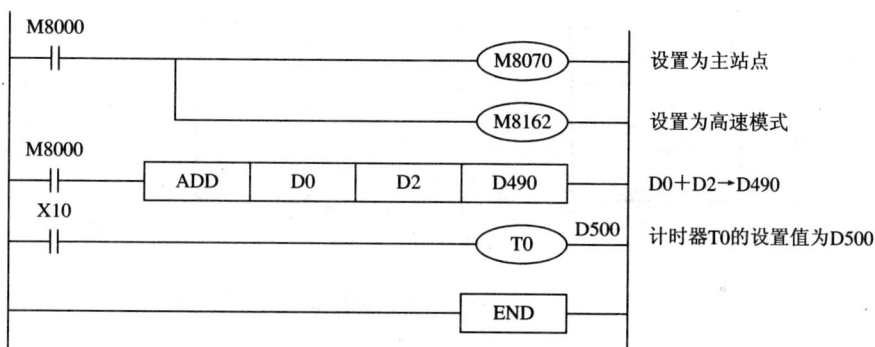

图 7.19　主站控制程序

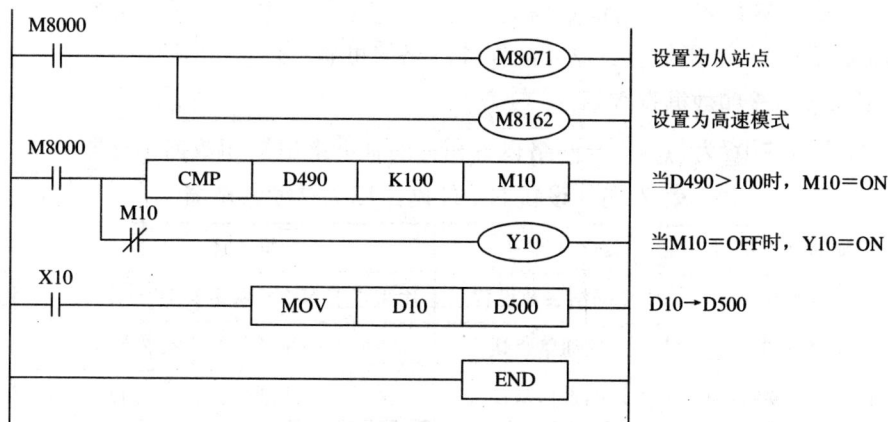

图 7.20　从站控制程序

7.4 N∶N网络

在工业控制系统中，对于多控制任务的复杂控制系统，不可能单靠增大 PLC 点数或改进机型来实现复杂的控制功能，而是采用多台 PLC 连接通信来实现。

在 FX$_{2N}$ 系列可编程序控制器之间，以及 FX$_{2N}$ 与 FX$_{2NC}$、FX$_{1N}$、FX$_{1S}$、FX$_{0N}$ 系列可编程序控制器之间进行的数据传输可建立在 N∶N 的基础上。利用此网络能链接一个小规模系统。

7.4.1 系统配置

N∶N 网络的传输标准符合 RS-485A，最大通信距离为 500 m，总站点数最大为 8 个，其中一台为主机，其余为从机，采用半双工通信，传输速率为 38 400 b/s，其系统配置如图 7.21 所示。系统中若使用 FX$_{2N(1N)}$-485-BD 通信板，最大通信距离仅为 50 m。

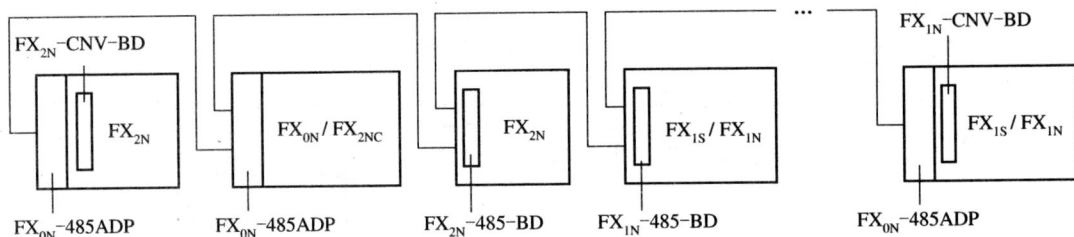

图 7.21　N∶N 网络系统配置

7.4.2 设置

在 N∶N 网络系统中，通信数据元件对网络的正常工作起到了非常重要的作用，只有对这些数据元件进行准确的设置，才能保证网络的可靠运行。

1. 辅助继电器和数据寄存器

表 7.15 和表 7.16 为与 N∶N 网络设置相关的辅助继电器和数据寄存器。

表 7.15　设置 N∶N 网络相关辅助继电器

特性	辅助继电器	名　称	描　述	响应类型
读	M8038	N∶N 网络参数设置	用来设置 N∶N 网络参数	主站，从站
读	M8183	主站点的通信错误	当主站点产生通信错误时为 ON	从站
读	M8184~M8190	从站点的通信错误	当从站点产生通信错误时为 ON	主站，从站
读	M8191	数据通信	当与其他站点通信时为 ON	主站，从站

表 7.16　设置 N∶N 网络相关数据寄存器

特性	数据寄存器	名　称	描　述	响应类型
读	D8173	站点号	存储自己的站点号	主站，从站
读	D8174	从站点数	存储从站点的总数	主站，从站
读	D8175	刷新范围	存储刷新范围	主站，从站
写	D8176	站点号设置	设置自己的站点号	主站，从站
写	D8177	总从站点数设置	设置从站点总数	主站
写	D8178	刷新范围设置	设置刷新范围	主站
读/写	D8179	重试次数设置	设置重试次数	主站
读/写	D8180	通信超时设置	设置通信超时	主站
读	D8201	当前网络扫描时间	存储当前网络扫描时间	主站，从站
读	D8202	最大网络扫描时间	存储最大网络扫描时间	主站，从站
读	D8203	主站点的通信错误数目	主站点的通信错误数目	从站
读	D8204～D8210	从站点的通信错误数目	从站点的通信错误数目	主站，从站
读	D8211	主站点的通信错误代码	主站点的通信错误代码	从站
读	D8212～D8218	从站点的通信错误代码	从站点的通信错误代码	主站，从站

编号与从站点号相对应：辅助继电器 M8184～M8190 分别依次对应第 1 从站点、第 2 从站点……第 7 从站点；数据寄存器 D8204～D8210 和 D8212～D8218 分别依次对应第 1 从站点、第 2 从站点……第 7 从站点。

2. 设置

1) 设定站点号 D8176

D8176=0～7，设定 0～7 到特殊数据寄存器 D8176 中。其中，0 为主站点，1～7 分别对应第 1～7 从站点。

2) 设定从站点总数 D8177

D8177=0～7，设定 0～7 到特殊数据寄存器 D8177 中。其中，0 表示没有从站点，1～7 分别表示系统中有 1～7 从站点。对于从站点不需要设置该参数。

3) 设置刷新范围 D8178

D8178=0～2，设定 0～2 到特殊数据寄存器 D8178 中，选择 3 种刷新范围模式(模式 0，模式 1，模式 2)。模式 0 共享每台 PLC 的 4 个数据寄存器，模式 1 共享每台 PLC 的 32 点辅助继电器和 4 个数据寄存器,模式 2 共享每台 PLC 的 64 点辅助继电器和 8 个数据寄存器。对于从站不需要设置该参数。在每种模式下使用的元件被 N∶N 网络的所有站点占用，共享的软元件如表 7.17 所示。

表 7.17　不同刷新范围模式下 N∶N 网络占用的软元件

站点号	模式 0		模式 1		模式 2	
	位元件 M	字元件 D	位元件 M	字元件 D	位元件 M	字元件 D
	0 点	4 点	32 点	4 点	64 点	8 点
第 0 号	—	D0~D3	M1000~M1031	D0~D3	M1000~M1063	D0~D7
第 1 号	—	D10~D13	M1064~M1095	D10~D13	M1064~M1127	D10~D17
第 2 号	—	D20~D23	M1128~M1159	D20~D23	M1128~M1191	D20~D27
第 3 号	—	D30~D33	M1192~M1223	D30~D33	M1192~M1255	D30~D37
第 4 号	—	D40~D43	M1256~M1287	D40~D43	M1256~M1319	D40~D47
第 5 号	—	D50~D53	M1320~M1351	D50~D53	M1320~M1383	D50~D57
第 6 号	—	D60~D63	M1384~M1415	D60~D63	M1384~M1447	D60~D67
第 7 号	—	D70~D73	M1448~M1479	D70~D73	M1448~M1511	D70~D77

4) 设定重试次数 D8179

D8179=0~10，设定 0~10 到特殊数据寄存器 D8179 中。对于从站点不需要设置该参数。如果主站点试图以此重试次数(或更高)与从站点通信，该站点将发生错误。

5) 设置通信超时 D8180

D8180=5~255，设定 5~255 到特殊数据寄存器 D8180 中。将设定值乘以 10 ms 就是通信超时的持续时间。通信超时是主站点与从站点间的通信驻留时间。对于从站点不需要设置该参数。

【例 3】　设计 N∶N 网络主站参数设定程序，实现 N∶N 网络中主站点参数的设定，要求：① 系统包括 2 个从站点；② 刷新设置为模式 1；③ 重试次数设定为 3 次；④ 通信超时设定为 60 ms。

主站参数设定程序如图 7.22 所示。

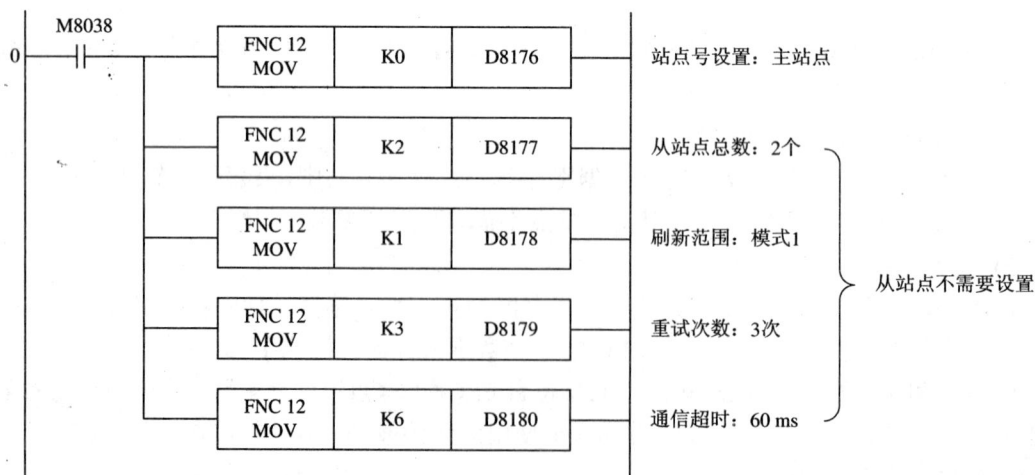

图 7.22　主站参数设定程序

注意：要将以上的程序作为 N：N 网络参数设定程序从第 0 步(LD M8038)开始写入，该程序段不需要执行，当把其编入此位置时，自动有效。

【例 4】 三台 FX$_{2N}$ 系列可编程序控制器采用 FX$_{2N}$-485-BD 内置通信板连接，构成的 N：N 网络如图 7.23 所示。其从站点总数为 2，数据刷新采用模式 1，重试次数为 3，通信超时 50 ms。设计满足下列要求的主站和从站程序。

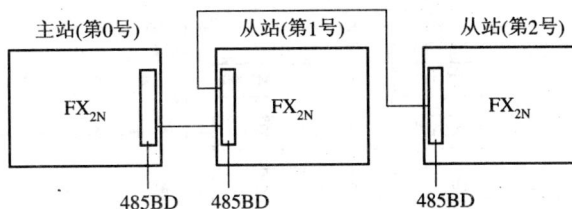

图 7.23 系统配置示意图

(1) 主站点的输入点 X0～X3(M1000～M1003)输出到从站 1 和从站 2 的输出点 Y10～Y13。

(2) 从站 1 的输入点 X0～X3(M1064～M1067)输出到主站点和从站 2 的输出点 Y14～Y17。

(3) 从站 2 的输入点 X0～X3(M1128～M1131)输出到主站点和从站 1 的输出点 Y20～Y23。

(4) 主站点的数据寄存器 D1 作为从站 1 的计数器 C1 的设定值，并将计数器 C1(M1070)的状态反映在主站点和从站点 1、2 的输出点 Y5 上。

(5) 主站点的数据寄存器 D2 作为从站 2 的计数器 C2 的设定值，并将计数器 C2(M1140)的状态反映在主站点和从站点 1、2 的输出点 Y6 上。

(6) 从站 1 的数据寄存器 D10 的值和从站 2 的数据寄存器 D20 的值相加，结果存入主站点数据寄存器 D3 中。

(7) 主站点的数据寄存器 D0 的值和从站 2 的数据寄存器 D20 的值相加，结果存入从站 1 的数据寄存器 D11 中。

(8) 主站点的数据寄存器 D0 的值和从站 1 的数据寄存器 D10 的值相加，结果存入从站 2 的数据寄存器 D21 中。

主站点以及从站点 1、2 的数据寄存器设置如表 7.18，控制程序如图 7.24～7.26 所示。

表 7.18 主站点和从站点的数据寄存器的设置

数据寄存器	主站点	从站 1	从站 2	备　注
D8176	K0	K1	K2	站点号
D8177	K2	—	—	从站点总数：2 个
D8178	K1			刷新范围：模式 1
D8179	K3	—	—	重试次数：3 次
D8180	K5	—	—	通信超时：50 ms

```
     M8038
0 ────┤├────────────────────────┤ MOV │ K0  │ D8176 │──  主站点设置

                                 ┤ MOV │ K2  │ D8177 │──  总从站点数：2个  ┐
                                                                          │
                                 ┤ MOV │ K1  │ D8178 │──  刷新范围：模式1   │ 从站点不需要设置
                                                                          │
                                 ┤ MOV │ K3  │ D8179 │──  重试次数：3次     │
                                                                          │
                                 ┤ MOV │ K5  │ D8180 │──  通信超时：50 ms  ┘
     M8000
  ────┤├────────────────────────┤ MOV │ K1X0   │ K1M1000 │── 主站的X0～X3→M1000～M1003
          M8184
        ──┤├──────────────────── ┤ MOV │ K1M1064│ K1Y14  │── M1064～M1067→主站的Y14～Y17
          M8185
        ──┤├──────────────────── ┤ MOV │ K1M1128│ K1Y20  │── M1128～M1131→主站的Y20～Y23
          M8184
        ──┤╱├──────────────────── ┤ MOV │ K10  │ D1 │── 数据10→主站的D1
                      M1070
                    ──┤├────────────────────────( Y5 )── M1070的状态→主站的Y5
          M8185
        ──┤╱├──────────────────── ┤ MOV │ K10  │ D2 │── 数据10→主站的D2
                      M1140
                    ──┤├────────────────────────( Y6 )── M1140的状态→主站的Y6

                                 ┤ MOV │ K10  │ D0 │── 数据10→主站的D0
          M8184   M8185
        ──┤╱├────┤╱├─────────────┤ ADD │ D10 │ D20 │ D3 │── 从站1的D10+从站2的D20→主站的D3

                                              ┤ END │
```

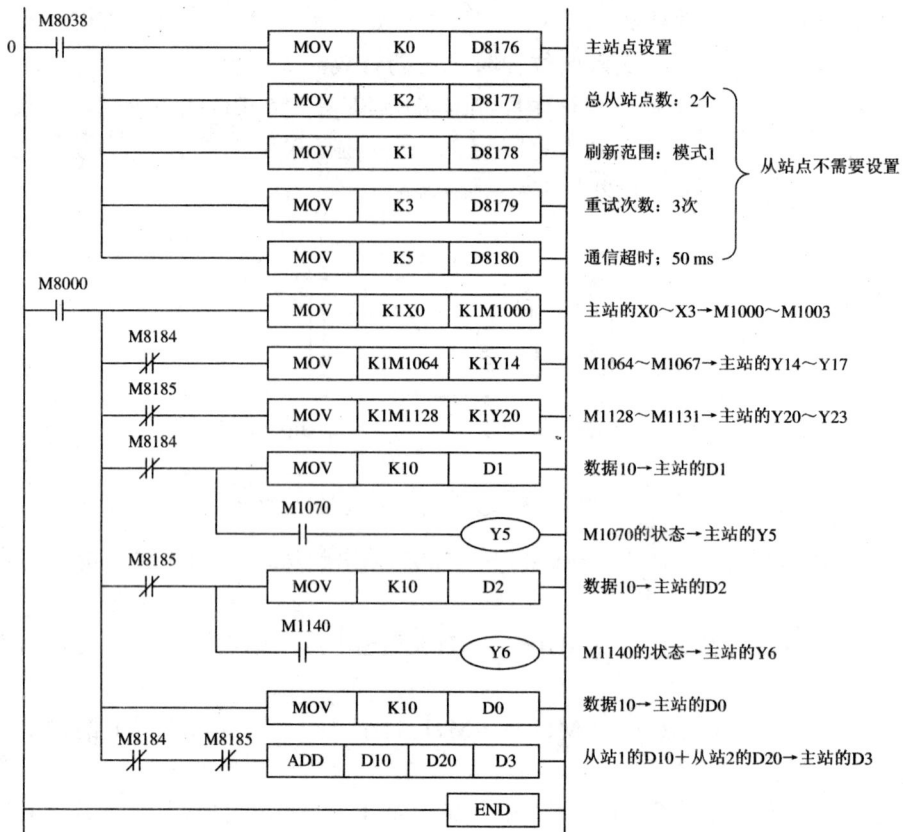

图 7.24 主站控制程序

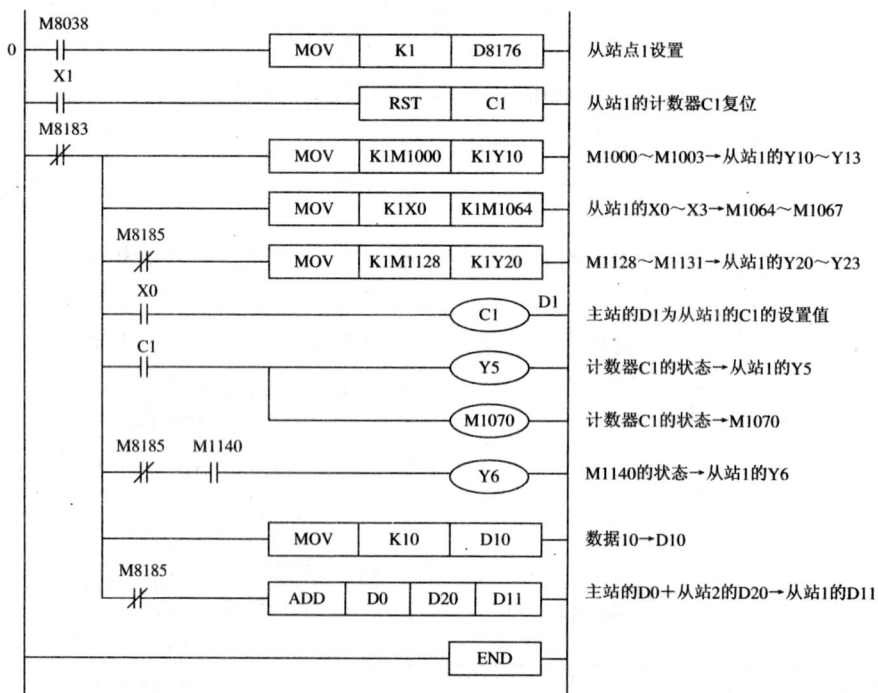

```
     M8038
0 ────┤├────────────────────────┤ MOV │ K1  │ D8176 │── 从站点1设置
     X1
  ────┤├──────────────────────────────── ┤ RST │ C1 │── 从站1的计数器C1复位
     M8183
  ──┤╱├──────────────────────────┤ MOV │ K1M1000│ K1Y10 │── M1000～M1003→从站1的Y10～Y13

                                 ┤ MOV │ K1X0   │ K1M1064│── 从站1的X0～X3→M1064～M1067
          M8185
        ──┤╱├──────────────────── ┤ MOV │ K1M1128│ K1Y20 │── M1128～M1131→从站1的Y20～Y23
          X0                                          D1
        ──┤├────────────────────────────────( C1 )── 主站的D1为从站1的C1的设置值
          C1
        ──┤├────────────────────────────────( Y5 )── 计数器C1的状态→从站1的Y5

                                          ──( M1070 )── 计数器C1的状态→M1070
          M8185  M1140
        ──┤╱├───┤├──────────────────────────( Y6 )── M1140的状态→从站1的Y6

                                 ┤ MOV │ K10  │ D10 │── 数据10→D10
          M8185
        ──┤╱├──────────────────── ┤ ADD │ D0  │ D20 │ D11 │── 主站的D0+从站2的D20→从站1的D11

                                              ┤ END │
```

图 7.25 从站 1 控制程序

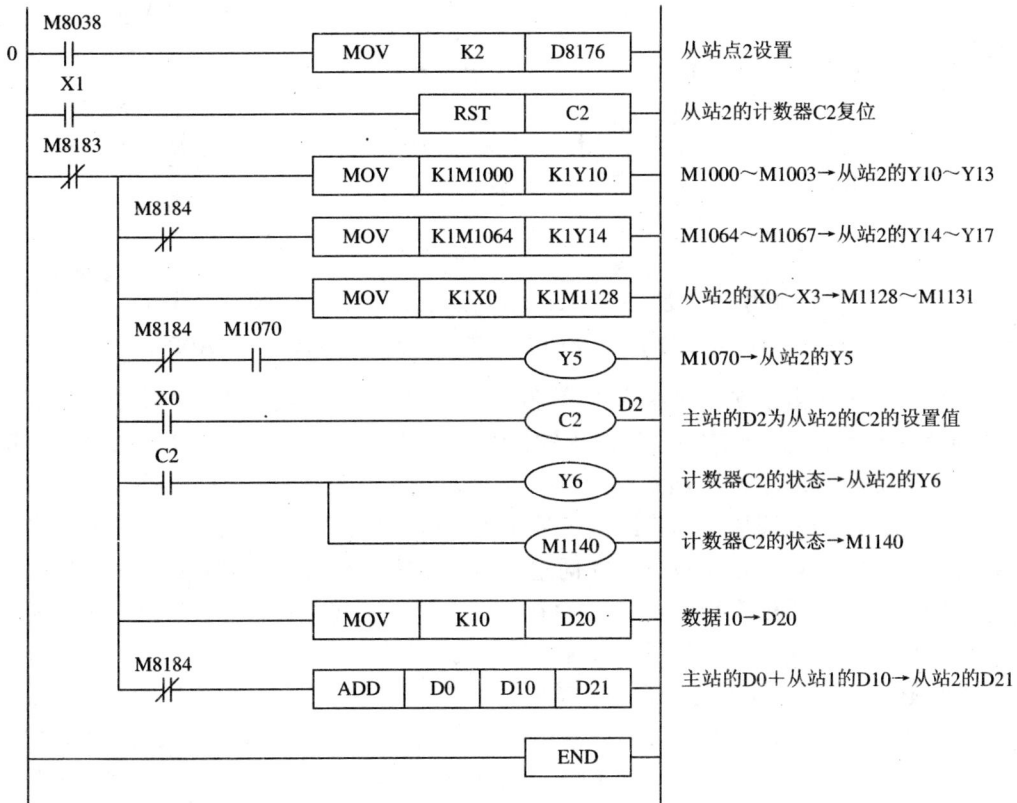

```
        M8038
0        ┤├──────────────────────────[ MOV   K2      D8176 ]    从站点2设置
        X1
         ┤├──────────────────────────────[ RST   C2 ]          从站2的计数器C2复位
        M8183
         ┤/├─────────────────────────[ MOV   K1M1000  K1Y10 ]   M1000～M1003→从站2的Y10～Y13
              M8184
              ┤/├───────────────────[ MOV   K1M1064  K1Y14 ]   M1064～M1067→从站2的Y14～Y17
                     ──────────────[ MOV   K1X0    K1M1128 ]   从站2的X0～X3→M1128～M1131
              M8184   M1070
              ┤/├──────┤├─────────────────────( Y5 )           M1070→从站2的Y5
              X0
              ┤├──────────────────────────────( C2 )  D2       主站的D2为从站2的C2的设置值
              C2
              ┤├──────────────────────────────( Y6 )           计数器C2的状态→从站2的Y6

                                              ( M1140 )         计数器C2的状态→M1140

                     ──────────────────────[ MOV   K10    D20 ]  数据10→D20
              M8184
              ┤/├──────────────────[ ADD   D0    D10    D21 ]   主站的D0+从站1的D10→从站2的D21

                                              [ END ]
```

图 7.26　从站 2 控制程序

7.5　计算机链接(用专用协议进行数据传输)

由 PLC 与计算机构成的控制系统称为上位链接系统,采用串行通信方式;计算机作为上位机,提供良好的人机界面,进行全系统的监控和管理;PLC 作为下位机,执行可靠有效的分散控制。在计算机与 PLC 之间通过网络实现信息的传输与交换。该系统适合控制对象比较简单、点数比较少、现场分布比较集中的场合。

计算机链接的传输标准符合 RS-485A、RS-422A 或 RS-232C,采用半双工通信方式,数据长度为 7 位/8 位,可采用无/奇/偶校验,停止位为 1 位/2 位,传输速率为 300、600、1200、2400、4800、9600 或 19 200 b/s。

7.5.1　系统配置

对于小型现场设备的监控可以使用单机系统。其控制对象非常明确,与上位计算机通信可采用标准的 RS-232C 接口,如图 7.27 所示。RS-232C 接口的最大通信距离为 15 m。

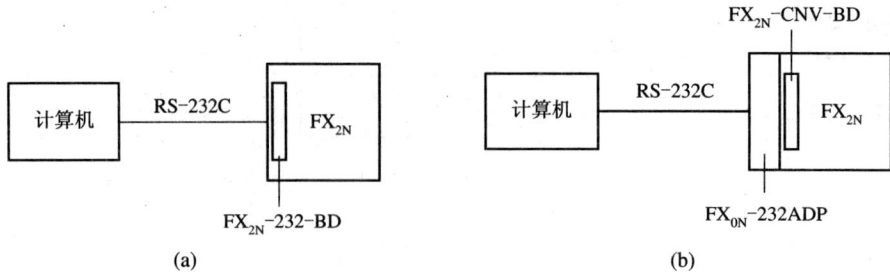

图 7.27 使用 RS-232C 接口的计算机链接系统配置

(a) FX$_{2N}$+FX$_{2N}$-232-BD; (b) FX$_{2N}$+FX$_{2N}$-CNV-BD+FX$_{0N}$-232ADP

用一台计算机对多个现场设备进行监控时可以采用单机扩展系统，其特点是分布于各点的现场设备之间的电气控制没有逻辑上的控制和联锁。各分布点上的 PLC 通过 RS-485A 总线与上位计算机通信，而各 PLC 之间不能通信，如图 7.28 所示。采用 RS-485A 接口的单机扩展系统，从传输速率和通信距离上来讲完全能够适应大规模的集散控制系统要求，能够很方便地解决现场设备比较分散的问题，适应规模比较大的控制系统，但其应用的局限性也比较突出，各分布的 PLC 间无法直接通信，只有通过上位机才能实现各分布点之间联控，这样对上位机依赖程度较高，影响了系统的可靠性。

用 FX$_{2N}$ 可编程序控制器进行数据传输时，用 RS-485A(422A) 单元进行的数据传输可用专用协议在 1∶N(N 最大为 16 个站点)的基础上完成。系统中除了 FX$_{2N}$ 系列可编程序控制器外，还可链接 FX$_{2NC}$、FX$_{1N}$、FX$_{1S}$、FX$_{0N}$ 和 FX$_{2C}$ 可编程序控制器以及 A 系列可编程序控制器。RS-485A(422A) 接口的最大通信距离为 500 m。系统中若使用 FX$_{2N(1N)}$-485-BD 通信板，最大通信距离仅为 50 m。

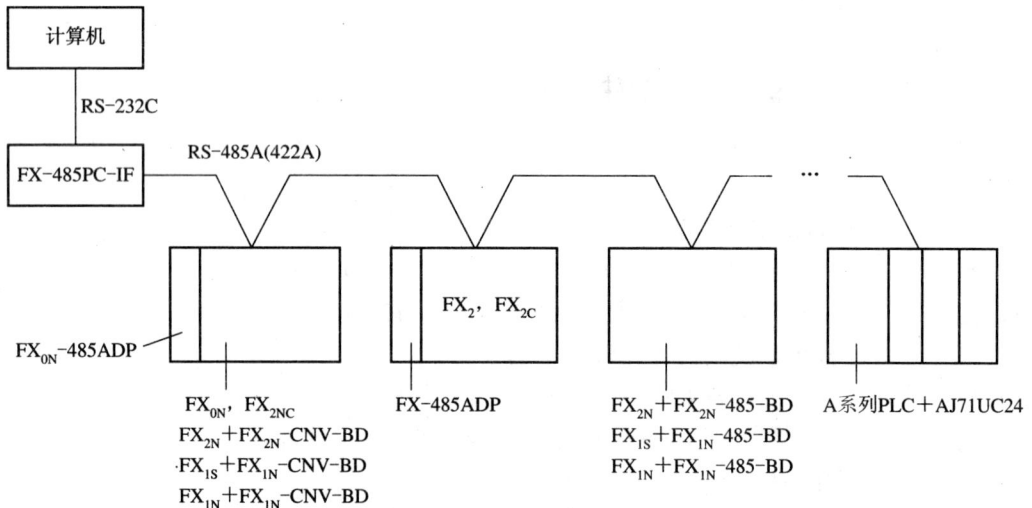

图 7.28 使用 RS-485A(422A) 接口的计算机链接系统配置

7.5.2 专用协议

串行通信中还有一种通信方式，称为协议通信，其传输的是指令而非直接的信息，这

· 214 ·

些指令是预先制定的一些协议。协议通信传输的是 ASCII 字符串，双方需对接收到的字符串进行分析。

由 FX 系列可编程序控制器构成的计算机链接系统有两种规定的协议通信格式(格式 1 与格式 4)，可以通过设置特殊数据寄存器 D8120 的 b15 进行选择。

1. 控制协议格式 1

计算机从可编程序控制器读取数据的过程分为三步，如图 7.29 所示。

(1) 计算机向 PLC 发送读数据命令。

(2) PLC 接收到命令后执行相应的操作，将要读取的数据发送给计算机。

(3) 计算机在接收到相应的数据后向 PLC 发送确认响应，表示数据已接收到。

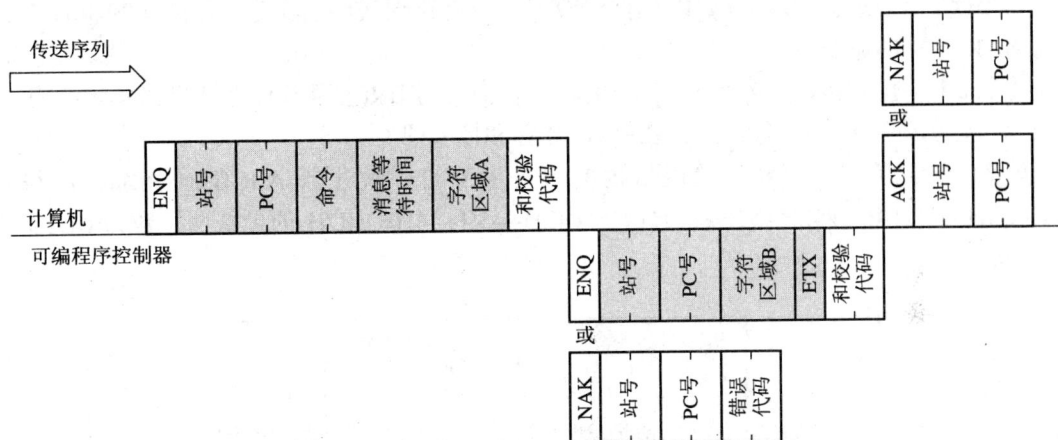

图 7.29 控制协议格式 1 下计算机从可编程序控制器读取数据

计算机向 PLC 写数据的过程分为两步，如图 7.30 所示。

(1) 计算机首先向 PLC 发送写数据命令。

(2) PLC 接收到写数据命令后执行相应的操作，执行完成后向计算机发送确认信号，表示写数据操作已完成。

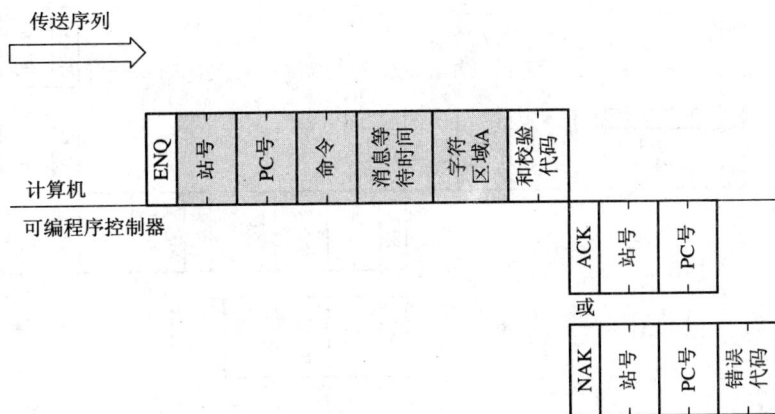

图 7.30 控制协议格式 1 下计算机向可编程序控制器写数据

站号用来确定计算机在访问哪个可编程序控制器。在 FX 系列可编程序控制器中，站号是通过特殊数据寄存器 D8121 来设定的，设定范围为 00H～0FH。

PC 号是用来确定可编程序控制器 CPU 的数字。FX 系列可编程序控制器的 PC 号是 FFH，由两位 ASCII 字符来表示。

字符区域的内容依赖于具体的单个系统，不随控制协议的格式而改变。

和校验代码用来确定消息中的数据有没有受到破坏，由特殊数据寄存器 D8120 中的 b13 设定。当 D8120 的 b13=1 时，使用和校验码，和校验码根据和校验区域(图中阴影区域)中的 ASCII 字符的十六进制值计算得到。总计结果的低两位数字(十六进制)作为和校验码，由两个 ASCII 字符表示。

如果读/写数据的命令有误，PLC 向计算机发送有错误代码的命令，如图 7.29 和图 7.30 中以 NAK 开始的命令。

【例 5】 已知传输站号为 0，PC 号为 FF，命令为 BR(元件存储器或批读)，消息等待时间为 30 ms，字符区域的数据为 ABCD，计算和校验码。

如图 7.31 所示，将和校验区域内的所有字符的十六进制 ASCII 码相加，所得和 (30H+30H+46H+46H+42H+52H+33H+41H+42H+43H+44H=2BDH)的最低两位数为 BDH，即为和校验码。

图 7.31　和校验码的计算

2. 控制协议格式 4

控制协议格式 4 与控制协议格式 1 的差别在于每一个传输数据块上都添加终结码 CR+LF。PLC 与计算机之间读/写数据的传输格式如图 7.32 和图 7.33 所示。

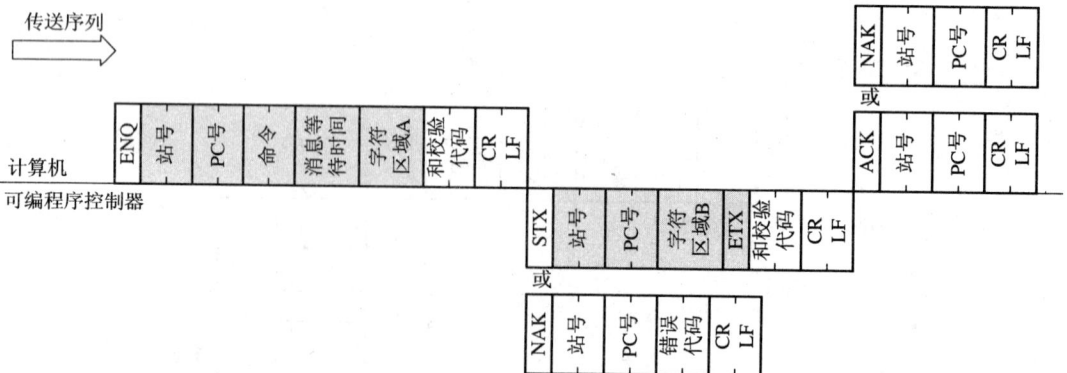

图 7.32　控制协议格式 4 下计算机从可编程序控制器读取数据

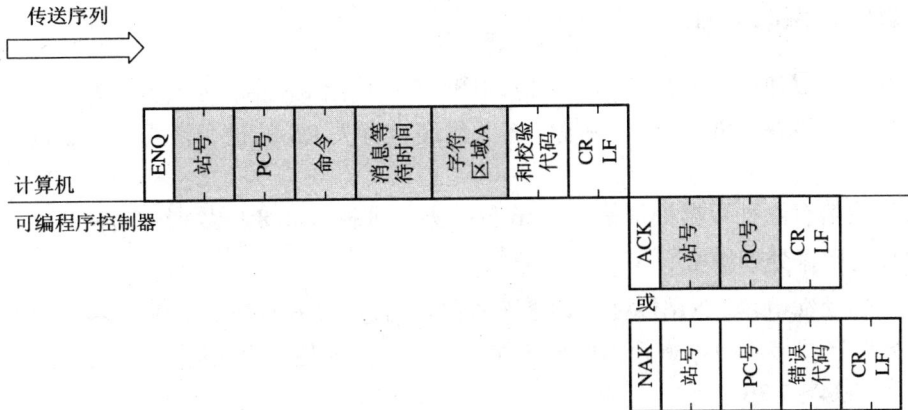

图 7.33　控制协议格式 4 下计算机向可编程序控制器写数据

7.6　无协议通信(用 RS 指令进行数据传输)

多数 PLC 都有串行口无协议通信指令，FX 系列可编程序控制器为 RS 指令。RS 指令属外围设备功能指令，用于 PLC 与上位计算机或其他 RS-232C 设备的通信。该通信方式最为灵活，PLC 与 RS-232C 设备之间可使用用户自定义的通信规约，但 PLC 的编程工作量较大，对编程人员的要求较高。如果不同厂家的设备使用的通信规约不同，即使物理接口都是 RS-485A，也不能接在同一网络内，在这种情况下一台设备要占用 PLC 的一个通信接口。

FX_{2N} 可编程序控制器与各种 RS-232C 设备(包括个人计算机、条形码阅读器和打印机)进行数据通信，可通过无协议通信完成。此通信使用 RS 指令或一个 FX_{2N}-232IF 特殊功能模块。

无协议通信的传输标准符合 RS-485A、RS-422A 或 RS-232C；FX_{2N} 可编程序控制器 RS-485A(422A)接口的传输距离最大为 500 m，支持连接数目 1：N；RS-232C 接口的最大通信距离为 15 m，连接数目为 1：1；采用全双工通信方式；数据长度为 7 位/8 位；可采用无/奇/偶校验；停止位为 1 位/2 位；传输速率为 300、600、1200、2400、4800、9600 或 19 200 b/s。

7.6.1　系统配置

FX_{2N} 系列 PLC 可与表 7.19 所示的通信接口实现 RS-232C 或 RS-485A(422A)无协议通信。

表 7.19　无协议通信时 PLC 与通信接口的配置

传输标准	PLC 型号	使用接口	最大通信距离/m
RS-232C	FX_{2N}	FX_{2N}-232-BD	15
		FX_{2N}-CNV-BD+FX_{0N}-232ADP	
		FX_{2NC}-CNV-IF+FX_{2N}-232IF	
RS-485A(422A)		FX_{2N}-485-BD	50
		FX_{2N}-CNV-BD+FX_{0N}-485ADP	500
	使用计算机的 RS-232C 接口连接时，需要 RS-485A/RS-232C 信号转换器		

7.6.2 通信数据的处理

在进行无协议通信的通信数据处理时，需要首先使用 RS 指令实现的通信格式以及发送及接收缓冲区的设置，并在 PLC 中编制有关程序。有关 RS 的指令格式参见 5.11 节的相关内容。

无协议通信有两种数据处理格式：16 位数据处理模式和 8 位数据处理模式。

1. 16 位数据处理模式

当特殊辅助继电器 M8161=OFF 时，无协议通信进行 16 位数据处理。在 16 位数据处理模式下，先发送或接收数据寄存器的低 8 位，然后是高 8 位。相应的 RS 指令程序及数据处理过程如图 7.34～7.36 所示。

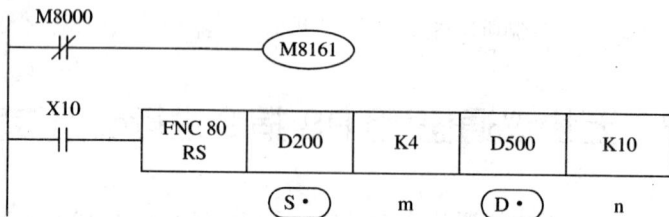

图 7.34   RS 指令在处理 16 位数据时的控制程序

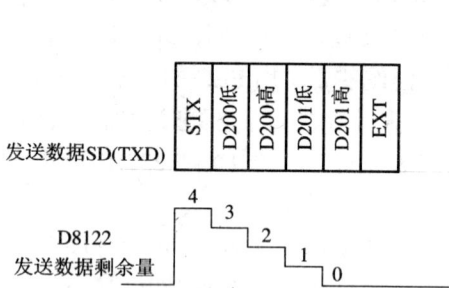

图 7.35   发送数据和发送数据剩余量

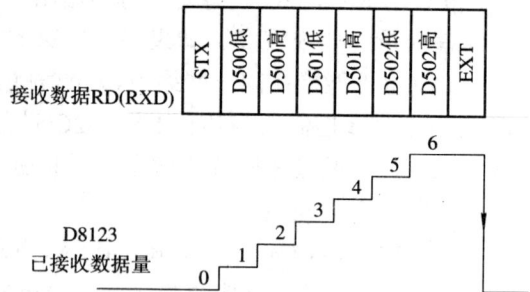

图 7.36   接收数据和接收数据剩余量

2. 8 位数据处理模式

当特殊辅助继电器 M8161=ON 时，无协议通信进行 8 位数据处理。在 8 位数据处理模式下只发送或接收数据寄存器的低 8 位，不使用高 8 位。相应的 RS 指令程序及数据处理过程如图 7.37～7.39 所示。

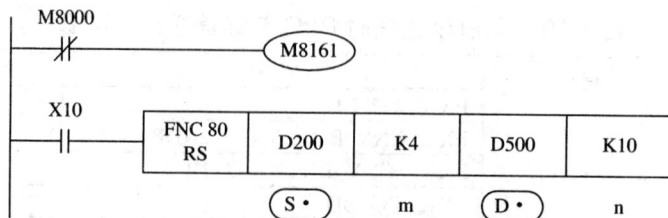

图 7.37   RS 指令在处理 8 位数据时的控制程序

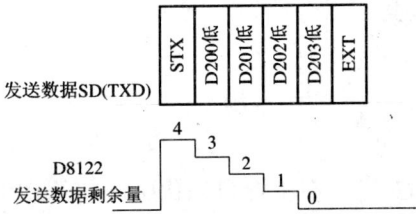

图 7.38 发送数据和发送数据剩余量

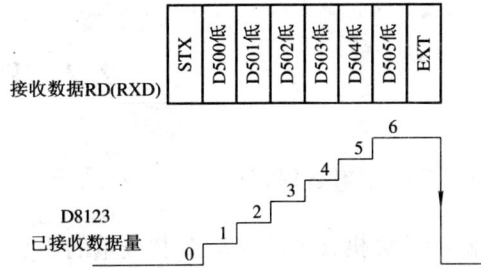

图 7.39 接收数据和接收数据剩余量

【例6】 利用 FX$_{2N}$-232-BD 内置通信板连接 FX$_{2N}$ 可编程序控制器和打印机，编写可编程序控制器的控制程序，使得打印机可以打印从可编程序控制器发送的数据。具体要求如下：

(1) 打印机每打一条信息下移一行，在信息的末尾写 CR(换行)(000DH)和 LF(回车)(000AH)；

(2) 利用 X0 驱动 RS 指令；

(3) 每次 X1 打开(↑)时，将 D200～D210 的内容发送到打印机，并打印"测试行"。

通信格式设置如表 7.20 所示，控制程序如图 7.40 所示。

表 7.20 通信格式(D8120=H006F)

数据长度	8 位	起始符	无
奇偶校验	偶	终止符	无
停止位	2 位	控制线	不用
传输速率	2400 b/s	通信协议	无

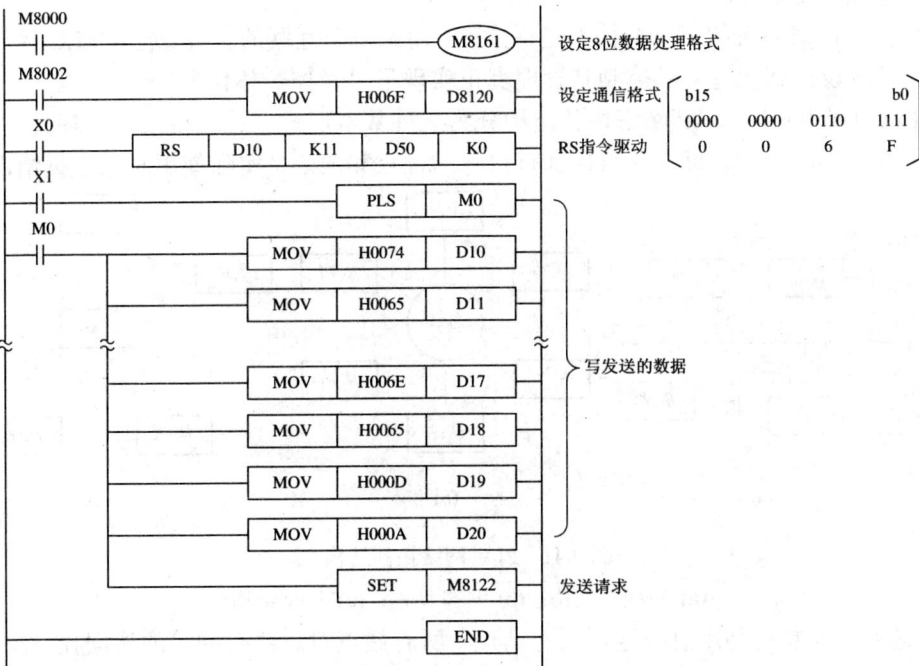

图 7.40 控制程序

7.7 PLC 网络

7.7.1 PLC 网络结构

随着计算机技术、自动控制技术的飞速发展，PLC 通信在工业自动化中所起的作用越来越引起人们的重视。由 PLC、计算机、远程 I/O 相互连接所形成的分布式控制系统、现场总线控制系统已逐步形成，这种大规模的 PLC 多机通信系统实际上就构成了 PLC 网络系统，也称为工业控制网络系统。网络化已成为 PLC 发展的主要方向。

PLC 控制网络通常分为三个层级，采用中央计算机的数据管理级为最高级，生产线或车间的数据控制为中间级，直接完成设备控制的为最低级。可编程序控制器可以方便地与工业控制计算机等数字设备直接连接，是 PLC 控制网络中、低层级构成的重要组成部分。

(1) 工厂级。它是网络的最高级，主要采用通用计算机(包括大、中型计算机)，负责工程和产品设计、制定材料资源计划、处理有关生产数据、企业内部协调管理等方面的工作。工厂级网络作为工厂主网的一个子网，通过交换机、网桥或路由器等使工厂办公管理网络与车间级网络相连，将车间数据集成到工厂级。

(2) 车间级。它是网络的中间级，用来完成车间主生产设备之间的连接，实现车间级设备的管理，还具有数据采集、编程调试、工艺优化选择、参数设定、生产统计、生产调度等生产管理功能。

(3) 设备级。它是网络的最低级，其主要功能是使用 PLC 连接现场设备，如分布式 I/O、传感器、驱动器、执行机构和开关设备等，完成现场设备及设备之间的联锁控制，操纵设备运行，实现控制功能。

PLC 控制网络系统的三级结构不是孤立的，而是一个互联的整体。通过 PLC 控制网络，使工业生产从设计到制造、从控制到管理真正实现了"管控一体化"。

在 PLC 控制网络中，其网络拓扑结构分为三种基本形式：总线型结构、环型结构和星型结构，如图 7.41 所示。每一种结构都有自身的优点和缺陷，实际使用时可根据情况选择。

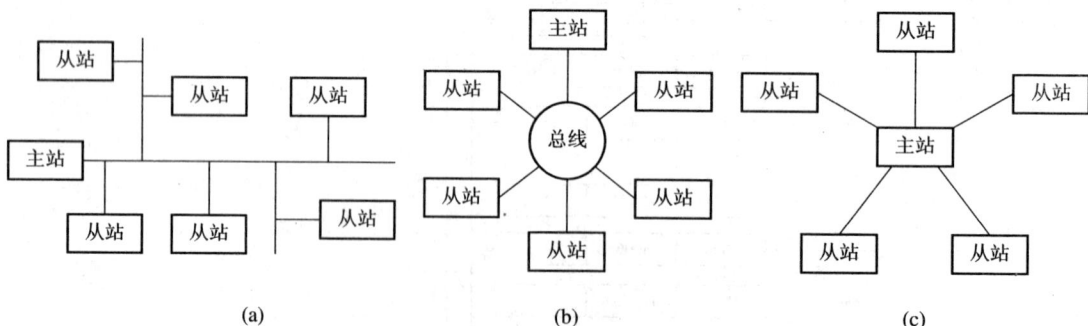

图 7.41 PLC 网络拓扑结构

(a) 总线型结构；(b) 环型结构；(c) 星型结构

(1) 总线型结构：利用总线连接所有站点，所有站点对总线有同等的访问权。总线网络结构简单，易于扩充，可靠性高，灵活性好，响应速度快，PLC 控制网络以总线型结构居多。

(2) 环型结构：各个节点通过环路接口首尾相接形成环形，各个节点均可以请求发送信息。环型网络结构简单，安装费用低，某个节点发生故障时可以自动旁路，保证其他部分的正常工作，系统的可靠性高。

(3) 星型结构：以中央节点为中心，网络中任何两个节点不能直接进行通信，数据传输必须经过中央节点的控制。上位机(主机)通过点对点的方式与多个现场处理机(从机)进行通信。该结构建网容易，便于程序集中开发和资源共享，但上位机负荷重，线路利用率低，系统费用高。若上位机发生故障，整个通信系统将瘫痪，故在 PLC 网络中很少使用。

7.7.2 基于 FX$_{2N}$ 系列 PLC 的网络技术

PLC 与各种智能设备可以组成通信网络，以进行信息的交换。各 PLC 或远程 I/O 模块放置在生产现场，实现分散控制，然后用网络连接起来，构成集中管理的分布式网络系统。有以太网的控制网络还可以与 MIS(管理信息系统)融合，形成管理控制一体化网络。

大型控制系统一般采用三层网络结构：最高层是以太网；第二层是 PLC 厂家提供的通信网络或现场总线，如三菱的 CC-Link、西门子的 PROFIBUS、Rockwell 的 Control Net、欧姆龙的 Controller Link 等；底层是工业数据通信总线，如 CAN 总线、Device Net 和 ASI 等。较小型的系统可能只使用底层的通信网络，更小的系统用串行通信接口(如 RS-232C、RS-422A 和 RS-485A)实现 PLC 与计算机和其他可编程设备之间的通信。

FX$_{2N}$ 系列可编程序控制器可接入五种开放式网络，即 CC-Link、ASI、PROFIBUS、Device Net 以及 MELSEC-I/O LINK。

1. CC-Link 网络通信

融合了控制与信息处理的现场总线 CC-Link(Control & Communication Link)是一种省配线、信息化的网络，不但具备高实时性、分散控制、与智能设备通信、RAS 等功能，而且提供了开放式的环境。

CC-Link 的最高传输速率为 10 Mb/s(对应最大通信距离 100 m)，最大通信距离为 1200 m(对应传输速率 156 kb/s)。模块采用光电隔离，占用 8 个输入输出点。

安装了 FX$_{2N}$-16CCL-M CC-Link 系统主站模块后，FX$_{2N}$PLC 在 CC-Link 网络中可作主站或远程站使用，可将最多 7 个远程 I/O 站和 8 个远程设备站连接到主站上。网络中还可以连接三菱和其他厂家的符合 CC-Link 通信标准的产品，如变频器、AC 伺服装置、传感器和变送器等，最适合于生产线的分散控制和集中管理，以及小规模高速网络的构建等。CC-Link 网络的最大系统配置如图 7.42 所示。

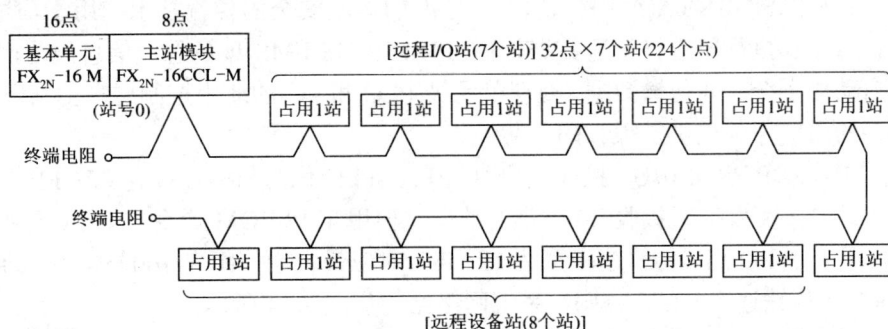

图 7.42 CC-Link 网络的最大系统配置

2. ASI 网络

ASI(Actuator Sensor Interface)是执行器/传感器接口,属于底层自动控制设备的工业数据通信网络,用于在控制器和传感器或执行器之间实现双向数据通信。ASI 传输的字节很短,有效数据一般只有 4～5 位,被称为设备层总线。ASI 已被纳入 IEC62026 国际标准。

ASI 属于主从式网络,每个网段只能有一个主站。主站是网络通信的中心,负责网络的初始化以及设置从站的地址和参数等。从站是 ASI 系统的输入通道和输出通道,仅在被 ASI 主站访问时才被激活。接到命令时,它们触发动作或将现场信息传输给主站。当从站发生故障时,自动地址分配功能可以很容易地替换从站。

ASI 使用非屏蔽双绞线,由总线提供电源,由电缆直接连接现场传感器和执行器,系统中不需要终端电阻,可以采用 T 型分支。当前世界上主要的传感器和执行器生产厂家都支持 ASI,它特别适用于连接具有开关量特征的传感器和执行器,如行程开关、位置开关、阀门、报警器、继电器及接触器等。

三菱的 FX_{2N}-32ASI-M 是 ASI 网络的主站模块,响应时间小于 5 ms,最大通信距离为 100 m,使用两个中继器可扩展到 300 m,传输速率为 167 kb/s。FX_{2N}-32ASI-M 模块最多可接 31 个从站,占用 8 个输入/输出点,系统结构如图 7.43 所示。

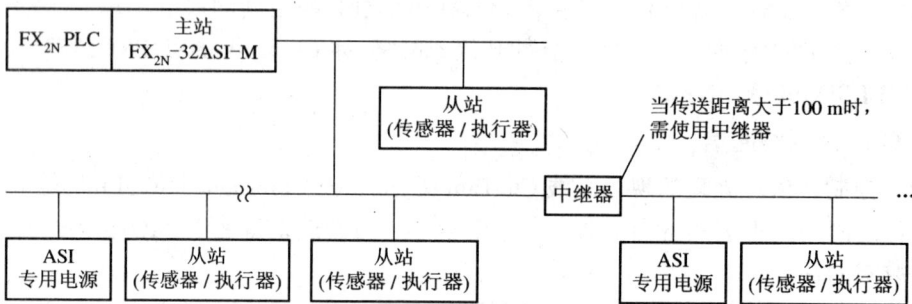

图 7.43   ASI 网络系统构成

3. 现场总线 PROFIBUS

工业现场总线 PROFIBUS(Process Field bus)是用于车间级和设备级的通信系统,是开放式的现场总线,已被纳入现场总线的国际标准 IEC61158。PROFIBUS 有三个兼容版本:PROFIBUS-DP(分布 I/O 系统)特别适用于 PLC 与现场级分散的远程 I/O 设备之间的高速数据交换通信;PROFIBUS-PA(过程自动化)是标准的本质安全的传输技术,用于与过程自动化的现场传感器和执行器进行低速数据传输;PROFIBUS-FMS(现场总线信息规范)用于不同供应商的自动化系统之间传输数据,处理单元级(PLC 和 PC)的通用控制层多主站数据通信,为解决复杂的通信任务提供了很大的灵活性。

FX_{0N}-32NT-DP PROFIBUS 接口模块可将 FX_{2N}PLC 作为从站连接到 PROFIBUS-DP 网络中,从主站最多可发送或接收 20 个字的数据。使用 TO/FROM 命令与 FX_{2N} 系列 PLC 进行通信,占用 8 个 I/O 点,传输速率可达 12 Mb/s(对应最大通信距离 100 m),最大通信距离为 1200 m(对应传输速率 93.75 kb/s),系统网络结构如图 7.44 所示。

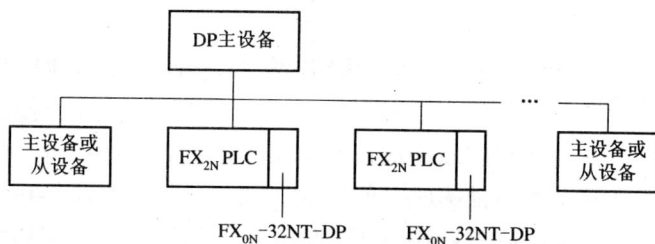

图 7.44 由 FX_{0N}-32NT-DP 接口模块连接的 PROFIBUS-DP 网络结构

FX_{2N}-32DP-IF PROFIBUS 接口模块用于将最多 8 个 FX_{2N} 系列扩展 I/O 单元或特殊功能模块连接到 PROFIBUS-DP 网络中，最多 256 个 I/O 点，一个总线周期可发送或接收 200 个字节的数据，系统网络结构如图 7.45 所示。

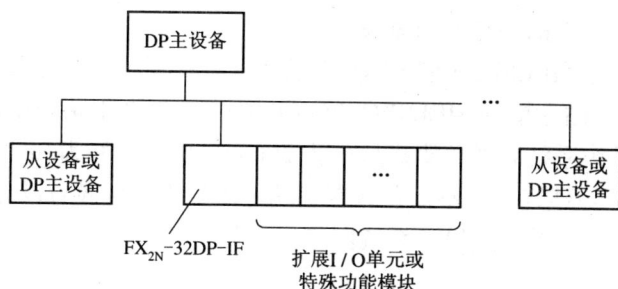

图 7.45 由 FX_{2N}-32DP-IF 接口模块连接的 PROFIBUS-DP 网络结构

4. 现场总线 Device Net

Device Net 是一种基于 CAN 技术的开放型通信网络，主要用于构建底层控制网络。

Device Net 已被纳入 IEC62026 标准。其节点不分主从，网络上任一节点均可在任意时刻主动向网络上其他节点发起通信；各网络节点嵌入 CAN 通信控制器芯片，其网络通信的物理信令和媒体访问控制完全遵循 CAN 协议。Device Net 最多可连接 64 个节点，可实现点对点、多主或主/从通信，可带电更换网络节点，在线修改网络配置。

Device Net 采用的典型拓扑结构为总线型结构，采用总线分支连接方式，粗缆多用作主干总线，细缆多用作支线，非总线供电的线缆应包括 24 V 直流电源线、信号线这两组双绞线以及信号屏蔽线。在设备连接方式上可以灵活选用开放式和密封式的连接器。

FX_{2N}-64DNET 模块将 FX_{2N}PLC 作为从站连接到 Device Net 网络中，可使用屏蔽双绞线电缆，最高传输速率为 500 kb/s，占用 8 个 I/O 点，系统网络结构如图 7.46 所示。

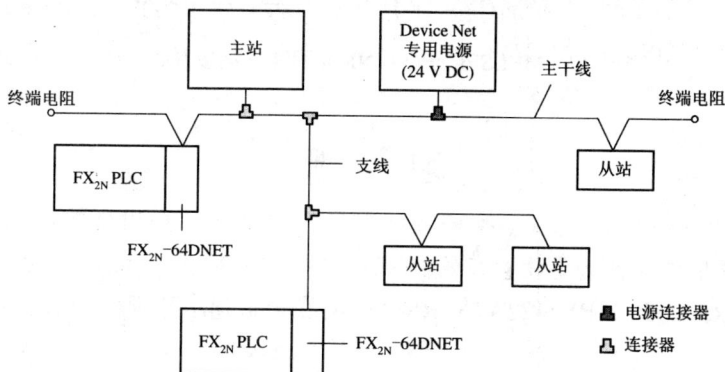

图 7.46 Device Net 网络系统构成

5. MELSEC-I/O 链接

MELSEC NET 是三菱 PLC 的数据通信网络，它不仅可以执行数据控制和数据管理，而且也能完成工厂自动化所需要的绝大部分功能，是一个大型的网络控制系统。MELSEC NET 由两个数据通信环路——主环与副环构成，反向工作，互为备用，每一时刻只允许有一个环路工作。当主环路或子站发生故障时，网络的"回送功能"将通信自动切换到副环路，并将子站故障断开。如果主、副环路均发生故障，它又能够把主、副环路在故障处自动接通，形成回路，实现"回送功能"。这样，可以保证在任何故障下整个通信系统不发生中断而可靠工作。另外，系统还具有电源瞬间断电校正功能，保证了通信的可靠。

对于不必采用大型网络系统的地方，有时也希望将小型 PLC 以及其他控制装置综合起来构成集散控制系统，考虑到经济成本，可以组成 MELSEC-I/O 链接网络系统，它是在 MELSEC NET 基础上开发的小型网络系统。

FX_{2N}-16LNK-M 是 MELSEC-I/O LINK 远程 I/O 链接系统的主站模块，可将 FX_{2N} 系列可编程序控制器作为主站连接到 MELSEC-I/O LINK 中。每个主站模块最大支持 16 个 4 点远程模块(128 点)。整个系统总通信距离最大为 200 m，传输速率为 38 400 b/s。主站及远程 I/O 模块可以用屏蔽双绞线连接，不需要设置终端电阻，所有电缆可以分支。该网络适用于远程输入/输出设备的开关量控制等，系统网络结构如图 7.47 所示。

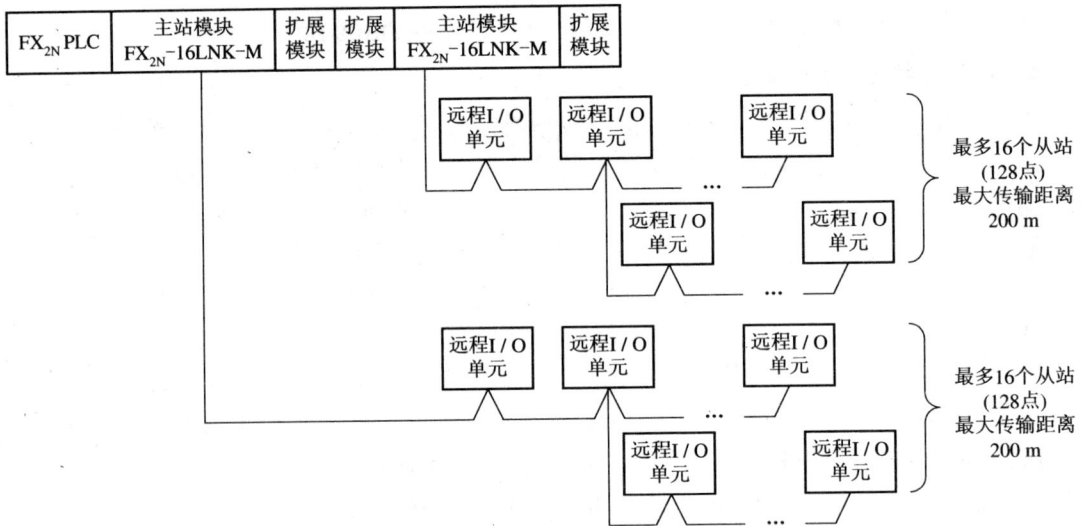

图 7.47 MELSEC-I/O LINK 远程 I/O 链接系统构成

习　题

7.1　异步通信中为什么要设置起始位和停止位？

7.2　简述 RS-232C、RS-422A 和 RS-485A 在传输速率、通信距离和可连接站点数等方面的区别。

7.3　异步传输和同步传输有何区别？

7.4 利用两台 FX_{2N} 系列 PLC 进行并行链接，工作在普通模式下，编写主站和从站程序，并满足下列要求：当主站的数据寄存器 D0≥100 时，将从站的输入信号 X0～X7 输出到主站 Y0～Y7。

7.5 简述 N：N 网络之间如何交换数据。

7.6 利用四台 FX_{2N} 系列 PLC 组成 N：N 网络，编写主站和各从站程序，并满足下列要求：各站点的输出信号 Y0～Y7 共享，并将这些信号保存在各自的辅助继电器(M)和数据寄存器中(D)。

7.7 计算机链接中的和校验有什么作用？如何计算和校验？

7.8 简述计算机链接中利用计算机读取 PLC 数据时双方的数据传输过程。

7.9 简述无协议通信方式的特点。

第 8 章 可编程序控制器控制系统设计

━━━━━━━━━━━━━━━━━━━━▶▶▶

工业现场对控制系统的功能和要求不尽相同，所采取的控制方案也就自然有所差异。在采用可编程序控制器进行控制时，控制系统设计的基本原则、内容、步骤和设计方法却基本相同。本章将应用前面所学知识，联系具体生产现场，介绍 PLC 控制系统设计的全过程。

8.1 PLC 控制系统设计概述

8.1.1 PLC 控制系统设计的原则

控制系统要以实现被控对象的自动化要求为前提，以保证系统安全为准则，以提高生产效率和产品质量为宗旨。因而在 PLC 控制系统设计中要遵循以下原则：

(1) 最大限度地满足被控对象的要求。

(2) 尽可能使得控制系统简单、经济、实用、可靠且维护方便。

(3) 保证控制系统、操作人员及其生产设备的安全。

(4) 考虑生产的发展和工艺的更改，对所采用 PLC 的容量留出适当的余地。

8.1.2 PLC 控制系统设计的内容

PLC 控制系统是由 PLC、输入/输出元器件和用户程序等构成，其设计的主要内容有：

(1) 详细分析被控对象，明确设计任务及要求。

(2) 选择输入/输出元器件(按钮、转换开关、行程开关、传感器/接触器、电磁铁、信号灯等)以及由输出元件所驱动的控制对象(电动机、电磁阀等)。

(3) 根据系统要求确定 PLC 的型号，以及所需要的各种模块(开关量 I/O 模块、模拟量 I/O 模块、通信模块等)。

(4) 编制 PLC 的输入/输出分配表，绘制控制系统电气原理图。

(5) 设计控制系统程序(应用程序)。应用程序是控制系统的核心，是保证系统正常工作和安全运行的关键，因此在设计过程中需要反复修改调试应用程序，直至满足要求。

(6) 设计电器控制柜以及操作台。

(7) 编写设计说明书和控制系统操作说明书。

8.1.3　PLC 控制系统设计的步骤

PLC 控制系统设计的一般步骤如图 8.1 所示。

1．分析控制对象

在设计控制系统时，首先必须深入了解、详细分析、认真研究被控对象(机械设备、生产线或生产过程等)工艺流程的特点和要求，明确控制任务，根据控制系统的技术指标要求合理制定和选取控制参数，使得 PLC 最大限度地满足生产现场的要求。

控制要求是指控制的方式，所要完成的动作时序和动作条件，应具备的操作方式(手动、半自动、自动；连续或断续等)，必要的保护措施和联锁等。

在明确控制系统的设计任务和要求后，合理选择电气传动方式和电动机、电磁阀等执行机构的种类和数量，拟定电动机的启停、运行、调速、转向、制动等控制方案；确定输入/输出元器件的种类及数量，分析输入和输出信号之间的关系。

图 8.1　PLC 控制系统设计步骤

2．PLC 控制系统的硬件配置

控制系统的硬件配置包括 PLC 的选型、I/O 选择、控制系统原理图的绘制等。

3．分配 I/O 编号

根据现场输入/输出要求及数量，对 I/O 地址进行分配，以便程序设计时使用。

4．应用程序设计

应用程序设计是基于硬件配置和 I/O 地址分配的基础上，根据控制系统的要求，应用相关编程软件设计梯形图程序(或顺控程序、语句表等)，是整个设计的核心。

5．程序调试及固化

(1) 摸拟调试：将设计好的控制程序输入 PLC，首先进行模拟调试，对程序错误进行修正并进一步完善程序。

(2) 现场调试：在对应用程序完成摸拟调试后，方可进行现场调试。现场调试时，如果程序较长(由多个环节组成)，可利用 END 指令进行分段调试，并逐步修正，最后再做整体调试，直至满足现场要求。

(3) 程序固化：将调试好的程序存入 EEPROM，以备后用。

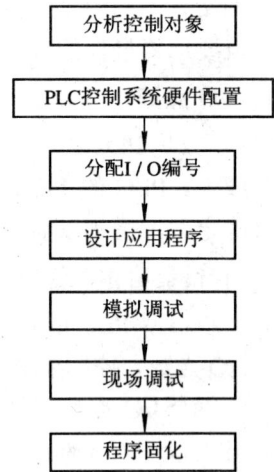

8.2　PLC 控制系统的硬件配置

8.2.1　PLC 机型选择

选择合适的 PLC 机型是整个硬件配置的关键。目前，国内外生产 PLC 的厂家很多，如

三菱、西门子、欧姆龙、ABB、LG、松下等，不同厂家的 PLC 产品的功能虽然相似，但特殊功能、价格以及编程指令和编程软件却各不相同。而同一厂家的 PLC 产品又有不同系列，同一系列又有不同的型号，不同系列不同型号的 PLC 产品在功能上存在很大的差异。因此选型时就要选择最佳的性价比。一般要考虑下述几点。

1. I/O 点数

I/O 点数是 PLC 的一项重要指标。合理选择 I/O 点数可以既满足控制系统要求，又降低系统的成本。PLC 的 I/O 点数和种类应根据被控对象的开关量、模拟量等输入/输出设备的状况来确定。考虑到以后的调整和发展，可以适当留出备用量(一般为 20%左右)。

2. 存储器容量的选择

微型和小型 PLC 的容量是固定的，约 1～2 KB。用户程序所占用的内存与很多因素有关，如 I/O 点数、控制要求、运算处理量、程序结构等。因此在程序设计前只能大概估计所需内存。每个 I/O 点和有关功能元件占有内存大概如下：

- 开关量输入元件：10～20 B/点；
- 开关量输出元件：5～10 B/点；
- 定时器/计数器：2 B/个；
- 模拟量：100～150 B/点；
- 通信接口：一个通信接口一般需要 300 B 以上。

根据 I/O 点数和各功能元件大概估计出内存总量，然后再增加 25%左右的备用量，作为选择 PLC 内存的依据。

3. CPU 功能和结构选择

随着 PLC 技术的高速发展，一般都具备开关量逻辑运算、定时、计数、数据处理等基本功能，有些高档 PLC 还可以扩展各种特殊模块，如模拟量 I/O 模块、PID 模块、位控模块、高速计数模块等。因此，选型时要注意以下问题。

1) 功能和任务相适应

对于开关量控制的系统，如果对控制速度要求不高，只需要选择小型或者微型 PLC 就可以满足使用要求，如单台机床控制、生产线控制等。

对于以开关量控制为主且带有部分模拟量控制的系统，如在某些控制系统中除了开关量还需要有温度、压力、流量、液位等连续量控制，就需选具有 A/D、D/A 模拟量模块，且具有较强运算能力的小型 PLC。

对于工艺复杂、控制要求较高的系统，如需要进行 PID 调节、位置控制、快速响应、联网通信等，必须选择中型或者大型 PLC。

2) PLC 的处理速度必须满足实时控制要求

PLC 控制系统由于其本身的特点，客观存在滞后现象，这对于一般的工业现场是允许的。但对于一些要求实时性控制较高的场合，就不允许有较大的滞后时间，一般允许在几十毫秒之内。而滞后的时间与 I/O 点数、应用程序、编程质量等都有关系。

要满足现场的实时处理速度要求，可以选择运行速度快的 PLC，并对应用程序进行优化，以缩短扫描周期时间；必要时也可以采用快速响应模块，其响应时间不受扫描周期所限制，只取决于硬件的延时。

3) PLC 结构合理

PLC 分为整体式和模块式两种，对于单机控制或者集中控制系统一般选择整体式结构机型；对于规模较大的集散控制系统及远程 I/O 控制系统多采用模块式结构，模块式结构组态灵活、扩充方便。

一个工业企业应尽可能选择同一厂家的同一系列机型，这样就具备了更灵活的模块通用性，减少了备用量，并且给编程和使用维护带来了极大的便利。

4) 在线编程和离线编程的选择

小型 PLC 一般使用简易编程器进行编程。编程器和 PLC 共用 CPU，必须将编程器和 PLC 连接才可以进行程序的编制。这类编程方式称为离线编程。简易编程器具有结构简单、体积小和携带方便的特点，很适合于生产现场调试和修改程序。

现代 PLC 很多都有相应的编程软件，这类软件与计算机相配合，实现了在线编程。如三菱的 FXGPWIN、西门子的 STEP7-Micro/WIN32、松下的 NPST1 等编程软件，可以很方便地进行编制程序、调试监控等。

8.2.2 开关量 I/O 选择

1. 开关量输入选择

开关量输入是将外部的各种开关、按钮、传感器的信号传递到 PLC 内部的连接部件，把现场的信号转换为 PLC 的 CPU 可以接收的 TTL 标准电平的数字信号。开关量输入的原理如图 8.2 所示。

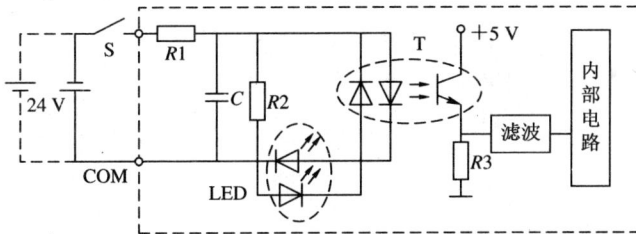

图 8.2　开关量输入原理图

图 8.2 中，虚线框内为 PLC 内部输入电路，虚线框外为用户外接电源。当 PLC 内部输入端提供 24 V 直流电源时，输入单元就无需外接电源，用户只需将开关的无源接点接在输入端子和公共端子之间即可。

PLC 输入电路分为共点式、分组式和隔离式。常用的共点式输入电路只有一个公共端；分组式输入电路是将输入端子分为多组，各组共用一个公共端；隔离式输入电路的各组输入点之间互相隔离，可各自使用独立电源，其用量极少，需另配扩展模块。

2. 开关量输出选择

输出模块是连接 PLC 与外部执行机构的桥梁，不同外部设备所需要的驱动方式也不同，输出模块有继电器输出、晶体管输出和双向晶闸管输出三种方式。

1) 继电器输出

继电器输出的原理如图 8.3(a)所示。继电器输出的负载电源由用户提供，负载可以是交流或直流。继电器输出具有抗干扰能力强、使用电压范围广(交直流均可)和负载驱动能力强(一般负载能力为交流 2 A/250 V)等优点。但其机械寿命受限制(10～30 万次)；信号响应速度慢，一般延时可达 8～10 ms。

2) 晶体管输出

晶体管输出的原理如图 8.3(b)所示。继电器输出的负载只能是直流负载，负载电源由用户提供。晶体管输出具有无触点、使用寿命长、响应速度快(延时一般为 0.5～1 ms)等优点，但其负载驱动能力较差(负载电流为 0.3～0.5 A)。

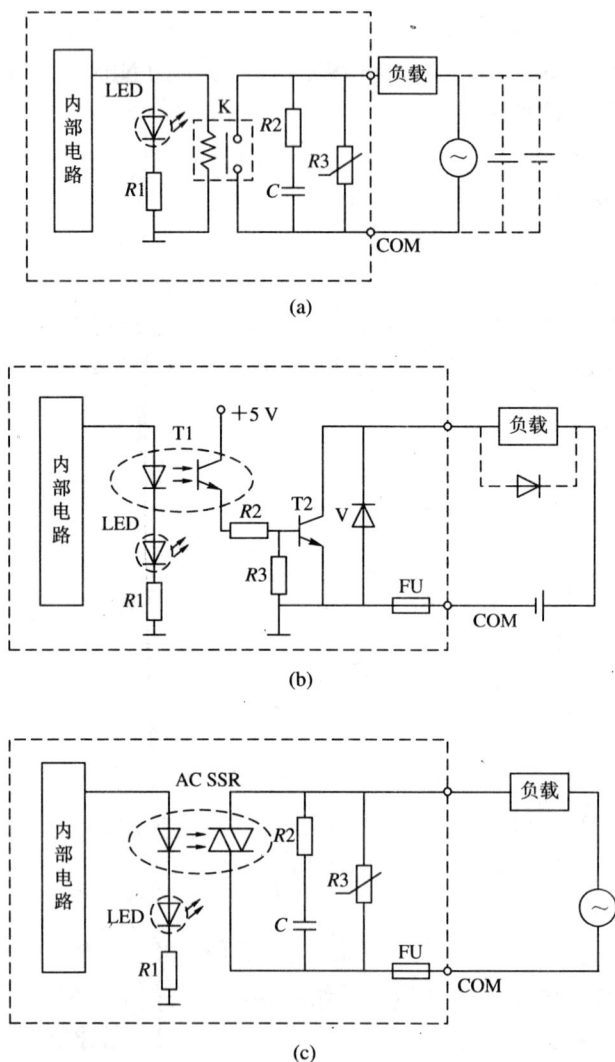

图 8.3　开关量输出原理图

(a) 继电器输出；(b) 晶体管输出；(c) 双向晶闸管输出

3) 双向晶闸管输出

双向晶闸管输出的原理如图 8.3(c)所示。双向晶闸管输出的负载只能是交流负载,负载电源由用户提供。双向晶闸管具有无触点、使用寿命长、响应速度较快(一般导通延时为 1～2 ms,关断延时为 8～10 ms)、负载驱动能力较强(负载电流为 1 A)等特点。

开关量输出模块的选择主要考虑负载类型、负载大小、操作频率等因素。

8.2.3 模拟量 I/O 选择

1. 模拟量输入模块选择

模拟量输入模块选择时主要考虑以下几点:

1) 模拟量值的输入范围

模拟量输入可以是电压信号或者电流信号。标准电压信号为 0～5 V、0～10 V(单极性),$-2.5～+2.5$ V、$-5～+5$ V(双极性);标准电流信号为 0～20 mA、4～20 mA 等。在选择时一定要注意与现场过程检测信号范围相对应,如果现场变送器与模拟量模块相距较远时,最好采用电流输入信号。

2) 模拟量输入模块的参数指标

模拟量输入模块的分辨率、精度和转换时间等参数指标必须满足现场的要求。

3) 抗干扰措施

在系统设计中要注意抗干扰措施。主要方法有:输入信号必须与交流信号和可能产生干扰源的供电电源保持一定距离;模拟量输入信号线要采取屏蔽措施;采取补偿技术以减少环境变化对模拟量输入信号的影响。

2. 模拟量输出模块选择

模拟量输出模块有电压输出和电流输出两种,电压和电流的输出范围分别为 0～10 V、$-10～+10$ V、0～20 mA、4～20 mA 等。一般模拟量输出模块都同时具有这两种输出类型,只是在与负载相连接时接线方式不同。

模拟量输出模块有不同的输出功率,选择时要根据负载来确定。

模拟量输出模块的参数指标和抗干扰措施与模拟量输入模块类似。

8.2.4 智能功能 I/O 模块的选择

智能 I/O 模块包括高速计数模块(如三菱的 FX_{2N}-1HC)、PID 过程控制模块(如三菱的 FX_{2N}-2LC)、通信模块(如三菱的 FX_{2N}-232IF)、运动控制模块(如三菱的 FX_{2N}-1PG)、凸轮控制模块(如三菱的 FX_{2N}-1RM-SET)、网络通信模块(如三菱的 FX_{2N}-16CCL-M)等。通常这些模块价格较昂贵,而有些功能采用一般的 I/O 模块或功能指令也可以实现,只是编程复杂,增加了程序设计的工作量,因此选择时要根据实际情况决定。

在完成 PLC 的系统配置后,还要根据控制要求选择其他相关的硬件,如触摸屏的人机接口等,然后设计控制系统原理图(表明控制系统的原理)、控制系统的接线图(表明 PLC 与现场设备之间的实际连线)。

8.3　PLC 控制系统设计及现场应用

8.3.1　恒压供水泵站的 PLC 控制实例

恒压供水泵站一般配置多台水泵电机,这比设单台水泵电机节能且可靠。如果仅配单台水泵电机,其功率必须足够大,但在用水量小时一台大电机会造成很大浪费。如果水泵电机选小了,用水量大时将会导致供水不足。

恒压供水的主要目标是保持管网水压恒定,水泵电机的转速随用水量变化而改变。其基本思路是用水量大时,增加水泵数量或提高水泵的转速以保持管网中的水压不变,用水量小时则做出相反的调节。

这就要用变频器为水泵电机供电,有两种配置方案:一是为每台水泵电机配一台变频器,电机与变频器之间不需切换,但购变频器的费用较高;另一种方案是数台电机配一台变频器,变频器与电机间可以切换,供水时,一台水泵电机变频运行,其余工频运行,以满足不同用水量的需求。

以下介绍一个以三台泵组成的生活/消防双恒压供水泵站实例,系统构成如图 8.4 所示。

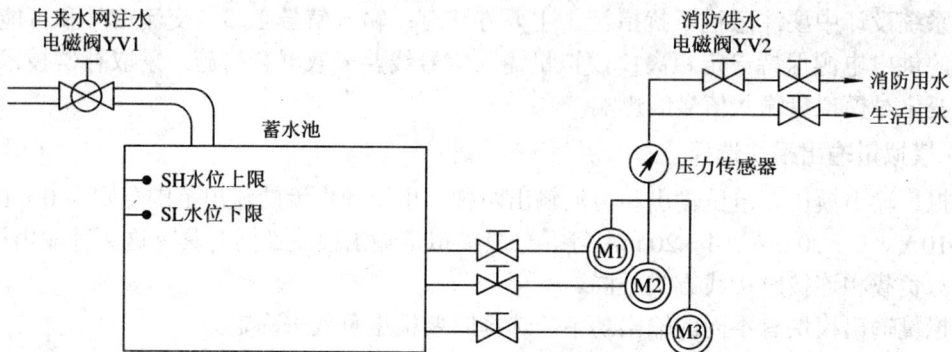

图 8.4　生活/消防双恒压供水系统构成图

蓄水池中放置上/下两个液位传感器 SH/SL,并将其信号送给 PLC,水淹没时为 OFF,露出时为 ON。其中,水位上限液位传感器 SH 控制自来水网注水电磁阀 YV1 动作,只要水位低于水位上限,就自动向蓄水池注水;水位下限液位传感器 SL 则作为低水位报警信号。为了保证供水的连续性,两个液位传感器高低距离较小。

三台泵同时用于生活用水和消防用水。平时电磁阀 YV2 处于失电状态,关闭消防管网;一旦火灾发生,消防供水电磁阀 YV2 得电,提供消防用水。三台泵根据生活/消防用水的多少,按一定的控制逻辑运行,维持生活用水低恒压和消防用水高恒压。

压力传感器用于检测管网中的水压,安装在泵站的出水口。压力传感器将水压转变为 $4\sim20$ mA 变化的电流信号或 $0\sim10$ V 间变化的电压信号并作为反馈值,系统正常工作时的恒压值作为给定值,消防用水的水压给定值要比生活用水高。

PLC 接收了实测的水压反馈信号后，与给定值比较后得到给定值与实测值之差。如实测值小于给定值，说明系统水压低于理想水压，要加大水泵电机转速；如实测值大于给定值，则水压高于理想水压，要降低水泵电机转速。为了实现控制的快速性与系统的稳定性，采用 PID 调节，输出模拟信号，以驱动变频器。

1. 系统控制要求

对三泵生活/消防双恒压供水系统的基本要求如下：

(1) 生活供水时系统低恒压值运行，消防供水时系统高恒压值运行。

(2) 三台泵根据恒压的需要，采取"先开先停"的原则接入和退出。

(3) 如果一台泵连续运行时间超过 3 小时，则要切换下一台泵，使系统具有"倒泵功能"，避免某一台泵工作时间过长。

(4) 三台泵在启动时都要有软启动功能。

(5) 要有完善的报警功能。

(6) 要有手动控制功能，在应急或检修时使用。

2. 控制系统的 I/O 点地址分配

根据图 8.4 所示的系统构成及控制要求，PLC 控制系统的 I/O 地址分配及功能如表 8.1 所示。

表 8.1　PLC I/O 地址和功能

	地址	名 称	功 能	地址	名 称	功 能
输入	X0	SA	火灾消防按钮	X3	SF	变频器故障信号
	X1	SL	蓄水池水位下限信号	X4	SB	消铃按钮
	X2	SH	蓄水池水位上限信号			
输出	Y1	KM1, HL1	1#泵工频运行接触器及指示灯	Y11	K1, HL7	注水电磁阀继电器及指示灯
	Y2	KM2, HL2	1#泵变频运行接触器及指示灯	Y12	K2, HL8	消防电磁阀继电器及指示灯
	Y3	KM3, HL3	2#泵工频运行接触器及指示灯	Y13	KA	变频器频率复位控制继电器
	Y4	KM4, HL4	2#泵变频运行接触器及指示灯	Y14	HL9	蓄水池水位下限报警指示灯
	Y5	KM5, HL5	3#泵工频运行接触器及指示灯	Y15	HL10	变频器故障报警指示灯
	Y6	KM6, HL6	3#泵变频运行接触器及指示灯	Y16	HL11	火灾报警指示灯
				Y17	HA	报警电铃

3. PLC 系统选型

PLC 的普通输入/输出端口为开关量端口，为了使 PLC 能完成模拟量的处理，采用 PLC 基本单元加配模拟量扩展模块。

从上面分析可知，系统共需 5 个开关量输入、13 个开关量输出，以及 1 点模拟量输入和 1 点模拟量输出，故实际应用中可选用 FX$_{2N}$-32MR PLC 一台、2 点模拟输入模块 FX$_{2N}$-2AD 一台和 2 点模拟输出模块 FX$_{2N}$-2DA 一台。由于在第 6 章中介绍了 4 点模拟输入模块 FX$_{2N}$-4AD 和 4 点模拟输出模块 FX$_{2N}$-4DA，为便于读者理解，该系统选用 FX$_{2N}$-4AD 模拟输入模块和 FX$_{2N}$-4DA 模拟输出模块。PLC 整体系统的组成如图 8.5 所示。

图 8.5 PLC 系统组成

4. 电器控制系统原理图

电器控制系统原理图包括主电路图、控制电路图及 PLC 的 I/O 接线图。

1) 主电路图

图 8.6 为恒压供水电气控制系统主电路图。三台水泵电机分别为 M1、M2、M3；接触器 KM1、KM3、KM5 分别控制三台泵的工频运行；接触器 KM2、KM4、KM6 分别控制三台泵的变频运行；FR1、FR2、FR3 分别为三台泵的过载保护用热继电器；VVVF 为通用变频器；QF0 为主断路器；QF1、QF2、QF3、QF4 分别为变频器和三台泵主电路的断路器；QF5 为控制电源断路器；T 为隔离变压器，将主电路和控制电路电源隔离，提高控制电路抗干扰能力；FU 为控制电路熔断器。

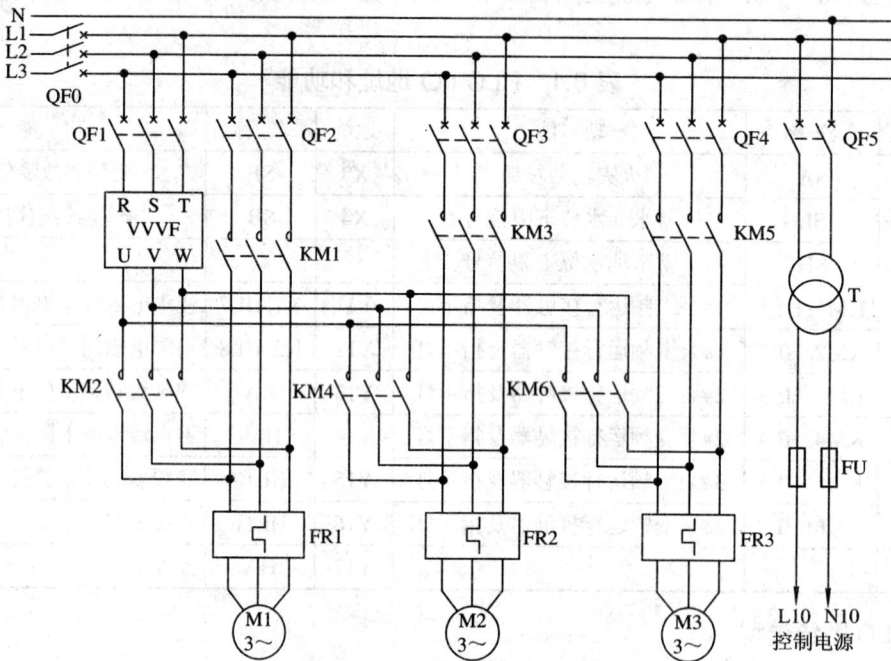

图 8.6 电气控制系统主电路图

2) 控制电路图

图 8.7 为系统控制电路图。图中 ST 为手动/自动转换开关，ST 打在 1 的位置为手动控制状态；打在 2 的状态为自动控制状态。手动运行时，可用按钮 SB1～SB10 分别控制三台电机的启停和电磁阀 YV1、YV2 的通断；自动运行时，系统在 PLC 程序控制下运行。由于 PLC 为 4 个输出点一组共用一个 COM 端，而系统中没有剩下单独的 COM 输出组，所以通过一个中间继电器 KA 的触点对变频器进行频率复位控制。

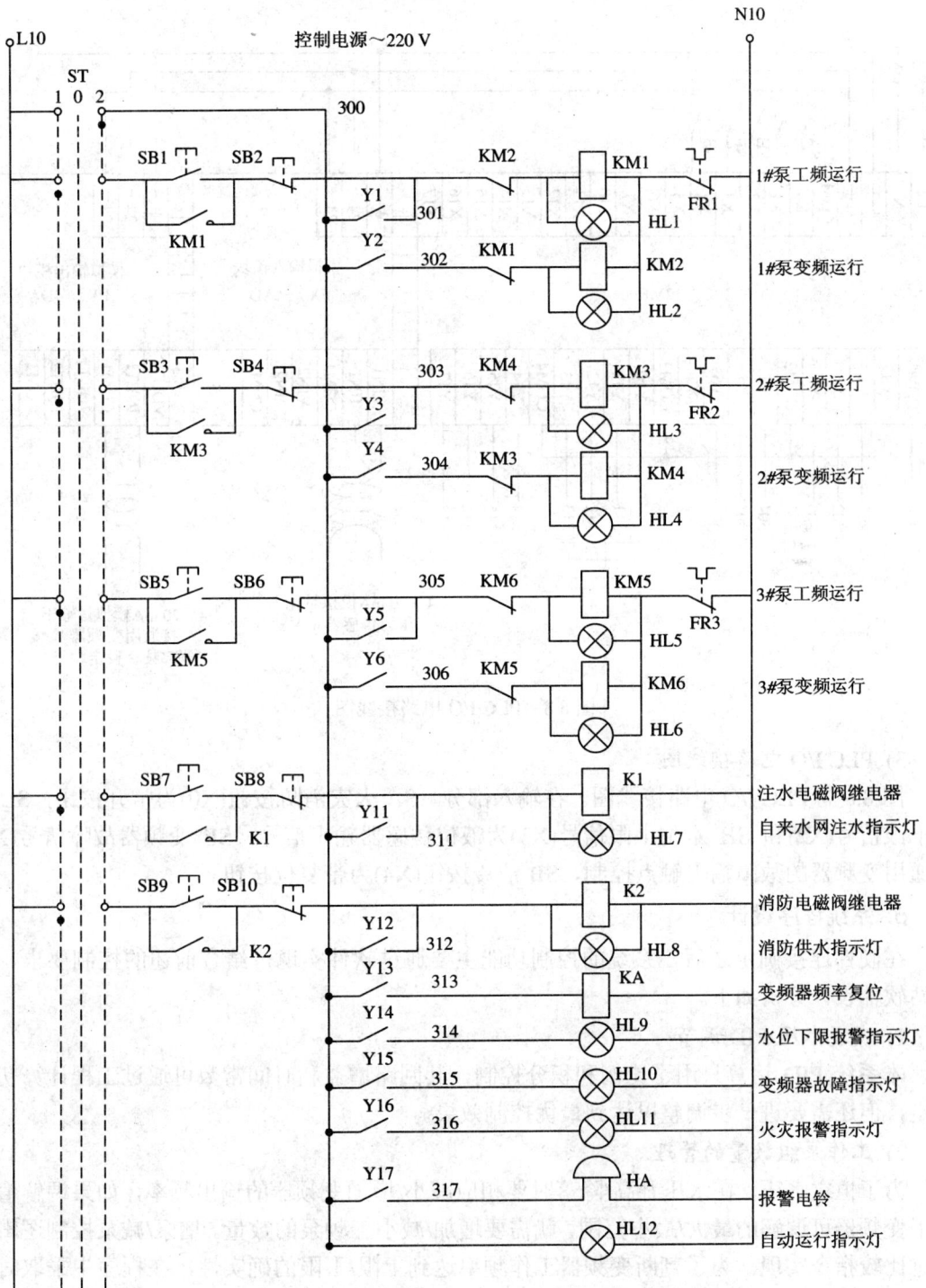

图 8.7 系统控制电路图

图中 Y0~Y17 为 PLC 输出继电器触点，其旁边的数字代码 300~317 为与之相对应的接线编号，可与图 8.8 配合读图。

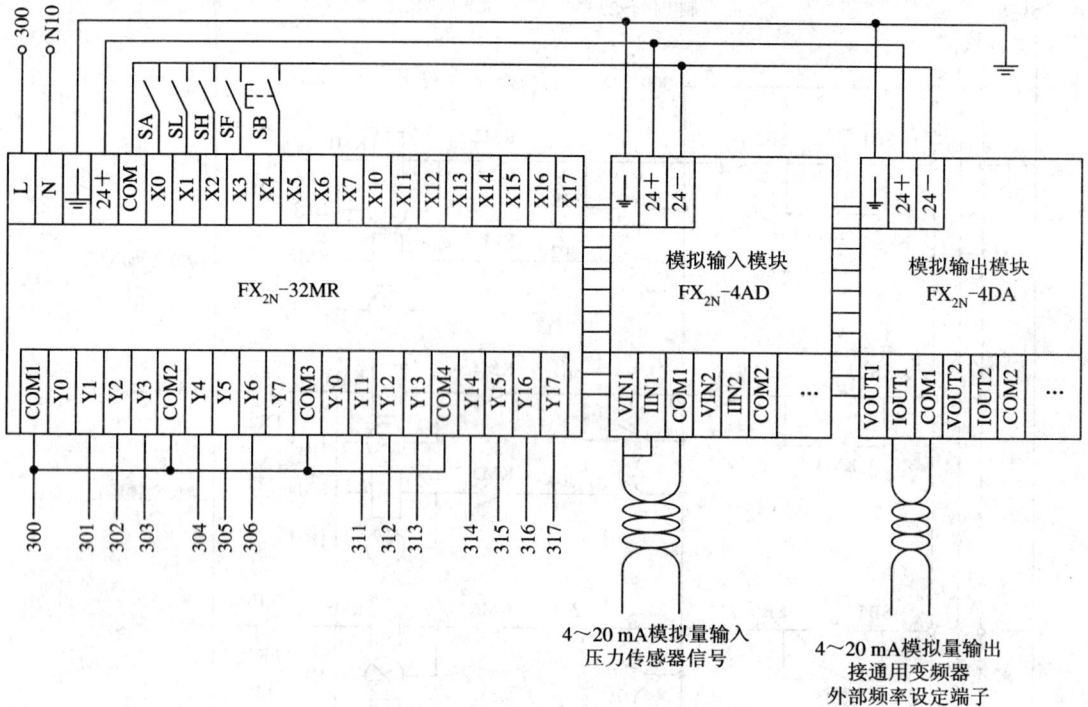

图 8.8　PLC I/O 电路接线图

3) PLC I/O 电路接线图

图 8.8 为 PLC I/O 电路接线图。在输入部分，SA 火灾消防按钮(X0)为常开按钮，SL 水位下限信号(X2)和 SH 水位上限信号(X3)为液位传感器输出信号，SF 变频器故障信号(X4)由通用变频器的故障输出触点控制，SB 消铃按钮(X4)为带复位按钮。

5. 系统程序设计

在硬件连接确定之后，系统的控制功能主要通过软件实现，结合前述的控制要求，对泵站软件设计分析如下。

1) 实现水压 PID 调节

本系统 PID 运算只用了比例和积分控制，其回路增益和时间常数可通过工程计算初步确定，但还需要进一步调整以达到最优控制效果。

2) 工作泵组数量的管理

为了恒定水压，在水压升高/降落时要相应减小/增加变频器的输出频率，如果调解值超过了变频器可调解的最大/最小范围，就需要增加/减小工频泵的数量。增泵/减泵控制逻辑可通过比较指令实现。为了判断变频器工作频率达到上限/下限的确实性，在程序中采取时间滤波。

3) 多泵组泵站的泵组管理

变频器泵站规定每一次启动电动机均为软启动，同时要求各台水泵交替使用(连续变频运行不得超过 3 小时)。因此每次需启动新泵或切换变频泵时，将新运行泵设定为变频泵。即将当前运行的变频泵从变频器上切换掉并接入工频电源运行，同时将变频器复位并用于新运行泵的启动。此外，泵组的工作循环控制也是泵组管理的一个主要问题，可使用泵号加 1 的方法实现变频泵组的循环控制(当泵号为 3 再加 1 后数据寄存器清零)，将工频运行泵总台数寄存器与变频工作泵泵号寄存器相结合实现泵组的循环控制。

4) 泵站的其他逻辑控制

除了泵组的运行管理工作外，泵站还有许多逻辑控制工作，如泵站的工作状态指示、泵站工作异常的报警、系统的自检等，这些都在 PLC 的控制程序中设计实现。

5) 程序结构

PLC 程序主要包括：参数初始化，模拟输入单元设置，模拟输出单元设置，增泵程序，减泵程序，倒泵程序，泵站工作状态输出，系统报警处理等。

程序中使用的 PLC 元件及其功能如表 8.2 所示。

表 8.2 程序中涉及的软元件地址和功能

	地址	功　能	地址	功　能
D	D0	目标值存储单元	D20	FX$_{2N}$-4DA 识别码存储单元
	D1	测定值存储单元	D100	采样时间
	D2	PID 调节结果存储单元	D101	动作方向
	D3	变频运行频率下限	D102	输入滤波常数
	D4	变频运行频率上限	D103	比例增益
	D5	变频工作泵泵号	D104	积分时间
	D6	工频运行泵总台数	D105	微分增益
	D7	倒泵时间存储单元	D106	微分时间
	D10	FX$_{2N}$-4AD 识别码存储单元		
M	M0	故障清除脉冲信号	M11	当前泵工频启动脉冲
	M1	泵变频启动脉冲	M12	新泵变频启动脉冲
	M2	减泵脉冲	M20～M22	倒泵转换逻辑
	M3	倒泵变频启动脉冲	M30～M32	4AD 识别码与 K2010 比较结果存储单元
	M4	水位下限故障消铃	M40～M55	4AD 错误状态存储单元
	M5	变频器故障消铃	M60～M62	4DA 识别码与 K3020 比较结果存储单元
	M6	火灾消铃	M70～M85	4DA 错误状态存储单元
	M10	复位当前变频泵脉冲		
T	T0	工频泵增泵滤波时间	T10～T12	倒泵转换逻辑
	T1	工频泵减泵滤波时间		

图 8.9 所示为完整的生活/消防双恒压供水系统梯形图程序。

参数初始化

0 ── M8000 ──┬── [MOV K120 D3] ── 设定变频运行频率下限
             │
             ├── [MOV K1100 D4] ── 设定变频运行频率上限
             │
             ├─ X0 ── [MOV K3500 D0] ── 设定消防用水水压目标值
             │
             ├─ X0̸ ── [MOV K2800 D0] ── 设定生活用水水压目标值
             │
             ├── [MOV K500 D100] ── 设定采样时间
             │
             ├── [MOV H0001 D101] ── 设定动作方向
             │
             ├── [MOV K60 D102] ── 设定输入滤波常数
             │
             ├── [MOV K8000 D103] ── 设定比例增益   ⎫
             │   ⎪
             ├── [MOV K600 D104] ── 设定积分时间   ⎬ 设定PID运算参数
             │   ⎪
             ├── [MOV K0 D105] ── 设定微分增益   ⎪
             │   ⎪
             └── [MOV K0 D106] ── 设定微分时间   ⎭

FX_{2N}-4AD设置

61 ── M8000 ──┬── [FROM K0 K30 D10 K1] ── 读出FX_{2N}-4AD识别码并存入D10
              │
              └── [CMP K2010 D10 M30] ── 比较识别码是否为K2010

78 ── M31 ──┬── [TO(P) K0 K0 H3331 K1] ── 建立模拟输入通道 CH1(4~20 mA)
            │
            ├── [TO(P) K0 K1 K8 K1] ── 设定平均采样次数为8次
            │
            ├── [FROM K0 K29 K4M40 K1] ── 读出FX_{2N}-4AD错误状态
            │
            └─ M40̸ ─ M50̸ ── [FROM K0 K5 D1 K1] ── 无误，将CH1的数据存入D1

PID运算

117 ── M8000 ── [PID D0 D1 D100 D2] ── 测量值与目标值进行PID运算后存入D2

FX_{2N}-4DA设置

127 ── M8000 ──┬── [FROM K1 K30 D20 K1] ── 读出FX_{2N}-4DA识别码并存入D20
               │
               └── [CMP K3020 D20 M60] ── 比较识别码是否为K3020

144 ── M61 ──┬── [TO(P) K1 K0 H1111 K1] ── 建立模拟输出通道 CH1(4~20 mA)
             │
             ├── [FROM K1 K29 K4M70 K1] ── 读出FX_{2N}-4DA错误状态
             │
             └─ M70̸ ─ M80̸ ── [TO K1 K1 D2 K1] ── 无误，将D2的数据从CH1输出

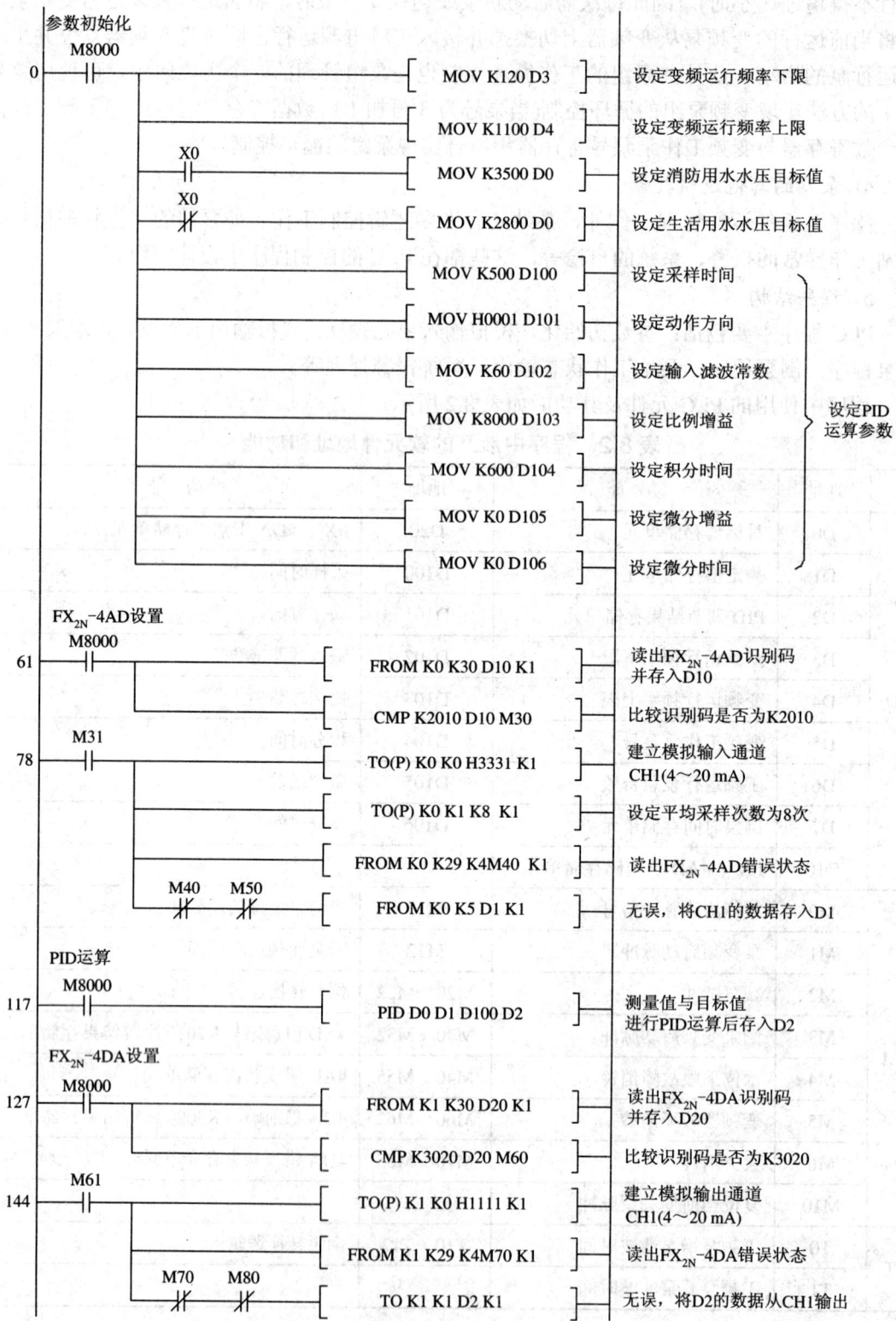

图 8.9　恒压供水系统梯形图(一)

主程序

行号	梯形图	说明
174	M8002 / M0 —— [INC D5]	激活变频泵号存储器
179	[> D2 D4] —|/|— M1 —(T0 K300)	
188	T0 —— [PLS M1]	符合增泵条件, 经过增泵滤波时间, 工频泵总数+1
191	M1 —— [INC D6]	
195	[< D2 D3] [= D6 K0] —— [MOV D3 D2]	符合减泵条件但无工频泵运行, 变频器工作在频率下限
210	[< D2 D3] [> D6 K0] —|/|— M2 —(T1 K300)	
224	T1 —— [PLS M2]	符合减泵条件且有工频泵运行, 经过减泵滤波时间, 工频泵总数-1
227	M2 —— [DEC D6]	
231	M1 / M3 —— [SET M20]	启动倒泵程序
234	M20 —(T10 K1) —(Y13)	变频器频率复位
239	T10 —— [PLS M10]	产生关断当前变频泵脉冲
242	M10 —— [SET M21] [INC D5]	变频泵号+1
247	M21 —(T11 K2)	
251	T11 —— [PLS M11]	产生当前泵工频启动脉冲
254	M11 —— [RST M21]	
256	M11 —— [SET M22]	
258	M22 —(T12 K30)	
262	T12 —— [PLS M12]	产生下一台泵变频启动脉冲
265	M12 —— [RST M22]	
267	M12 —— [RST M20]	
269	[> D5 K3] —— [MOV K1 D5]	变频泵号>3时重新置1
279	Y2 / Y4 / Y6 —||— M8014 —— [INC D7]	变频器工作计时
286	[> D7 K180] —— [PLS M3]	3小时后, 启动倒泵程序

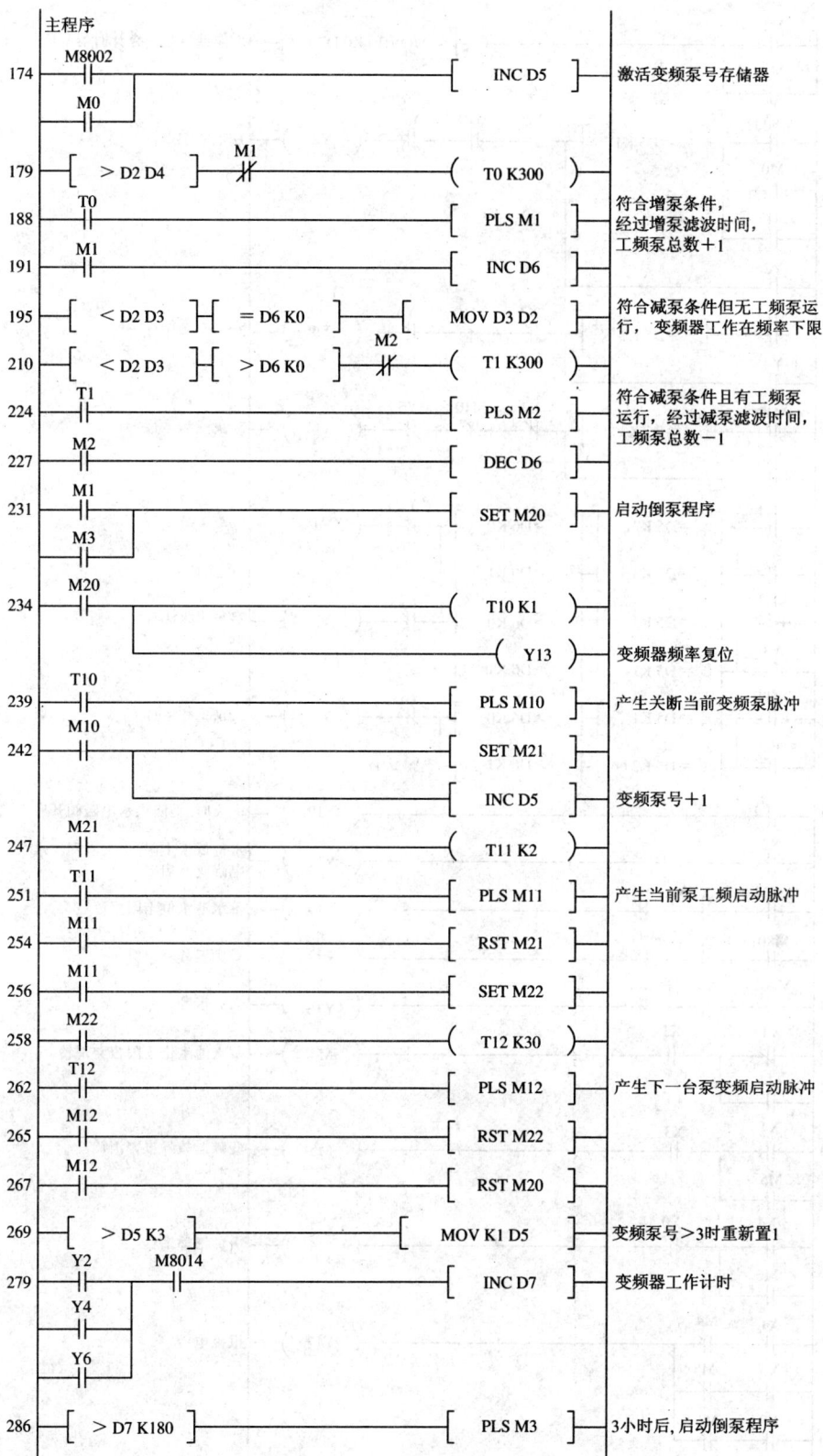

图 8.9 恒压供水系统梯形图(二)

```
293  M1 ─┤├─────────────────────[ MOV(P) K0 D7 ]──────┤  增泵或倒泵时令计时器复位
     M3 ─┤├─

             ┌─────────┐   X3   M10   Y1
300  M8002 ─┤├[ =D5 K1 ]┤─────┤/├──┤/├──┤/├──────( Y2 )──┤  1#泵变频运行
     M0  ─┤├─
     M12 ─┤├─
     Y2  ─┤├─

313  M12 ─┤├[ =D5 K2 ]┤──X3──M10──Y3────────────( Y4 )──┤  2#泵变频运行
     Y4  ─┤├─         ┤/├──┤/├──┤/├

324  M12 ─┤├[ =D5 K3 ]┤──X3──M10──Y5────────────( Y6 )──┤  3#泵变频运行
     Y6  ─┤├─         ┤/├──┤/├──┤/├

335  M11 ─┤├[ =D5 K2 ]┤[ >D6 K0 ]┤──Y2────────( Y1 )──┤  1#泵工频运行
     Y1  ─┤├─[ =D5 K3 ]┤[ >D6 K1 ]┤──┤/├

361  M11 ─┤├[ =D5 K3 ]┤[ >D6 K0 ]┤──Y4────────( Y3 )──┤  2#泵工频运行
     Y3  ─┤├─[ =D5 K1 ]┤[ >D6 K1 ]┤──┤/├

387  M11 ─┤├[ =D5 K1 ]┤[ >D6 K0 ]┤──Y6────────( Y5 )──┤  3#泵工频运行
     Y5  ─┤├─[ =D5 K2 ]┤[ >D6 K1 ]┤──┤/├

413  X0 ─┤├───────────────────────────────────( Y12 )─┤  火灾时,消防供水电磁阀开启

415  X2 ─┤├───────────────────────────────────( Y11 )─┤  水位低于上限,自来水网注水
                                                           电磁阀开启

417  M8013 ─┤├──X1──M4────────────────────────( Y14 )─┤  蓄水池水位下限报警
                ┤├─ ┤/├

421  M8013 ─┤├──X3──M5────────────────────────( Y15 )─┤  变频器故障报警
                ┤├─ ┤/├

425  M8013 ─┤├──X0──M6────────────────────────( Y16 )─┤  火灾报警
                ┤├─ ┤/├

429  X4 ─┤├──X1───────────────────────────────( M4 )──┤  蓄水池水位下限报警消铃
     M4 ─┤├─  ┤├

433  X4 ─┤├──X3───────────────────────────────( M5 )──┤  变频器故障报警消铃
     M5 ─┤├─  ┤├

437  X4 ─┤├──X0───────────────────────────────( M6 )──┤  火灾报警消铃
     M6 ─┤├─  ┤├

441  X1 ─┤├──M4───────────────────────────────( Y17 )─┤  报警电铃
             ┤/├
     X3 ─┤├──M5
             ┤/├
     X0 ─┤├──M6
             ┤/├
```

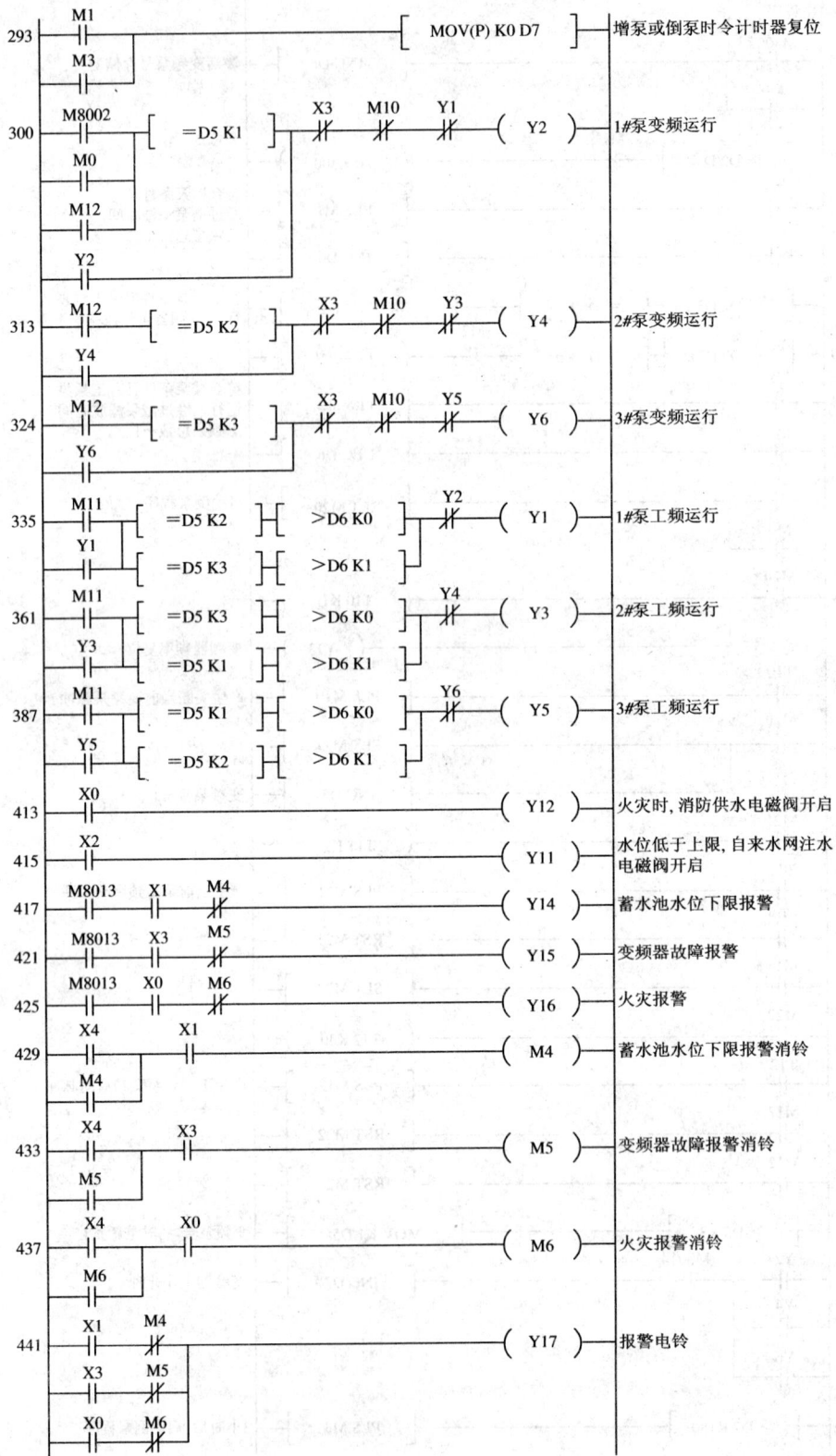

图 8.9 恒压供水系统梯形图(三)

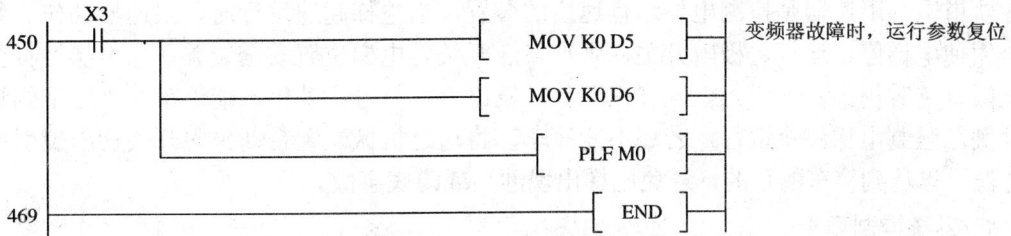

```
        X3
450  ──┤├──┬──────────────────────[ MOV K0 D5 ]──┤   变频器故障时，运行参数复位
              │
              ├──────────────────────[ MOV K0 D6 ]──┤
              │
              └──────────────────[ PLF M0 ]──┤
469  ────────────────────────────────[ END ]──┤
```

图 8.9 恒压供水系统梯形图(四)

8.3.2 电梯运行的 PLC 控制实例

电梯是一种特殊的起重运输设备，由轿厢及配重、拖动电动机及减速传动机械、井道及井道设备、召唤系统及安全装置构成。轿厢是载人或装货的部位，配重是为了改变电梯电动机负载的特性以提高电梯安全性而设置的。图 8.10 是电梯拖动系统示意图，图中可见电梯的轿厢及配重分系在钢丝绳的两端，钢丝绳跨挂在曳引轮上，曳引轮经减速机构由电动机拖动，使得轿厢上下运动。

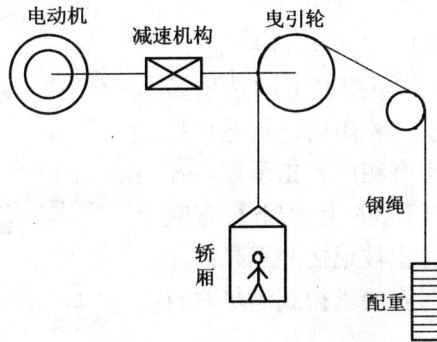

图 8.10 电梯拖动系统示意图

井道是建筑物中用于安装电梯并提供电梯运行的通道，轿厢及配重都在井道中运行。井道在各楼层都设有门厅及呼梯设备。门厅有门厅门，厅门顶部装有楼层指示灯，用于指示电梯的运行方向及电梯所在的位置。门厅外还设有呼梯盒，用于在每层站召唤电梯，基站与顶站的呼梯盒只有一个按钮，中间层站有上呼与下呼两个按钮，按钮下带有呼梯记忆灯。基站的呼梯盒上还设有钥匙开关，供开关电梯。为了实现轿厢的正常运行及准确停层，井道中安装有许多定位装置及安全设备，井道的顶部和底部还设有冲顶及蹲底的缓冲设备。

轿厢设有自动门机用来完成电梯的开门及关门任务。电梯门分厅门及轿门，当电梯在某层停层时，此层的厅门在轿门的带动下开启及关闭。电梯的操纵盘安装在轿厢内，设有与电梯层站数相同的内选层按钮(带内选记忆指示灯)，上下行启动按钮(带上下行记忆指示灯)，开关门按钮，报警按钮，急停按钮，电梯运行状态选择钥匙开关(选择电梯是自动或检修运行)以及风扇、照明、楼层指示灯等。

电梯安全是电梯最重要的技术指标。电梯的安全设备有：安全窗及其开关、安全钳及其开关、限速器及其开关、限速开关等。安全窗位于轿厢的顶部，供应急情况下疏散乘客。安全钳是为了防止电梯曳引钢绳断裂及超速运行的机械装置，用以在上述情况下将轿厢夹持在轨道上。限速器是检测电梯运行速度的装置，当电梯超速运行时，限速器动作，带动安全钳使电梯停止运行。极限开关、强迫换速开关是电梯位置安全装置，当电梯运行至上下极限位置时仍不停车，上下限开关动作，发出停车信号；若仍不能停车，将压下强迫停车开关，强制电梯停止运行；若还不能停车，将通过机械装置带动极限开关切断曳引电动机电源，以达到停车的目的，避免电梯出现冲顶或蹲底事故。

1. 系统控制要求

电梯安全运行主要有以下控制要求。

1) 电梯位置的确定与显示

轿厢及门厅中设有楼层指示灯，使轿厢中的乘客及门厅中等待乘梯的人了解电梯的位置。为了满足制动停层等控制的需要，电梯运行中还需要更加准确的位置信号。电梯的位置信号一般由设在井道中的位置开关(如磁感应器)提供，当轿厢上设置的隔磁板插入感应器时，发出位置信号，并启动楼层指示，如图 8.11 所示。

2) 轿厢内的运行命令及门厅的召唤信号

司机及乘客可按下轿厢内操控盘上的选层按钮，选定电梯运行的目标楼层，称为内选信号，按钮按下后，该信号被记忆并点亮相应的指示灯。在门厅等候电梯的乘客可以按门厅的上行/下行召唤信号，称为外唤信号，该信号也被记忆并点亮门厅的上行/下行指示灯。这些信号在要求得到满足时自动消号。

3) 电梯自动运行时的信号响应

电梯自动运行时应根据内选及外唤信号决定电梯的运行方向及在哪些楼层停层。一般情况下，电梯自动登记所有内选信号和外唤信号，上行时顺向应答上行召唤，直至最高层自动反向应答下行召唤。在运行方向确定之后，不应答中途的反向召唤要求，直到到达本方向的最远站点才开始返程。

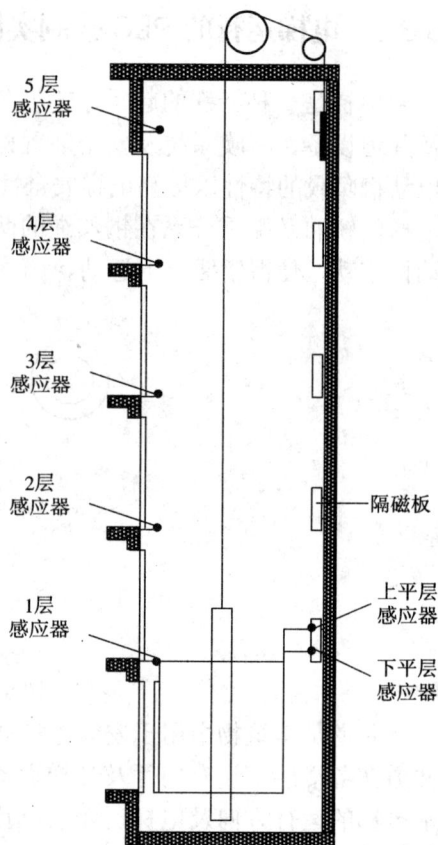

图 8.11　电梯的平层、停层装置

4) 轿厢的启动与运行

轿厢的运行方向确定且轿厢门已关好后启动运行，运行开始加速运行，达到最高转速后稳定运行。

5) 轿厢的平层与停车

轿厢运行后需确定在哪一层站停车，平层是指停车时轿厢的底与门厅"地平面"应相平齐，一般有具体的平层误差规定，如平层时两平面相差不得超过 5 mm。平层停车过程需在轿厢底面与停车楼面相平之前开始，先减速后制动，以满足平层的准确性及乘客的舒适感。电梯的减速开始信号由平层感应器发出。上平层感应器及下平层感应器都装在轿厢顶部，距离较近，隔磁板安装在井道壁上。上行时，上平层感应器首先插入隔磁铁板，发出减速信号，电梯开始减速，至下平层感应器插入隔磁铁板时，发出停车及开门信号，电动机停转，抱闸抱死；下行时下平层感应器首先插入隔磁铁板，发出减速信号，电梯开始减速，至上平层感应器插入隔磁铁板时，发出停车及开门信号。

6) 安全保护

电梯的安全保护很多，如前边提到的冲顶与蹲底、钢丝绳断裂、轿厢内人员的跌落、逃生等保护，还有消防运行等。

除了运行及安全要求外，电梯常见的工程问题还涉及电梯的拖动设备及拖动控制方式。电梯的提升机构——齿轮曳引机主要由驱动电动机、电磁制动器(也称电磁抱闸)及曳引轮组成。目前多以交流电动机作为驱动电动机并采用变频驱动，电动机换向及变速都通过变频器控制端子实现。电梯制动时采用电磁抱闸，要求有足够的制动力，一般在通电时打开，断电时抱死。

电梯还有一些高层次的性能指标，如电动机加减速曲线控制及高准确度的平层控制要求等，前者涉及电梯运行过程中的加速度大小，关系到乘客的舒适感，后者涉及乘客数量变化对准确平层的影响。

2．速度运行曲线

为了满足舒适感，提高运输效率及准确平层要求，电梯的速度运行曲线是一个关键环节。将电梯的起制动速度曲线设计成由两段抛物线(S 曲线)及一段直线构成，通过改变加速斜率及 S 曲线变化率来改变曲线形状。加速斜率是以零速到最高转速所需要的时间来定义，通过改变启动加速时间可获得不同的启动加速斜率。S 曲线变化率也可通过改变 S 曲线起始和终了加速时间来实现。通用变频器一般都具有加速斜率和 S 曲线变化率设定功能，故利用加速斜率和 S 曲线变化率配合调整，可获得理想的启制动曲线。理想的电梯速度运行曲线如图 8.12 所示。因此，在电梯运行过程中，启动过程可直接由变频器内部参数设定，停车过程需由 PLC 向变频器发出两个信号，一是减速信号，二是停车信号，共同完成停车过程。

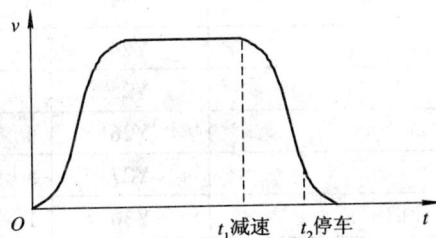

图 8.12　速度运行曲线

3. 控制系统的选型及 I/O 点地址分配

根据以上对电梯控制系统的分析可知，系统共需 40 个开关量输入、28 个开关量输出，故选用 FX$_{2N}$-64MR PLC 一台和输入扩展单元 FX$_{2N}$-16EX 一台。系统所需输入/输出继电器的地址及功能如表 8.3 所示。

表 8.3 输入/输出继电器的地址和功能

	地址	功 能	地址	功 能
输 入	X0	复位	X20	
	X1	急停按钮	X21	变频器运行信号
	X2	检修开关	X22	变频器故障信号
	X3	消防开关	X23	1 层轿厢内指令按钮
	X4	警铃按钮	X24	2 层轿厢内指令按钮
	X5	超载触点	X25	3 层轿厢内指令按钮
	X6	开门按钮	X26	4 层轿厢内指令按钮
	X7	关门按钮	X27	5 层轿厢内指令按钮
	X10	开门限位开关	X30	1 层上召唤按钮
	X11	关门限位开关	X31	2 层上召唤按钮
	X12	红外线传感开关	X32	2 层下召唤按钮
	X13	基站钥匙开关	X33	3 层上召唤按钮
	X14	上极限开关	X34	3 层下召唤按钮
	X15	下极限开关	X35	4 层上召唤按钮
	X16	上平层感应器	X36	4 层下召唤按钮
	X17	下平层感应器	X37	5 层下召唤按钮
扩 展 输 入	X40	1 层感应器	X44	5 层感应器
	X41	2 层感应器	X45	检修上行按钮
	X42	3 层感应器	X46	检修下行按钮
	X43	4 层感应器	X47	
输 出	Y0	上行继电器	Y20	1 层上召唤信号指示灯
	Y1	下行继电器	Y21	2 层上召唤信号指示灯
	Y2	运行减速信号	Y22	2 层下召唤信号指示灯
	Y3	检修点动继电器	Y23	3 层上召唤信号指示灯
	Y4	开门继电器	Y24	3 层下召唤信号指示灯
	Y5	关门继电器	Y25	4 层上召唤信号指示灯
	Y6		Y26	4 层下召唤信号指示灯
	Y7		Y27	5 层下召唤信号指示灯
	Y10	运行位置数码管指示 a	Y30	1 层内选指示灯
	Y11	运行位置数码管指示 b	Y31	2 层内选指示灯
	Y12	运行位置数码管指示 c	Y32	3 层内选指示灯
	Y13	运行位置数码管指示 d	Y33	4 层内选指示灯
	Y14	运行位置数码管指示 e	Y34	5 层内选指示灯
	Y15	运行位置数码管指示 f	Y35	上行指示灯
	Y16	运行位置数码管指示 g	Y36	下行指示灯
	Y17		Y37	报警电铃

4. 系统程序设计

由于电梯的输入/输出触点多，控制要求复杂，程序编制较为繁琐，可先将其梯形图的设计分成几个环节进行，然后再把这些环节组合在一起整体考虑它们之间的联系，增加相互间的联锁控制，即可形成完整的梯形图。

程序中使用的 PLC 元件及其功能如表 8.4 所示。

表 8.4　程序中涉及的软元件地址和功能

	地址	功　能	地址	功　能	地址	功　能
M	M0	开门辅助	M20	1 层内选辅助	M40	停层开门
	M1	关门辅助	M21	2 层内选辅助	M41	上平层感应器↑信号
	M2	运行中开门禁止	M22	3 层内选辅助	M42	下平层感应器↑信号
	M3	定向上行	M23	4 层内选辅助	M43	上行辅助
	M4	定向下行	M24	5 层内选辅助	M44	上行
	M5	停车	M25		M45	下行辅助
	M6	减速信号	M26		M46	下行
	M7	停层辅助	M27		M47	
	M10	1 层轿厢运行位置	M30	1 层上行辅助	M50	1 层停车
	M11	2 层轿厢运行位置	M31	2 层上行辅助	M51	2 层停车
	M12	3 层轿厢运行位置	M32	2 层下行辅助	M52	3 层停车
	M13	4 层轿厢运行位置	M33	3 层上行辅助	M53	4 层停车
	M14	5 层轿厢运行位置	M34	3 层下行辅助	M54	5 层停车
	M15		M35	4 层上行辅助	M55	
	M16		M36	4 层下行辅助	M56	
	M17		M37	5 层下行辅助	M57	
T	T0	停层时间定时器				

1) 轿厢楼层位置的确定与显示环节

当电梯位于某一层时，相应楼层感应器产生该楼层的位置信号，控制七段数码管显示楼层状态；离开该层时，该楼层信号应被新的楼层信号(上一层或下一层)所取代。PLC 输出端直接与七段数码管相连，无需外部硬件译码器译码，直接通过 PLC 软件进行七段译码，驱动数码管显示所在楼层位置。七段数码管的真值表如表 8.5 所示。该环节的梯形图如图 8.13 所示。

表 8.5　七段数码管的真值表

	显示楼层数字	输出状态							PLC 内部楼层信号
		a	b	c	d	e	f	g	
	1	0	1	1	0	0	0	0	M10
	2	1	1	0	1	1	0	1	M11
	3	1	1	1	1	0	0	1	M12
	4	0	1	1	0	0	1	1	M13
	5	1	0	1	1	0	1	1	M14

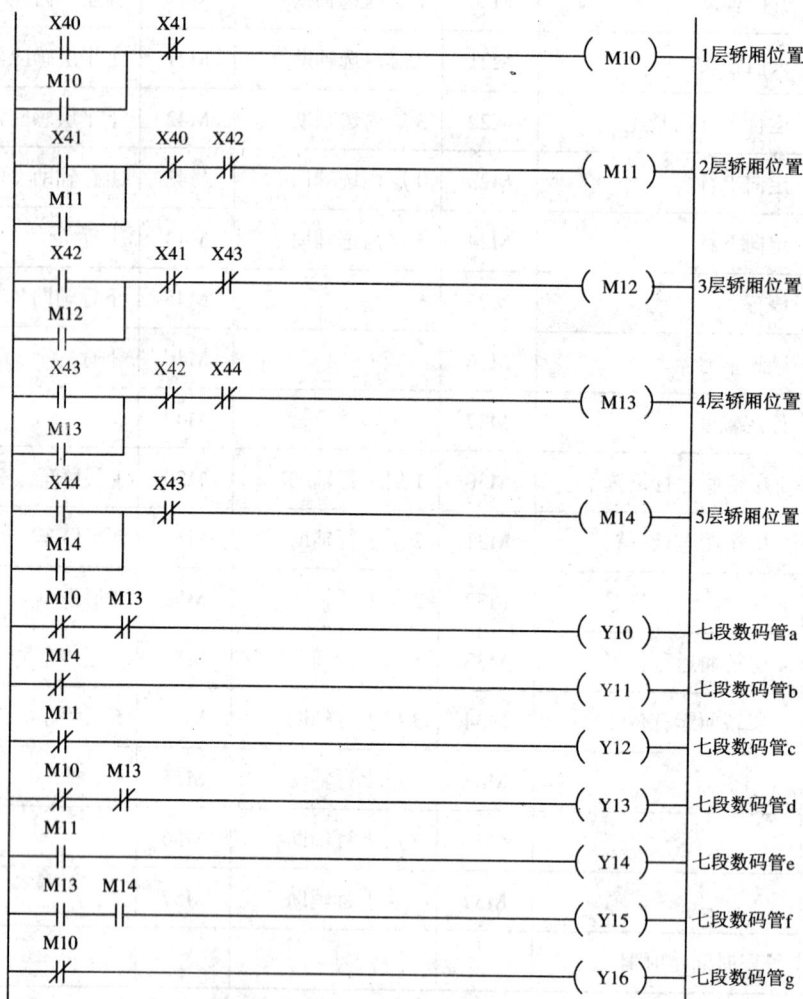

图 8.13　轿厢楼层位置的确定与显示

2) 内选与外唤信号的登记与消除环节

乘客在轿厢内或厅门外呼梯时，内选与外唤的呼梯信号应被接收和记忆。当电梯到达该楼层且定向方向与目的地方向一致(基站和顶站除外)时，应满足呼梯要求并同时消除该信号。图 8.14 和 8.15 分别为 2 层的内选与外唤梯形图，1～5 层的梯形图与其类似，只需将相应的输入、输出和中间继电器地址改变即可。

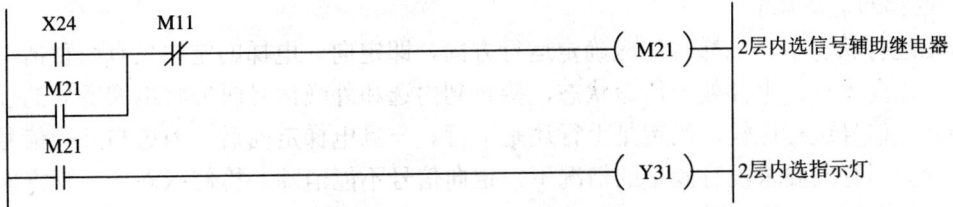

图 8.14 2 层内选信号登记与消除

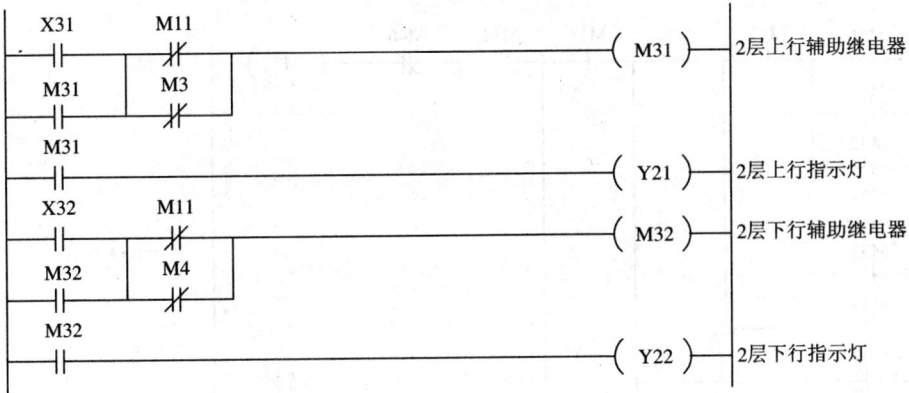

图 8.15 2 层外唤信号登记与消除

3) 停层信号的登记与消除环节

电梯在停车制动之前，应首先确定其停层信号，即根据电梯的运行方向与内选和外唤信号的位置比较后得出确定的停靠楼层。图 8.16 为其 2 层停车梯形图，其他楼层停车梯形图与之类似。

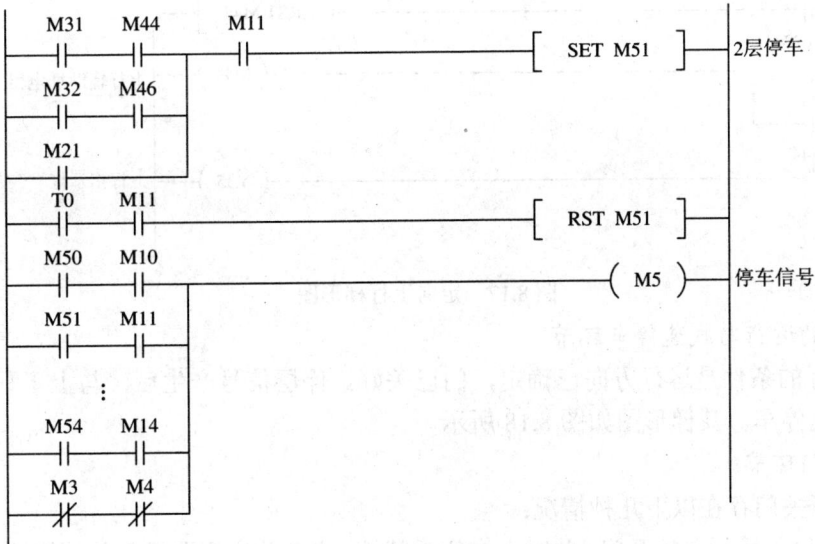

图 8.16 2 层停车

4) 电梯的定向环节

自动运行状态下，电梯首先应确定运行方向，即定向。电梯的定向只有两种情况：定向上行和定向下行。电梯处于待命状态，接收到内选和外唤信号时应将电梯所处的位置与内选和外唤信号进行比较，确定是上行还是下行。一旦电梯定向后，内选与外唤信号对电梯进行顺向运行的要求没有满足的情况下，定向信号不能消除。检修状态下运行方向直接由检修上行和检修下行按钮确定，无需定向。图 8.17 为定向上行梯形图，定向下行梯形图与之类似。

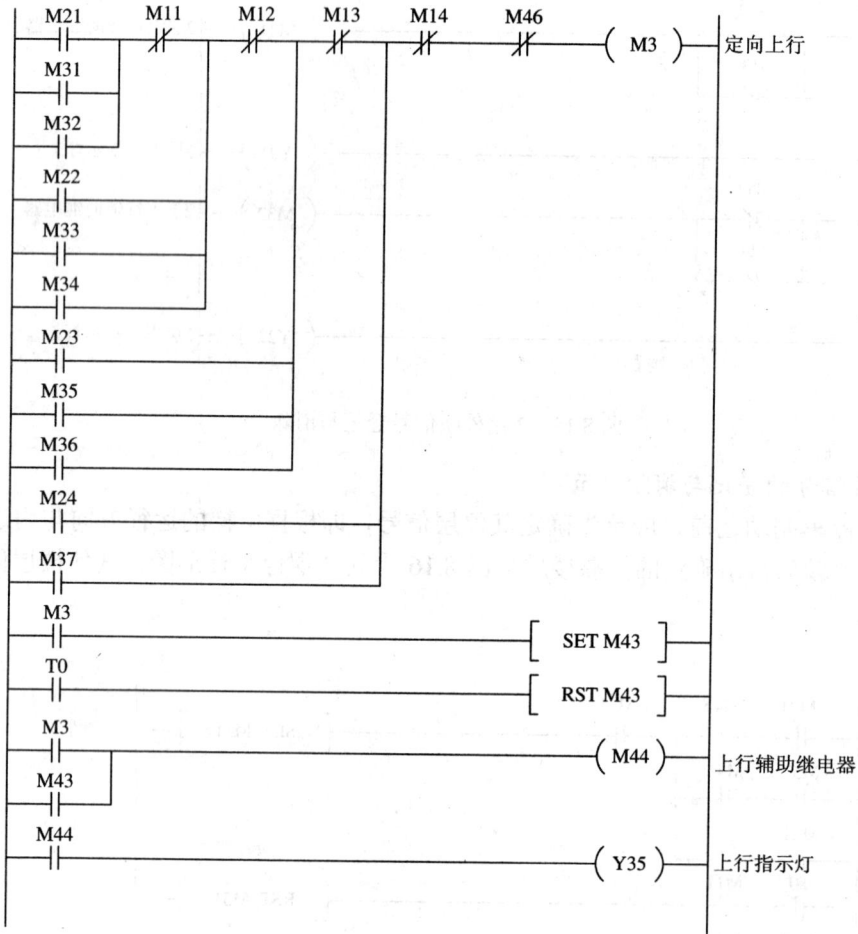

图 8.17　定向上行梯形图

5) 电梯的运行与减速停车环节

电梯运行的条件是运行方向已确定，门已关好。停层信号产生后，与上下平层感应器配合进行减速停车。其梯形图如图 8.18 所示。

6) 开关门环节

电梯的开关门存在以下几种情况：

(1) 电梯投入运行前的开门。此时电梯位于基站，将开关梯钥匙插入基站钥匙开关(X13)内，旋转至开梯位置，电梯应自动开门。

X16 ——[PLS M41] 上平层感应器上升沿

X17 ——[PLS M42] 下平层感应器上升沿

M41 M44 M5 M42 M41 (M6) 减速信号
M42 M46 M44 M46
M6

M6 (Y2) 减速信号

M6 T0 (M7) 停层辅助
M7

M7 (T0 K50) 停层时间

M44 M42 M7 (M40) 停层开门
M46 M41

M7 M44 Y1 X14 (Y0) 上行继电器
M42
X2 X45

M7 M46 Y0 X15 (Y1) 下行继电器
M41
X2 X46

X45 X2 (Y3) 检修点动
X46

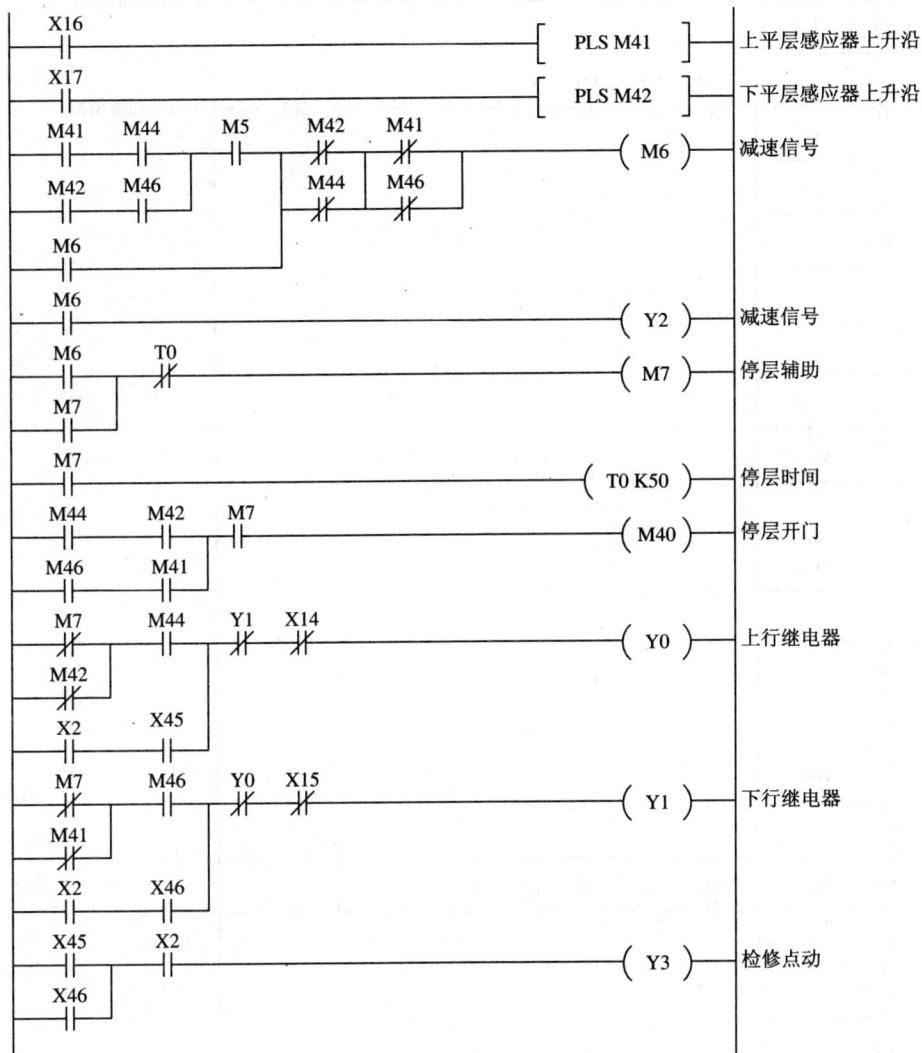

图 8.18　电梯的运行与减速

(2) 电梯检修时的开关门。检修状态下，由开关门按钮手动实施开关门。

(3) 电梯自动运行停层时的开门。电梯运行至平层位置，应自动开门。

(4) 电梯关门过程中的重新开门。在电梯关门的过程中，若有人或物夹在两门中间，由红外线感应器控制重新开门。

(5) 呼梯开门。电梯到达某层站后，如果没有人继续使用电梯，电梯将停靠在该层站待命，若有人在该层站呼梯，电梯将首先开门，满足用梯的要求。

(6) 电梯停用后的关门。此时电梯到达基站，乘客离开轿厢，电梯自动关门，将开关梯钥匙插入基站钥匙开关(X13)内，旋转至关梯位置，电梯被关闭。

(7) 电梯自动运行时的关门。停层时间继电器 T0 延时结束，电梯应自动关门。停层时间未到，可通过关门按钮实现提前关门。

开关门环节的梯形图如图 8.19 所示。

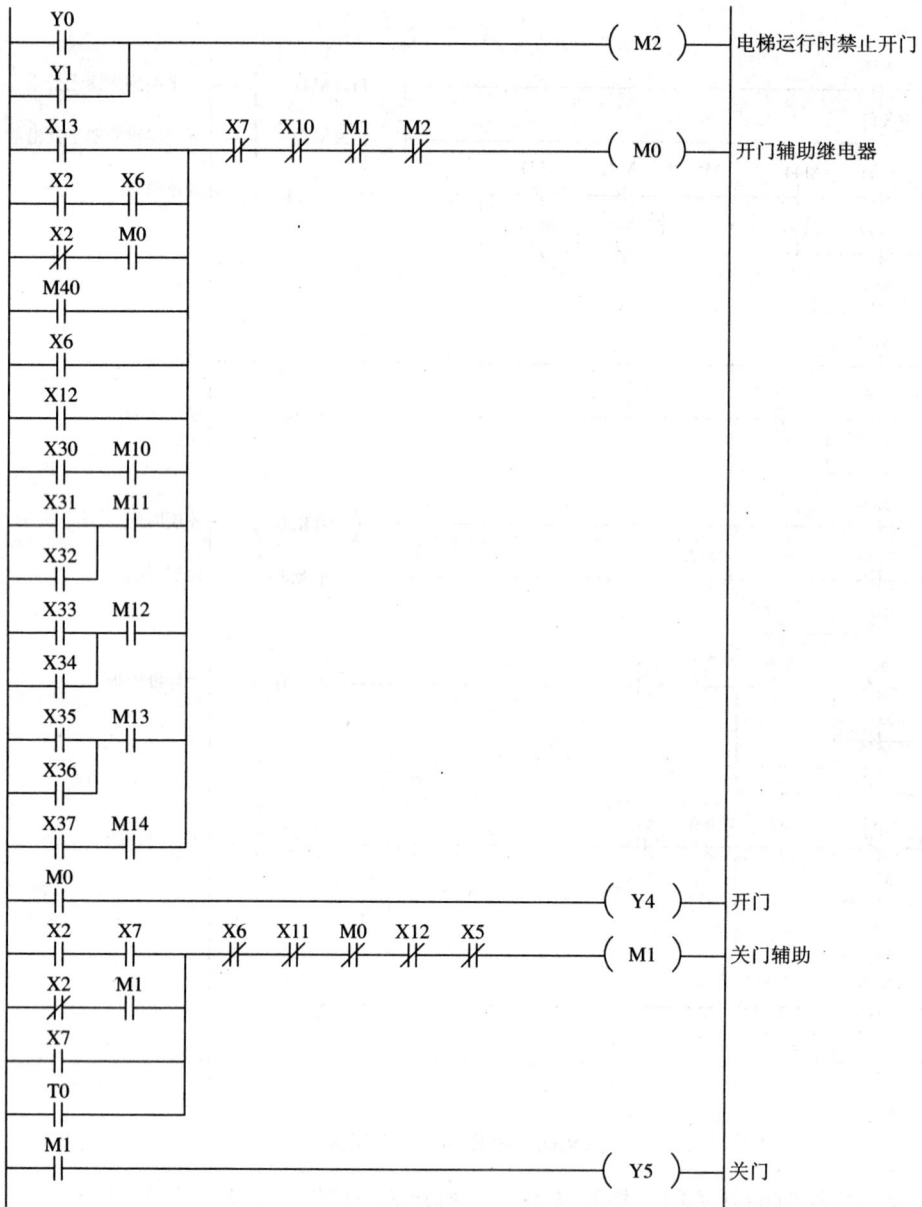

Y0 ——————————————————————————————————(M2) 电梯运行时禁止开门
Y1

X13 ———— X7 X10 M1 M2 ——————————————(M0) 开门辅助继电器
X2 X6
X2 M0
M40
X6
X12
X30 M10
X31 M11
X32
X33 M12
X34
X35 M13
X36
X37 M14

M0 ——————————————————————————————————(Y4) 开门

X2 X7 X6 X11 M0 X12 X5 ——————————————(M1) 关门辅助
X2 M1
X7
T0

M1 ——————————————————————————————————(Y5) 关门

图 8.19 开关门

8.4 PLC 控制系统的调试

8.4.1 应用程序的模拟调试

应用程序的模拟调试可采用以下两种方法。

1. 通过仿真软件进行调试

一些 PLC 生产厂商提供了仿真软件,例如三菱公司的与 SW3D5C-GPPW-C 编程软件配套的 SW3DSC-LLT-C 仿真软件、西门子公司的与 STEP 7 编程软件配套的 S7-PLCSIM 仿真软件。仿真时按照系统功能的要求，通过将某些输入元件强制为 ON 或 OFF，或改写某些元件中的数据来监视系统功能是否能正确实现。

2. 利用模拟实验板进行调试

利用开关和按钮模拟 PLC 实际的数字量输入信号，通过 PLC 输出模块的发光二极管观察输出信号是否满足设计的要求。对于复杂程序，可将程序分解成若干环节，分别进行各环节的调试，最后再做整体调试。

对于模拟量输入信号，可以给变送器提供标准的输入信号，通过调节模块上的电位器或程序中的系数，检测模拟量输入信号和转换后的数字量之间的关系是否满足要求。对于有模拟量输出信号，可连接电压/电流检测仪表，检测数字输入信号和转换后的模拟量之间的关系是否满足要求。

8.4.2 现场调试

在完成应用程序模拟调试后，即可进行现场调试。现场调试时先进行空载调试，只有在空载调试无误时方可进行负载调试。

输入电路空载调试：操作控制按钮和开关，观察相应的 PLC 输入点发光二极管，以保证输入连线的正确及可靠。

输出电路空载调试：根据应用程序，观察在相应的输入信号下对应输出点的发光二极管。

完成空载调试后连接输出装置，再次运行程序进行调试，并对部分输入元件(如行程开关)做出相应的调整，以满足现场的要求。

全部调试完成后，对用户程序进行固化保存，以备后用。

8.5 抗干扰措施

PLC 是专门为工业环境设计的控制设备，具有很高的可靠性，但生产环境过于恶劣、电磁干扰特别强烈的场合仍会对 PLC 的运行造成很大的影响。为保证 PLC 稳定地工作，提高控制系统的可靠性，必须采取有效的抗干扰措施。

8.5.1 抗电源干扰

电源干扰主要通过供电线路的阻抗耦合产生，各种大功率用电设备和产生谐波的设备(例如大功率硅整流装置、变频器、高频焊机等)是主要的干扰源。抗电源干扰通常采用以下措施。

1. 使用隔离变压器

在 PLC 的交流电源输入端加接带屏蔽层的隔离变压器，其初级、次级绕组之间加绕屏蔽层并和铁芯一起可靠接地，可以抑制从电源线引入的干扰，提高抗高频共模干扰能力。

2．使用滤波器

在 PLC 的交流电源输入端加接低通滤波器代替隔离变压器，由于其具有共模滤波、差模滤波和高频干扰抑制性能，能抑制线与线之间和线与地之间的干扰，可以吸收掉电源中的大部分"毛刺"，在一定的频率范围内有一定的抗电网干扰作用，但要准确选择滤波器的频率范围较为困难，所以通常同时使用滤波器和隔离变压器，如图 8.20 所示。

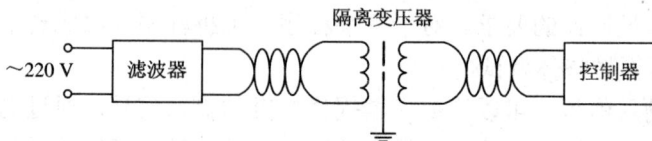

图 8.20　滤波器和隔离变压器的连接方法

3．采用分离供电系统

PLC 应远离干扰源，与高压电器或高压电源线之间至少应有 200 mm 的距离，以抑制电网的干扰。而且电源动力电缆、控制电缆、PLC 电源线、I/O 电缆应分别配线，隔离变压器与 PLC、I/O 电源之间应采用双绞线连接。如果有条件，PLC 最好采用单独的供电回路，以避免大容量设备对 PLC 的干扰。

8.5.2　控制系统接地

1．接地的意义

PLC 控制系统的良好接地可以有效防止干扰，主要体现在：减少由各种电位差引起的干扰电流；减少混入电源和输入/输出信号的干扰；防止由漏电流产生的感应电压。

2．接地的方法

为了抑制干扰，PLC 应设有独立的、良好的接地装置，如图 8.21 所示。

一般接地线的接地电阻应小于 100 Ω，截面积应大于 2 mm²，长度应不超过 20 m。

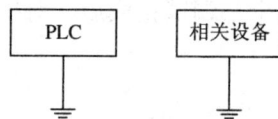

图 8.21　系统接地方式

对于其他控制电路部分，为防止不同信号回路接地线上的电流引起交叉干扰，必须分系统(例如以控制屏为单位)将弱电信号的内部地线接通，然后各自用规定截面积的导线统一引到接地网络的同一点，从而实现控制系统一点接地的要求。

8.5.3　防 I/O 信号干扰

1．抑制输出信号的干扰的措施

在感性负载的场合，PLC 输出控制触点从 ON 变成 OFF 时将产生反向感应电动势；而接触器等电磁元器件的触点在切断电路时又会产生电弧。这些都可能干扰系统的输出信号。

对于继电器输出型 PLC，直流负载需并联续流二极管，如图 8.22(a)所示。二极管要靠近负载，其容许反向耐压取负载电压的 5～10 倍，正向电流大于负载电流。交流负载需并联 RC 阻容吸收回路，如图 8.22(b)所示。R、C 分别取值 100～120 Ω、0.1 μF，电容的耐压要大于电源峰值电压，阻容吸收回路愈靠近负载，其抗干扰效果愈好。

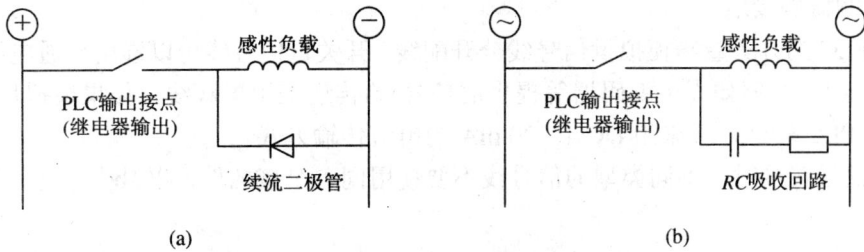

图 8.22 继电器输出型 PLC 感性负载的连接

(a) 直流负载；(b) 交流负载

对于三端双向晶闸管输出型 PLC，存在开路漏电流，即使输出为 OFF，对于额定工作电流值低的小型继电器和微量电流负载，仍可能保持工作。当负载为氖灯或负载容量低于 0.4 VA/AC100 V 或 1.6 VA/AC200 V 时，需要并联 RC 阻容吸收回路，如图 8.23 所示。R、C 分别取值 100～120 Ω、0.1 μF。

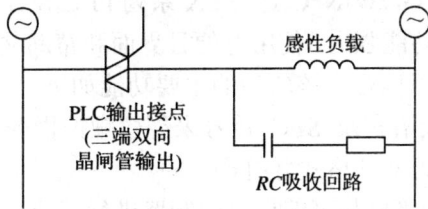

图 8.23 三端双向晶闸管输出型 PLC 感性负载的连接

2．输入/输出接线的要求

PLC 的输入/输出线与电源线应分开走线，并保持一定的距离，如在同一线槽中布线，应使用屏蔽电缆。PLC 的输入/输出信号线不允许用同一根电缆。

输入接线要求：通常不超过 30 m，对于环境干扰较小、电压降不大的场合可适当长些；尽可能采用常开触点形式连接到输入端。

输出接线要求：应将独立输出和公共输出分离。在不同组中，可采用不同类型和电压等级的电源，而在同一组中必须使用同一类型、同一电压等级的电源。由于 FX$_{2N}$ 系列 PLC 的输出电路无内置保险，为了防止负载短路等故障烧断 PLC 的基板配线，对于继电器输出型和三端双向晶闸管输出型要求每组都设置一个 2～5 A 的熔断器；对于晶体管输出型要求每组设置一个 2 A 的熔断器。

8.5.4　防外部配线干扰

为防止或减少外部配线的干扰，通常采取下列措施：

(1) 输入/输出信号线与高电压、大电流的动力线分开配线，电力电缆应单独配线。

(2) PLC 基本单元与扩展单元及功能模块的线缆应单独敷设，以防外界信号干扰。

(3) 交流输入/输出信号与直流输入/输出信号分别使用各自的电缆和配线管，对于中长距离配线，输入信号线一定要用屏蔽线。

(4) 集成电路或晶体管的输入/输出信号线必须使用屏蔽电缆，屏蔽电缆的输入/输出侧悬空，控制器侧接地。

(5) PLC 的开关量与模拟量信号线分开配线。开关量信号线可以选用普通电缆；模拟量信号和高速信号(例如光电编码器等提供的信号)的传送采用屏蔽线，如果模拟量输入/输出信号距离 PLC 较远，应采用 DC 4~20 mA 的电流传输方式。

(6) 信号转接时，不同类型的信号线不要使用同一个接插件，以减少相互干扰。

8.6 SWOPC-FXGP/WIN-C 编程软件应用

近年来，PLC 生产厂家纷纷推出各自的编程软件，利用编程软件可以进行 PLC 程序编制、输入、分析、在线监控和检测等。

8.6.1 三菱 PLC 编程软件的主要功能

三菱公司的 SWOPC-FXGP/WIN-C 是为 FX 系列 PLC 设计的编程软件，占用的存储空间少，安装后不到 2 MB，其功能强大、使用方便且界面和帮助文件均已汉化，可在 Windows 3.1 及 Windows 95 以上版本下运行。该软件的主要功能如下：

(1) 通过线路符号、列表语言及 SFC 符号来创建顺控指令程序、编辑元件注释以及设置寄存器数据，将程序存储为文件格式并打印。

(2) 利用串行接口，使计算机与可编程序控制器进行通信，实现文件传送、操作监控以及各种测试功能。

8.6.2 三菱 PLC 编程软件的基本操作

在安装好软件后，在桌面上自动生成 FXGP/WIN/C 软件包，双击进入软件包，如图 8.24 所示，选择可执行文件 FXGPWIN.EXE，双击进入 FXGPWIN 运行环境。

图 8.24　FXGPWIN 软件包

1. 新建

选择"文件"→"新文件"，再在"PLC 类型设置"对话框中选择相应的 PLC 类型，即可创建一个新的顺控程序。

2. 打开

选择"文件"→"打开"，在打开的文件菜单中选择指定的顺控程序。

3. 保存

选择"文件"→"保存"，保存当前顺控程序、注释数据及其他在同一文件名下的数据。如果是第一次保存，屏幕显示"赋名及保存"对话框，可通过该对话框指定保存文件的文件名及路径，并将它们保存下来。输入文件名时不必输入文件扩展名，所有文件被自动加以扩展名。

8.6.3 编程基本操作

1. 梯形图中元件的放置

在梯形图的编辑界面上，选择"视图"→"功能图"，程序窗口就会弹出基本指令操作的快捷方式图标，如图 8.25 所示，该快捷方式提供了各种软元件和连接线。

通过鼠标选择梯形图中的相应位置后，在"功能图"中选择要放置的元件的图标，在弹出的"输入元件"窗口中输入相应的元件号。如果元件为定时器和计数器，则元件号和设定值之间用空格隔开；如果输入的是应用指令，则助记符和参数之间、参数和参数之间用空格隔开，如图 8.26 所示。

图 8.25　功能图快捷方式图标

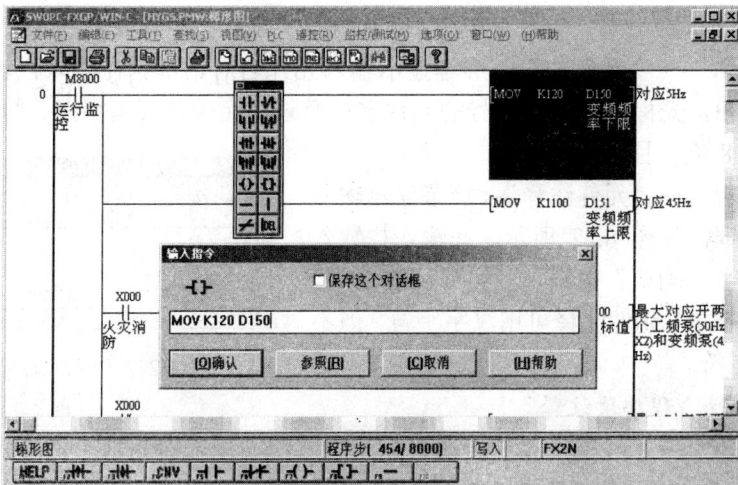

图 8.26　输入元件指令对话框

2. 程序的编辑

1) 程序的清除

选择"工具"→"全部清除"，则清除全部程序区，但参数的设置值未被改变。

2) 程序的转换

选择"工具"→"转换"，检查程序是否存在语法错误，若没有错误，则将创建的梯形图转换格式存入计算机中，同时图中的灰色区域变白。若程序存在错误，则显示"梯形图错误"，有错误的梯形图部分不被转换。如果在程序中存在未完成转换的梯形图部分，此时关闭程序窗口，未转换部分将不保存。

3) 剪切、复制

利用鼠标左键单击选择需要进行编辑的电路元件，通过"编辑"→"剪切"或"复制"操作，被选中的电路块单元被剪切或复制。被选择进行编辑的数据保存在剪切板中，如果所选数据超过了剪切板的容量，则操作被取消。

4) 粘贴

选择"编辑"→"粘贴"，将执行剪切或复制命令时存储在剪切板上的数据粘贴在程序中。如果剪切板中的数据未被确认为电路块，则操作被取消。

5) 删除

选择"编辑"→"删除"或"Delete"键，删除光标所在处的电路符号或电路块单元。被删除的数据并不存放在剪切板中。

6) 行删除、行插入

选择"编辑"→"行删除"，删除光标所在行的线路块。

选择"编辑"→"行插入"，在光标位置上插入一行。

7) 块选择

选择"编辑"→"块选择"→"向上"或"向下"，选定电路块。重复同样的操作可在屏幕的竖直方向上选定电路块。在执行剪切、粘贴或复制、粘贴前可用"块选择"操作选择电路块。

8) 元件名、元件注释

选择"编辑"→"元件名"，屏幕显示输入元件名对话框。在输入栏输入元件名并点击"确认"按钮，光标所在电路符号的元件名被登录。元件名可由字母、数字及符号组成，长度不得超过 8 位，且不得重名。

选择"编辑"→"元件注释"，屏幕显示输入元件注释对话框，如图 8.27 所示。在输入栏输入元件注释并点击"确认"按钮，光标所在电路符号的元件注释被登录。元件注释可用汉字字符，但不得超过 50 个字符。

图 8.27 输入元件注释对话框

9) 线圈注释、程序块注释

选择"编辑"→"线圈注释"，屏幕显示输入线圈注释对话框。在输入栏输入线圈注释并点击"确认"按钮，光标所在处的线圈注释被登录，以备线圈命令或其他应用指令所用。

选择"编辑"→"程序块注释"，屏幕显示输入程序块注释对话框。在输入栏输入程序块注释并点击 "确认"按钮，光标所在处的程序块注释即被登录。

在电路转换后方可输入线圈注释和程序块注释。线圈注释和程序块注释不受字数限制。

3．元件的查找

1) 到顶、到底

选择"查找"→"到顶"，在开始步的位置显示程序。

选择"查找"→"到底"，到程序的最后一步显示程序。

2) 查找

选择"查找"→"元件名查找"、"元件查找"、"指令查找"、"触点/线圈查找"或"到指定程序步"菜单,进行查找操作。

在弹出的对话框内输入相应要查找的元件信息,点击"确认"按钮,执行"查找"操作。利用对话框中的单选框"全部/向下/向上"可以选择需要查找的区域。

选择"查找"→"到指定程序步",屏幕上显示程序步数查找对话框。输入待查的程序步,点击"确认"按钮,执行查找操作,光标将移动到待查程序步处。

3) 改变元件地址

选择"查找"→"改变元件地址",屏幕显示改变元件号对话框,设置要改变的源元件号及目的元件号,点击"确认"按钮,则使特定软元件的地址改变。

【例】 执行操作:用 X10～X17 全部替换 X0～X7。

如图 8.28 所示,在"改变元件号"的窗口下,"源元件号"输入栏中输入 X0 至 X7,"目的元件号"栏中输入 X10,选择设定"转换方式"为"全部替换",还可选择设定是否同时移动注释以及应用指令元件。

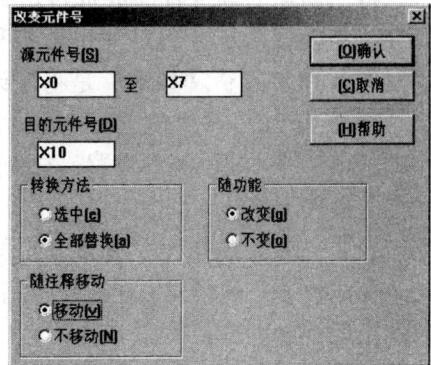

4) 改变触点类型

选择"查找"→"改变触点类型",屏幕显示改变位元件对话框,设置要交换的位元件,点击"确认"按钮,则实现位元件互换。用户可设定"选中转换"或"全部替换"。

图 8.28 改变元件号对话框

5) 交换元件地址

选择"查找"→"交换元件地址",屏幕显示交换元件地址对话框,设置要交换的源元件地址及目的元件地址,点击"确认"按钮,实现两个指定软元件的地址交换。

6) 标签设置、标签跳过

选择"查找"→"标签设置",光标所在处的程序步被标定。在程序窗口中,程序块的起始步被设置,但至多可设定 5 个步数。

选择"查找"→"标签跳过",屏幕显示跳向标签对话框。选择已设置的标签位置,点击"确认"按钮,则显示程序跳至标签设置处。

4. 程序的检查

选择"选项"→"程序检查",在程序检查对话框中进行设置,再点击"确认"按钮,将检查语法、双线圈及创建的顺控程序电路图并显示检查结果,如图 8.29 所示。其中,"语法错误检查"选项主要针对指令操作码及其格式;"双线圈检查"选项主要检查同一元件或显示顺序输出命令的重复使用状况;"电路检查"选项主要检查梯形图电路中的缺陷。

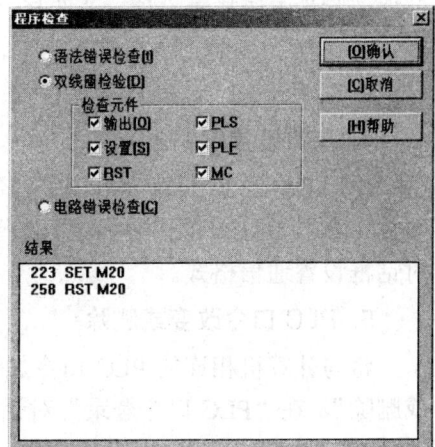

图 8.29 程序检查对话框

5. 视图命令

选择"视图"→"梯形图"、"指令表"或"SFC",窗口分别显示程序梯形图、指令表和 SFC 顺序功能图。

选择"视图"→"注释视图"→"元件注释/元件名称"、"程序块注释"或"线圈注释",窗口分别显示不同的注释内容。

8.6.4 PLC 的在线操作

在对 PLC 进行在线操作时,应先使用编程通信转换电缆 SC-09 连接好计算机的 RS-232C 接口和 PLC 的 RS-422A 编程器接口,并设置好计算机的通信端口参数。

1. 程序传送

将已创建的顺控程序成批传送到 PLC 中,传送功能包括"读出"、"写入"及"核对"。"读出"是将 PLC 中的顺控程序传送到计算机中;"写入"是将计算机中的顺控程序发送到 PLC 中;"核对"是将在计算机及 PLC 中的顺控程序加以比较校验。

选择"PLC"→"传送"→"读出"、"写入"及"核对"可完成上述操作。该操作应在"选项"→"PLC 类型设置"中设置好已连接的 PLC 类型的条件下执行。执行完"读出"操作后,计算机程序窗口中已有的顺控程序被读出的程序替代,PLC 模式改变成被设定的模式。在执行"写入"操作时,PLC 应停止运行,程序必须在 RAM 或 EEPROM 内存保护关断的情况下写入。"写入"操作如图 8.30 所示。

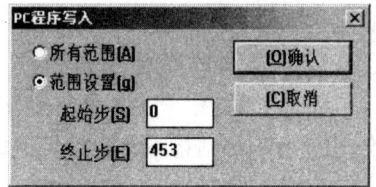

图 8.30 程序写入对话框

2. 寄存器数据传送

将已创建的寄存器数据成批传送到 PLC 中,其功能和操作与"程序传送"类似,但要注意 PLC 的模式必须与计算机中设置的 PLC 模式一致。

3. PLC 存储器清除

用于初始化 PLC 中的程序及数据。选择"PLC"→"PLC 存储器清除",再在"PLC 存储器清除"中选择清除项。若选择"PLC 存储空间",则顺控程序为 NOP,参数设置为缺省值。若选择"数据元件存储空间",则数据文件缓冲器中的数据置零。若选择"位元件存储空间",则 X、Y、M、S、T、C 的值被置零。注意特殊数据寄存器中的数据不能清除。

4. 串口设置(D8120)

使用 RS-232C 适配器和 RS 命令来设置及显示通信格式,所显示的数据依据 PLC 特殊数据寄存器 D8120 的内容而定。选择"PLC"→"串口设置(D8120)",在"串口设置(D8120)"对话框设置通信格式。

5. PLC 口令改变或删除

将与计算机相连的 PLC 口令加以设置、改变或删除。选择"PLC"→"PLC 当前口令或删除",在"PLC 口令登录"对话框中完成。

6. 运行中程序更改

在程序运行状态下,改变与计算机相连的 PLC 的顺控程序部分。

在程序运行过程中，选择"PLC"→"运行中程序更改"，出现确认对话框，点击"确认"按钮执行操作。该功能会改变 PLC 操作，应对其修改内容充分确认后再执行该操作，且 PLC 程序内存必须为 RAM。注意可被改变的顺控程序仅为一个电路块(限于 127 步)，被改变的电路块中应无高速计数器的应用指令或标签。

7. 遥控运行/终止

在 PLC 中以遥控的方式进行运行/停止操作。选择"PLC"→"遥控运行/停止"，在弹出的遥控运行/停止对话框中操作。该功能可改变顺控程序的操作状态。

8. PLC 诊断

选择"PLC"→"PLC 诊断"，出现"PLC 诊断"对话框，点击"确认"按钮，将显示与计算机相连的 PLC 状况、与出错信息相关的特殊数据寄存器以及内存的内容，如图 8.31 所示。

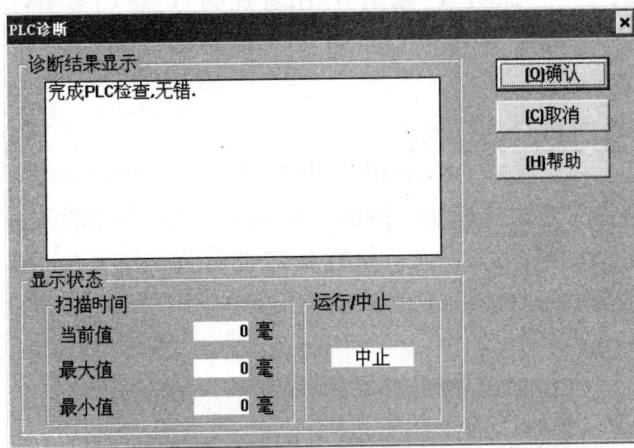

图 8.31 PLC 诊断对话框

9. 采样跟踪

采样跟踪的目的是存储与时间相关的元件数值变化并将其在时间表中加以显示，或在 PLC 中设置采样条件，显示基于 PLC 中采样数据的时间表。采样跟踪设置如图 8.32 所示。

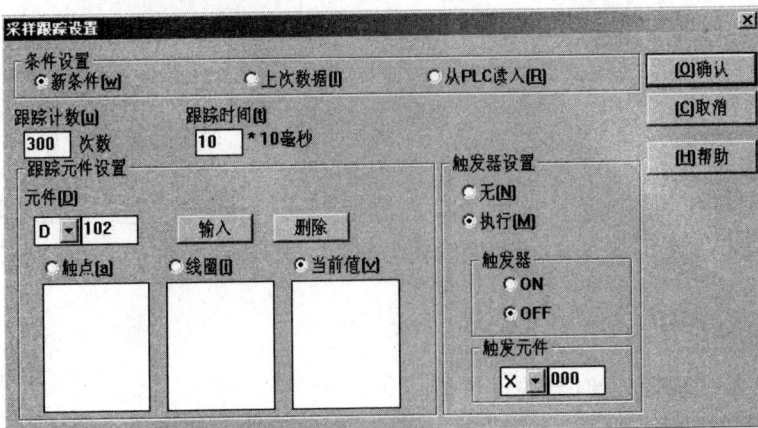

图 8.32 采样跟踪设置对话框

10. 端口设置

在用计算机 RS-232C 端口与 PLC 相连时，需要进行端口设置。选择“PLC”→“端口设置”，在“端口设置”对话框中设置端口和传送速率。

8.6.5　监控与检测

1. 元件监控

选择“监控/测试”→“开始监控”，屏幕显示元件登录监控窗口。在监控窗口中选择元件，双击鼠标左键可显示元件登录对话框，设置待监控的起始元件(有效元件为 X、Y、M、S、T、C、D、V、Z 等)及显示点数(最大为 48 点)，点击“确认”按钮即可。

2. 强制 Y 输出

选择“监控/测试”→“强制 Y 输出”，出现强制 Y 输出对话框，设置元件地址及 ON/OFF，点击“确认”按钮，即可将 PLC 特定输出端口(Y)强制为 ON/OFF。

3. 强制 ON/OFF

强行设置或重新设置 PLC 的位元件。

选择“监控/测试”→“强制 ON/OFF”，屏幕显示强制 ON/OFF 对话框，如图 8.33 所示。设置元件 SET/RST，点击“确认”按钮，可使特定元件得到设置或重置。其中，执行 SET 的有效元件为 X、Y、M、S、T、C；执行 RST 的有效元件为 X、Y、M、S、T、C、D、V、Z。当 RST(重新设置)字元件时，T 或 C 的位信息关闭、当前值被清零；D、V 或 Z 的当前值也被清零。

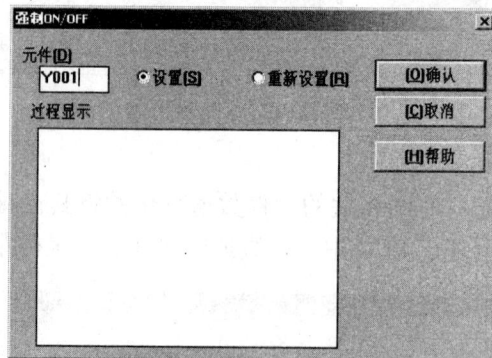

图 8.33　强制 ON/OFF 对话框

4. 改变当前值

改变 PLC 字元件的当前值。选择“监控/测试”→“改变当前值”，屏幕显示改变当前值对话框，选定元件及改变值，点击“确认”按钮，则选定元件的当前值被改变。可改变的元件为字元件 T、C、D、V、Z。

5. 改变设置值

改变 PLC 中计数器或计时器的设置值。

在程序监控状态下，如果光标所在位置为计数器或计时器的输出命令状态，选择“监控/测试”→“改变设置值”，屏幕显示改变设置值对话框，设置待改变的值并点击“确认”

按钮，指定元件的设置值被改变。如果设置输出命令的是数据寄存器，或光标正在应用命令位置并且 D、V 或 Z 当前可用，该功能同样可被执行，这种情况下，元件号被改变。

8.6.6　PLC 参数设置

1. 参数设置

选择"选项"→"参数设置"，在"参数设置"对话框中设置内存容量、储存器和锁存范围等内容，如图 8.34 所示。对于新创建的顺控程序，其参数为缺省值，参数设置数据被当作顺控程序的一部分来处理并存储在 PLC、文件及 ROM 中，而注释存储在文件中。

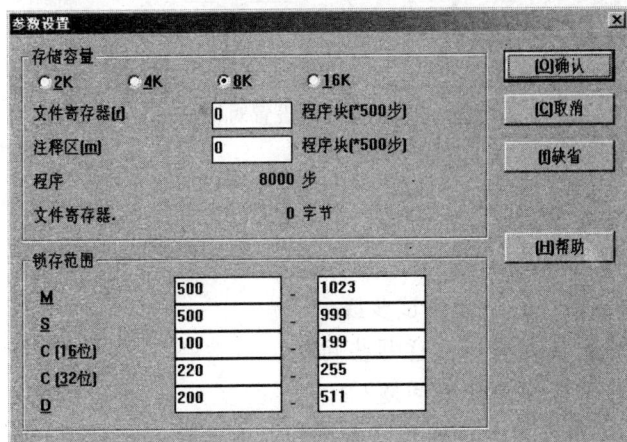

图 8.34　参数设置对话框

2. 串口设置(参数)

选择"选项"→"串口设置(参数)"，在显示的"串口设置(参数)"对话框中完成串口设置，如图 8.35 所示。运行 PLC 时，设置好的数据被传送到特殊数据寄存器 D8120、D1821、D8129 中。

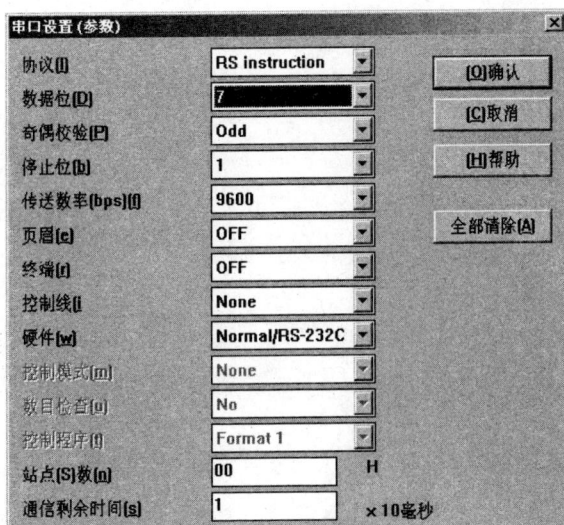

图 8.35　串口设置对话框

3. 元件范围设置

通常由 PLC 允许范围决定元件最大设置范围，但仍可设置每个元件的范围。选择"选项"→"元件范围设置"，可在"元件范围设置"对话框内对每个元件范围加以设置，如图 8.36 所示。

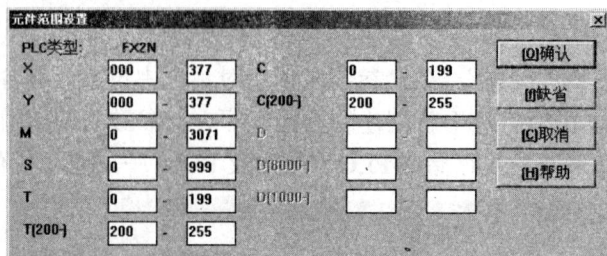

图 8.36 元件范围设置对话框

习 题

8.1 简述 PLC 控制系统的设计调试步骤。

8.2 选择开关量输出模块时应注意哪些问题？

8.3 控制系统的接地应注意哪些问题？

8.4 在进行 PLC 线路连接时应注意哪些问题？

8.5 应用 FX 编程软件进行编程练习，熟练掌握程序修改、程序读入和写出的方法。

第 9 章 西门子 S7-200 系列和欧姆龙 CPM1A 系列 PLC 简介

▶▶▶

可编程序控制器的生产厂家很多，并且各厂家的产品系列繁多。本章将介绍目前广泛使用的西门子 S7-200 和欧姆龙 CPM1A 系列 PLC 产品的性能特点、内部资源及其基本指令系统。

9.1 西门子 S7-200 系列 PLC

西门子可编程序控制器 S7 系列是近年推出的，它包含了 S7-200、S7-300、S7-400 等系列型号。本节以 S7-200 系列 PLC 为例进行介绍。

9.1.1 S7-200 系列 PLC 的特点和系统配置

西门子 S7-200 系列 PLC 是在 S4 系列的基础上开发出来的，属于结构紧凑、成本较低的小型机。在运行速度方面具有简短的指令处理时间，可缩短循环周期；高速计数扩大了小型机在其他范围内的应用；高速中断处理使得单机可以对过程事件进行快速响应。而在其功能方面增加了专用性能模块以扩大能力；控制步进电机的固有的脉冲输出，也可以用于脉宽调制；具有丰富的指令集，用于方便、快速地处理最复杂的问题。此外还增加了许多其他功能，比如：点对点接口(PPI)支持编程技术、操作员接口技术以及与串行设备的接口；具有友好用户界面的 STEP 7 Micro/WIN、STEP 7 Micro/DOS 软件和功能强大的编程设备，使编程得以简化；对用户程序进行三级口令保护；TD 200 操作员面板提供了方便的人机界面功能等。这些功能的增加，使得 S7-200 在自动化控制领域得到更广泛的应用。

S7-200 系列 PLC 的主要技术指标见表 9.1，基本单元见表 9.2，数字量扩展模块见表 9.3。S7-200 系列 PLC 的用户存储器可扩展到 13 k 步，I/O 点最多可扩展 7 个模块。它有 27 条基本指令，执行速度为 0.37 μs/布尔指令。该系列 PLC 还具有多种功能模块，如模拟量模块、热电偶/热电阻模块、MODEM 模块、PROFIBUS-DP 模块、位置控制模块等，如表 9.4 所示。利用 S7-200 系列 PLC 所具有的这些特殊功能模块可以实现模拟量控制、位置控制和联网通信等。

表 9.1 　S7-200 系列 PLC 的主要技术指标

特　性		CPU 221	CPU 222	CPU 224	CPU 226	CPU 226XM
程序存储区		2048 字	2048 字	4096 字	4096 字	8192 字
数据存储区		1024 字	1024 字	2560 字	2560 字	5120 字
掉电保护时间		50 小时	50 小时	190 小时	190 小时	190 小时
本机 I/O		6 入/4 出	8 入/6 出	14 入/10 出	24 入/16 出	24 入/16 出
高速计数器	单相	4 路 30 kHz	4 路 30 kHz	6 路 30 kHz	6 路 30 kHz	6 路 30 kHz
	双相	2 路 20 kHz	2 路 20 kHz	4 路 20 kHz	4 路 20 kHz	4 路 20 kHz
脉冲输出(DC)		2 路 20 kHz	2 路 20 kHz	2 路 20 kHz	2 路 20 kHz	2 路 20 kHz
模拟电位器		1	1	2	2	2
实时时钟		配时钟卡	配时钟卡	内置	内置	内置
通信接口		1 RS-485	1 RS-485	1 RS-485	2 RS-485	2 RS-485

表 9.2 　S7-200 系列 PLC 的基本单元

型　　号		输入点数	输出点数	扩展模块数量
继电器输出	晶体管输出			
CPU 221 AC/DC/Relay	CPU 221 DC/DC/DC	6	4	—
CPU 222 AC/DC/Relay	CPU 222 DC/DC/DC	8	6	2
CPU 224 AC/DC/Relay	CPU 224 DC/DC/DC	14	10	7
CPU 226 AC/DC/Relay	CPU 226 DC/DC/DC	24	16	7
CPU 226XM AC/DC/Relay	CPU 22XM DC/DC/DC	24	16	7

表 9.3 　S7-200 系列 PLC 的数字量扩展模块

类　型	名称和描述	输　入	输　出
数字量输入模块	EM 221 DI 8×24 V DC	8×24 V DC	—
	EM 221 DI 8×AC 120/230 V	8×AC 120/230 V	—
数字量输出模块	EM 222 DO 8×24 V DC	—	8×24 V DC
	EM 222 DO 8×继电器	—	8×继电器
	EM 222 DO 8×AC 120/230 V	—	8×AC 120/230 V
数字量混合模块	EM 222 DO 24 V DC 4 入/4 出	4×24 V DC	4×24 V DC
	EM 222 DO 24 V DC 4 入/4 继电器	4×24 V DC	4×继电器
	EM 222 DO 24 V DC 8 入/8 出	8×24 V DC	8×24 V DC
	EM 222 DO 24 V DC 8 入/8 继电器	8×24 V DC	8×继电器
	EM 222 DO 24 V DC 16 入/16 出	16×24 V DC	16×24 V DC
	EM 222 DO 24 V DC 16 入/16 继电器	16×24 V DC	16×继电器

表 9.4　S7-200 系列 PLC 的功能模块

类　型	型　号	功　能　概　要
模拟输入模块	EM 231	模拟量输入模块，12 位 4 通道，电压输入：直流±5 V，0～10 V；电流输入：直流 0～20 mA
模拟输出模块	EM 232	模拟量输出模块，12 位 2 通道，电压输出：±10 V；电流输出：0～20 mA
模拟混合模块	EM 235	模拟量输入，12 位 4 通道，电压输入：直流±5 V，0～10 V；电流输入：直流 0～20 mA 模拟量输出，12 位 1 通道，电压输出：±10 V；电流输出：0～20 mA
热电偶模块	EM 231 热电偶	热电偶型温度传感器用模块，4 通道输入。TC 类型：S、T、R、E、N、K、J，电压：±80 mV
热电阻模块	EM 231 RTD	热电阻型温度传感器用模块，2 通道输入。热电阻类型：PT-100, PT-200, PT-500, PT-1000, PT-10000；Cu-9.035；Ni-10, Ni-120, Ni-1000；R-100，R-300，R-600
PROFIBUS-DP	EM 277	接口数：1；电气接口：RS-485；波特率：9.6 kb/s～12 Mb/s
Modem	EM 241	EM 241 Modem 模块代替连于 CPU 通信口的外部 Modem 功能
位控模块	EM 253	输入数量：5 点；输出数量：6 点
AS-I 接口模块	CP 243-2	存取 AS-I 接口从站的 I/O 数据，一个 S7-200 可同时操作 2 个 AS-I 接口模块。每个 AS-I 接口模块最多 124 输入/124 输出
工业以太网通信处理器	CP 243-1	传输速率：10 Mb/s 和 100 Mb/s；闪存：1 MB；SDRAM：8 MB；最大连接数量：最多 8 个 S7 连接＋1 个 STEP 7 Mico/WIN32 连接

　　S7-200 系列 PLC 有 128 点位存储器、64 点局部存储器、10 239 点变量存储器、4400 点特殊存储器、256 点定时器、256 点计数器、6 点 32 位高速计数器、256 点顺序控制继电器、128 个中断程序。这些都为应用程序的设计提供了丰富的资源。

9.1.2　S7-200 系列 PLC 的内部资源

　　S7-200 系列 PLC 内部有 CPU、存储器、输入/输出接口单元等硬件资源，这些硬件资源在其系统软件的支持下，使得 PLC 具有很强的功能。按照存储数据的性质把这些数据存储器 RAM 命名为输入继电器区、输出继电器区、辅助继电器区、定时器区、计数器区、累加寄存器区和顺序控制继电器区等，通常把这些"继电器"称为编程元件，因此必须了解这些编程元件的符号和编号。

1. 输入继电器(I)与输出继电器(Q)

　　输入继电器(I)是 PLC 接受外部输入开关量信号的窗口。PLC 将外部信号的状态读入并存储在输入映像寄存器中。外部输入电路接通时对应输入继电器的映像寄存器为 ON（"1"状态），表示该输入继电器的常开触点闭合，其常闭触点断开。输入继电器的状态惟一地取决于外部输入信号，不可能受用户程序的控制，因此在梯形图中绝对不能出现输入继电器线圈。

输出继电器(Q)是 PLC 向外部负载发送信号的窗口。输出继电器用来表示将可编程序控制器的输出信号传送给输出模块，然后由后者驱动外部负载。

S7-200 系列 PLC 的输入继电器和输出继电器的编号用字母(存储器标识符)、字节地址(十进制)、分隔符和位地址(八进制)四部分表示，输入继电器和输出继电器的编号与接线端子的编号一致。S7-200 系列 PLC 的输入/输出继电器编号见表 9.5。

表 9.5 S7-200 系列 PLC 的输入/输出继电器号

形式	型　号					
	CPU 221	CPU 222	CPU 224	CPU 226	CPU 226XM	扩展时
输入	I0.0～I0.5	I0.0～I0.7	I0.0～I1.5	I0.0～I2.7	I0.0～I2.7	I0.0～I15.7
	6 点	8 点	14 点	24 点	24 点	108 点
输出	Q0.0～Q0.3	Q0.0～Q0.5	Q0.0～Q1.1	Q0.0～Q1.7	Q0.0～Q1.7	Q0.0～Q15.7
	4 点	6 点	10 点	16 点	16 点	108 点

2. 存储器

1) 位存储器(M)

位存储器也称为通用辅助继电器，作为控制继电器来存储中间操作状态和控制信号。S7-200 系列 PLC 的位存储器(M)编号见表 9.6。可以按位、字节、字或双字来存取位存储器中的数据。

格式：　位：　　　　　　　　M[字节地址].[位地址]　　　　　M26.7
　　　　字节、字或双字：　　M[长度].[起始字节地址]　　　　MD20

表 9.6 S7-200 系列 PLC 的存储器编号

存储器名称	型　号				
	CPU 221	CPU 222	CPU 224	CPU 226	CPU 226XM
位存储器(M)	M0.0～M31.7	M0.0～M31.7	M0.0～M31.7	M0.0～M31.7	M0.0～M31.7
变量存储器(V)	VB0～VB2047	VB0～VB2047	VB0～VB5119	VB0～VB5119	VB0～VB10239
局部存储器(L)	LB0～LB63	LB0～LB63	LB0～LB63	LB0～LB63	LB0～LB63
特殊存储器(SM) 只读	SM0.0～SM179.7	SM0.0～SM299.7	SM0.0～SM549.7	SM0.0～SM549.7	SM0.0～SM549.7
	SM0.0～SM29.7	SM0.0～SM29.7	SM0.0～SM29.7	SM0.0～SM29.7	SM0.0～SM29.7

2) 变量存储器(V)

变量存储器作为存储程序执行过程中控制逻辑操作的中间结果，也可以用来保存与工序或任务相关的其他数据。S7-200 系列 PLC 的变量存储器(V)编号见表 9.6。可以按位、字节、字或双字来存取变量存储器中的数据。

格式：　位：　　　　　　　　V[字节地址].[位地址]　　　　　V10.2
　　　　字节、字或双字：　　V[长度].[起始字节地址]　　　　VW100

3) 局部存储器(L)

局部存储器共有 64 字节，其中 60 个可以用作临时存储器或者给子程序传递参数。局部存储器(L)和变量存储器(V)很相似，主要区别是变量存储器是全局的，而局部存储器只在局部有效。全局是指同一存储器可以被任何程序存取(包括主程序、子程序和中断服务程序)。局部是指存储器区和特定的程序相关联。S7-200 给主程序分配了 64 个局部存储器；给每一级子程序嵌套分配了 64 个字节局部存储器；同样给中断服务程序分配了 64 个字节局部存储器。

格式：　位：　　　　　　　　　　　L[字节地址].[位地址]　　　　　　L0.0
　　　　　字节、字或双字：　　　　L[长度].[起始字节地址]　　　　　LB33

4) 特殊存储器(SM)

特殊存储器也称为特殊标志继电器，它为 CPU 和用户程序之间传递信息提供了一种手段，可以用来选择和控制 S7-200 CPU 的一些特殊功能。S7-200 系列 PLC 的特殊存储器(SM)编号及功能见表 9.7。可以按位、字节、字或双字的形式来存取。

格式：　位：　　　　　　　　　　SM[字节地址].[位地址]　　　　　SM0.1
　　　　　字节、字或双字：　　　 SM[长度].[起始字节地址]　　　　SMB86

表 9.7　特殊存储器的功能

元件编号	功　　能
SM0(SM0.0～SM0.7)	共有 8 个状态位(SM0.0～SM0.7)，在每个扫描周期的末尾，由 S7-200 更新这些标志位
SMB1(SM1.0～SM1.7)	SMB1 包含了各种潜在的错误提示。这些位可由指令在执行时进行置位或复位
SMB2(SM2.0～SM2.1)	自由端口接收字符。SMB2 位自由端口接收字符缓冲区，在通信方式下，接收到的每个字符都放在这里，便于梯形图程序存取。
SMB3(SM3.0)	自由端口奇偶校验错误。当接收到的字符发现奇偶校验错误时，将 SM3.0 置"1"
SMB4(SM4.0～SM4.7)	SMB4 包含中断队列溢出位、中断是否允许标志位和发送空闲位
SMB5(SM5.0～SM5.3)	I/O 状态。这四个位提供所发现的 I/O 错误的概况
SMB6(SM6.4～SM6.7)	CPU 识别(ID)寄存器。分别识别 CPU 的类型
SMB8～SMB21	I/O 模块识别和错误寄存器
SMB28、SMB29	模拟电位器，分别代表模拟调节电位器 0 位置和 1 位置的数字值
SMB30、SMB130	SMB30 控制端口 0 通信方式；SMB130 控制端口 1 通信方式
SMB34、SMB35	SMB34、SMB35 分别定义中断 0 和中断 1 的时间间隔,范围为 1～255 ms

注：上面只给出了特殊存储器的常用功能，其余特殊存储器的功能读者可查 S7-200 的用户手册。

3. 顺序控制继电器(S)

顺序控制继电器(S)用于顺序控制(或步进控制)。顺序控制继电器(SCR)指令基于顺序功能图(SFC)的编程方式，将控制程序的逻辑分段，从而实现顺序控制。S7-200 系列 PLC 的顺序控制继电器(S)编号见表 9.8。可以按位、字节、字或双字的形式来存取。

| 格式： | 位： | S[字节地址].[位地址] | S3.1 |
| | 字节、字或双字： | S[长度].[起始字节地址] | SB4 |

表 9.8　S7-200 系列 PLC 的顺序控制器编号

存储器名称	型　　号				
	CPU 221	CPU 222	CPU 224	CPU 226	CPU 226XM
顺序控制器(S)	S0.0～S31.7	S0.0～S31.7	S0.0～S31.7	S0.0～S31.7	S0.0～S31.7

4．定时器(T)

S7-200 系列 PLC 中，定时器可用于时间累计，其分辨率(时基增量)分为 1 ms、10 ms、100 ms 三种。定时器在使用中会有两种形式出现：

- 当前值：16 位有符号整数，存储定时器所累计的时间。
- 定时器位：按照当前值和预置值的比较结果来置位或者复位。预置值是定时器指令的一部分。

可以用定时器地址(T+定时器编号)来存取这两种形式的定时器数据。指令决定了定时器使用的形式。如果使用位操作指令，则存取定时器位；如果使用字操作指令，则存取定时器当前值。定时器有下列三种类型：

(1) 接通延时定时器(TON)：没有保持功能，在输入电路断开或停电时自动复位(清零)。

(2) 有记忆的接通延时定时器(TONR)：具有保持功能，在输入电路断开或停电时保持当前值，当输入再接通或者重新通电时，计数在原有值的基础上继续累计。

(3) 断开延时定时器(TOF)：在输入电路断开后延时断开输出。

S7-200 系列 PLC 的定时器类型、编号、分辨率和定时范围见表 9.9。

表 9.9　S7-200 系列 PLC 的定时器类型和编号

类　型	定时器编号	分辨率	定时范围	备注
有记忆的接通延时定时器(TONR)	T0，T64	1 ms	0.001～32.767 s	
	T1-T4，T65-T68	10 ms	0.01～327.67 s	
	T5-T31，T69-T95	100 ms	0.1～3276.7 s	
接通延时定时器(TON)断开延时定时器(TOF)	T32，T96	1 ms	0.001～32.767 s	
	T33-T36，T97-T100	10 ms	0.01～327.67 s	
	T37-T63，T101-T255	100 ms	0.1～3276.7 s	

5．计数器(C)

S7-200 系列 PLC 提供了两类计数器，一类是内部计数器，它是 PLC 在执行扫描操作时对内部信号 I、Q、M、T、C 等进行计数的计数器，要求输入信号的接通或断开时间应大于 PLC 的扫描周期，内部计数器又分为减计数器、增计数器和增/减计数器；另一类是高速计数器，其响应速度高，所以对较高频率信号的计数就必须采用高速计数器。这些计数器的功能都是设定预置数，当计数器输入端信号从 OFF 变为 ON 时，计数器减 1 或加 1，计数值减为零或者加到设定值时，计数器 ON。S7-200 系列 PLC 计数器的种类和编号见表 9.10。

表 9.10　S7-200 系列 PLC 的计数器类型和编号

类　　型		编　　号	备　　注
计数器 C	增计数器(CTU)	C0~C255	计数设定值为 1~32 767
	减计数器(CTD)		
	增/减计数器(CTUD)		计数设定值为–32 767~+32 767
高速计数器(HC)		HC0~HC5	初始值和预置值均为 32 位符号整数，放在特殊存储器内

注：计数器的详细使用可参阅 S7-200 的用户手册。

计数器在使用中会有两种形式出现：

(1) 当前值：16 位有符号整数，存储累计值。

(2) 计数器位：按照当前值和预置值的比较结果来置位或者复位。预置值是计数器指令的一部分。

可以用计数器地址(C+计数器号)来存取这两种形式的计数器数据。指令决定了计数器的使用形式。如果使用位操作指令，则存取计数器位；如果使用字操作指令，则存取计数器当前值。计数器有下列三种类型：

(1) 增计数器(CTU)：从当前计数值开始，在每一个(CU)输入状态由低到高时递增计数。当 C×× 的当前值大于等于预置值 PV 时，计数器位 C×× 置位，当复位端(R)接通或者执行复位命令后，计数器被复位。当达到最大值(32 767)后，计数器停止计数。

(2) 减计数器(CTD)：从当前计数值开始，在每一个(CD)输入状态由低到高时递减计数。当 C×× 的当前值等于 0 时，计数器位 C×× 置位；当装载输入端(LD)接通时，计数器被复位，并将计数器的当前值设定为预置值 PV。当计数值减到 0 时，计数器停止计数，计数器位 C×× 接通。

(3) 增/减计数器(CTUD)：在每一个增计数输入(CU)由低到高时增计数，在每一个减计数输入(CD)由低到高时减计数。计数器的当前值 C×× 保存当前计数值。在每一次计数器执行时，预置值 PV 与当前值做比较。当当前值大于或者等于预置值 PV 时，计数器位 C×× 接通。否则计数器位断开。当复位端(R)接通或者执行复位命令后，计数器被复位。

高速计数器有四种基本类型：带有内部方向控制的单相计数器、带有外部方向控制的单相计数器、带有两个时钟输入的双相计数器和 A/B 相正交计数器。

9.1.3　S7-200 系列 PLC 的指令系统

S7-200 系列 PLC 有 106 条逻辑指令。使用梯形图(LAD)编程时以每个独立的网络块为单位，所有网络块组合在一起就是梯形图程序；使用语句表(STL)编程时，如果也以每个独立的网络块为单位，则 STL 程序和 LAD 程序基本上是一一对应的，而且两者可以通过编程软件相互转换。S7-200 系列 PLC 的常用指令功能和用途见表 9.11，其他指令请参阅 S7-200 的用户手册。

表 9.11 S7-200 系列 PLC 常用指令表

助记符	名 称	可用元件	功能和用途
LD	取	I、Q、M、SM、T、C、V、S、L	逻辑运算开始。用于与母线连接的常开触点
LDN	取反	I、Q、M、SM、T、C、V、S、L	逻辑运算开始。用于与母线连接的常闭触点
=	输出	Q、M、V、S	驱动线圈的输出指令
A	与	I、Q、M、SM、T、C、V、S、L	和前面的元件实现逻辑与,用于单个常开触点串联
AN	与反	I、Q、M、SM、T、C、V、S、L	和前面的元件实现逻辑与,用于单个常闭触点串联
O	或	I、Q、M、SM、T、C、V、S、L	和前面的元件实现逻辑或,用于单个常开触点并联
ON	或反	I、Q、M、SM、T、C、V、S、L	和前面的元件实现逻辑或,用于单个常闭触点并联
ALD	回路块与		并联回路块的串联指令
OLD	回路块或		串联回路块的并联指令
S	置位	I、Q、M、SM、T、C、V、S、L	线圈接通保持指令
R	复位	I、Q、M、SM、T、C、V、S、L	清除动作保持;计数器、定时器当前值及寄存器清零
EU	上升沿脉冲指令		对其前面的逻辑运算结果的上升沿产生一个宽度为一个扫描周期的脉冲
ED	下降沿脉冲指令		对其前面的逻辑运算结果的下降沿产生一个宽度为一个扫描周期的脉冲
LPS	逻辑入栈		把栈顶值复制后压入堆栈
LRD	逻辑读栈		将栈的最上一层内容读出来
LPP	逻辑出栈		将栈最上一层的内容弹出来,同时堆栈内容依次上移
LDS	装入堆栈		复制堆栈中的第 n 个值到栈顶,而栈底内容丢失
NOT	取反		将执行该指令之前的逻辑运算结果取反
NOP	空操作		程序中仅做空操作运行
END	条件结束指令		可以用在无条件结束指令前结束主程序
MEND	无条件结束指令		表示主程序结束

9.2 欧姆龙 CPM1A 系列 PLC

欧姆龙可编程序控制器包括微型机的 CPM1A、CPM2A、CPM2、CPM2AH、CPM2AE、SRM1 等系列;中小型机的 C20、CJ1、C200H、C200Hα、CQM1、CQM1H 等系列;大中型机的 CS1D、CS1、C500、C1000H、C1000F、C2000H、CVM1、CVM1D 和 CV 系列。本节以 CPM1A 系列 PLC 为例进行介绍。

9.2.1 CPM1A 系列 PLC 的特点和系统配置

欧姆龙 CPM1A 系列可编程序控制器属于结构紧凑、成本较低的微型机，在 CPU 单元中装配了 10～40 点的输入/输出端子，为一体化组件型的 PLC。通过扩展 I/O 单元可增设 3 个 20 点的输入/输出。增加了实现平稳输入/输出动作的输入滤波器功能；外部输入中断功能；快速响应输入功能；间隔定时器中断功能；高速计数器功能；模拟设定定时器功能；对应上位机链接、对应 1∶1 链接和对应 NT 链接功能。采用快速闪存，无电池的内存支持得以实现，使得维护简单化。这些功能使得欧姆龙 CPM1A 系列 PLC 在自动化控制领域得到了更广泛的应用。

CPM1A 系列 PLC 的主要技术指标见表 9.12，基本单元见表 9.13，数字量扩展模块见表 9.14。CPM1A 系列 PLC I/O 点最多可扩展 100 点。它有 14 条基本指令，其执行速度为 0.72 µs/指令。该系列还具有多种功能模块，如模拟量模块、温度传感器单元、DeviceNet I/O 链接单元和 CompoBus/S I/O 链接单元等，功能模块见表 9.15。利用 CPM1A 系列 PLC 的这些特殊功能模块可以实现模拟量控制、温度控制和联网通信等。

表 9.12 CPM1A 系列 PLC 的主要技术指标

特　性		10 点 CPU 单元	20 点 CPU 单元	30 点 CPU 单元	40 点 CPU 单元
指令种类		基本指令：14 种；应用指令：77 种(134 条)			
数据存储区		2048 字	2048 字	2048 字	2048 字
处理速度		基本指令：0.72 µs；应用指令：12.3 µs			
最大 I/O	主机	10(6 入/4 出)	20(12 入/8 出)	30(18 入/12 出)	40(24 入/16 出)
	扩展	不可扩展	不可扩展	90(54 入/36 出)	100(60 入/40 出)
高速计数器		1 点、单相 5 kHz 或 2 相 2.5 kHz			
脉冲输出(DC)		仅对晶体管输出型 1 点 2 kHz			
模拟量设定		2 点			
中断处理		2 点		4 点	
快速响应输入		与外部输入点共用(4 点，最小输入脉冲宽度 0.2 ms)			

表 9.13 CPM1A 系列 PLC 的基本单元

型　号	继电器输出型	晶体管输出型	输入点数	输出点数	可扩展点数
10 输入/输出型	CPM1A-10CDR-A(AC 电源)	CPM1A-10CDT-D (NPN)	6	4	—
	CPM1A-10CDR-D(DC 电源)	CPM1A-10CDT1-D (PNP)			
20 输入/输出型	CPM1A-20CDR-A(AC 电源)	CPM1A-20CDT-D (NPN)	12	8	—
	CPM1A-20CDR-D(DC 电源)	CPM1A-20CDT1-D (PNP)			
30 输入/输出型	CPM1A-30CDR-A(AC 电源)	CPM1A-30CDT-D (NPN)	18	12	60
	CPM1A-30CDR-D(DC 电源)	CPM1A-30CDT1-D (PNP)			
40 输入/输出型	CPM1A-40CDR-A(AC 电源)	CPM1A-40CDT-D (NPN)	24	16	60
	CPM1A-40CDR-D(DC 电源)	CPM1A-40CDT1-D (PNP)			

表 9.14 CPM1A 系列 PLC 的数字量扩展模块

类　型	名称和描述	输　入	输　出
数字量输入模块	CPM1A-8ED	8 点 DC	—
数字量输出模块	CPM1A-8ER	—	8 点继电器
	CPM1A-8ET	—	8 点晶体管(漏型)
	CPM1A-8ET1	—	8 点晶体管(源型)
数字量混合模块	CPM1A-20EDR1	12 点 DC	8 点继电器
	CPM1A-20EDT	12 点 DC	8 点晶体管(漏型)
	CPM1A-20EDT1	12 点 DC	8 点晶体管(源型)

表 9.15 CPM1A 系列 PLC 功能模块

种　类	型　号	功　能　概　要
模拟 I/O 单元	CPM1A-MAD11	输入：2 通道，电压输入：直流 1~5 V，0~10 V；电流输入：直流 4~20 mA；输出：2 通道，电压输入：直流－10~10 V，0~10 V；电流输入：直流 4~20 mA；分辨率：1/6000
	CPM1A-MAD01	输入：2 通道，电压输入：直流 1~5 V，0~10 V；电流输入：直流 4~20 mA；输出：2 通道，电压输入：直流－10~10 V，0~10 V；电流输入：直流 4~20 mA；分辨率：1/256
温　度 传感器单元	CPM1A-TS001	热电偶型温度传感器。可在 K 和 J 型间选择，但所有输入只能使用同一类型。其中 CPM1A-TS001 有 2 个通道输入；CPM1A-TS002 有 4 个通道输入
	CPM1A-TS002	
	CPM1A-TS101	热电阻型温度传感器。可在 Pt-100 和 JPt-100 型间选择，但所有输入只能使用同一类型。其中 CPM1A-TS101 有 2 个通道输入；CPM1A-TS102 有 4 个通道输入
	CPM1A-TS102	
CompoBus/S I/O 链接单元	CPM1A-SRT21	8 输入点，8 输出点 实现主控单元和从站之间的链接
DeviceNet I/O 链接单元	CPM1A-DRT21	32 输入点，32 输出点 实现主控单元和从站之间的链接

　　CPM1A 系列 PLC 有 512 点内部辅助继电器、384 点特殊辅助继电器、320 点保持继电器、256 点辅助记忆继电器、256 点链接继电器、8 点暂存继电器、128 点定时器/计数器、1536 字数据寄存器、1 点高速计数器。这些都为应用程序的设计提供了丰富的资源。

9.2.2　CPM1A 系列 PLC 的内部资源

　　CPM1A 系列 PLC 内部有 CPU、存储器、输入/输出接口单元等硬件资源，这些硬件资源在其系统软件的支持下，使得 PLC 具有很强的功能。CPM1A 系列 PLC 的存储系统由系统程序存储器、用户程序存储器和数据存储器三部分组成。按照存储数据的性质把这些数据存储器 RAM 命名为输入继电器区、输出继电器区、辅助继电器区、定时器/计数器区、数据寄存器区等，了解数据存储器的存储区分配是了解 PLC 工作原理和掌握编程方法的关键。

　　数据存储区引用电器控制系统的术语，将数据存储器分成了几个继电器区，每个继电器区都划分为若干个连续的通道，一个通道由 16 个位组成，每个位称为一个继电器。每个通道都由 2~4 位数字组成惟一的通道地址，每个继电器也有一个惟一的地址，继电器的地址是由所在通道地址后加上两位数 00~15 组成的。

1. 输入继电器与输出继电器

输入继电器区和输出继电器(IR)区是 PLC 系统外部输入/输出设备状态的映像区，共有 20 个通道，地址为 000～019。每个通道对应一个 I/O 单元，每个继电器与 I/O 单元的一个 I/O 端子相对应。CMP1A 系列 PLC 的输入/输出继电器区位号见表 9.16。

表 9.16　CPM1A 系列 PLC 输入/输出继电器区位号

I/O 点数	CPU 型号	通道号	位(继电器号)	I/O 点数	可扩展点数
10 输入/输出型	CPM1A–10CDR–A(D) CPM1A–10CDT–D CPM1A–10CDT1–D	输入：000CH～007CH	00000～00005	6	—
		输出：010CH～017CH	01000～01003	4	
20 输入/输出型	CPM1A–20CDR–A(D) CPM1A–20CDT–D CPM1A–20CDT1–D	输入：000CH～007CH	00000～00011	12	—
		输出：010CH～017CH	01000～01007	8	
30 输入/输出型	CPM1A–30CDR–A(D) CPM1A–30CDT–D CPM1A–30CDT1–D	输入：000CH～007CH	00000～00011 00100～00105	18	60
		输出：010CH～017CH	01000～01007 01100～01103	12	
40 输入/输出型	CPM1A–40CDR–A(D) CPM1A–40CDT–D CPM1A–40CDT1–D	输入：000CH～007CH	00000～00011 00100～00111	24	60
		输出：010CH～017CH	01000～01007 01100～01107	16	

直接映像外部输入信号的位称为输入位，编程时可根据需要按任意顺序、任意次数使用这些输入位，但这些位不能用于输出指令。

直接控制外部输出设备的位称为输出位，编程时每个输出位只能被使用一次，但可以无限次用于输入和其他输出的条件。

2. 辅助继电器

1) 内部辅助继电器(IR)

内部辅助继电器用作数据结果的存储及内部中间控制继电器等。CPM1A 系列 PLC 的内部继电器的通道号为 008CH～009CH、018CH～019CH、200CH～231CH。继电器号为 00800～00915、01800～01915、20000～23115，共 740 个。在程序中可以任意使用，但只能用在程序中而不能用于直接外部 I/O。当使用 MCRO(99)时，232CH～239CH 用作 MCRO 输入区。

2) 特殊继电器(SR)

特殊继电器用来监测 PLC 系统的工作状态、产生时钟脉冲和错误信号等，其通道号为 240CH～255CH，共 248 位。表 9.17 列出了特殊继电器区各继电器的功能，其状态一般由系统程序自动写入，用户一般只能读取和使用。

表 9.17 CPM1A 系列 PLC 的特殊继电器区位号及功能

通道号	位	功 能	读/写
232CH~235CH	00~15	宏功能输入区：包含用于 MCRO(99)指令的输入操作数。不使用 MCRO 指令时，可做一般使用	读/写
236CH~239CH	00~15	宏功能输出区：包含用于 MCRO(99)指令的输出操作数。不使用 MCRO 指令时，可做一般使用	
240CH	00~15	输入中断 0 计数模式 SV：当计数模式中使用中断 0 时，存 SV(4 位十六进制数)	
241CH	00~15	输入中断 1 计数模式 SV：当计数模式中使用中断 1 时，存 SV(4 位十六进制数)	
242CH	00~15	输入中断 2 计数模式 SV：当计数模式中使用中断 2 时，存 SV(4 位十六进制数)	
243CH	00~15	输入中断 3 计数模式 SV：当计数模式中使用中断 3 时，存 SV(4 位十六进制数)	
244CH	00~15	输入中断 0 计数模式 PV 减 1：计数模式中使用中断 0 时，PV-1(4 位十六进制数)	只读
245CH	00~15	输入中断 1 计数模式 PV 减 1：计数模式中使用中断 1 时，PV-1(4 位十六进制数)	
246CH	00~15	输入中断 2 计数模式 PV 减 1：计数模式中使用中断 2 时，PV-1(4 位十六进制数)	
247CH	00~15	输入中断 3 计数模式 PV 减 1：计数模式中使用中断 3 时，PV-1(4 位十六进制数)	
248CH，249CH	00~15	高速计数器 PV 区(不使用高速计数器时可作为一般使用)	只读
250CH	00~15	模拟量设置 0：用于保存模拟量 0 控制上的 4 位 BCD 设定值(0000~0200)	
251CH	00~15	模拟量设置 1：用于保存模拟量 1 控制上的 4 位 BCD 设定值(0000~0200)	
252CH	00	高速计数器复位位	读/写
	08	外端口复位位	
253CH	13	始终为 ON 标志	只读
	14	始终为 OFF 标志	
	15	第一个循环标志：在开始运行时，变 ON 一个周期	
254CH	00	1 min 时钟脉冲(ON：30 s，OFF：30 s)	只读
	01	0.02 s 时钟脉冲(ON：0.01 s，OFF：0.01 s)	
	02	负数标志	
	07	STEP(08)步指令执行标志：仅在 STEP(08)指令开始时变 ON 一个周期	
255CH	00	0.1 s 时钟脉冲(ON：0.05 s，OFF：0.05 s)	只读
	01	0.2 s 时钟脉冲(ON：0.1 s，OFF：0.1 s)	
	02	1 s 时钟脉冲(ON：0.5 s，OFF：0.5 s)	
	03	指令执行出错标志(ER)：在指令执行过程中发生错误时变 ON	
	03	进位标志：当指令的执行结果有进位时变 ON	
	05	大于标志(GR)：当比较指令的运算结果为"大于"时变 ON	
	06	等于标志(EQ)：当比较指令的运算结果为"等于"时变 ON	
	07	小于标志(LE)：当比较指令的运算结果为"小于"时变 ON	

注：表中只给出部分常用的特殊继电器位的功能，不用和不常用的未列出。如需要详细资料可查阅
CPM1A 使用手册。

3) 辅助记忆继电器(AR)

辅助记忆继电器使用于 CPM1A 的动作异常标志、高速计数、脉冲输出动作状态标志、扫描周期等信息的存储。辅助记忆继电器的内容即使在 CPM1A 的电源成为 OFF，以及运行开始或者停止的时候也能保持状态不变。其通道号为 AR00～AR15，共 256 位。表 9.18 列出了辅助记忆继电器区各继电器的功能。

表 9.18 CPM1A 系列 PLC 的辅助记忆继电器区位号及功能

通道号	位	功　　能
AR02	08～11	扩展单元连接的台数
AR08	08～11	编程设备错误代码：0—正确完成；1—奇偶校验错误；2—帧格式错误；3—越限错误
	12	编程设备错误标志
AR10	00～15	电源断开计数器(4 位 BCD 码)：记录电源关闭的次数，复位时用外部设备写入 0000
AR11	00～07	高速计数器范围比较标志
	15	脉冲输出状态：ON—停止；OFF—脉冲正在输出
AR13	00	电源开启 PLC 设置错误标志
	01	启动 PLC 设置错误标志
	02	运行 PLC 设置错误标志
	05	长循环时间标志
	08	指定存储区错误标志
	09	闪存存储器错误标志
	10	只读 DM 区错误标志
AR13	11	PLC 设置错误标志
	12	程序错误标志
	14	数据保存错误标志
AR14	00～15	扫描周期最大值(4 位 BCD 码)×(0.1 ms)：保存运行过程中最大的扫描周期，运行停止时不复位但运行开始时复位
AR11	00～15	扫描周期现在值(4 位 BCD 码)×(0.1 ms)：运行过程中最新的扫描周期被存入，运行停止时不复位

注：表中只给出辅助记忆继电器位的功能概述，如需要详细资料可查阅 CPM1A 使用手册。

4) 保持继电器(HR)

保持继电器用于各种数据的存储和操作，当系统操作方式改变或电源发生故障时，保持继电器区内的通道保持它们的状态。其通道号为 HR00～HR19，共 320 位。

5) 暂存继电器(TR)

暂存继电器用于存储程序分支点上的数据，对于有许多输出分支的程序是很有用的。使用时同一程序段内 TR 号不能重复，但同一个号的 TR 可以再次用于不同的程序段。其通道号为 TR0~TR7，共 8 个。

6) 链接继电器(LR)

用于 CPM1A 与其他 PLC 进行 1：1 链接通信时与对方 PLC 交换数据。其通道号为 LR00~LR15，共 256 位。

7) 数据存储区(DM)

用于内部数据的存储和处理，只能以 16 位的通道为单位来使用。在电源故障期间 DM 区保持其数据。其通道号及功能见表 9.19。

表 9.19　CPM1A 系列 PLC 的数据存储区通道号及功能

DM 区分类	通 道 号	功　　能
读/写	DM0000~DM0999 DM1022~DM1023	仅以通道形式访问 DM 区数据，但电源断开及开始或停止运行时可保持通道的数据。在程序中允许读写该区的内容
出错记录	DM1000~DM1021	用来存储发生错误的时间和出现错误的出错记录。当出错记录功能未使用时，该区可以用作一般的读/写 DM
只读	DM6144~DM6599	程序中不能重新写入
PLC 设置	DM6600~DM6655	用来存储控制 PLC 运行的各种参数(详见 CPM1A 使用手册)

3. 定时器/计数器

定时器/计数器区(TC)是一个独立的数据区，编号范围为 000~127，共为用户提供 128 个定时器/计数器。在编程时使用 TIM、TIMH(FUN15)、CNT、CNTR(FUN12)来存储定时器和计数器数据。这个区只能以通道为单位使用，用来存储定时器/计数器(TIM/CNT)的设定值(SV)和当前值(PV)。TIM/CNT 的编号是三位数字。要指定一个定时器或计数器，先输入 TIM 或 CNT 的三位编号(例如 TIM001 或 CNT126)，对于 TIMH 和 CNTR，先输入与功能码对应的编号。

一旦一个特定的编号已经被指定，其他任何定时器和计数器就不能再次使用同一编号。

在电源故障期间，定时器的设定值(SV)、计数器的设定值(SV)和计数器的当前值(PV)将保持，但定时器的当前值(PV)不被保持(即复位)。

9.2.3　CPM1A 系列 PLC 的指令系统

CPM1A 系列 PLC 有着丰富的指令可供选择使用，使得复杂的控制过程变得十分容易。根据功能可将这些指令分为基本指令和特殊功能指令两大类。基本指令包括输入、输出和逻辑"与"、"或"、"非"等运算，可实现对输入/输出点的简单操作。特殊功能指令包括定时器/计数器指令，数据移位、传送、比较指令，算术运算指令，数值转换指令，逻辑运算指令，程序分支和跳转指令，子程序指令，中断控制指令，步进指令和其他操作系统指令等。CPM1A 系列 PLC 的常用指令功能和用途见表 9.20，其他指令请参阅 CPM1A 的用户手册。

表 9.20 CPM1A 系列 PLC 常用指令表

助记符或功能代码	名 称	操作数位	功能和用途
LD	载入	IR、SR、HR、AR、LR、TC	逻辑运算开始。用于与母线连接的常开触点
LD NOT	载入非	IR、SR、HR、AR、LR、TC	逻辑运算开始。用于与母线连接的常闭触点
OUT	输出	IR、SR、HR、AR、LR	驱动线圈的输出指令
OUT NOT	输出非	IR、SR、HR、AR、LR	将输出条件取非后,驱动线圈输出
AND	与	IR、SR、HR、AR、LR、TC	和前面的元件实现逻辑与,用于单个常开触点串联
AND NOT	与非	IR、SR、HR、AR、LR、TC	和前面的元件实现逻辑与,用于单个常闭触点串联
OR	或	IR、SR、HR、AR、LR、TC	和前面的元件实现逻辑或,用于单个常开触点串联
OR NOT	或非	IR、SR、HR、AR、LR、TC	和前面的元件实现逻辑或,用于单个常闭触点串联
AND LD	回路块与		并联回路块的串联指令
OR LD	回路块或		串联回路块的并联指令
SET	置位	IR、SR、HR、AR、LR、TC	线圈接通保持指令
RSET	复位	IR、SR、HR、AR、LR、TC	清除动作保持;计数器、定时器当前值及寄存器清零
DIFU(13)	上升沿脉冲指令	IR、HR、AR、LR	在输入信号由 OFF 变 ON 时产生一个宽度为一个扫描周期的脉冲
DIFD(14)	下降沿脉冲指令	IR、HR、AR、LR	在输入信号由 ON 变 OFF 时产生一个宽度为一个扫描周期的脉冲
IL(02)/ILC(03)	联锁/联锁清除		如果 IL 的条件为 OFF,在 IL 和 ILC 之间的那部分程序就不执行
TR	暂存		将其前面的逻辑运算结果暂时保存
JMP(04)/JME(04)	跳转/跳转结束	跳转编号	如果 JMP 的条件为 OFF,跳过 JMP 和 JME 之间的那部分程序,该部分程序保持原有状态不变
KEEP(11)	锁存	IR、HR、AR、LR	当置位输入 ON 时,锁存状态将保持,直到复位信号把它变为 OFF。当两个同时都为 ON 时,复位优先
TIM/CNT	定时器/计数器	SV(IR、HR、AR、LR、DM、立即数)	定时器/计数器分别实现延时和计数功能
END(01)	结束指令		表示系统程序结束

习 题

9.1 填空题

(1) S7-200 系列 PLC 中 CPU 226 型主机的 I/O 点数共有_____点，其中输入_____点，输出_____点；可扩展模块数量为_____。

(2) CPM1A 系列 PLC 中的 40 点 CPU 单元的 I/O 点数共有_____点，其中输入_____点，输出_____点；最大可扩展 I/O 数量为_____。

9.2 判断题

(1) 输入继电器只能由外部信号驱动，而不能由内部指令来驱动。   (　)

(2) 输出继电器可以由外部信号驱动或 PLC 内部控制指令来驱动。   (　)

(3) 可编程序控制器内部的"软继电器"(包括定时器和计数器)均可以提供无数对接点供编程使用。   (　)

(4) 内部继电器既可以供编程使用，也可以供外部输出。   (　)

(5) 特殊内部继电器(寄存器)用户不能占用，但其接点可以供编程使用。   (　)

(6) 可编程序控制器的 I/O 地址编号是任意设定的。   (　)

9.3 简答题

(1) 西门子 S7-200 系列和欧姆龙 CPM1A 系列 PLC 的定时器种类和数量各有多少？

(2) 上述两个系列 PLC 的输入/输出地址编号各是如何编制的？

(3) 简述上述两个系列 PLC 的功能模块的特点。

参考文献

1　FX 系列特殊功能模块用户手册. 三菱电机自动化(上海)有限公司

2　FX_{2N}-16CCL-M FX_{2N}-32CCL CC-Link 用户手册. 三菱电机自动化(上海)有限公司

3　FX 通讯(RS-232C，RS-485)用户手册. 三菱电机自动化(上海)有限公司. 2001

4　FX_{2N}-32ASI-M User's Manual. 三菱电机自动化(上海)有限公司. 2001

5　FX_{0N}-32NT-DP User's Manual. 三菱电机自动化(上海)有限公司. 2000

6　FX_{2N}-64DNET User's Manual. 三菱电机自动化(上海)有限公司. 2000

7　FX_{2N}-32DP-IF User's Manual. 三菱电机自动化(上海)有限公司. 1999

8　FX_{2N}-16LNK-M User's Manual. 三菱电机自动化(上海)有限公司. 1998

9　张万忠. 可编程控制器应用技术. 北京: 化学工业出版社, 2005

10　刘湜. 常用低压电器与可编程序控制器. 西安: 西安电子科技大学出版社, 2005

11　阳宪惠. 工业数据通信与控制网络. 北京: 清华大学出版社, 2003

12　廖常初. PLC 基础及应用. 北京: 机械工业出版社, 2003

13　邹金慧. 可编程控制器及其系统. 重庆: 重庆大学出版社, 2002

14　王卫星, 傅立思, 孙耀杰. 可编程控制器原理及应用. 北京: 中国水利电力出版社, 2002

15　廖常初. FX 系列 PLC 编程及应用. 北京: 机械工业出版社, 2005

16　陈在平, 赵相宾. 可编程序控制器技术与应用系统设计. 北京: 机械工业出版社, 2002

17　郁汉琪. 电气控制与可编程控制应用技术. 南京: 东南大学出版社, 2003

18　张万忠, 孙晋. 可编程控制器入门与应用实例. 北京: 中国电力出版社, 2005

19　钟肇新, 范建东. 可编程序控制器原理及应用. 广州: 华南理工大学出版社, 2004

20　李国厚, 张发玉, 侯铁兵. PLC 原理与应用. 北京: 清华大学出版社, 2005

欢迎选购西安电子科技大学出版社教材类图书

~~~~"十一五"国家级规划教材~~~~

计算机系统结构(第四版)(李学干)	25.00
计算机系统安全(第二版)(马建峰)	30.00
计算机网络(第三版)(蔡皖东)	27.00
大学计算机应用基础(陈建铎)	31.00
计算机应用基础(冉崇善)(高职)	
(Windows XP & Office 2003 版)	29.00
C++程序设计语言(李雁妮)	37.00
中文版3ds max 9室内外效果图精彩实例创作通	36.00
中文版3ds max9效果图制作课堂实训(朱仁成)	37.00
Internet应用教程(第三版)(高职 赵佩华)	24.00
微型计算机原理(第二版)(王忠民)	27.00
微型计算机原理及接口技术(第二版)(裘雪红)	36.00
微型计算机组成与接口技术(高职)(赵佩华)	28.00
微机原理与接口技术(第二版)(龚尚福)	37.00
软件工程与开发技术(第二版)(江开耀)	34.00
单片机原理及应用(第二版)(李建忠)	32.00
单片机应用技术(第二版)(高职)(刘守义)	30.00
单片机技术及应用实例分析(高职)(马淑兰)	25.00
单片机原理及实验/实训(高职)(赵振德)	25.00
Java程序设计(第二版)(高职)(陈圣国)	26.00
数据结构——C语言描述(第二版)(陈慧南)	30.00
编译原理基础(第二版)(刘坚)	29.00
人工智能技术导论(第三版)(廉师友)	24.00
多媒体软件设计技术(第三版)(陈启安)	23.00
信息系统分析与设计(第二版)(卫红春)	25.00
信息系统分析与设计(第三版)(陈圣国)(高职)	20.00
传感器原理及工程应用(第三版)	28.00
传感器原理及应用(高燕)	18.00
数字图像处理(第二版)(何东健)	30.00
电路基础(第三版)(王松林)	39.00
模拟电子电路及技术基础(第二版)(孙肖子)	35.00
模拟电子技术(第三版)(江晓安)	25.00
数字电子技术(第三版)(江晓安)	23.00
数字电路与系统设计(第二版)(邓元庆)	35.00
数字电子技术基础(第二版)(杨颂华)	30.00

数字信号处理(第三版)(高西全)	29.00
电磁场与电磁波(第二版)(郭辉萍)	28.00
现代通信原理与技术(第二版)(张辉)	39.00
移动通信(第四版)(李建东)	30.00
移动通信(第二版)(章坚武)	24.00
光纤通信(第二版)(张宝富)	24.00
光纤通信(第二版)(刘增基)	23.00
物理光学与应用光学(第二版)(石顺祥)	42.00
数控机床故障分析与维修(高职)(第二版)	25.00
液压与气动技术(第二版)(朱梅)(高职)	23.00

~~~~~~~~~计算机类~~~~~~~~~

计算机应用基础(第三版)(丁爱萍)(高职)	22.00
计算机应用基础(Windows XP+Office 2007)(高职)	34.00
计算机文化基础(高职)(游鑫)	27.00
计算机科学与技术导论(吕辉)	22.00
计算机应用基础——信息处理技术教程(张郭军)	31.00
最新高级文秘与办公自动化(王法能)	26.00
现代信息网技术与应用(赵谦)	33.00
计算机网络工程(高职)(周跃东)	22.00
网络安全与管理实验教程(谢晓燕)	35.00
网络安全技术(高职)(廖兴)	19.00
入侵检测(鲜永菊)	31.00
网页设计与制作实例教程(高职)(胡昌杰)	24.00
ASP动态网页制作基础教程(中职)(苏玉雄)	20.00
局域网组建实例教程(高职)(尹建璋)	20.00
Windows Server 2003组网技术(高职)(陈伟达)	30.00
综合布线技术(高职)(王趾成)	18.00
电子商务基础与实务(第二版)(高职)	16.00
数据结构—使用C++语言(第二版)(朱战立)	23.00
数据结构教程——Java语言描述(朱振元)	29.00
数据结构与程序实现(司存瑞)	48.00
离散数学(第三版)(方世昌)	30.00
软件体系结构实用教程(付燕)	26.00
软件工程(第二版)(邓良松)	22.00
软件技术基础(高职)(鲍有文)	23.00
软件技术基础(周大为)	30.00

软件工程(第二版)(邓良松) 22.00

软件技术基础(高职)(鲍有文) 23.00

软件技术基础(周大为) 30.00

嵌入式软件开发(高职)(张京) 23.00

～～～计算机辅助技术及图形处理类～～～

电子工程制图 (第二版) (高职) (童幸生) 40.00

电子工程制图(含习题集) (高职) (郑芙蓉) 35.00

机械制图与计算机绘图 (含习题集) (高职) 40.00

电子线路 CAD 实用教程 (潘永雄) (第三版) 27.00

AutoCAD 实用教程(高职)(丁爱萍) 24.00

中文版 AutoCAD 2008 精编基础教程(高职) 22.00

电子CAD(Protel 99 SE)实训指导书(高职) 12.00

计算机辅助电路设计Protel 2004(高职) 24.00

EDA 技术及应用(第二版)(谭会生) 27.00

数字电路 EDA 设计(高职)(顾斌) 19.00

多媒体软件开发(高职)(含盘)(牟奇春) 35.00

多媒体技术基础与应用(曾广雄) (高职) 20.00

三维动画案例教程(含光盘)(高职) 25.00

图形图像处理案例教程(含光盘) (中职) 23.00

平面设计(高职)(李卓玲) 32.00

～～～～～～操作系统类～～～～～～

计算机操作系统(第二版)(颜彬)(高职) 19.00

计算机操作系统(修订版)(汤子瀛) 24.00

计算机操作系统(第三版)(汤小丹) 30.00

计算机操作系统原理——Linux实例分析 25.00

Linux 网络操作系统应用教程(高职) (王和平) 25.00

Linux 操作系统实用教程(高职)(梁广民) 20.00

～～～～～～微 机 与 控 制 类 ～～～～～

微机接口技术及其应用(李育贤) 19.00

单片机原理与应用实例教程(高职)(李珍) 15.00

单片机原理与应用技术(黄惟公) 22.00

单片机原理与程序设计实验教程(于殿泓) 18.00

单片机实验与实训指导(高职)(王曙霞) 19.00

单片机原理及接口技术(第二版)(余锡存) 19.00

新编单片机原理与应用(第二版)(潘永雄) 24.00

MCS-51单片机原理及嵌入式系统应用 26.00

微机外围设备的使用与维护 (高职) (王伟) 19.00

微机装配调试与维护教程(王忠民) 25.00

《微机装配调试与维护教程》实训指导 22.00

～～～～～数据库及计算机语言类～～～～～

C程序设计与实例教程(曾令明) 21.00

程序设计与C语言(第二版)(马鸣远) 32.00

C语言程序设计课程与考试辅导(王晓丹) 25.00

Visual Basic.NET程序设计(高职)(马宏锋) 24.00

Visual C#.NET程序设计基础(高职)(曾文权) 39.00

Visual FoxPro数据库程序设计教程(康贤) 24.00

数据库基础与Visual FoxPro9.0程序设计 31.00

Oracle数据库实用技术(高职)(费雅洁) 26.00

Delphi程序设计实训教程(高职)(占跃华) 24.00

SQL Server 2000应用基础与实训教程(高职) 22.00

Visual C++基础教程(郭文平) 29.00

面向对象程序设计与VC++实践(揣锦华) 22.00

面向对象程序设计与C++语言(第二版) 18.00

面向对象程序设计——JAVA(第二版) 32.00

Java 程序设计教程(曾令明) 23.00

JavaWeb 程序设计基础教程(高职) (李绪成) 25.00

Access 数据库应用技术(高职) (王趾成) 21.00

ASP.NET 程序设计与开发(高职)(眭碧霞) 23.00

XML 案例教程(高职)(眭碧霞) 24.00

JSP 程序设计实用案例教程(高职)(翁健红) 22.00

Web 应用开发技术：JSP(含光盘) 33.00

～～～～电子、电气工程及自动化类～～～～

电路(高赟) 26.00

电路分析基础(第三版)(张永瑞) 28.00

电路基础(高职)(孔凡东) 13.00

电子技术基础(中职)(蔡宪承) 24.00

模拟电子技术(高职)(郑学峰) 23.00

模拟电子技术(高职)(张凌云) 17.00

数字电子技术(高职)(江力) 22.00

数字电子技术(高职)(肖志锋) 13.00

数字电子技术(高职)(蒋卓勤) 15.00

数字电子技术及应用(高职)(张双琦) 21.00

高频电子技术(高职)(钟苏) 21.00

现代电子装联工艺基础(余国兴) 20.00

微电子制造工艺技术(高职)(肖国玲) 18.00

控制工程基础(王建平) 23.00　数控加工进阶教程(张立新) 30.00

现代控制理论基础(舒欣梅) 14.00　数控加工工艺学(任同) 29.00

过程控制系统及工程(杨为民) 25.00　数控加工工艺(高职)(赵长旭) 24.00

控制系统仿真(党宏社) 21.00　数控机床电气控制(高职)(姚勇刚) 21.00

模糊控制技术(席爱民) 24.00　机床电器与PLC(高职)(李伟) 14.00

运动控制系统(高职)(尚丽) 26.00　电机及拖动基础(高职)(孟宪芳) 17.00

工程力学(张光伟) 21.00　电机与电气控制(高职)(冉文) 23.00

工程力学(项目式教学)(高职) 21.00　电机原理与维修(高职)(解建军) 20.00

理论力学(张功学) 26.00　供配电技术(高职)(杨洋) 25.00

材料力学(张功学) 27.00　金属切削与机床(高职)(聂建武) 22.00

工程材料及成型工艺(刘春廷) 29.00　模具制造技术(高职)(刘航) 24.00

工程材料及应用(汪传生) 31.00　塑料成型模具设计(高职)(单小根) 37.00

工程实践训练基础(周桂莲) 18.00　液压传动技术(高职)(简引霞) 23.00

工程制图(含习题集)(高职)(白福民) 33.00　发动机构造与维修(高职)(王正键) 29.00

工程制图(含习题集)(周明贵) 36.00　汽车典型电控系统结构与维修(李美娟) 31.00

现代设计方法(李思益) 21.00　汽车底盘结构与维修(高职)(张红伟) 28.00

液压与气压传动(刘军营) 34.00　汽车车身电气设备系统及附属电气设备(高职) 23.00

先进制造技术(高职)(孙燕华) 16.00　汽车单片机与车载网络技术(于万海) 20.00

机电传动控制(马如宏) 31.00　汽车故障诊断技术(高职)(王秀贞) 19.00

机电一体化控制技术与系统(计时鸣) 33.00　汽车使用性能与检测技术(高职)(郭彬) 22.00

机械原理(朱龙英) 27.00　汽车电工电子技术(高职)(黄建华) 22.00

机械工程科技英语(程安宁) 15.00　汽车电气设备与维修(高职)(李春明) 25.00

机械设计基础(岳大鑫) 33.00　汽车空调(高职)(李祥峰) 16.00

机械设计(王宁侠) 36.00　现代汽车典型电控系统结构原理与故障诊断 25.00

机械设计基础(张京辉)(高职) 24.00　～～～～～～～其 他 类～～～～～～～～

机械CAD/CAM(葛友华) 20.00　电子信息类专业英语(高职)(汤滟) 20.00

机械CAD/CAM(欧长劲) 21.00　移动地理信息系统开发技术(李斌兵)(研究生) 35.00

AutoCAD2008机械制图实用教程(中职) 34.00　高等教育学新探(杜希民)(研究生) 36.00

画法几何与机械制图(叶琳) 35.00　国际贸易理论与实务(鲁丹萍)(高职) 27.00

机械制图(含习题集)(高职)(孙建东) 29.00　技术创业：新创企业融资与理财(张蔚虹) 25.00

机械设备制造技术(高职)(柳青松) 33.00　计算方法及其MATLAB实现(杨志明)(高职) 28.00

机械制造技术实训教程(高职)(黄雨田) 23.00　大学生心理发展手册(高职) 24.00

机械制造基础(周桂莲) 21.00　网络金融与应用(高职) 20.00

机械制造基础(高职)(郑广花) 21.00　现代演讲与口才(张岩松) 26.00

特种加工(高职)(杨武成) 20.00　现代公关礼仪(高职)(王剑) 30.00

数控加工与编程(第二版)(高职)(詹华西) 23.00　布艺折叠花(中职)(赵彤凤) 25.00

欢迎来函来电索取本社书目和教材介绍！　通信地址：西安市太白南路2号　西安电子科技大学出版社发行部

邮政编码：710071　　邮购业务电话：(029)88201467　　传真电话：(029)88213675。